hrenbürg

**Meiner lieben
Frau Gabo**

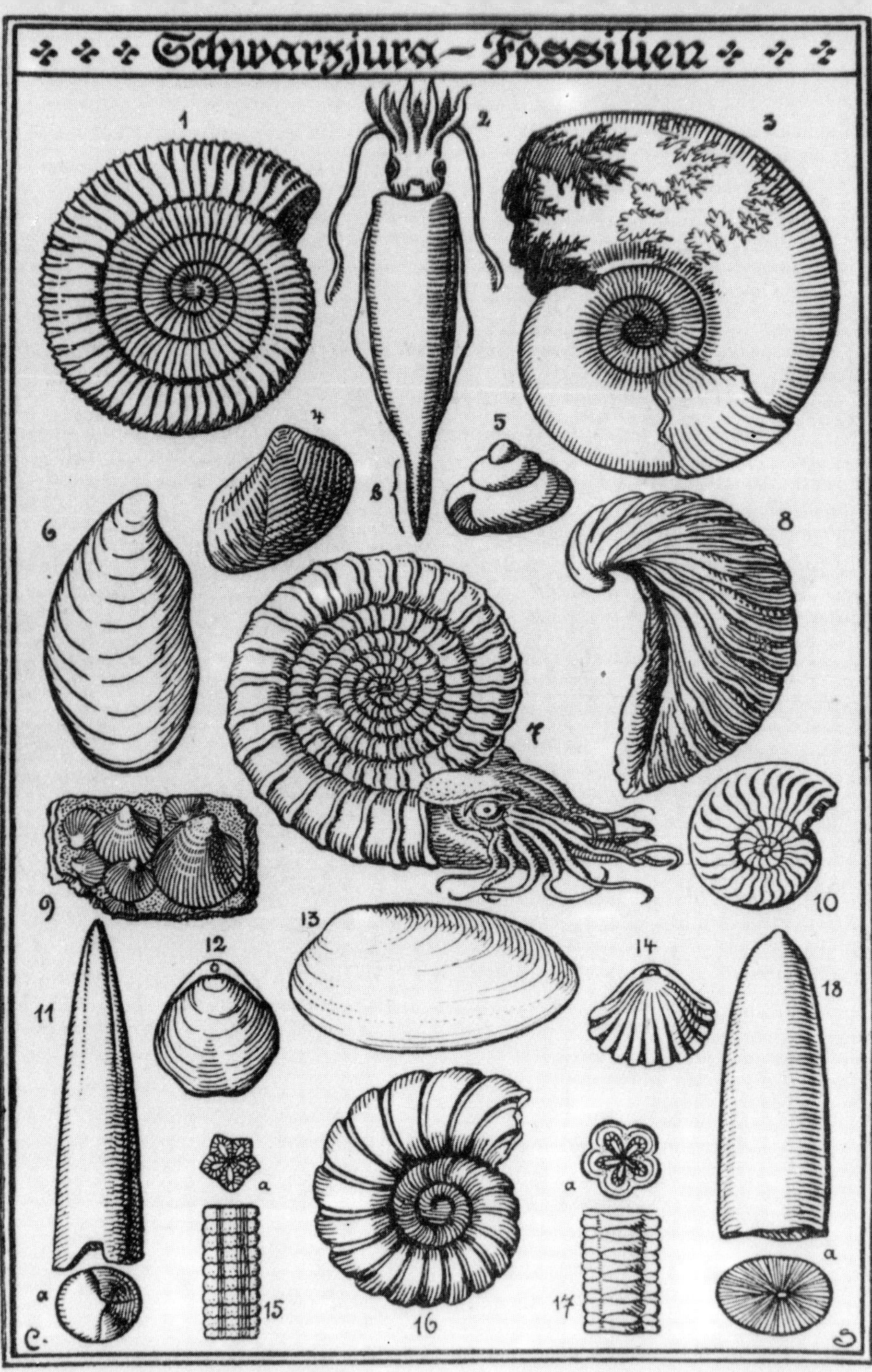
Schwarzjura-Fossilien
1
2
3
4
5
6
7
8
9
10
11
12
13
14
15
16
17
18

Andreas E. Richter

Geologie und Paläontologie: Das Mesozoikum der Frankenalb

Vom Ries bis ins Coburger Land

Kosmos
Gesellschaft der Naturfreunde
Franckh'sche Verlagshandlung
Stuttgart

Mit 2 Aquarellen, 20 Farbfotos, 10 Schwarzweiß-Fotos, 19 Karten, Zeichnungen, Tabellen und 9 Fossiltafeln. Die Fotos und Tabellen wurden von Andreas E. Richter, die Aquarelle, Karten und alle Zeichnungen von Gabo Richter angefertigt.

Umschlaggestaltung von Edgar Dambacher unter Verwendung von 2 Dias von Andreas E. Richter. Die Bilder zeigen Felsen der Fränkischen Schweiz und einen *Perisphinctes variocostatus* (BUCKM.), Oberjura (Weißjura) alpha, Sengenthal/Neumarkt/Opf., Größe 29 cm.

CIP-Kurztitelaufnahme der Deutschen Bibliothek:

Richter, Andreas E.:
Geologie und Paläontologie: Das Mesozoikum der Frankenalb: vom Ries bis ins Coburger Land / Andreas E. Richter. – Stuttgart: Franckh, 1985. –
(Suchen und Sammeln)
ISBN 3-440-05157-9

Vorsatz und Frontispiz: aus SCHERZER, H.: Erd- und pflanzengeschichtliche Wanderungen durchs Frankenland. II. Teil: Die Juralandschaft, 1. Band, Nürnberg, 1922, Zeichnung: C. SCHERZER.

Franckh'sche Verlagshandlung, W. Keller & Co., Stuttgart/1985

Printed in Germany/Imprimé en Allemagne
ISBN 3-440-05157-9/L 10IN HSte
Gesamtherstellung: Brönner & Daentler, Eichstätt

Geologie und Paläontologie: Das Mesozoikum der Frankenalb

Vorwort 7

Geologischer Abriß 10
Die Süddeutsche Großscholle 10
Nordbayern 11
Kambrium bis Karbon 11
Perm 12
Der Vindelizische Festlandsrücken . . . 13
Trias 13
Jura 14
Kreide 15
Tertiär 15
Quartär 16
Tektonik 16
Die Schichtstufenlandschaft der Frankenalb 19
Karst – Formen und Entstehung 21

In der Frankenalb und den weiteren Randbereichen 25
Allgemeines 25
Naturräumliche Gliederung und Geographisches 26
Fränkische Alb 28
Albvorland 28
Bruchschollenland 29
Berühmte Namen und vergangene Fundstellen 29
Die Trias 42
Der Buntsandstein (s) 45
Der Untere Buntsandstein (su) 45
Der Mittlere Buntsandstein (sm) 46
Der Obere Buntsandstein (so) 47
Der Muschelkalk (m) 49
Der Untere Muschelkalk (mu; Wellenkalk) 51
Der Mittlere Muschelkalk (mm; Anhydritgruppe) 52
Der Obere Muschelkalk (mo; Hauptmuschelkalk) 53
Der Keuper (k) 56
Der Untere Keuper (ku; Lettenkohlenkeuper) 58
Der Mittlere Keuper (km) 59
Der Obere Keuper (ko; Rhät) 65
Der Jura (j) 67
Der Schwarze Jura (l) 70
Der Schwarzjura alpha 72
Der Schwarzjura beta 74
Der Schwarzjura gamma 76
Der Schwarzjura delta 78
Der Schwarzjura epsilon 80
Der Schwarzjura zeta 84
Der Braune Jura (b) 92
Der Braunjura alpha 92
Der Braunjura beta 94
Der Braunjura gamma, delta, epsilon und zeta 96
Der Braunjura gamma 96
Der Braunjura delta 97
Der Braunjura epsilon 100
Der Braunjura zeta 101
Der Weiße Jura (w) 102
Der Weißjura alpha 106
Der Weißjura beta 111
Der Weißjura gamma 114
Der Weißjura delta 118
Der Weißjura epsilon 127
Der Weißjura zeta 129
Die Kreide 131
Das Prä-Obercenoman 132

Die Obere Kreide ab Obercenoman . . 133
Das Obere Cenoman 134
Das Turon 138
Unterturon 138
Mittelturon 140
Oberturon 142
Das Coniac 146
Das Santon 146
Sehenswürdigkeiten 147
Museen 152

Das Plattenkalkgebiet der Südlichen Frankenalb 152
Allgemeines und Geschichtliches 152
Der Urvogel 155
Paläogeographie 157
Entstehung der Plattenkalke 158
Stratigraphie und Lithofazies 159
Dendriten 160
Schichtbeschreibung 160
Die Fossilien 165
Die Fossilhäufigkeit 166
Fossilerhaltung 166
Die Flora 167
Die Fauna 167
Marken 169
Präparation 169
Palökologie 170
Sehenswürdigkeiten 171
Altmühltal 172
Museen 172

Literaturhinweise zu den Kapiteln „In der Frankenalb“ und „Plattenkalkgebiet“ 173

Das Nördlinger Ries 182
Geologische Situation 182
Theorien zur Riesentstehung 183
Vulkantheorie 184
Sprengtheorie 184
Hebungs-Explosionstheorie 184
Gletschertheorie 184
Tektonische Theorie 185
Die Riesentstehung – ein Impact 185
Coesit und Stishovit 185
Der Einschlag 186
Riesgesteine und Ablagerungsformen . . 187
Bunte Trümmermassen 187
Polymikte Kristallinbreccien 189
Kristallinschollen 189
Suevit 190
Der Riessee 192
Sehenswürdigkeiten 193
Literaturhinweise 196
zur Geologie 196
Allgemein 197

Fossiltafeln 198

Kontaktadressen 216

Register 217

Vorwort

Dieses Buch behandelt Geologie, Stratigraphie und Paläontologie der Frankenalb und angrenzender Bereiche. Dies geschieht in verständlicher und teilweise stark vereinfachter Form, unter Voraussetzung geringer geologisch-paläontologischer Grundkenntnisse. Da Geologie wie auch Stratigraphie am besten im Gelände vermittelt werden können, wird zur Ermöglichung entsprechender Studien eine große Zahl von Aufschlüssen genannt.
Das Hauptanliegen des Buches ist sinngemäß die Einführung des Liebhabers in Schichtfolge und Fossilführung der schönen Frankenalb. Es soll das Verständnis der geologischen Abläufe vermitteln und hinführen zum sinnvollen Fossiliensammeln. Dementsprechend wird versucht, den Fossilienliebhaber über das „normale" Sammeln hinaus zu motivieren. Ernsthafte Sammler sollten sich nicht mit dem Besitz des Sammlungsobjektes begnügen, sondern darüber hinaus Fragen stellen: Wie und wann entstanden diese Schichten, warum Mergel- oder Kalksedimente, wie sah das damalige Biotop aus, warum sind Ammoniten in manchen Schichten selten, in anderen sehr häufig? Erst die Beschäftigung mit solchen Problemen macht das Sammeln wirklich interessant und „belebt" unsere Sammlung. Geologisches Wissen hilft uns das Wesen früherer Länder und Meere und das Werden der heutigen Landschaft verstehen, bildet also die Basis; paläontologisches-palökologisches Wissen ermöglicht die Rekonstruktion der damaligen Umwelt.
Freilich kann der Text des Buches viele dieser Fragen nur andeutungsweise beantworten – grundlegendes Wissen hierzu muß verschiedenen Lehrbüchern über Geologie, Petrographie, Stratigraphie, Paläontologie und Palökologie entnommen werden. Aber für den behandelten Bereich – Frankenalb und Umland – sind viele wichtige Fakten genannt und helfen dem aufmerksamen Leser, die im Gelände gemachten Beobachtungen zu deuten, Schichten richtig einzuordnen und Fossilien auch palökologisch auszuwerten. Mag dies anfänglich auch schwierig erscheinen, so finden wir uns doch im Laufe der Sammeltätigkeit immer besser zurecht. Zudem: Derartiges Arbeiten macht Spaß und das allmähliche Verstehen der Zusammenhänge ist ein echtes Erfolgserlebnis.
Die Fossilbestimmung ist natürlich ebenfalls von Bedeutung. Aber auch hier gilt, daß Erfolg nur durch gründliches Arbeiten und Ausdauer ermöglicht wird. Als Basis mögen die beigefügten Fossiltafeln dienen. Nicht verschwiegen werden darf aber, daß die dargestellten Fossilien nur einen Bruchteil der vorkommenden Formen ausmachen. Wir sind also früher oder später auf weiterführende Literatur angewiesen.
Die genannten Aufschlüsse konnten nicht alle auf den aktuellen Stand hin überprüft werden. Dementsprechend besteht die heute leider immer wieder vorkommende Möglichkeit, daß ein Steinbruch zur Mülldeponie umfunktioniert oder gar vollkommen eingefüllt wurde. Andererseits aber ist die Zahl der Aufschlüsse sehr hoch (225), was uns über den Wegfall des

einen oder anderen Steinbruches hinwegtrösten wird.

Abweichend vom üblichen Schema geologischer Führer sind die einzelnen Aufschlüsse nicht in Routenbeschreibungen integriert, sondern entsprechend der stratigraphischen Stellung bei den jeweiligen Schichten beschrieben (von N nach S). Erfahrungsgemäß nämlich greift der Interessent ohnehin immer nur diesen oder jenen Aufschluß aus den Routenbeschreibungen heraus zur Zusammenstellung seines individuellen Exkursionsprogrammes, je nach Interessenschwerpunkten und verfügbarer Zeit. Alle Aufschlüsse sind durchlaufend numeriert (1 bis 225); die Nummern sind in Übersichtskarten eingetragen, was eine schnelle Orientierung ermöglicht. Die Aufschlüsse sind in der Regel bei der ältesten erschlossenen Schicht beschrieben: Treten also Keuper- und Schwarzjura-alpha-Schichten auf oder Weißjura-gamma- und Weißjura-delta-Schichten, so sind diese Aufschlüsse bei Keuper bzw. Weißjura gamma zu finden. Bei der Beschreibung der jüngeren Schichten wird nochmals auf den Aufschluß verwiesen.

Wegen der hohen Aufschlußzahl und aus Platzmangel konnte die Anfahrt meist nicht in detaillierter Weise beschrieben werden. Mit Hilfe der Karte 1 : 200 000 dürfte man die Steinbrüche usw. aber unschwer erreichen. Sehr vorteilhaft wäre natürlich der Gebrauch einer topographischen Karte 1 : 50 000 oder 1 : 25 000. Lagemäßig schwer zu definierende Aufschlüsse sind durch Angabe der Rechts- und Hochwerte leicht aufzufinden. Mit etwas Geduld und eventuell Nachfragen bei Ortsansässigen ist die Orientierung aber sicher auch ohne diese Hilfe möglich. Natürlich ist trotz der vielen genannten Aufschlüsse nur ein Bruchteil der existenten Steinbrüche, Gruben und Naturaufschlüsse genannt, weswegen wir im Gelände die Augen offen halten und möglichst viele Begehungen auf eigene Faust durchführen sollten. Interessant sind in diesem Zusammenhang auch alle Baugruben.

Es wird vorausgesetzt, daß der wirkliche Geologie- und Paläontologieliebhaber zwecks Schichtstudium auch Aufschlüsse ohne große Fossilausbeute besucht: Ein Fundstück aus fossilarmen Schichten kann von wesentlich größerer Bedeutung sein als zahlreiche Fossilien aus „reichen“ Sedimenten. Dementsprechend wird auf die Fossilführung der beschriebenen Aufschlüsse nur in Ausnahmefällen eingegangen – wer die Schichtbeschreibung gelesen hat, weiß Bescheid über den jeweiligen Fossilgehalt. Weiterhin wird auf diese Weise „Raubbau“ vermieden: Im Buch schnell mal die besonders ergiebigen Aufschlüsse nachschlagen und dann hin! Das ist nicht die rechte Art des Sammelns. Jeder freut sich über schöne Fossilfunde, aber wir wollen auch etwas lernen und „kennenlernen“!

Zwei Empfehlungen am Rande: Auch Bruchstücke von Fossilien mitnehmen, um eine möglichst vollständige Fossilliste erstellen zu können! Weiterhin ist die Erstellung einer petrographischen Sammlung lehrreich und interessant. Wir nehmen also typische Gesteinsstücke mit (etwa in der Größe 9 x 12 cm; mit dem Hammer formatisiert = Handstück), die sammlungsmäßig auch in Form einer petrographischen Säule angeordnet werden können, also stratigraphisch geordnet von den älteren zu den jüngeren Schichten. Besonders interessant sind dabei die altersmäßig gleichen verschiedenen Faziesausbildungen.

In den Fossillisten – beigefügt den entsprechenden Schichtbeschreibungen – kann logischerweise in den meisten Fällen nur eine kleine Auswahl der vorkommenden Arten gegeben werden. Diese Auswahl ist subjektiv –

andere Autoren hätten eine andere Zusammenstellung gewählt. Trotzdem repräsentieren sie einen guten Querschnitt durch die jeweiligen Floren und/oder Faunen. In der Regel werden Gattungen oder Arten mit großer stratigraphischer Reichweite („Durchläufer“) in aufeinanderfolgenden Fossillisten immer wieder genannt, um lästiges Zurückblättern vermeiden zu helfen. Die Nomenklatur wurde weitgehend auf den neuesten Stand gebracht.

Die angegebenen Entfernungen sind immer in Luftlinie gemessen. Wenn die Steinbrüche oder Gruben noch im Abbau stehen, ist die Frage nach einer Begehungserlaubnis selbstverständlich. Sofern im Text Schichtfolgen beschrieben sind, erfolgt dies immer vom Liegenden zum Hangenden hin.

Die Literaturhinweise nennen eine große Zahl älterer und neuerer Veröffentlichungen. Die älteren oft nicht mehr lieferbaren Bücher – und gerade hier finden wir meist die für Bestimmungsarbeiten wichtigen Arbeiten! – besorgen wir uns über die Fernleihe.

Die angegebenen Sammleradressen ermöglichen Kontakte zu gründlicher Exkursionsvorbereitung. Bei schriftlichen Anfragen ist die Beilage des Rückportos selbstverständlich. Einfacher ist meist ein Telefonanruf, da nicht alle Fossiliensammler begeisterte Briefschreiber sind. Möglicherweise ist auch ein Fossilienaustausch interessant, nach Klärung der jeweiligen Sammelschwerpunkte.

Herzlichen Dank spreche ich Prof. Dr. K. BEURLEN aus für die Durchsicht des Manuskripts und manchen wichtigen Hinweis! Herzlichen Dank auch an Dipl.-Geol. H. FETZER für anregende Diskussion speziell über die Regensburger Kreide, an die Lektoren des Verlags, Frau I. NAUMCZYK und Herrn W. K. WEIDERT für gute Zusammenarbeit und weitgehendes Eingehen auf meine Wünsche, besonders auch im Hinblick auf den unprogrammgemäß erhöhten Umfang des Buches, sowie an Frau Elisabeth POPP für die Erstellung des Registers. Meiner Frau danke ich für die graphische Bearbeitung sowie für Schreibarbeiten.

Allen Lesern wünsche ich viel Spaß bei der Lektüre und im Gelände! Ich hoffe, daß Sie die im Gelände auf Sie wartenden Eindrücke mit Hilfe des Buches richtig einordnen können, daß Sie viele schöne und/oder interessante Fossilien finden – und daß Sie ein Sammler im Sinne des oben Gesagten werden!

Augsburg, im Frühjahr 1985

Andreas E. Richter

Geologischer Abriß

Die Süddeutsche Großscholle

Unser Exkursionsgebiet gehört geologisch zur Süddeutschen Großscholle (Süddeutsches Dreieck). Sie bildet ein etwa gleichschenkliges Dreieck, dessen südliche, 500 km lange Basislinie entlang der Voralpenzone verläuft. Im Norden stößt die Süddeutsche Großscholle an die Norddeutsche Scholle. Der Oberrheintalgraben markiert die Grenze im Westen, die Böhmische Großscholle (Böhmische Masse) im Osten. Die Eckpunkte des Dreiecks sind in etwa Basel, der Hohe Meißner und Linz/Donau. Das Dreieck der Süddeutschen Großscholle wirkt wie ein in die Mosaikstruktur Mitteldeutschlands getriebener Keil. Im ganzen gesehen stellt es sich als eine flache, leicht gewellte, nach S und SE abgekippte Platte dar. Die Gesamtmächtigkeit der Oberkruste bis zur Peridotit-Schicht (Unterkruste) dürfte in Süddeutschland ungefähr 20 bis 25 km betragen.

Entlang des Oberrheintalgrabens beobachten wir eine intensive **Bruchtektonik** mit Absenkungen bis zu 5000 m; auch im Gebiet der Hessischen Gräben stellt man starke Bruchverformung fest. In den Bruchstrukturen von Vogelsberg, Rhön und Heldburger Gangschar tritt Basalt zutage. Auch die Grenze gegen die Böhmische Großscholle ist durch ausgeprägte, aus dem Kristallin ins Deckgebirge verlaufende Bruchtektonik gekennzeichnet (Bruchschollenland). Einen klaren Abschluß bildet die Fränkische Linie (s. Tektonik). Die südliche Begrenzung schließlich gibt der Übergang zwischen ungefalteter außeralpiner Vorlandmolasse und Faltenmolasse.

Die Verbindung zur spiegelbildlich angeordneten, ausgedehnteren, jedoch weniger markanten Schichtstufenlandschaft des Pariser Beckens unterbrechen der Oberrheintalgraben und seine Randschollen Schwarzwald, Vogesen, Odenwald und Spessart. Die östlich liegende Böhmische Masse, das größte bis an die Erdoberfläche reichende Grundgebirge Mitteleuropas, wird in den Bayerischen Wald, Oberpfälzer Wald, das Fichtelgebirge und den Frankenwald gegliedert. Auch in Schwarzwald, Spessart und Odenwald tritt Grundgebirge zutage.

Als Grundgebirge fassen wir in der Süddeutschen Großscholle die vorpaläozoischen und paläozoischen Gesteinskomplexe zusammen. Diese sind nach verschiedenen Gebirgsbildungs- und Verformungsperioden durch die Variszische Gebirgsbildung (Variszikum: Die jungpaläozoische, vom Oberdevon bis ins Perm hineinreichende Gebirgsbildungs-Periode) endgültig verformt und zu einer Einheit verschmolzen worden. Deutlich abgesetzt legt sich das hauptsächlich mesozoische Schichten umfassende Deckgebirge darüber.

Die heute zutage ausstreichenden Gebirgskomplexe – z. B. Spessart, Odenwald, Schwarzwald und wohl auch Teile der Böhmischen Masse – waren früher vom mesozoischen Deckgebirge bedeckt und wurden erst in den nachfolgenden erdgeschichtlichen Zeiten – von der Kreide an – infolge verstärkter Schollenhebung wieder freigelegt. Der Hauptteil

der Böhmischen Masse aber war wohl immer Hochgebiet, wodurch hier das Grundgebirge weitflächig entblößt blieb.
Während des Altpaläozoikum waren weite Teile Süddeutschlands meeresbedeckt. Zur Devonzeit erstreckte sich ein Ausläufer der variszischen Geosynklinale bis nach Süddeutschland. Zum **Variszischen Faltengebirge** aufgewölbt wurden die Sedimente dieser Geosynklinale im Karbon, fielen jedoch weitgehend der Abtragung zum Opfer.

Nordbayern

In diesem Abschnitt geht es um Aufbau und Werden der nordbayerischen Landschaft mit besonderer Berücksichtigung unseres Exkursionsgebietes. Wir lernen bei unseren Exkursionen so gut wie ausschließlich mesozoische Gesteine kennen.
Das Werden der Schichtstufenlandschaft ist in einem eigenen Abschnitt dargestellt, wie auch die verschiedenen in der Frankenalb so zahlreichen Karsterscheinungen.
Das variszische Grundgebirge Bayerns zerfällt in zwei Bereiche: die von SW nach NE streichenden saxothuringischen Zonen (Saxothuringikum) im N und die durch die Erbendorfer Linie (von Erbendorf südöstlich Bayreuth nach Nürnberg) davon getrennte Moldanubische Region (Moldanubikum).
Das **Saxothuringikum** ist gekennzeichnet durch eine paläozoische, variszisch verformte Schichtfolge vom Kambrium bis zum Unt. Karbon, auflagernd auf gefalteten Gesteinen vorpaläozoischen Alters. Zwei Schwellenzonen (nördlich die Mitteldeutsche und südlich die Fichtelgebirgs-Erzgebirgs-Schwelle) werden durch den Thüringischen Trog getrennt. Zu seiner Muldenzone gehört das Paläozoikum des Frankenwalds.

In der **Moldanubischen Region** Nordostbayerns überwiegen eindeutig vorpaläozoische Gesteine. Sie durchliefen mehrere Verformungsphasen (vor 570, 500–400 und 380–300 Millionen Jahren). In die alten Gesteine drang vor allem im W-Teil der Böhmischen Masse (Bayerischer Wald, Böhmerwald) im Zusammenhang mit der variszischen Gebirgsbildung (vor ca. 330–280 Millionen Jahren) in großem Maßstab Granit ein; in diesen Zusammenhang gehört auch der berühmte Pfahl.
Im Grundgebirge kam es durch nachvariszische Vorgänge an den Bruchzonen zu zahlreichen Verwerfungen, wobei die Hebungen und Senkungen teilweise beträchtliche Ausmaße erreichten (Sprunghöhen bis weit über 1000 m).

Kambrium bis Karbon

Die in Nordbayern während des Paläozoikum abgelagerten Gesteinsformationen wurden nach der variszischen Gebirgsbildung im Bereich der höher herausgehobenen Gebiete schon vor der Bildung des Deckgebirges wieder abgetragen – dies gilt vor allem für den später die Vindelizische Schwelle bildenden südlichen Teil Nordbayerns –, oder sie sind heute in weiten Gebieten Nordbayerns unter dem Deckgebirge vergraben. Nur im Frankenwald treten sie übertage auf. Flachmeer- oder gar Küstenfazies ist selten. Demnach reichte die Meeresüberflutung in der Regel weiter nach S bzw. SW.
Das variszische Gebirge verläuft als mindestens 500 km breiter Faltengürtel vom Französischen Zentralmassiv und Bretagne/Normandie in WSW-ENE- bis WE-Richtung durch W- und Mitteleuropa. Vogesen-Schwarzwald, Ardennen-Rheinisches Schiefergebirge, Harz, Thüringer Schiefergebirge, Frankenwald, Erz-

gebirge und Sudeten sind herausgehobene Bruchstücke dieses alten Gebirgszuges. Die maßgebliche Formung erfolgte gegen Ende des Unt. Karbon, in der sudetischen Phase der variszischen Gebirgsbildung. Die Faltung ging aus von der Bogeninnenseite (etwa dem heutigen nördlichen Alpenrand entsprechend) und setzte sich nach außen hin fort. Zu diesen Faltungsvorgängen kamen Vulkanismus und Intrusionstektonik. Der Zug der großen Steinkohlebecken von England, Nordfrankreich-Belgien, Ruhrgebiet bis nach Oberschlesien markiert den etwaigen N-Rand des Variszischen Gebirges.
Während des Ob. Karbon dürfte der nördliche Teil Bayerns zumindest zeit- und gebietsweise (im S) Gebirgscharakter gehabt haben. Der Frankenwald hingegen war im Unt. Karbon noch Sedimentationsgebiet (teilweise küstennahe Ablagerungen).

Perm

Das Unt. Perm bildet in Nordbayern, ausgenommen die Randbereiche der Böhmischen Masse (Frankenwald), den ältesten Teil des Deckgebirges. Mit scharfer Grenze überlagern grobklastische Sedimente, die vom abgetragenen variszischen Faltengebirge stammen, das Grundgebirge. Der spätere Vindelizische Rücken entstand aus dem südlich der Donau liegenden kristallinen Festland.
In teilweise schnellem Wechsel erfolgten Hebungen bzw. Senkungen, hervorgerufen durch das Einspielen des Schweregleichgewichts der Tafel (isostatische Vorgänge). Zur **Rotliegendzeit** war die Oberfläche gekennzeichnet durch oft kleinräumige Becken und Schwellen. Die Beckensedimente können bis zu 1500 m Mächtigkeit erreichen, während die ehemaligen Hochgebiete nur eine dünne Sedimenthaut tragen. In der Rotliegendzeit trat verschiedentlich als Ausklang der gewaltigen Granitintrusionen des Karbon ausgedehnter Oberflächenvulkanismus auf, erkennbar an den oft bedeutenden Einschaltungen von Quarzporphyr- und Melaphyr-Decken in die Rotliegendsedimente. Das später flache Land war anfangs hügelig bis bergig, das Klima zu Beginn der Permzeit feucht, später warm und trocken, worauf die Rotfärbung entsprechender Sedimente hinweist. Zu Meeresüberflutungen kam es nicht.
Die Verfrachtung des Gesteinsschutts in die Becken erfolgte durch sporadische starke Regenfälle (Schichtfluten) oder Flüsse. Die große Masse der aus den so angehäuften Schuttdekken entstandenen Gesteine (Fanglomerate, Konglomerate, auch Arkosesandsteine usw.) weist auf die ehemals gebirgige Natur des Landes hin. Regionale tektonische Vorgänge bewirkten eine langanhaltende bzw. immer wieder neubelebte Abtragung. Gegen Ende des Rotliegenden war das Land weitgehend planiert.
Zu Beginn der **Zechsteinzeit** wurde die Süddeutsche Schwelle in ihrem N-Teil abgesenkt, das Zechsteinmeer konnte nach S transgredieren. Die Küstenlinie verlief, leicht nach Norden geschwungen, etwa zwischen Stuttgart und Bayreuth. Das südlichste erbohrte Zechsteinvorkommen liegt in der Gegend von Pforzheim. Von den vier Sedimentationszyklen des Zechsteins in Norddeutschland ist in Bayern nur der erste, früheste Zyklus nachweisbar und auch dieser nicht vollständig; die übrigen Zyklen sind nur relikthaft mit küstennahen Ablagerungen in geringer Mächtigkeit belegt.
Das zur Zechsteinzeit sehr warme und trockene Klima hatte starke Verdunstung zur Folge und führte so zur Mineralanreicherung und

damit zu Gips- und Steinsalzbildung auf dem Meeresboden.

Der Vindelizische Festlandsrücken

Die Zentralachse des Variszischen Gebirgskomplexes, ungefähr vom Zentralmassiv über das Gotthard-Massiv (Westalpen), den Schwarzwald und den oberen Donauraum gegen das Böhmische Massiv verlaufend, hob sich stärker heraus als die nördlich anschließenden Gebiete des Saxothuringikum. Diese WSW-ENE ziehende, während des Perm aufsteigende Hebungsachse wird als Vindelizische Schwelle bezeichnet (GÜMBEL). Die spätere Süddeutsche Großscholle – damals in der heutigen Umgrenzung noch nicht bestehend – bildet daher eine flach gegen N eingekippte Platte.
Die Vindelizische Schwelle bildete während ihres Bestehens eine trennende Barriere zwischen dem ozeanischen Raum der Tethys im S und dem Raum der späteren Süddeutschen Großscholle im N. Die Formationsentwicklung nördlich und südlich der Vindelizischen Schwelle ist daher – vor allem während der Triaszeit – durchgreifend verschieden. Zwischen dem „germanischen" und dem alpinen Muschelkalk der anisischen und ladinischen Stufe bestehen sowohl lithofaziell wie auch hinsichtlich der Fossilführung beträchtliche Unterschiede. Zwischen der Oberen Trias (Keuper) der Süddeutschen Großscholle und der Oberen Alpinen Trias (Ob. Ladin, Karn, Nor, Rhät) mit ihrer voll ozeanischen Ausbildung und ihren großen Mächtigkeiten gibt es kaum Vergleichsmöglichkeiten.
Noch im Unteren und Mittleren Jura sind die Unterschiede der faziellen und faunistischen Ausbildung im N und S der Vindelizischen Schwelle sehr stark ausgeprägt. Sie weisen auf zwei durch diese Schwelle getrennte Meeresräume hin, zwischen denen kaum eine Verbindung bestand. Erst vom oberen Mitteljura an und vor allem im Oberjura verschwinden diese Unterschiede mehr und mehr. Die Vindelizische Schwelle sinkt endgültig ein, wodurch das süddeutsche Oberjurameer zu einem nördlichen Randmeer des Tethys-Ozeans wird. Da gleichzeitig die Heraushebung der Mitteldeutschen Querschwelle beginnt, wird nun der Raum der Süddeutschen Großscholle unter Umkehrung der ursprünglichen Situation zu einer nach S eingekippten Platte.
Die Vindelizische Schwelle ist also ein relativ kurzlebiges paläogeographisches Element mit großer Bedeutung während der Triaszeit und gegen Ende der Jurazeit endgültig verschwunden.

Trias

Die tektonischen Ereignisse während der Triaszeit waren unbedeutend. Vulkanismus in größerem Umfang ist nicht nachweisbar. Das Festland erhob sich nur wenig über den Meeresspiegel, weshalb schon bei geringfügiger Absenkung des Landes bzw. Anstieg des Meeresniveaus weite Gebiete überflutet wurden. Rein marine Sedimente treten nur im Muschelkalk auf, während Buntsandstein und Keuper überwiegend Festlandsbildungen „amphibischen" Charakters darstellen (teils Land, teils überflutet; oszillierende Wasserbedeckung).
Während die Buntsandstein- und Keupersedimente weitgehend aus Sandsteinen und Tonen bestehen, treten im Muschelkalk hauptsächlich Kalke auf, gebietsweise aber auch Sandsteine (vor allem von Bayreuth nach SE, am Rand der Böhmischen Masse).
Die faziellen Unterschiede der Triassedimente

entsprechen nicht immer echten Zeitgrenzen. Dies trifft vor allem zu für die Grenze Buntsandstein/Muschelkalk: Die Muschelkalkfazies kann schon im Röt einsetzen.
Die während der Rotliegendzeit bestehenden SW-NE streichenden Schwellen- und Beckenzonen wurden während des Perm weitgehend eingeebnet, so daß die Buntsandsteinsedimentation auf einer relativ gut geebneten Fläche ablief. Die Buntsandsteinsedimente wurden durch über die Landoberfläche pendelnde ausgedehnte Flußsysteme abgelagert. In den großflächigen Talauen erfolgte auch weiträumige Ausdünnung. Die Quellregionen dieser Flußsysteme und damit die Liefergebiete für die Sedimente lagen im Französischen Zentralmassiv, in den Westalpen, im Gebiet des Vindelizischen Rückens und im Böhmischen Massiv. Entsprechend der N-Kippung flossen die Flüsse in den nordwestdeutschen Senkungsraum ab.
Das zur Zeit des Unt. Muschelkalk transgredierende **Wellenkalkmeer** kam von N. Entsprechende Gesteine liegen zwar im Gebiet von ganz Nordbayern im Untergrund, treten jedoch nur am E-Rand von Odenwald, Spessart und Rhön sowie in geringem Umfang im Bruchschollenland zutage.
Durch Schwellenbildung bedingte Trennung vom offenen Meer führte im **Mittl. Muschelkalk** zu hypersalinaren Verhältnissen und zur Bildung von Steinsalzlagern (in Nordbayern vor allem in der Gegend um Schweinfurt).
Bereits während der Muschelkalkzeit dringt das Meer mit breiten Buchten in das Gebiet des Vindelizischen Rückens vor. Im **Ob. Muschelkalk** (Hauptmuschelkalk) bedeckte ein ausgedehntes Flachmeer ganz Nordbayern. Ausgeprägte Regressionen zur Keuperzeit und fortschreitende Verlandung bedingen eine Trennung des Beckens in Binnenmeer-, Lagunen- und Landgebiete mit entsprechend stark differenzierten Faziesräumen. Die Liefergebiete für die Sedimente des Unt. Keuper sind vorwiegend im NE (Baltischer Raum), jene des Ob. Keuper vorwiegend in der Böhmischen Masse zu suchen. Die Vindelizische Schwelle spielte nur noch eine untergeordnete Rolle.

Jura

Die Jurazeit ist durch **weite Meeresvorstöße** gekennzeichnet. Abgesehen von der Hebung der Mitteldeutschen Masse im Ob. Jura (jungkimmerische Phase) liefen keine bedeutenden gebirgsbildenden Vorgänge ab. Das Klima war warm, besonders zur Oberjurazeit (Korallenriffbildungen).
Die erste Transgressionsphase erfolgte bereits im Rhät: Das Meer drang bis zu den Haßbergen vor. Das aus der Mitteldeutschen Straße und über Coburg nach SSE vorstoßende Meer überflutete immer weitere Bereiche des Vindelizischen Landes, das zumindest in küstennahen Zonen reichen Pflanzenwuchs aufwies (Schachtelhalme und Farne, Gymnospermen u. a.). Die einzelnen Abschnitte dieser kontinuierlich verlaufenden Transgression lassen sich von Coburg aus ca. 120 km nach S gut belegen. Wenn wir für die Dauer des Vorgangs 1,5 Millionen Jahre annehmen, so beträgt das jährliche Vorrücken des Meeres 0,8 mm (geologisches Denken muß neben den Millionen Jahren auch winzige Einheiten berücksichtigen!).
Zur Zeit des Ob. Jura entstand durch die weitgehende Überflutung des Vindelizischen Rückens eine Verbindung mit der Tethys, dem erwähnten tiefen Meeresbecken im Alpinbereich, was einen Faunenaustausch ermöglichte.

S der Donau tauchen die Jurasedimente rasch unter die Sedimente des Molassebeckens. Am Alpenrand liegt die Oberkante der jüngsten Juraschichten schon etwa 5000 m unter NN.
Die vom N aus der Hessischen Senke vordringende Transgression des Jurameers traf bereits während des Unteren Unterjura (alpha) auf ein von SW (Rhône-Becken) in den Schwäbischen Jura vordringendes und nach E fortschreitendes Transgressionsmeer. Somit bestand schon im Unt. Unterjura ein einheitliches fränkisch-schwäbisches Meeresbecken. Ganz Franken war zu dieser Zeit vom Meer überspült. Dieses epikontinentale Meeresbekken blieb erhalten bis gegen Ende der Jurazeit. Vom Ob. Mitteljura an überflutete dieses Meer nach und nach die nun einsinkende Vindelizische Schwelle.
Gegen Ende des Oberjura zieht sich das Meer nach S zurück, die mesozoische Platte wird gehoben und gewölbt – die Ausgangsbedingungen für das Entstehen der Schichtstufenlandschaft sind geschaffen.

Kreide

Die Ära der alpidischen Faltung setzte schon im Jura ein. Nach stärkeren Faltungsphasen während der Kreidezeit mit Steigerungen in der Oberkreide erfolgte im frühen Alttertiär der endgültige Deckenzusammenschub und somit die Ausformung des Gebirgskörpers. Ab dem Oligozän wurde die Gebirgsmasse herausgehoben; starke Erosion und Talbildung modellierten die heutige Landschaft. Die tiefe Einsenkung des Molassetrogs zwischen Gebirgsrand und Donauraum verlagerte den Bereich der ehemaligen Vindelizischen Schwelle in große Tiefen.
Während der Unt. Kreide (und weitgehend auch schon zur späten Jurazeit) lag Nordbayern trocken. Im Gebiet der Frankenalb verkarstete die Weißjuraoberfläche tiefgründig. Erst in der Unt. Oberkreide (Cenoman) erfolgte von SE her, aus dem Alpenraum, ein erneuter Meeresvorstoß auf die erodierte Juraoberfläche, nach E auf Triassedimente und auch auf Variszikum. Die anschließende Regression leitete eine dauerhafte Kontinentalphase ein – seit Ende der Kreidezeit ist Nordbayern Festland. Nach dem Trockenfallen erfolgte eine erneute Hebung der Schichtstufen und die Bildung jener Form, die der heutigen Schichtstufenlandschaft zugrunde liegt.
Die Kreidesedimente sind vorwiegend sandig-tonig. Auf der Juraoberfläche blieben sie in wannen- und rinnenartigen, teilweise isolierten Vorkommen erhalten. Ihre altersmäßige Zuordnung ist schwierig, bedingt durch Erosionsdiskordanzen, raschen Fazieswechsel und das Fehlen von Leitformen.

Tertiär

Abgesehen von sehr geringflächigen oligozänzeitlichen Transgressionen im äußersten Süden der mesozoischen Tafel und im Rhöngebiet war Nordbayern während des Tertiär ununterbrochen **Festland, Abtragungsgebiet**. Lebhafter Vulkanismus hinterließ Ergußgesteine vor allem in Rhön, Fichtelgebirge und in den Haßbergen, aber auch im Albgebiet (z. B. im Bereich der „Langen Meile“ westlich Bamberg wie auch in der Heldburger Gangschar).
Tertiärsedimente sind in Nordbayern selten und auf kleinflächige Mulden beschränkt (z. B. Nördlinger Ries, Rhönsenke, miozänes Naabsystem, Braunkohlentertiär).
Die gegen Ende des Tertiär einsetzende Klimaveränderung (Abkühlung) deutet den Beginn der Eiszeiten an.

Quartär

Die große pleistozäne Vereisungszeit hinterließ in Nordbayern zwar ihre Spuren, jedoch nahezu ausschließlich in Form periglazialer Erscheinungen: tiefeingeschnittene asymmetrische Flußtäler, Schotterterrassen, Löß- und Flugsandbildungen, Blockschuttbildungen (Blockmeere, Absturzmassen, Gehängeschutt), Bodenfließen über gefrorenem Untergrund, Wanderschutt (Blockströme), Strukturböden, Buckelwiesen und Eiskeile.
Das nordische Inlandeis konnte zeitweise bis nach Thüringen vorstoßen. Die alpinen Gletscher drangen vor bis in die Gegend von München. Kleinflächige Regionalvergletscherungen traten auch im Bayerischen Wald auf. Im eisfreien Gebiet sank die Durchschnittstemperatur um 8 bis 12 Grad. In den Kälteperioden herrschte ein Klima, das sich mit dem im heutigen nördlichen Sibirien vergleichen läßt. Eis- und Warmzeiten (Zwischeneiszeiten) wechselten ab, entsprechende **Kalt- und Warmfaunen** lassen sich vor allem an Hand der Säugerfaunen (Höhlenfunde!) nachweisen. Andere Belege für die Interglazialzeiten sind z. B. tiefgründige Verwitterungsböden.
Im Bereich der S Frankenalb treten häufig Quartärdecken in Form von **Alblehm** auf, mit mehr oder weniger ausgeprägter Lößlehmführung (Lehmige Albüberdeckung), z. B. zwischen Dietfurt und Hemau sowie südlich Painten.

Tektonik

Da vor allem im Bruchschollenland, aber auch in den Buntsandstein- und Gäulandschaften Unterfrankens teilweise sehr intensive tektonische Abläufe nachweisbar sind, zahlreiche Strukturen untersucht und gedeutet wurden, können im folgenden nur einige wenige dieser tektonischen Elemente herausgegriffen und kurz erläutert werden (siehe Abb. S. 20).
Eine markante Verwerfung ist die „Fränkische Linie“ („Fichtelgebirgsrandspalte“), eine entlang des Thüringer Waldes, des Frankenwaldes, Fichtelgebirges und nördlichen Oberpfälzer Waldes ziehende Linie mit Sprunghöhen bis über 2000 m. Sie ermöglicht eine klare Trennung zwischen der Böhmischen und der Süddeutschen Großscholle. Zahlreiche, ebenfalls herzynisch (NW – SE) streichende Störungen liegen im Bruchschollenland und auch in der Juraplatte der Frankenalb und zeugen von intensiver Bruchtektonik: die Kulmbacher Störung mit Sprunghöhen bis zu 900 m, die Freihunger Störung (bis zu 1300 m), die Lichtenfelser und die Hollfelder Störungszone.
Die Grabfeld-Mulde, der bruchtektonisch überprägte Staffelsteiner Graben, die Hollfelder Mulde, die Veldensteiner Mulde, die Kallmünzer und die Regenstaufer Mulde bilden den Muldenzug der Frankenalb-Furche, eines wichtigen Biegeelementes am Rand der Süddeutschen Scholle. Der Ostbayerische Randtrog, eine von Regensburg über Straubing verlaufende Einmuldung, ist die Fortsetzung der Frankenalb-Furche nach SE.
Der Donaurandbruch verläuft von Regensburg in Richtung Deggendorf, wenig nördlich der Ostbayerischen Mulde. Diese Verwerfung mit teilweise über 1800 m Sprunghöhe ist ein wichtiges bruchtektonisches Element und stellt eine Verlängerung der Bebenhäuser Zone (Schwarzwald-Bayerwald-Linie) dar.
Die von Regensburg nach N ziehende Keilberg-Verwerfung (Sprunghöhe bis etwa 1200 m) läuft etwa parallel der Kallmünzer Mulde. Außerordentlich markant und pfeilgerade über weite Strecken zieht der von NW nach SE verlaufende „Pfahl“, ein wesentliches Element

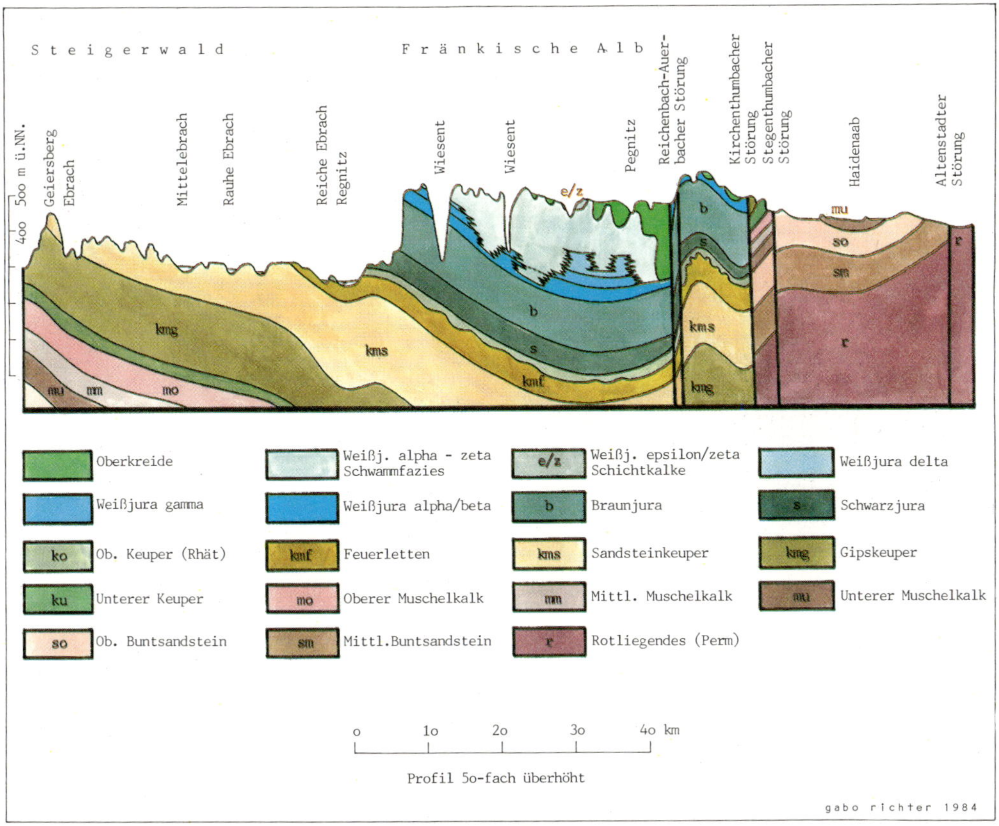

Abb. 1. Geologischer Schnitt durch das Deckgebirge im Bereich der Fränkischen Alb und des Albvorlandes, umgezeichnet nach HAUNSCHILD, MEYER und SCHWARZMEIER 1980.

Abb. 2 (S. 18). Karsthöhlensystem, umgezeichnet und geringfügig abgeändert nach „Naturwunder unserer Heimat", Verlag Das Beste GmbH, Stuttgart 1981.

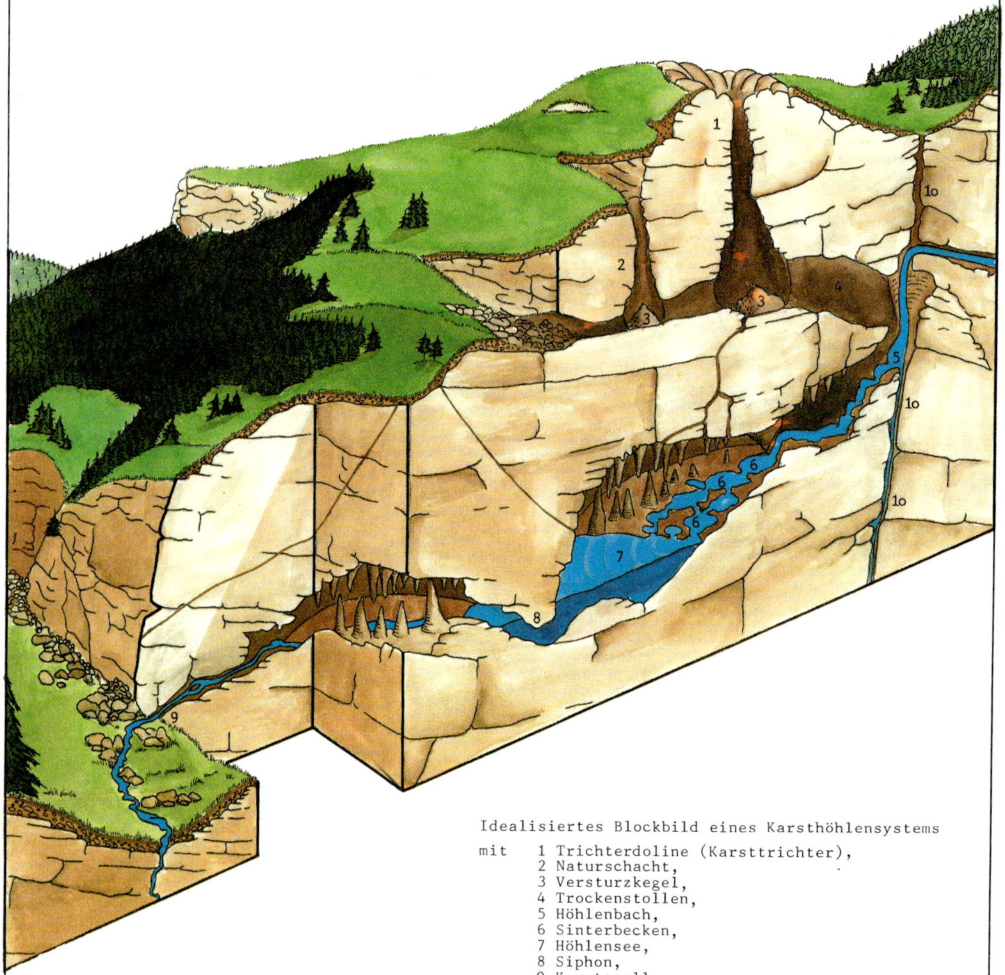

Idealisiertes Blockbild eines Karsthöhlensystems

mit 1 Trichterdoline (Karsttrichter),
2 Naturschacht,
3 Versturzkegel,
4 Trockenstollen,
5 Höhlenbach,
6 Sinterbecken,
7 Höhlensee,
8 Siphon,
9 Karstquelle,
1o Störung (Verwerfung).

Das tieferliegende Höhlensystem zeigt Stalaktiten- und Stalakmitenbildungen. Das Kalkgestein ist grob gebankt und mehr oder weniger stark zerklüftet.

gabo richter 1984

des Bayerischen Waldes. Die Amberg-Sulzbacher Zone, die Hollfelder, Staffelsteiner und Lichtenfelser Störungszone bilden eine Fortsetzung der Pfahlzone nach NW.
Wenig nördlich des Nördlinger Rieses liegt die Hesselberg-Mulde; wie diese ebenfalls etwa westöstlich zieht die Neckar-Jagst-Furche, eine zwischen dem Fränkischen Schild und der Schwarzwald-Bayerwald-Linie verlaufende Einmuldung.
Der Fränkische Schild und der kleine Colmberger Schild sind zusammen mit dem Ansbacher Sattel tektonisches Hochgebiet, von letzterem getrennt durch die Einmuldung der Fränkischen Furche. Vom Fränkischen Schild etwa nach NNE verläuft der Uffenheimer Sattel.
Die Aufwölbung der Spessart- und Rhön-Schwelle erfolgte gegen Ende der Jurazeit während der jungkimmerischen Phase. Die Schrägstellung der mesozoischen Tafel ist darauf zurückzuführen. Parallel dieser etwa NE-SW streichenden Schwellen (erzgebirgisches Streichen) verlaufen weniger ausgeprägte Sättel und Mulden: die Bauland-Mulde, die Zeller Mulde und die Bergtheimer Mulde. Zu diesem Gebiet gehört auch der Uffenheimer Sattel, der vom Fränkischen Schild seinen Ausgang nimmt.
Die unterfränkischen Verbiegungen der Schweinfurter Mulde, des Kissingen-Haßfurter Sattels und der Grabfeld-Mulde streichen im Gegensatz zu letztgenannten erzgebirgischen Elementen wiederum herzynisch, wodurch zusammen mit den zahlreichen weiteren Verbiegungen Unterfrankens eine Vergitterung der tektonischen Elemente stattfindet.

Die Schichtstufenlandschaft der Frankenalb

Einen derart markanten Albtrauf wie in der Schwäbischen Alb finden wir in der Frankenalb freilich nicht, obwohl an manchen Stellen der Steilabfall der Weißjurakalke sehr eindrucksvoll ausgebildet ist. Die Frankenalb ist ein Teil der Süddeutschen Schichtstufenlandschaft und die **dominierende Landschaftsform** des nordbayerischen Deckgebirges.
Schichtstufen entstehen, wenn Schichtpakete durch tektonische Vorgänge schräg gestellt werden. Die Erosion der Schichtköpfe erfolgt je nach Widerstandsfähigkeit des Gesteins (Petrovarianz) schneller oder langsamer und hinterläßt flache bis steile Stufen. Der Trauf (Stufenstirn) zieht sich bedingt durch die Abtragung kontinuierlich zurück und hinterläßt Zeugenberge oder Auslieger, kann andererseits auch durch Flußtäler zerschnitten oder gebuchtet sein.
Die gegen Ende der Jurazeit, im Verlauf der jungkimmerischen Phase, allmählich gehobene mesozoische Tafel stieg im N schneller als im S: Während der N-Teil der heutigen Frankenalb schon Festland war, sedimentierten in der Südlichen Frankenalb noch die Neuburger Bankkalke.
Während der Unterkreide fielen sicherlich nicht unbedeutende Schichtpakete des Oberen Oberjura der Abtragung zum Opfer. So wissen wir nicht, wann genau die Sedimentation in der Nordalb abriß. Jedenfalls aber waren ursprünglich noch jüngere als die heute anstehenden Schichten vorhanden.
Beim Aufstieg der Tafel kam es zu flachwelligen Verbiegungen und Brüchen. Es entstand eine Schichtstufenlandschaft mit ähnlicher Morphologie wie heute. Die während der Festlandsperiode der Unterkreidezeit abgetragene

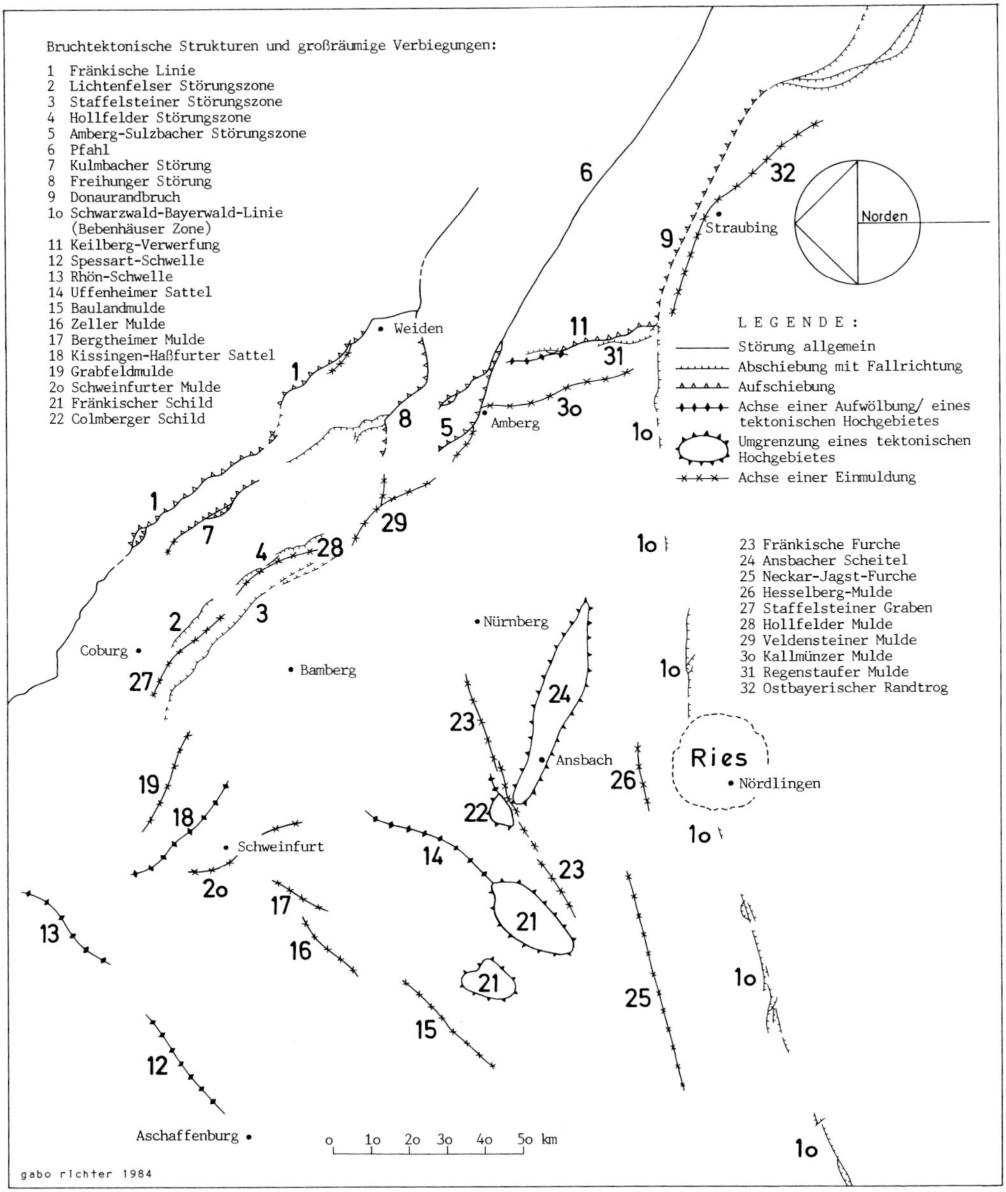
Bruchtektonische Strukturen und großräumige Verbiegungen:
1 Fränkische Linie
2 Lichtenfelser Störungszone
3 Staffelsteiner Störungszone
4 Hollfelder Störungszone
5 Amberg-Sulzbacher Störungszone
6 Pfahl
7 Kulmbacher Störung
8 Freihunger Störung
9 Donaurandbruch
1o Schwarzwald-Bayerwald-Linie (Bebenhäuser Zone)
11 Keilberg-Verwerfung
12 Spessart-Schwelle
13 Rhön-Schwelle
14 Uffenheimer Sattel
15 Baulandmulde
16 Zeller Mulde
17 Bergtheimer Mulde
18 Kissingen-Haßfurter Sattel
19 Grabfeldmulde
2o Schweinfurter Mulde
21 Fränkischer Schild
22 Colmberger Schild
23 Fränkische Furche
24 Ansbacher Scheitel
25 Neckar-Jagst-Furche
26 Hesselberg-Mulde
27 Staffelsteiner Graben
28 Hollfelder Mulde
29 Veldensteiner Mulde
3o Kallmünzer Mulde
31 Regenstaufer Mulde
32 Ostbayerischer Randtrog
LEGENDE:
Störung allgemein
Abschiebung mit Fallrichtung
Aufschiebung
Achse einer Aufwölbung/ eines tektonischen Hochgebietes
Umgrenzung eines tektonischen Hochgebietes
Achse einer Einmuldung
Norden
Straubing
Weiden
Amberg
Nürnberg
Coburg
Bamberg
Ansbach
Ries
Nördlingen
Schweinfurt
Aschaffenburg
o 1o 2o 3o 4o 5o km
gabo richter 1984

Tektonische Übersicht Nordostbayerns; nach SCHWARZMEIER 1981.

Sedimentschicht wird auf maximal 300 m geschätzt. Die obenliegenden Weißjurakalke erfuhren **tiefgründige Verkarstung:** Bekannt sind engräumige Niveauunterschiede bis zu 150 m. Karsttaschen und Dolinen bei Neuburg/Donau reichen maximal 60 m tief – hier bildete sich zur späteren Kreidezeit (Cenoman) das Neuburger Weiß. Die Karsthohlräume der Alb wurden mitunter durch Oberkreidesedimente plombiert und teilweise erst in jüngster Zeit exhumiert. Gegen Ende der Unterkreidezeit war die erste Schichtstufenlandschaft verschwunden, die mesozoische Tafel weitgehend planiert.

Mit Beginn der Oberkreide erfolgte erneute Meeresüberflutung; die entsprechenden Sedimente lagern diskordant auf den Weißjuragesteinen. Das Gebiet der heutigen Frankenalb war nun wieder fast ganz überflutet. Frankenwald und Fichtelgebirge wie auch Unterfranken und weite Teile des übrigen Frankenlandes blieben jedoch Festland. Ein letzter Vorstoß des Kreidemeeres erfolgte gegen Ende des Ob. Turon.

In der auslaufenden Oberkreidezeit setzte eine erneute Hebungsphase ein (laramische Phase). Bedingt wohl durch das kräftige **Aufsteigen von Schwarzwald und Odenwald** erfolgte eine Kippung der Platte gegen E bzw. SE. Die Maximalneigung beträgt etwa 7 Grad. Nachfolgende tektonische Vorgänge verursachten Störungen: Verwerfungen, Mulden- und Sattelzonen usw.

Die neu entstandene Schichtstufenlandschaft zeigt noch keine vertrauten Züge; die eigentliche Prägung der heutigen Landschaftsform erfolgte im Tertiär. Von der Hochfläche floß der Gesteinsschutt in Flysch- und Molassetrog, ins Alpenvorland. In den höchstgelegenen Gebieten war die durch tektonische Vorgänge immer neu belebte Abtragung am intensivsten. Die jüngsten Schichten – Ob. Kreide – verschwanden zuerst, gefolgt von den widerstandsfähigen Oberjurakalken. Am Albtrauf entstanden, bedingt durch die **Petrovarianz**, aufs neue Stufen, Absätze und Verebnungen: Schichtstufen. Der Albtrauf wanderte immer weiter zurück, seit dem Miozän wahrscheinlich mehr als 20 km. Zurück blieben **Zeugenberge** (z. B. der Hesselberg bei Wassertrüdingen, Walberla bei Forchheim, Möningerberg südwestlich Neumarkt/Opf., Staffelberg bei Staffelstein, Neubürg südwestlich Hollfeld bei Wohnsgehaig, Schobertsberg und Sophienberg südlich Bayreuth) und **Auslieger**.

Das heutige **Flußsystem** basiert teilweise auf Tälern, die schon während der ersten Schichtstufenbildung gegen Ende der Jurazeit angelegt wurden.

Die Richtungsänderung der Frankenalb – „Albknick“ bei Regensburg – ist unter anderem aus den besonderen Bedingungen zu erklären, die bei der Entstehung des Schichtstufenlandes herrschten, wobei hier jedoch tektonische Besonderheiten wie auch paläogeographische Gegebenheiten der Jurazeit eine Rolle spielten.

Etwa gegen Ende der Miozänzeit hatte die Fränkische Schichtstufenlandschaft ihre heutige Form, obwohl z. B. nördlich des Mains wie auch im Bruchschollenland auch später noch beträchtliche Veränderungen stattfanden.

Karst – Formen und Entstehung

Die geologische Erscheinung „Karst“ erhielt ihren Namen nach dem Küstengebirge an der

jugoslawischen Adria, und viele im Zusammenhang mit dem Karstphänomen verwendeten Fachwörter entstammen diesem Sprachgebiet (siehe Abb. 2, S. 18).
Karst entsteht vorzugsweise in chemisch angreifbaren, also löslichen Gesteinen und somit in erster Linie in den Karbonatgesteinen Kalk und Dolomit. Allen Karstgebieten gemeinsam ist, daß Niederschläge rasch versickern und kaum Oberflächengewässer existieren. Flüsse und Bäche verschwinden, zurück bleiben Trockentäler: Die Entwässerung erfolgt unterirdisch in Spaltensystemen, Klüften und Höhlen. Das Oberflächenwasser verschwindet um so schneller, je weiter die unterirdische Ausräumung fortgeschritten ist. Allen Karstlandschaften gemeinsam ist eine typische, der **Wasserarmut** angepaßte, spärlich erscheinende Vegetation.

Ein markantes Trockental finden wir bei Wellheim/Konstein in der Südlichen Frankenalb (Wellheimer Trockental), ein anderes bei Wolfsfeld/Kastl (Wolfsfelder Tal: breit eingetiefter Oberlauf mit zwei Umlaufbergen und steil in den Dolomit geschnittener Unterlauf), bei Velden/Pegnitz Ankatal und Kupfertal.

Grundsätzlich unterscheiden wir zwischen bedecktem Karst – dies trifft weitgehend auf die Gebiete der Alb zu – und unbedecktem, nacktem Karst, wie er in Idealform in den Alpen beobachtet werden kann (z. B. auf dem Gottesackerplateau). Auf das aggressive, d. h. gesteinslösende Wasser geht eine ganze Reihe geologischer Erscheinungen zurück, die die Morphologie der Karstgebiete prägen. Das sind z. B. Naturschächte und Karstbrunnen, Poljen und Uvalas, Karsthöhlen, Schlotten, geologische Orgeln, Karren oder Schratten.
Kalke und Dolomite sind in reinem Wasser kaum löslich. Da aber Regenwasser unterschiedlich viel Kohlensäure enthält (aufgenommen in der Luft oder aus dem Boden, z. B. aus Verwesungsrückständen organischer Stoffe), werden die Karbonatgesteine nach und nach in Bikarbonate umgewandelt und sind nun sehr viel leichter löslich.
Vor allem Kalke, aber auch Dolomite bauen zum großen Teil die Albflächen auf, stehen unter einer dünnen Bodenschicht an oder treten zutage. Der Regen eines Jahres löst durchschnittlich ca. 0,01 mm Kalkstein auf. Das erklärt, warum Kalkgestein oberflächlich doch sehr verbreitet ist: Der **Lösungsvorgang** geht sehr langsam vor sich. Dolomit löst sich noch langsamer auf. Seine Löslichkeit beträgt nur ca. 33 Prozent von der des Kalkes. Reiner Dolomit kann durch selektive Lösung aus dolomitischem Kalk über das Zwischenstadium „kalkiger Dolomit“ entstehen. Dolomit wird bei Fortdauer der Lösungsvorgänge zu Dolomitsand.
Ausgangspunkt und bevorzugte natürliche Angriffsfläche der Wasseraktivität sind Spalten oder besser noch Spaltenkreuzungen. Hier kann das Wasser schneller und in größerer Menge eindringen. So entstehen **Naturschächte**, schräg oder senkrecht verlaufende schlauchartige Kanäle, die bis in mehrere hundert Meter Tiefe reichen können. Oftmals bilden diese Naturschächte bzw. das auf ihnen basierende Röhrensystem die Zuführung für Karstbrunnen. Solche **Karstquellen** haben oftmals starke Schüttungen, können aber in Trockenzeiten versiegen („Hungerbrunnen“).

Bekannte Karstquellen sind z. B. die Stempfersmühl-Quelle bei Behringersmühle (Fränkische Schweiz), die Seeweiher-Quellgrotte bei Michelfeld westlich Auerbach, die Weismain-Quelle im Kleinziegenfelder Tal bei Weismain, das Schambachtal östlich Treuchtlingen mit Schüttung nur nach der Schneeschmelze.

Dolinen (Karsttrichter) sind Vertiefungen in

der Karstoberfläche. Wir unterscheiden zwischen Schacht-, Trichter- und Schüsseldolinen, je nach der Wandungsausbildung (steil bis flach). Der Umriß kann rund oder elliptisch, aber auch unregelmäßig sein. Kleindolinen haben einen Durchmesser zwischen ca. 1 und 10 m, Großdolinen können bis zu 1,5 km Durchmesser bei maximal 300 m Tiefe erreichen.
Der Dolinenboden besteht aus Versturzmaterial und/oder Verwitterungsresten bzw. limnischen Sedimenten. Ebenso wie die Naturschächte entstehen Dolinen an Gesteinsschwachstellen: Das Wasser kann eindringen und das Gestein lösen. Dies geschieht hier aber großflächiger als beim Naturschacht.

Einsturzdolinen oder **Erdfälle** (Einsturzkessel, -trichter) resultieren aus dem Einbrechen der Decke meist oberflächennaher Hohlräume. Das eingesickerte Wasser entfaltet seine Hauptaktivität nicht oberflächlich, sondern erst im Gestein, es entstehen Hohlräume. Liegen sie nahe genug an der Oberfläche, so bricht irgendwann schließlich die Decke ein.
Die Lösungskraft des Wassers an der Oberfläche kann z. B. durch eine schützende Decke aus schwer löslichem Verwitterungsmaterial beeinträchtigt sein. Das Wasser behält zunächst seine Kohlensäure und führt sie in tiefere Bereiche mit, wo sie das Gestein angreift und Hohlräume schafft.
Einzelne Dolinen bilden bei dichtem, aber unregelmäßigem Auftreten **Dolinenfelder**. Sind die Dolinen perlschnurartig aneinandergereiht (z. B. auf einem teilweise verstürzten unterirdischen Wasserlauf oder auf einer Spalte), spricht man von **Dolinenreihen**.

Schöne Dolinenfelder lernen wir auf dem Görauer Anger südöstlich Weismain kennen, andere finden wir im Paintener Forst nördlich Kelheim oder im Naturpark Veldensteiner Forst südlich Pegnitz. Besuchenswert ist auch die bekannte Fellner-Doline mit Ponorhöhle (nicht zugänglich) bei Pottenstein (Fränkische Schweiz).

Karsthöhlen treten oberflächlich nicht in Erscheinung; um so eindrucksvoller ist ein Besuch dieser in der Alb meist tropfsteingeschmückten und oft ausgedehnten unterirdischen Hohlräume. Sie entstehen auf dem Weg des Wassers von der Oberfläche nach unten, im Zuge oft weit verzweigter Schacht- und Kanalsysteme. Ein Teil der Höhlen entsteht im Grundwasserbereich; größere Höhlen setzen Kalkgestein in großer Mächtigkeit, wie z. B. in der Fränkischen oder Schwäbischen Alb, voraus. In jüngeren Höhlen kann noch ein Höhlenbach verlaufen, der den beim Nachbruch von der Decke her anfallenden Schutt abtransportiert.
Die für Besucher begehbaren Albhöhlen befinden sich im Ruhezustand, sozusagen im Entwicklungsendstadium: Höhlenbäche sind nicht mehr vorhanden, der Höhlenboden ist durch eingeschwemmte Tonsedimente (Höhlenlehm) bedeckt, die ursprüngliche Morphologie dadurch und durch Einstürze verändert. Die meisten dieser „alten" Karsthöhlen zeigen **Tropfsteinbildungen,** an den Wänden auch Sintervorhänge. Das herabrieselnde Wasser enthält mehr oder weniger Kohlensäure und gelösten Kalk, der bei Druckabnahme, Erwärmung oder Verdunstung und Bewegung wieder abgeschieden wird. Beim Herabrieseln des Wassers setzt die Verdunstung ein, das Entweichen der Kohlensäure wird begünstigt durch die große Oberfläche. Der Kalk wird lagenweise in parallelstehenden winzigen Kristallen abgesetzt. Der entstandene Sinterkalk kann je nach der chemischen Zusammensetzung des Wassers bzw. nach dem Gehalt an

Verunreinigungen weiß, braun oder sogar schwarz sein. Große Bereiche der Höhlenwände können glasurartig von solchen Sinterbildungen überzogen sein.
Tropfsteine und Sinterbildungen entstehen meist in nicht mehr vom fließenden Wasser durchzogenen Systemen. Solange fließendes Wasser vorhanden ist, bleibt die Verdunstung des Rieselwassers zu gering. Die Tropfsteine entstehen zunächst röhrenförmig (junge Tropfsteine sind hohl). Der hängende Wassertropfen überzieht sich mit einem feinen Kalkhäutchen, das als Ring zurückbleibt, wenn der Tropfen gefallen ist. Unzählige dieser Tropfen bilden nach und nach die Röhre des herabhängenden Tropfsteins (**Stalaktit**); auch außen rieselt Wasser herab und überzieht den Stalaktiten mit unterschiedlich dicken Sinterkrusten. In einem bestimmten Stadium wächst der innere Hohlraum zu, der Stalaktit wird durch die Außenanlagerungen immer kräftiger und länger.
Als Gegenstück bildet sich am Boden der flächenhaft ausgedehntere, aber vertikal wesentlich langsamer wachsende **Stalagmit**. Stalaktit und Stalagmit können zusammenwachsen – das weiterhin herabfließende Wasser lagert nach wie vor Kalk an der entstandenen Säule an sowie bei besonders intensivem Nachschub auch am Boden, den dann ausgedehnte Sinterbeläge überziehen. Es gibt jedoch auch Ausnahmefälle, wo die Stalagmiten sehr hoch werden, die Stalaktiten andererseits nur geringes Vertikalwachstum aufweisen.
Je nach Kalkzufuhr und Verdunstung wachsen Stalaktiten zwischen 0,004 und 10 cm im Jahr. Setzt die Wasserzufuhr aus, stagniert das Wachstum, kann aber zu späterer Zeit und/oder an anderer Stelle wieder einsetzen. Veränderungen in der chemischen Zusammensetzung des Wassers erkennt man am Farbwechsel im Querschnitt der Tropfsteinbildung.

In der Frankenalb gibt es eine ganze Reihe **berühmter Tropfsteinhöhlen**. Sie sind genauer aufgeführt im Abschnitt „Sehenswürdigkeiten" des Kapitels „Fränkische Alb". Deshalb hier nur einige Namen: Binghöhle bei Streitberg, Esperhöhle bei Burggailenreuth, Maximiliansgrotte bei Krottensee östlich Neuhaus/Pegnitz, Rosenmüllershöhle bei Muggendorf, Schulerloch bei Essing im Altmühltal, Sophienhöhle bei Gößweinstein, Teufelshöhle bei Pottenstein.

Als **Schlotten** bezeichnen wir kessel- bis trichterartige, auch schachtartige Auslaugungserscheinungen, entstanden meist durch Lösungsvorgänge in Spalten. Die Tiefe der Schlotten ist, verglichen mit jener der Naturschächte, gering; eine Weiterführung nach unten gibt es nicht, sie enden taub. Eine Aneinanderreihung solcher Schlotten heißt **„geologische Orgel"**. Gut erkennbar sind Schlotten und geologische Orgeln vor allem im Anschnitt, z. B. an einer Steinbruchwand. Oft sind sie plombiert, also durch überdeckendes Sediment oder Bodenbildungen verfüllt. Sie entstehen jedoch nur an der Erdoberfläche.
Die meisten dieser hier kurz beschriebenen Karstbildungen können in der Frankenalb studiert werden. Bei etwas Aufmerksamkeit finden wir beim Wandern immer wieder derartige Phänomene, deren Deutung uns mit Hilfe der oben vermittelten Basiskenntnisse und bei ein wenig Nachsinnen möglich sein sollte.

In der Frankenalb und den weiteren Randbereichen

Allgemeines

Fränkische Alb, – oder, um gleich ein wenig Geologie ins Spiel zu bringen: Fränkischer Jura, – das hat bei allen Fossiliensammlern guten Klang! Galt früher die Schwabenalb als **Dorado für Liebhaber schöner Jurafossilien**, so scheinen heute die besseren Aufschlüsse eher in Franken zu liegen. Und auch Geologie können wir hier in reizvoller Form betreiben, vieles sehen, beobachten und daraus lernen.

Doch vorab ein wenig geplaudert über Land und Leute, denn etwas weiter blicken als bis zum nächsten Ammoniten wollen wir doch. Nicht zu Unrecht gilt die Frankenalb als eine der reizvollsten „Sommerfrischen" im Deutschen Lande. Zwar finden wir hochgestochenen Komfort nur selten, dafür aber mäßige Preise. Und wir finden vor allem ein Land von rauher Schönheit, **zur rechten Zeit von großer Stille** . . . Ganz sicher erschließt sich das Land am ehesten dem Wanderer auf den Höhen wie in den engen Tälern der Fränkischen Schweiz, und beim Laufen werden wir auch – keinen Meter ohne Hammer!? – so manchen natürlichen Aufschluß entdecken, der uns Einblick gewährt in vergangene Lebensräume, der das Buch des Lebens vor uns öffnet und uns reichlich beschenkt mit steinernen Relikten längst vergangener Wesen: „Denkmünzen der Schöpfung"!

Der Franke, ein umgänglicher, freundlicher und hilfsbereiter Mensch, zeigt auch heute noch eigene Prägung in den kleinen Flecken auf den Höhen oder im Tal, weitab von den größeren Orten. Es ist etwas dran, wenn O. FRAAS (der Vater des „Petrefakten-Sammler-Fraas") sagt: „Schließlich darf die Rolle, die der Juraboden in der Menschengeschichte spielt, nicht ganz übersehen werden. Es erzeugt der Jura auf seinem harten aber kräftigen Boden einen Schlag von Menschen, der zu den kühnsten und thatkräftigsten gehört. Mit leichter Mühe schwingen sich die Menschen des Juras zu Beherrschern der Bewohner der jüngeren Gebirge auf, obgleich letztere in der Regel in den Erzeugnissen des Bodens, wie der Industrie weit überlegen sind. Im Mittelalter schon waren die Ritter, deren Schlösser gleich Adlernesten auf den Höhen der Jurafelsen standen, die Herren des Tieflands, ob ihre Burgen gefallen sind und in Trümmern liegen, von ihnen stammen die meisten Menschengeschlechter der Erde." (Vor der Sündfluth, 1866.)

Freilich, große Reichtümer konnten die Bewohner der Frankenalb niemals anhäufen. Dazu ist das Land zu arm. Im Kernland existiert wenig Industrie; Landwirtschaft, Viehzucht und Handwerk bilden die Grundlagen eines vielerorts recht bescheidenen Wohlstands. Durch den Fremdenverkehr kommt erfreulicherweise etwas Belebung ins Wirtschaftsgefüge, doch profitiert nicht jeder in gleicher Weise.

Der Fossiliensammler lernt den Franken schnell schätzen: Bekommt er in der Schwabenalb von Zufallsbekanntschaften im Steinbruch nur undeutliches Gemurmel (oder auch gar nichts) zur Antwort, auf Fragen nach anderen Aufschlüssen, so hier in Franken ohne Zögern Hinweise und Angaben. Doch gibt es Ausnahmen hier wie dort.

Die **Frankenalb** zieht sich vom Ries – Trennung gegen die Schwäbische Alb – mit einer Durchschnittsbreite von 45 km nach E, etwa bis Regensburg, nach scharfem Knick in NNW-Richtung etwa bis Coburg. Zusammen mit der Schwabenalb bildet sie die markanteste Stufe des **Süddeutschen Schichtstufenlandes:** Vor allem am nördlichen bzw. westlichen Albrand finden wir jene durch den Oberen Jura gebildeten Steilstufen, aufragend über die Verebnungsflächen des Unteren und die sanften Hänge des Mittleren Jura. Der Rand ist oft zerschnitten durch häufig schluchtartige Täler; Zeugenberge und Auslieger bilden Inseln. Nach E fällt die Alb sanft ab zur Oberpfälzischen Hochebene. Die südliche Begrenzungslinie ist die Donau.

Die leicht nach SE oder E geneigten Hochflächen bilden eine wellige, kuppenbesetzte Landschaft. Das Dreieck zwischen Bayreuth, Bamberg und Erlangen wird als **Fränkische Schweiz** bezeichnet, der engen Täler und burggekrönten, hochaufragenden Felspartien wegen. Vor allem hier finden wir tief und scharf in die Hochfläche eingeschnittene Täler (z. B. das romantische Wiesenttal; dem in Bayreuth lebenden Dichter JEAN PAUL verdanken wir das Zitat, daß hier „der Weg von einem Paradies durchs andere" führt). Andererseits stoßen wir auch auf lange wannenförmige **Trockentäler**. Infolge der frühen Besiedelung existiert nur noch wenig Waldbestand. Der Boden auf Hängen und Hochflächen ist oft flachgründig, wird extensiv als Schafweide genutzt. Und hier stoßen wir auf die den Botanikern so werten Trockenrasen- und Steppenheideflächen. Unverkennbar die Wacholderheide mit ihrem stachligen Reiz! Doch die im mittleren Albbereich zahlreichen Trockentäler bieten gutes Ackerland.

Vor allem die Höhlen bilden einen weiteren Anziehungspunkt für den Naturfreund: Sie zeigen großartige Tropfsteinbildungen! Zahlreiche „Schauhöhlen" sind erschlossen und begehbar. Fließendes Wasser ist auf den Hochflächen selten; das Grundwasser steht sehr tief. Und waren die Dörfer früher darauf angewiesen, das Wasser mit Ochsenfuhrwerken in stundenweiter Fahrt heranzukarren, so sind sie es heute auf Wasserzuführung aus dem Vorland.

Wer billig wohnen möchte, sucht sich ein kleines Gasthaus in Dorf oder Kleinstadt. Bei etwas Glück wird er staunen, wie wenig hier Unterkunft und Verpflegung kosten, wobei vor allem letztere meist gut ist und oft so reichlich, daß schon eine ganze Menge Wandern und Klopfen nötig ist zum kalorienbewußten Ausgleich . . . Auch hier gilt wieder als Richtmaß: Wo Einheimische essen, ist es gut und preiswert. Meiden sollten wir – als Standquartier – vor allem die Fremdenverkehrszentren im Herzen der Fränkischen Schweiz, gibt es hier doch in der Saison meist viel Trubel. Aber auch in diesen Orten sind wir mitunter überrascht über vergleichsweise immer noch niedrige Preise. Aber auch das Gegenteil ist möglich.

Naturräumliche Gliederung und Geographisches

Das in diesem Kapitel behandelte Gebiet besteht aus drei, von Morphologie und Aufbau

Naturräumliche Gliederung Nordostbayerns.

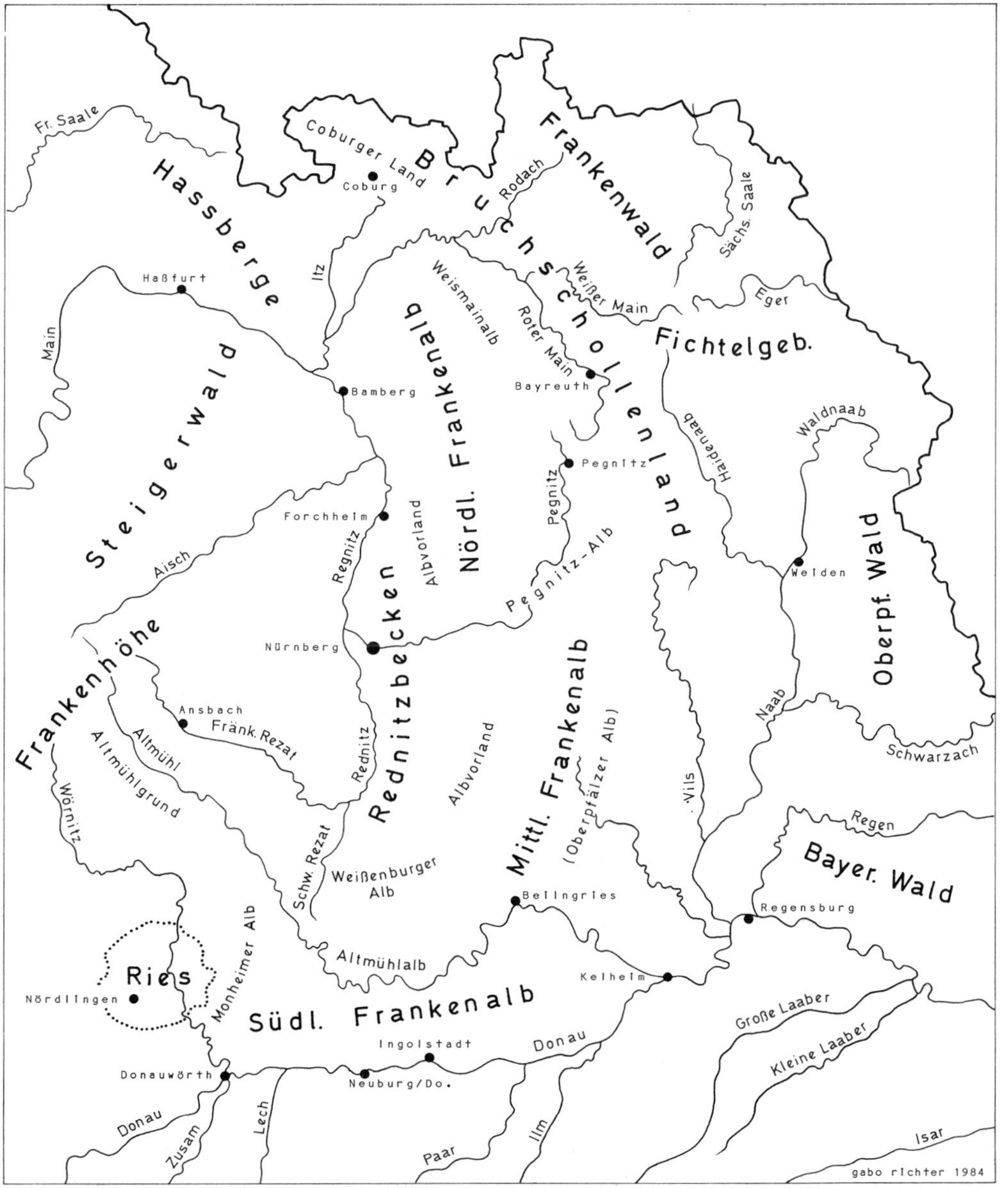
Fr. Saale
Hassberge
Coburger Land
Coburg
Bruchschollenland
Rodach
Frankenwald
Sächs. Saale
Haßfurt
Itz
Weismainalb
Weißer Main
Eger
Main
Steigerwald
Nördl. Frankenalb
Roter Main
Fichtelgeb.
Bamberg
Bayreuth
Haidenaab
Waldnaab
Pegnitz
Forchheim
Albvorland
Aisch
Regnitz
Oberpf. Wald
Weiden
Pegnitz-Alb
Rednitzbecken
Nürnberg
Frankenhöhe
Mittl. Frankenalb
(Oberpfälzer Alb)
Ansbach
Fränk. Rezat
Altmühl
Altmühlgrund
Wörnitz
Rednitz
Albvorland
Naab
Schwarzach
Vils
Regen
Schw. Rezat
Weißenburger Alb
Bayer. Wald
Beilngries
Regensburg
Monheimer Alb
Altmühlalb
Ries
Kelheim
Nördlingen
Südl. Frankenalb
Große Laaber
Ingolstadt
Donau
Donauwörth
Neuburg/Do.
Kleine Laaber
Donau
Zusam
Lech
Paar
Ilm
Isar
gabo richter 1984

her deutlich unterschiedenen und teilweise in sich weiter gegliederten Landschaften:
Die Fränkische Alb verläuft vom Ries aus als breiter Streifen nach E, erreicht etwa bei Regensburg ihren östlichsten Punkt und zieht von hier als schmäler werdender Streifen nach NNW, um schließlich mit der Weismainalb zu enden.
Das die Alb nördlich bzw. westlich als schmaler Streifen begleitende Albvorland bildet den Übergang zum Rednitzbecken.
Östlich und nördlich der Frankenalb schließlich liegt das Ostbayerische Schollenland (Bruchschollenland).

Fränkische Alb

Durchschnittlich 45 km breit und über 200 km lang, bildet sie den markantesten Teil des bayerischen **Schichtstufenlandes**. Der Albtrauf oder Albanstieg am Westrand ist zum Großteil bewaldet und oft gegliedert durch Auslieger- und Zeugenberge. Die Hochfläche besteht einerseits aus weiten und meist flachen bis welligen Acker- und Waldflächen (**Flächenalb**), andererseits aus Ansammlungen dichtgedrängter Kuppen (**Kuppenalb**). Zwischen den Hügeln liegen kleinräumige Wannen oder Täler; die Kuppenalb ist oft bewaldet. Die durch tektonische Vorgänge bedingte Tafelneigung gegen E und SE beträgt bis zu 7 Grad.
Der mauerartige Steilrand des Albtraufs geht meist mit scharfem Knick in die Hochfläche über und verläuft im Bereich geschichteter Gesteine relativ ruhig. Stark ausgeprägtes unruhiges Relief zeigt der Trauf im Gebiet der Massenkalk- und Dolomitfazies: steile Kuppen, hohe Wände, isolierte Türme.
Wir unterscheiden zwischen der **Südlichen Frankenalb** (Monheimer Alb, Altmühlalb, Weißenburger Alb), der **Mittleren Frankenalb** (oder Oberpfälzer Alb) und der **Nördlichen Frankenalb** (Pegnitzalb, Fränkische Schweiz und Weismainalb). Als Fränkische Schweiz bezeichnet man das Gebiet etwa zwischen Bayreuth, Bamberg und Erlangen. Dort finden sich die markantesten Landschaftsformen der Frankenalb: tiefe Täler, steile Felsen und zahlreiche Höhlen.
Im südlichen Teil der Alb ist die Landschaft weniger bewegt als im N, bedingt durch den dort ungleich häufigeren und, verglichen mit Kalk, verwitterungsbeständigeren Dolomit. Manche der tief – in der Fränkischen Schweiz bis zu 200 m – eingeschnittenen Täler verleihen der Landschaft Mittelgebirgscharakter. Andererseits stoßen wir nicht selten auf lange und wannenförmige Trockentäler, die nur nach starken Regenfällen noch geringe Wasserführung aufweisen.
Sie enthalten gutes und tiefgründiges Ackerland, was Getreideanbau ermöglicht. Die Kuppenalb hat wenig oder gar keine Verwitterungsschicht; verbreitet ist der durch Verwitterung aus Kalk hervorgegangene „Scherbenboden“. Die Tafelflächen trugen ursprünglich ausgedehnte Wälder (vor allem Buche, dazu Eiche, Esche, Bergahorn u. a.); heute stoßen wir häufig auf neu aufgeforstete Nadelwälder.
Die flachgründigen Flächen und Hänge bieten mit ihren **Trockenrasenflächen** (Steppenheide) den immer noch oder besser wieder zahlreichen Schafherden vorzügliches Weidegebiet. Derartige durch Wacholder gekennzeichnete Vegetationseinheiten treten an trockenen Hängen auf, vorzugsweise in Südlage.

Albvorland

Den Untergrund des flachen bis wellig-hügeligen Albvorlands bilden Gesteine des Schwarzen und Braunen Jura. Das Albvorland ist

zwischen 5 und 10 km breit; abgegrenzt gegen das äußerlich ähnliche, geologisch aber völlig anders aufgebaute Rednitzbecken ist es mehr oder weniger deutlich durch die Stufe der harten Rhätolias-Gesteine.
Das in Richtung Alb anschließende mergelige Ackerland zeigt teilweise eine weitere, durch die harten Schichten des Schwarzjura epsilon bedingte Geländestufe. Es folgt eine meist geringflächige Verebnungsfläche des Braunjura alpha und schließlich die markante, meist nadelwaldbestandene Steilstufe des Braunjura beta (Eisensandstein). Die anschließende schmale Terrasse schließlich (Oberer Braunjura, teilweise auch Weißjura alpha) endet an der Steilwand der Weißjura-beta-Kalke, dem Albtrauf.

Bruchschollenland

Zwischen dem Alten Gebirge (Frankenwald, Fichtelgebirge, Oberpfälzer Wald) im E und dem Frankenjura im W liegt als 7 bis 35 km breiter Streifen das Senkungsgebiet des **Ostbayerischen Schollenlandes**. Den nördlichen Bereich, im S etwa bis Bayreuth reichend, bezeichnen wir als **Obermainisches Bruchschollenland** (Obermainisches Hügelland), den südlichen Teil als **Oberpfälzer Senke**.
Das Landschaftsbild ist sehr bewegt: Tafeln, Stufen und Terrassen wechseln in teilweise rascher Folge. Die Gesteine gehören hauptsächlich Trias, Jura und Kreide an. Die meist flachen Triaszüge des Obermainischen Hügellandes sind nur mit Buschwerk oder kleinen Kieferwäldchen bewachsen; bedingt durch den auch sonst häufigen sandigen, nährstoffarmen Boden finden wir die Kiefer in weiter Verbreitung.
Landwirtschaft mit Kartoffel- („Kartoffelpfalz") und Roggenanbau sowie Schweinezucht ist vorherrschend. Bei Amberg und Sulzbach-Rosenberg finden sich Eisenerze, die gleich an Ort und Stelle verhüttet werden. Das Gebiet hat ansonsten kaum Industrie und ist entsprechend arm. Da auch der Fremdenverkehr die meisten Landstriche bisher verschont hat, blieb die ursprüngliche Lebensweise oft erhalten.

Berühmte Namen und vergangene Fundstellen

Schon frühzeitig wurden die Fossilien des Fränkischen Jura gesammelt und ebenso in Veröffentlichungen dargestellt. Stammen die heute geborgenen Stücke auch meist aus anderen Steinbrüchen oder Gruben, so war doch ein Teil der heute immer noch ergiebigen natürlichen Aufschlüsse schon damals bekannt. Bergflanken und Erdrutschgebiete, Fluß- und Bachtäler oder Ackerland erbrachten und erbringen noch heute gute Funde. Der Sammler vergangener Jahrhunderte hatte freilich wenig Konkurrenz zu fürchten, mußte aber andererseits die Mühen umständlicher Anreise auf sich nehmen.
1704 übernahm der weitgereiste Arzt und Naturforscher **J. J. Baier** (1677–1735) den Lehrstuhl für Medizin an der Universität Altdorf. „Da ich nämlich, wie schon oben erwähnt wurde, durch einen eigentümlichen [!] Trieb hauptsächlich zur Erforschung der Fossilien neigte, konnte es nicht ausbleiben, daß ich auch das Gelände von Altdorf und dessen Nachbarschaft nach solchen Schätzen durchsuchte, und dies mit um so größerer Mühe, je weniger gebahnte Wege ich beim Suchen fand [!] derart, daß ich fast nichts über solche Dinge, die in unserer Gegend beobachtet waren, erfuhr, außer dem, was der selige Mauritius Hoffmann in deliciis Florae Altorf sylve-

Johann Jacob BAIER (1677–1735).

stribus, unter dem Buchstaben L, allerdings sehr kurz angemerkt hat. Nichtsdestoweniger hatte ich das Glück, daß ich auf viele vorzügliche Funde stieß, besonders von figurierten Steinen, woraus ein kleines Werk unter dem Titel Oryktographia Norica entstand."
Diese „Nürnberger Fossilkunde" entstand 1708 und ist wohl das erste Werk über „figurierte Steine" aus dem Frankenjura. Der Text liest sich geradezu spannend und vermittelt einen guten Eindruck vom damaligen Kenntnisstand, angereichert mit BAIERS eigenen Beobachtungen und Erkenntnissen. Beim Betrachten der Tafeln allerdings wird der heutige anspruchsvolle Sammler die „vielen vorzüglichen Funde" vermissen: Neben nicht besonders auffallenden Ammoniten erscheint vieles heute Alltägliche wie Belemniten, Brachiopoden, Muscheln und Schwämme, zudem manches als Bruch oder schlecht erhalten und alles unpräpariert (siehe S. 31).
Ein anderes Zitat zu Funden aus der Altdorfer Gegend, diesmal nach **J. J. SCHEUCHZER** (1672–1733), der übrigens in Altdorf zur Zeit BAIERS studierte (Naturhistorie des Schweizerlandes, 1718). Es geht um *Pleuroceras spinatum*, von QUENSTEDT als „*Ammonites costatus* REINECKE" geführt; der Altmeister der schwäbischen Juraforschung erregt sich über die Einführung der BRUGUIEREschen Benennung „*Ammonites spinatus*" und schimpft zwei Seiten lang über seinen Widerpart ORBIGNY. Doch zum Zitat: „Dergleichen habe ich schwarz und metallisiert, braune, weisse, und gelbe aus Ocher bestehend, andere von Kiess aus dem Altorfischen, anderen von Castanien-Farb aus Engelland." – „In dem Altorfischen, wo man den Lett grabt, finden sich gewisse Adlersteine aus Ocher, Geodes genannt, welche von dergleichen Ammons-Hörnern ganz angefüllet." Interessant, daß ihm die Farbe als wesentliches Merkmal erwähnenswert erscheint.
Beim Bau des **Ludwig-Kanals** südlich von Altdorf, etwa im Jahre 1840, wurden im Schwarzjura delta große Mengen hervorragend erhaltener Ammoniten gefunden. Wir lesen bei QUENSTEDT (Handbuch der Petrefaktenkun-

de, 1885): „Am zahlreichsten findet man ihn am Donau-Mainkanal, wo dieser unterhalb Neumarkt den Körper des Lias schneidet." Die „verkiesten" (pyritisierten) Fossilien von diesem Fundort liegen in Museen der ganzen Welt.

Dieselbe Art, *Pleuroceras spinatum*, kam noch einmal, beim Autobahnbau in der Altdorfer Gegend, Ende der sechziger Jahre in stattlichen Exemplaren und recht zahlreich zutage. Sammler, die seinerzeit rechtzeitig „vor Ort" waren, konnten Stücke bis 15 cm Durchmesser auflesen, meist durchwegs pyritisiert.

Der Kanalbau im letzten Jahrhundert erbrachte aber auch noch ganz andere Stücke: Ebenfalls in der Altdorfer Gegend fielen beim Durchfahren des Schwarzjura epsilon die bekannten Geoden in großer Zahl und teilweise aufsehenerregender Größe an. Enthalten waren nicht wenige Reptilien- und Fischreste, neben den „üblichen" Ammoniten, Tintenfischresten und Muscheln.

Bei **Altdorf** hat der aufmerksame Sammler noch heute die Chance, gute Funde im Schwarzjura epsilon zu machen: Bei Bauvorhaben in und um die Stadt werden bei den Erdarbeiten immer wieder diese Schichten angefahren. Und die enthaltenen Geoden führen immer noch – wie sollte es anders sein – eine reiche Fauna: Ammoniten (*Hildaites, Harpoceras, Phylloceras, Lytoceras*) in großartigen, teils beschalten Exemplaren und bis um 30 cm (!) wurden zusammen mit Muscheln u. a. in den letzten Jahren gefunden und kommen sicherlich auch in Zukunft zutage! Die harte

Aus BAIERs „Oryktographia Norica": Tabula II, u. a. mit *Phylloceras, Euaspidoceras, Physodoceras, Ataxioceras.*

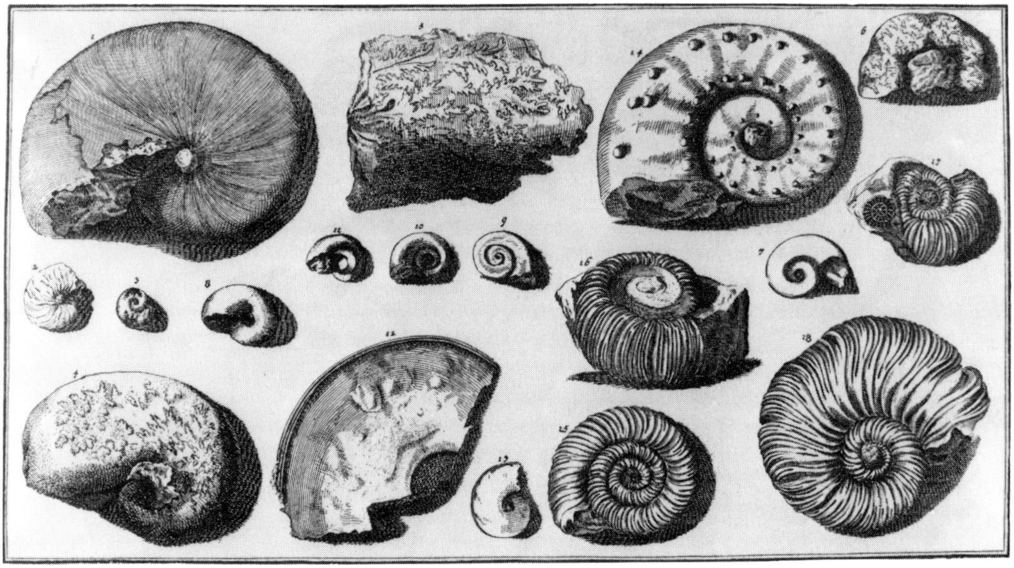

Präparationsarbeit allerdings steht auf einem anderen Blatt (siehe Abb. 3, S. 35).
Aber auch der Schwarzjura epsilon der nächsten Umgebung von **Banz** lieferte zahlreiche und aufsehenerregende Fossilien, namentlich Ichthyosaurierskelette neben denen anderer Reptilien und Fischen oder z. B. Seelilien. Zwischen Hausen, Unnersdorf und Nedensdorf tauchten diese Fossilien bei Grabungen auf. Heute sind die Fundstellen tot und die ehemals glanzvollen Sammlungsstücke verwahrlost (im Petrefaktenmuseum des Klosters Banz; Wittelsbacher Besitz).
Des Dichters **J. V. v. Scheffels** (1826–1886) Neigung galt zeitlebens dem Frankenjura, begründet wohl durch einen dreimonatigen Aufenthalt auf Schloß Banz im Jahre 1859. Hier entstand das auch heute noch gern gesungene „Wanderlied" („Zum heiligen Veit von Staffelstein / komm ich emporgestiegen / und seh die Lande um den Main / zu meinen Füßen liegen. / Vom Bamberg bis zum Grabfeldgau / umrahmen Berg und Hügel / die breite stromdurchglänzte Au / ich wollt, ich hätte Flügel").
Aber auch Gedichte „erdwissenschaftlichen" Inhalts stammen aus seiner Feder, so z. B. „Der Granit", „Der Tatzelwurm" oder „Das Megatherium". Bekannter freilich sind sein „Trompeter von Säckingen", „Gaudeamus" oder die „Frechgewordenen Römer".
Sein in Kreisen der Petrefaktenliebhaber sicher bekanntestes Werk entstand 1854: **„Der letzte Ichthyosaurus"**. Inspiriert dazu wurde er wohl von C. Theodoris „Beschreibung des kolossalen Ichthyosaurus trigonodon in der Petrefakten-Sammlung zu Banz" (erschienen 1854), gefunden im Schwarzjura epsilon bei Unnersdorf. In Scheffels bildreichem „Bericht vom Meerdrachen" erzählt der Mönch Nicodemus von Banth furchterregend über den Fund:

„Nie vergess ich jenes wilden Anblicks:
Vom Geschiefer, das da kam zum Vorschein,
Rings umschlossen, halb darin erhaben,
Zeigte sich ein ungeheures Steinhaupt.
Wer da grub, entwich mit lautem Aufschrei.
Und ich schlug das Kreuz und sprach von ferne
Einen lauten starken Exorzismus . . ."

„Und ein Rachen gähnte uns entgegen,
Riesenlang, doch mäßig in der Breite.
Spitz zu ging er, wie ein Rabenschnabel,
Leis hinabgekrümmt am obern Kiefer,
Wohlbewehrt in blanken Zähnen starrt' er,
Über fünfzig zählt ich nach der
Länge, Spitz und schneidig, Fleisch wie Bein
zu malmen."

Möglicherweise eine recht genaue Beschreibung der Fundumstände und des Fundes. Der rezente Paläontologe würde allerdings anstelle des Exorzismus einen wilden Freudentanz aufführen . . .
Auch wenn es nur wenige der Leser nicht kennen dürften, sei hier das Ichthyosaurierlied wiedergegeben:

Es rauscht in den Schachtelhalmen,
Verdächtig leuchtet das Meer –
Da schwimmt mit Thränen im Auge
Ein Ichthyosaurus daher.

Ihn jammert der Zeiten Verderbniß,
Denn ein sehr bedenklicher Ton
War neulich eingerissen
In der Liasformation.

Der Plesiosaurus, der alte,
Der jubelt in Saus und Braus,
Der Pterodactylus selber
Flog neulich betrunken nach Haus.

Der Iguanodon, der Lümmel,
Wird frecher zu jeder Frist:
Schon hat er am hellen Tage
Die Ichthyosaura geküsst!

Mir ahnt eine Weltkatastrophe,
So kann es länger nicht geh'n!
Was soll aus dem Lias werden,
Wenn solche Dinge gescheh'n?

So klagte der Ichthyosaurus,
Da ward ihm so kreidig zu Mut,
Sein letzter Seufzer verhallte
In Qualm und zischender Flut.

Es starb zu derselben Stunde
Die ganze Saurierei;
Sie kamen zu tief in die Kreide,
Da war's natürlich vorbei.

Und der da hat gesungen
Dies petrefaktisch Lied,
Der fand's als fossiles Albumblatt
Auf einem Koprolith!

Doch zurück zur Wissenschaft: Ein anderes dreibändiges Werk mit zahlreichen Petrefakten aus dem Frankenland, namentlich auch vielen Stücken aus den Solnhofener Schichten, erschien zwischen 1755 und 1773: „Sammlung von Merckwürdigkeiten der Natur und Alterthümern des Erdbodens". Die Abbildungen stammen von **G. W. Knorr** (1705–1761), nach dem u. a. der Fisch *Anaethalion knorri* benannt wurde. Dieser Nürnberger Kupferstecher hatte eine große Sammlung an Fossilien, Mineralien usw. – was eben damals so alles zu den „Alterthümern des Erdbodens" gehörte.
Der Text des zweiten und dritten Bandes stammt von **J. E. T. Walch** (1725–1778), „Professor der Beredsamkeit und Dichtkunst, bedeutender Mineralog und Paläontolog": „Naturgeschichte der Versteinerungen zur Erläuterung der Knorrischen Sammlung".
Über diese Darstellung fränkischer Fossilien lesen wir bei F. A. Quenstedt (Handbuch der Petrefaktenkunde, 1885): „Besonders ragt ein Werk hervor, das deutschem Fleisse und deutscher Kunst Ehre macht." – „Er [Knorr] war nur Künstler, in der Kenntniss Laie, daher schrieb der Jenaer Professor Walch einen ausführlichen Text dazu." – „Aus diesem Werke kann man noch heute lernen, namentlich wird alles, was die Vorgänger über Petrefakten dachten, auf anziehende Weise dargestellt."
Die nächste, recht berühmte Arbeit erschien 1818, also 45 Jahre nach dem letzten Knorrschen Band. Sie stammt von einem Mann, dessen Name ebenfalls jedem Fossiliensammler bekannt sein dürfte, taucht er doch als Autor „deutschstämmiger" Fossilien häufig auf: **J. C. M. Reinecke:** „Maris protogaei Nautilos et Argonautas vulgo Cornua Ammonis in Agro Coburgico et vicina reperiundos" („Des Urmeeres Nautili und Argonautae aus dem Gebiet von Coburg und Umgebung").
Beschrieben und hervorragend abgebildet auf 13 kolorierten Tafeln sind vor allem Fossilien aus dem nördlichen Frankenjura. Die Schwarzjura-Belege stammen hauptsächlich aus der Gegend von Fechheim, Banz und Döringstadt, jene aus dem Braunjura von Uetzing, Langheim und Vierzehnheiligen; Weißjura-Funde entstammen z. B. der Gegend um den Staffelberg.
Einige von Reinecke aufgestellte Ammonitenarten seien aufgezählt: *Ammonites costatus (Pleuroceras spinatum), A. serpentinus (Hildaites serpentinum), A. caecilia (Pseudolioceras lythense), A. hecticum (Hecticoceras hecticum), A. refractus (Oecoptychius refractus), A. anceps (Reineckeia anceps* – nach Reinekke!), *A. polygratus (Orthosphinctes polygratus), A. trifurcatus (Rasenia trimera)*. Wir sehen, daß etliche seiner Namen hinfällig sind – aus diesem oder jenem Grund wurde ihm die Priorität aberkannt.
1782 in Thurnau bei Bayreuth geboren, wirkte **G. A. Goldfuss** an der Universität Bonn, wo

er den Lehrstuhl für Zoologie und Mineralogie innehatte (Paläontologie als eigenes Lehrfach existierte damals nicht). Unter Mitwirkung des in Bayreuth lebenden Grafen zu MÜNSTER begann er 1827 mit der Herausgabe der „Petrefacta Germaniae" – „Abbildung und Beschreibung der Petrefakten Deutschlands und der angrenzenden Länder". Leider erschienen nur drei Bände (der dritte 1844) mit allerdings über 200 Foliotafeln (!).

Viele der auf den Tafeln dargestellten Fossilien stammen aus dem Frankenland, so z. B. aus dem Braunjura delta unweit des **Rabensteins** (südlich Waischenfeld). Wir lesen bei L. v. AMMON (Kleiner geologischer Führer durch einige Teile der Fränkischen Alb, 1899): „. . . streichen die Braunjuraoolithe zu Tage aus; sie zeigen sich sehr reich an Einschlüssen, so daß die Stelle seit alter Zeit als Fundplatz für Oolithfossilien bekannt ist." Genannt werden z. B. *Belemnites giganteus, Stephanoceras humphriesianum, Purpurina ornata, Pleurotomaria granulata, Cerithium flexuosum, Ostrea complanata, Alectryonia flabelloida, Ctenostreon proboscideum, Trigonia costata.* Heute freilich sind Funde kaum mehr möglich.

Hierzu ist anzumerken, daß sich der Diener und Gehilfe des Grafen zu MÜNSTER, **G. DITTRICH**, nach dem Tode seines Herrn als Petrefaktenhändler betätigte, profitierend dabei von seinen in den langen Dienstjahren erworbenen Kenntnissen von Lager und Schicht. In seinem Angebot fanden sich auch Petrefakten vom Rabenstein, nämlich: *„Belemnites gigas* von 12 bis 15 Zoll und *Belemnites gladius* von 15 ½ Zoll mit Spitz und Alveol."

G. Graf zu MÜNSTER (1776–1844) machte sich mit seinen bis 1846 erschienenen „Beiträgen zur Petrefaktenkunde" einen guten Namen. Diese Veröffentlichungen waren und sind durchaus anerkannt, wenn auch QUENSTEDT (Handbuch, 1885) anderer Ansicht war: „. . . und stehen auch Graf v. MÜNSTERs Schriften wissenschaftlich bei weitem nicht so hoch, so erkennt man darin doch einen Sammler, wie es keinen zweiten vor ihm gegeben hat."

Auch QUENSTEDTs berühmtester Schüler, **A. OPPEL** (1831–1865) beschreibt zahlreiche Ammoniten aus dem Frankenjura in seinen Arbeiten „Über jurassische Ammoniten" (1862/1863), so z. B. aus der Gegend von Weißenburg und Thalmässing. Erstmals für Mittelfranken weist er im Opalinuston unweit Weißenburgs die Muschel *Trigonia navis* nach.

W. H. WAAGEN (1841–1900) wurde vor allem durch seine Arbeiten über Trias- und Juracephalopoden Indiens bekannt (er wirkte 1870–1875 im Geological Survey of India). Aber in seiner 1864 erschienenen „Gekrönten Preisschrift der philosophischen Facultät der Ludwig-Maximilians-Universität in München" beschreibt er zahlreiche Profile auch des Fränkischen Jura, samt den enthaltenen Fossilien: „Der Jura in Franken, Schwaben und der Schweiz, verglichen nach seinen palaeontologischen Horizonten."

Dem bedeutenden Geologen **K. W. v. GÜMBEL** (1823–1898) verdanken wir die 1891 erschienene „Geognostische Beschreibung der Fränkischen Alb" (in der von ihm herausgegebenen „Geognostischen Beschreibung des Königreichs Bayern"). Freilich sind die darin beschriebenen Profile – das gilt für alle älteren Werke – heute weitgehend nicht mehr zugänglich, verschüttet, nicht mehr auffindbar. Aber die Feststellungen über Schichtfolge und Fossilinhalt gelten nach wie vor. Wer Gelegenheit zum Studium des gewichtigen Werkes hat, kann auf diese Weise einen gründlichen Eindruck vom Stand der geologischen und paläon-

Abb. 3. *Harpoceras elegans* (Sow.) mit erhaltener Mündung, teilweise beschalt. Schwarzjura epsilon (Siemensi-Knollen); Bauaushub von Altdorf östlich Nürnberg. Größe des Ammoniten ca. 4 cm. Die zahlreichen weiteren Ammoniten zeigen, daß das Gestein manchmal geradezu „gespickt" ist mit Fossilien.

Abb. 4. Schillkalkbank aus dem Hauptmuschelkalk; gut erkennbar die hellen Schalenquerschnitte. Stbr bei Dörfles nördlich Kronach (21).

Abb. 5. Aufgelassener Stbr bei Forstlahm südlich Kronach (22). Erschlossen Hauptmuschelkalk; gut erkennbar eine Störung.

tologischen Forschung vor knapp 100 Jahren gewinnen. Eine früher von GÜMBEL veröffentlichte Arbeit behandelt „Die Streitberger Schwammlager und ihre Foraminiferen-Einschlüsse“ (1862), für Freunde der Mikrofossilien auch heute noch durchaus lesenswert.

Damit wollen wir die Aufzählung der berühmten Wissenschaftler beenden. Nur ein Werk sei noch erwähnt, stammt es auch nicht aus Geologenhand: **H. SCHERZERS** „Erd- und pflanzengeschichtliche Wanderungen durchs Frankenland“. Er behandelt im ersten Teil Keuper- und Muschelkalklandschaft (1920), im zweiten Teil die Juralandschaft (1922). Der Text liest sich flüssig und zieht so richtig hinaus in die Natur, geschrieben von einem nicht hochspezialisierten Naturfreund mit Leib und Seele! Übrigens sind die Bücher allein des Buchschmucks halber sehenswert (von C. SCHERZER): Kapitelköpfe und Schlußstücke zeigen Fossilien und Pflanzendarstellungen in reicher Zahl und wunderschön komponiert.

Die zahlreichen von SCHERZER beschriebenen Profile sind wohl zumeist auch verloren. Immerhin aber bleiben auch hier die natürlichen Aufschlüsse, wo wir unser Glück noch versuchen können.

Eine klassische Fundstelle des Unteren Weißjura unweit Streitbergs beschreibt SCHERZER mit folgenden Worten: „. . . lehnt sich 10 bis 12 m hoch eine mergelige, krümelig-bröckelige, grünlichgraue Schutthalde. Sie ist das Verwitterungsprodukt der hier in klassischer Weise ausgebildeten Alternans-Schichten (Weißjura alpha), die GÜMBEL auch die Unteren Streitberger Schichten nennt. In allen Museen der Welt zerstreut liegen von hier die **prachtvollen Seeigel**, Seeigelstacheln, Seelilienstielglieder, zierliche Rhynchonellen, kleinste Terebrateln und Schwämme (über 100 Fossilienarten nennt GÜMBEL von diesem Aufschluß in seiner Frankenalb). Kein Wunder, daß man heute nur noch wenig von dem einstigen Fossilienreichtum vorfindet!“ – Das war Anfang der zwanziger Jahre – wie wird es wohl heute sein?

Nun müssen wir aber noch einige Worte zu den allerbekanntesten Fossilien der Frankenalb sagen. Wer hat noch nichts von den sagenhaften, begehrten, auf Börsen teuer angebotenen **„Goldschnecken“** gehört? Diese meist kleinen Ammoniten (5 cm sind schon ganz toll!) wittern mancherorts aus den Schichten des Braunjura zeta (Ornatenton) aus, und hier im Fränkischen zeigen sie entweder hell schimmernden Pyritglanz („Silberschnecke“) oder – durch Oxidation – den beliebten Goldglanz.

Da der Ornatenton meist durch Hangschutt überdeckt ist, die Fundstellen zumeist kleinflächig und/oder unscheinbar sind (Feldwege, Ackerflächen, Wiesenraine), lassen sich durch Ablesen und Aufsammeln in der Regel kaum noch Funde machen. Profis wissen, wo man Pickel und Schaufel ansetzen muß und arbeiten sich durch den Weißjuraschutt in die fündigen Schichten vor – mühsames Tagwerk! Und auch im anstehenden Ton kann der Fund einiger guter Exemplare ganz schön sauer werden. Wir zitieren noch einmal SCHERZER: „Eine von alters her bekannte Fundstelle für ‚Goldschneckeln‘ zieht uns über die Felder und Heidewiesen der Staffelberghochebene hinüber ins Tal, in dem Ützing liegt. Die sanft geneigten Flanken dieses Tales und der Sattel gegen Oberlangheim zu liegen im Bereich des oberen Doggers, der nirgendwo außer in der Auerbacher Gegend auf solch große Strecken hin das Hangende bildet. Wer in Sammlungen die von der Ützinger Flur stammenden, entzückend schönen, wie eitel Gold und Silber funkelnden Miniaturammoniten gesehen hat und nun meint, sie mühelos dort zusammenklauben zu können, wird in seiner Goldsucher-

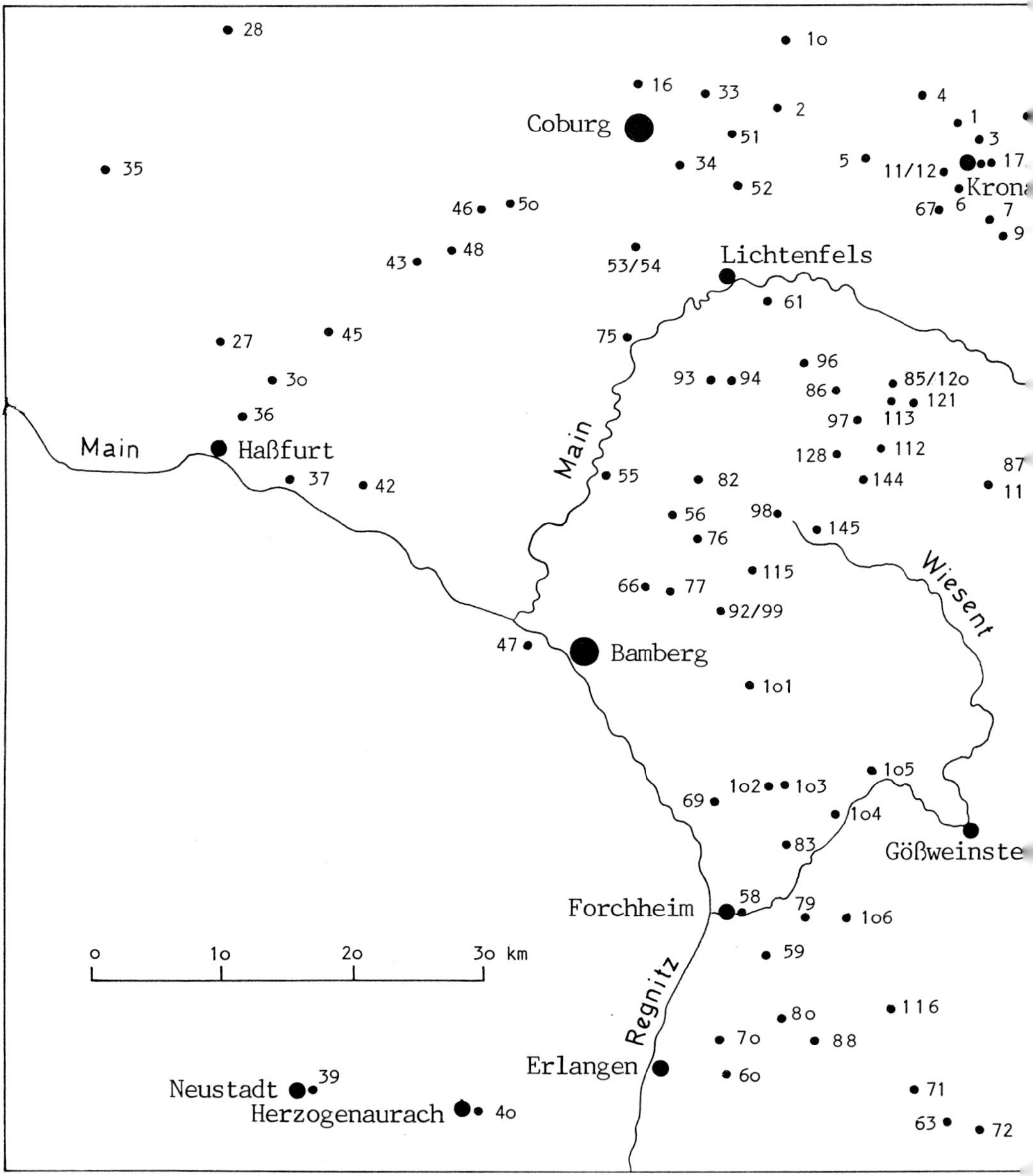

Aufschlüsse im nördlichen Exkursionsbereich.

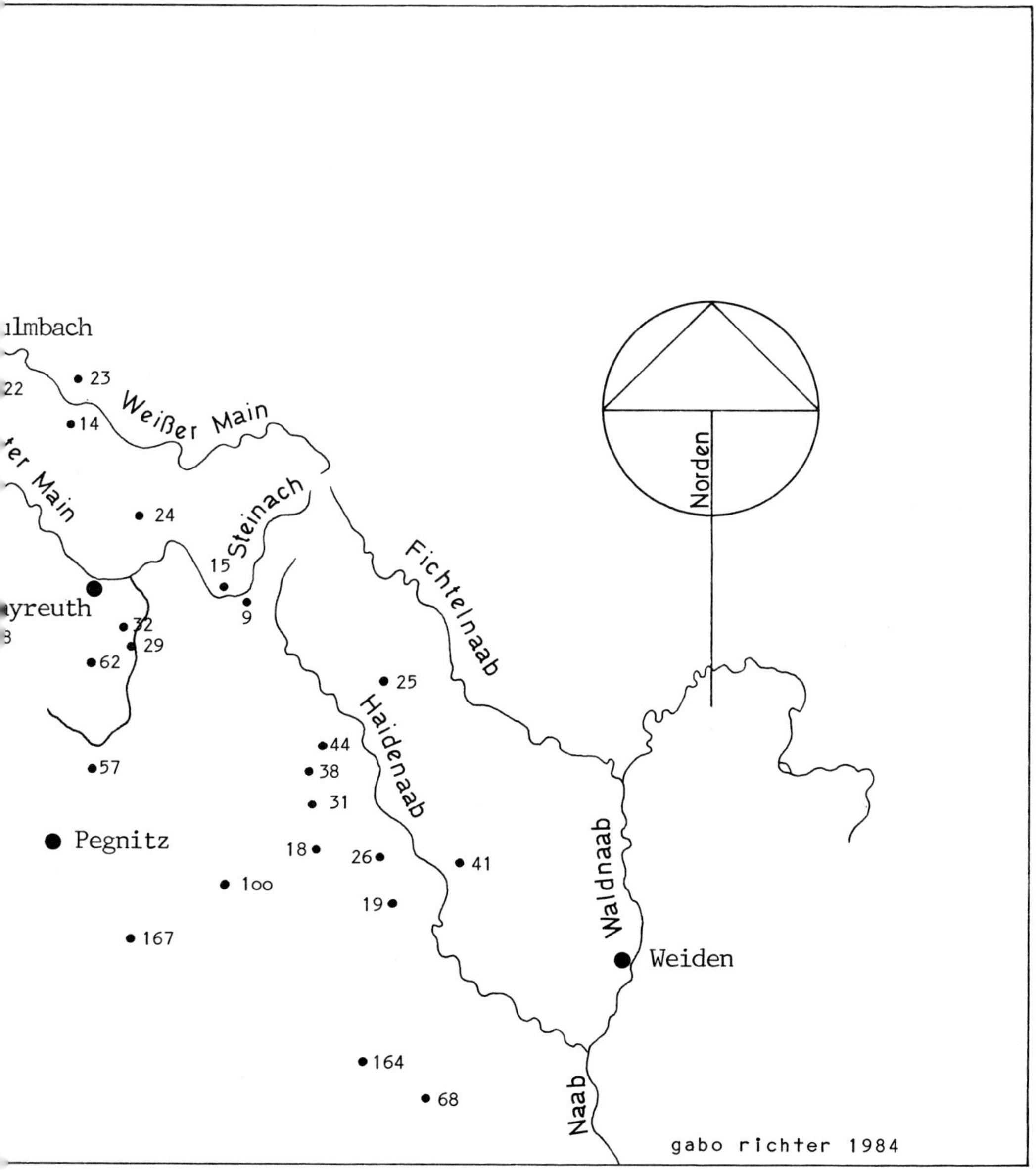

ılmbach
23
22
14
Weißer Main
ter Main
24
Steinach
15
yreuth
9
32
29
62
Fichtelnaab
Norden
25
Haidenaab
44
38
57
31
Pegnitz
18
26
41
Waldnaab
100
19
167
Weiden
164
68
Naab
gabo richter 1984

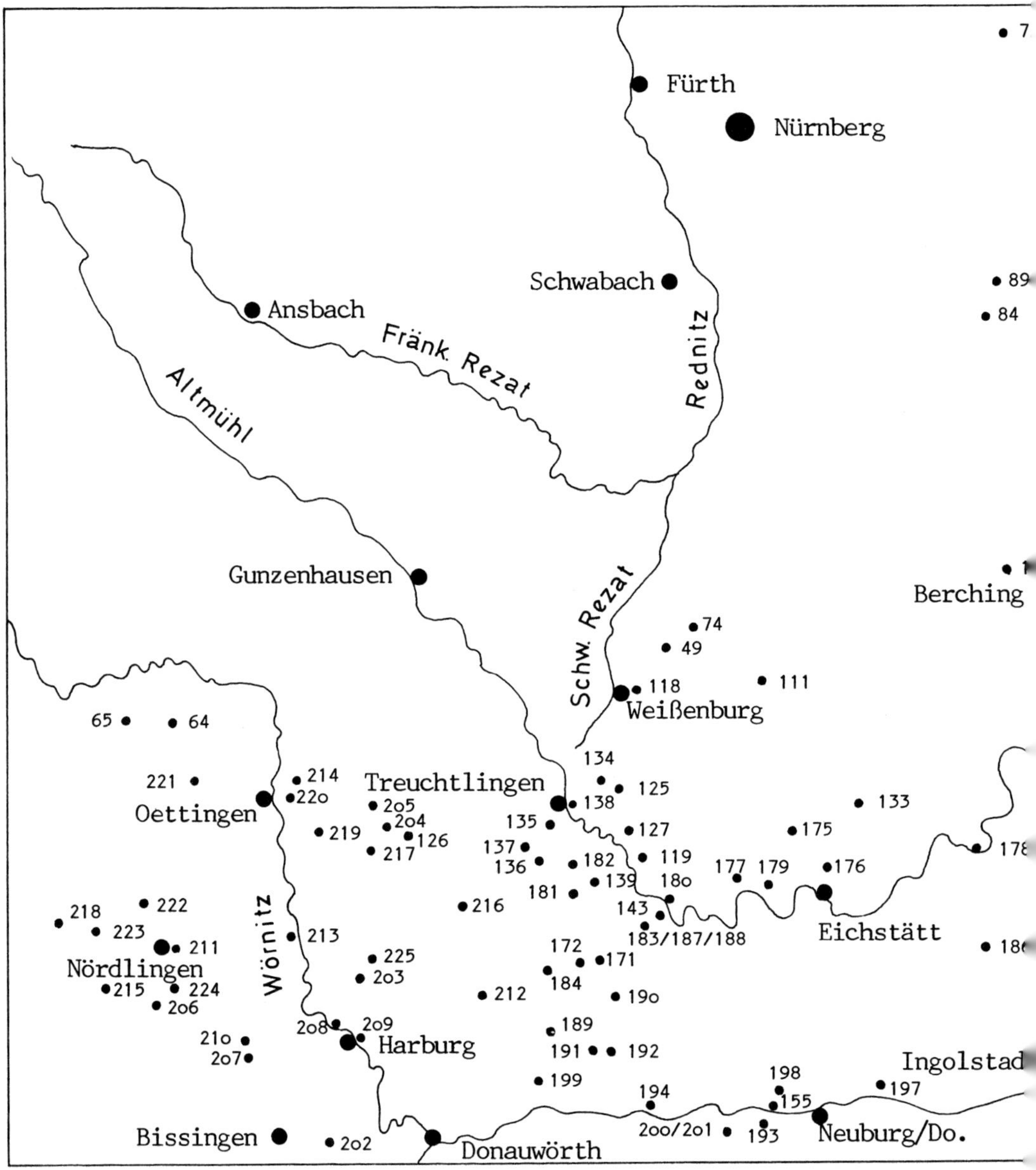

Aufschlüsse im südlichen Exkursionsbereich.

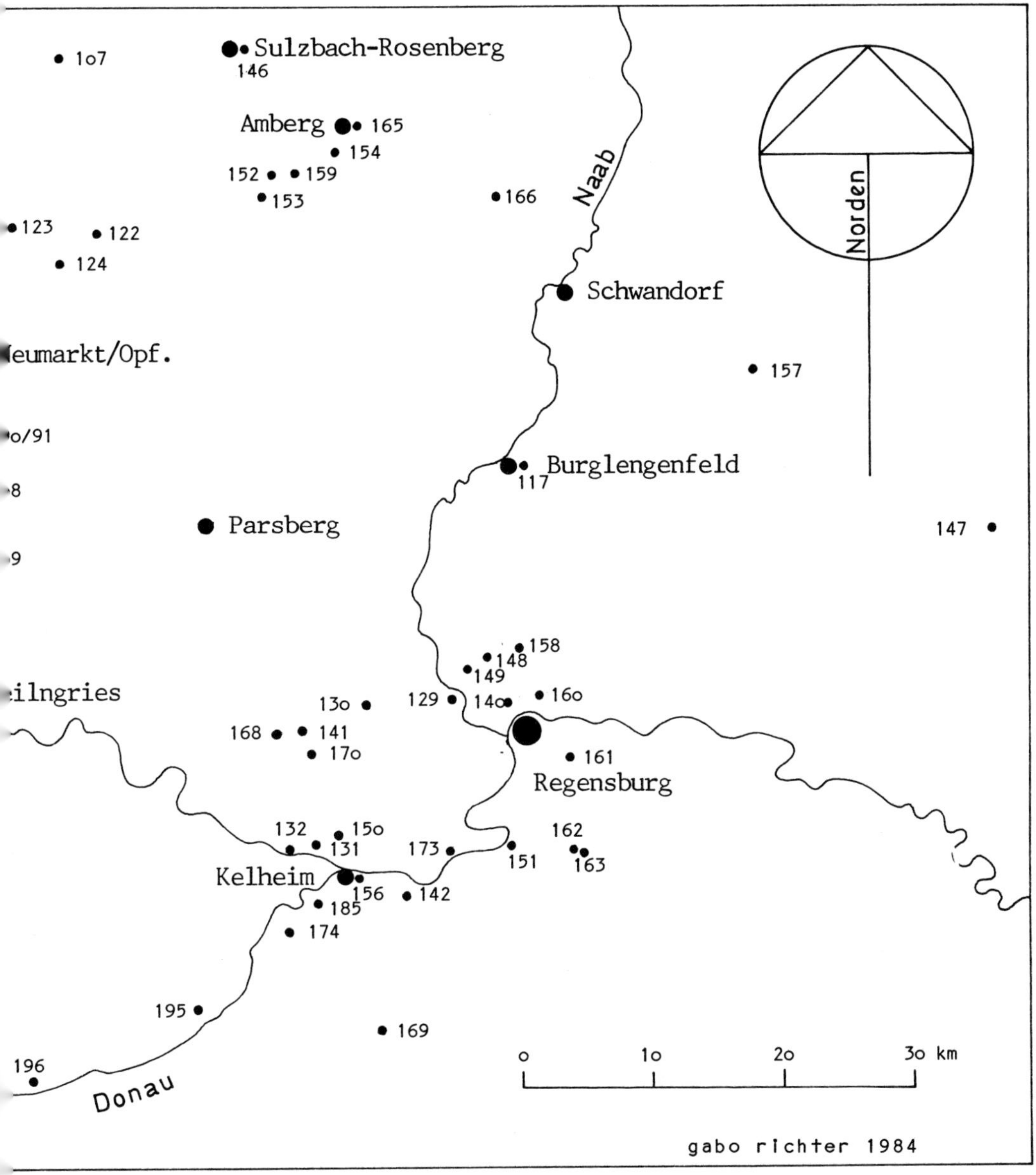

107
Sulzbach-Rosenberg
146
Amberg
165
154
152
159
153
166
Naab
123
122
124
Schwandorf
Norden
eumarkt/Opf.
157
o/91
Burglengenfeld
117
8
Parsberg
147
9
158
148
149
ilngries
13o
129
14o
16o
168
141
17o
161
Regensburg
132
15o
131
173
162
151
163
Kelheim
156
142
185
174
195
169
196
Donau
o
1o
2o
3o km
gabo richter 1984

arbeit wohl meist enttäuscht sein. Denn einmal gilt es auf den weiten Talflanken dem goldschneckelführenden Horizont hübsch sauber auf der Spur zu bleiben und namentlich nicht zu weit abwärts zu geraten in den Mittleren Dogger hinein – der Wasserhorizont des Ornatentons, die Nähe des Werkkalkabsturzes, die übrigen Oberen Braunjurafossilien und die Oolithbrocken in den Äckern sind die sichersten Wegweiser. Zum anderen ist es nötig, Sammeltage zu wählen, denen starke Regenfälle vorausgegangen, an denen dann die zierlichen Dingelchen herausgewaschen auf der Ackerkrume liegen. Am geeignetsten sind wieder die Tage nach der Schneeschmelze."
Anmerkung: Beim Bau einer Ortsverbindungsstraße unweit Oberlangheim im Jahre 1981 wurde der Ornatenton voll durchfahren. Die in bisher noch nie dagewesenen Mengen zutage gekommenen Gold- und Silberammoniten wurden – laut Augenzeugenbericht – von manchen Sammlern „eimerweise" weggetragen . . . Freilich brachte hier das Ablesen hinter der Raupe auch gute Ergebnisse, bessere jedenfalls als an anderen Fundstellen. Die Menge der Funde wurde aber durch Schürfe im frisch erschlossenen Ton gemacht. Originalzitat: „Die kamen wie die Kartoffeln!" Und das zu mir, in breitem Fränkisch, dem wieder einmal drei Wochen zu spät Gekommenen! Solche Aufschlüsse werden zu Recht als **Jahrhundertfundstellen** bezeichnet. Es mag wohl dauern, bis ähnliches wie hier in Oberlangheim geboten werden wird.

Wir lernen daraus, den ehemaligen guten Fundstellen nicht nachzuweinen. Neue Aufschlüsse entstehen heute freilich meist nur kurzfristig zugänglich. Die Vielzahl der Fundstellen ermöglicht auch heute großartige Fossilfunde. Und hin und wieder ist eben eine im Rückblick künftiger Sammler **„klassische Fundstelle"** dabei!

Die Trias

Mit der Bezeichnung Trias (griech. Dreiheit) faßte Freiherr v. ALBERTI im Jahre 1834 die drei Serien Buntsandstein, Muschelkalk und Keuper zusammen. Bereits im Jahre 1780 beschrieben J. G. LEHMANN und G. Chr. FÜCHSEL in ihrer Bearbeitung des mitteldeutschen „Flözgebirges" (Mesozoikum) Buntsandstein und Muschelkalk. Der Buntsandstein verdankt seinen Namen der meist auffallenden Farbe, der Muschelkalk den hin und wieder gehäuft auftretenden Schalenresten. Dabei handelt es sich allerdings meist um Brachiopoden- und seltener um Muschelreste. Im Jahre 1822 führte L. v. BUCH schließlich die Bezeichnung Keuper ein, abgeleitet vom fränkischen „Kipper" oder „Keiper", einer Gesteinsbezeichnung.
Anschließend an die Arbeiten von LEHMANN und FÜCHSEL untersuchten J. F. L. HAUSMANN, C. v. OEYNHAUSEN, H. v. DECHEN und E. de BEAUMONT zu Beginn des 19. Jahrhunderts die Triasschichten Süddeutschlands. Die alpine (mediterrane; „Alpenkalk") Fazies – Ablagerungen des Tethysmeeres im Geosynklinalbecken des Alpenraumes – war vom Faziesraum der Germanischen Trias durch den Vindelizischen Festlandsrücken getrennt. Die Parallelisierung der sehr mächtigen, vollmari-

Stratigraphische Tabelle Trias.

			GLIEDERUNG		LEITHORIZONTE/SCHICHTEN
KEUPER	Ob.	ko	Rhät		
	Mittl.	km	Sandsteinkeuper kms	Feuerletten	
				Burgsandstein	Ob. Burgsandstein mit Basisletten Mittl. Burgsandstein m. Basisletten Unt. Burgsandstein mit Basisletten
				Blasensandstein i.w.S.	Coburger Sandstein/ Buntarkosen Blasensandstein i.e.S.
			Gipskeuper kmg	Lehrbergschichten	Lehrbergbänke Ansbacher Sandstein
				Schilfsandstein	
				Estheriensch. i.w.S.	Estheriensch. i.e.S./Estheriensandst. Acrodus-Bank Corbula-Bank
				Myophoriensch. i.w.S.	Bleiglanzbank Myophoriensch. i.e.S./Benker Sandst. Grundgips
	Unt.	ku	Lettenkohlenkeuper ku		Grenzdolomit Ob. Sandstein Werksandstein (Hauptsandstein) Cardinienschiefer Unt. Sandstein

				GLIEDERUNG	CERATITENZONIERUNG	LEITHORIZONTE/SCHICHTEN
MUSCHELKALK	Ob.	mo 3	Hauptmuschelkalk	Discoceratiten-Sch.	Discoceratiten-Zone	Fränk.Grenzschichten: Grenzbonebed Grenzglaukonit Ostrakodenton Ob. Terebratelbank Gelber Kipper
				Nodosus-Schichten	Ceratites nodosus	Hauptterebratelbank Bank der kleinen Terebrateln
		mo2		Spinosus-Schichten	Ceratites similis C.enodis/ C.laevigatus Acanthocer. spinosus Ceratites evolutus	Cycloides-Bank
		mo 1		Trochitenkalk	Ceratites compressus Progonocer. robustus Progonocer. pulcher Progonocer. atavus	Spiriferina-Bank Haupt-Encrinidenbank Wulstkalkstein
	Mittl.	mm		Anhydritgruppe		Ob. Oolith Hornsteinbank Mittl. Oolith / Styolithenkalk Unt. Oolith / Zellenkalk
	Unt.	mu3		Ob. Wellenkalk		Orbicularis-Schichten Schaumkalk-Bänke Spiriferina-Bank/ Pentacrinus-Bank Ob. Terebratelbank Unt. Terebratelbank
		mu2		Mittl. Wellenkalk		Konglomeratbank β/ Oolithbank β
		mu 1		Unt. Wellenkalk		Dentalium-Bank Konglomeratbank α/ Oolithbank α Grenzgelbkalk

			GLIEDERUNG Becken	Bayern (Randfazies)	LEITHORIZONTE/SCHICHTEN
BUNTSANDSTEIN	Ob.	so 4	Ob. Röttonsteine Rötquarzit		Myophorienschichten
		so 3	Unt. Röttonsteine Grenzquarzit		
		so 2	Plattensandstein		
		so 1	Chirotherienschiefer		
	Mittl.	sm	Solling-Folge	Grenzkarneolhorizont	Karneol-Bausandstein Chirotherienschichten (Thür.Ch.sch.)
			Hardegsen-Folge	Felssandstein-Folge	
			Detfurth-Folge	Geiersberg-Folge	Geiersberg-Wechselfolge Geiersberg-Geröll- und Grobsandstein
			Volpriehausen-Folge	Rohrbrunn-Folge	Rohrbrunn-Wechselfolge Mittl. Geröllhorizont Rohrbrunner Geröllsandstein/ Kulmbacher Konglomerat
	Unt.	su	Salmünster-Folge	Miltenberg-Folge	Miltenberger Wechselfolge Basis-Sandstein
			Gelnhausen-Folge		Dickbank-Sandstein ECK'scher Geröllsandstein Heigenbrückener Sandstein
			Bröckelschiefer-Folge	Bröckelschiefer-Folge	a.e. richter 1984

nen **Mediterranfazies** mit den geringermächtigen, kontinentalen bzw. Flachwasser-Ablagerungen der nördlich liegenden **Germanischen Trias** ist auch heute teilweise noch problematisch; die Äquivalenz von Trias und Alpenkalk wurde aber bereits zwischen 1830 und 1850 erkannt. Die **Unt. Trias** entspricht dem alpinen **Skyth** und somit in etwa dem **Buntsandstein,** die **Mittl. Trias** dem **Anis** und **Ladin** – sie erfaßt also den **Muschelkalk** und den **Unt. Keuper**. Die **Ob. Trias** mit den Alpinstufen **Karn, Nor** und **Rhät** ist dem **Mittl.** und **Ob. Keuper** gleichzusetzen.

Während der Triaszeit waren die Böhmische Masse im E, die Gallische Schwelle (Ardennisches Festland) im W und der Vindelizische Festlandsrücken im S Hochgebiete. Die kontinuierlich absinkende Vindelizische Schwelle ermöglichte eine immer weiter nach S reichende Ausdehnung des Sedimentationsraumes. Sicherlich wurden Triasgesteine auch im Raum des Frankenwaldes, des Fichtelgebirges und des Oberpfälzer Waldes abgelagert (vor allem in deren W Randbereichen), fielen aber später vollkommen der Abtragung zum Opfer. Bedingt durch geringe Wasserbedeckung und flaches Festland während der marinen Phasen konnten bereits unbedeutende Niveauänderungen weitreichende Meeresvorstöße nach sich ziehen. Somit beobachten wir raschen Fazieswechsel – kontinentale Ablagerungen alternieren mit in brackischem oder vollmarinem Milieu gebildeten Sedimenten. Längerwährende vollmarine Bedingungen herrschten lediglich während der Muschelkalkzeit.

E. F. v. SCHLOTHEIM beschrieb 1823 die Fossilführung der germanischen Fazies. In den marinen Schichtfolgen des Muschelkalks stellen die Ceratiten die wichtigsten Leitfossilien, aber auch Conodonten, Brachiopoden, Muscheln und Kalkalgen können zu biostratigraphischen Zwecken herangezogen werden. Die **Gliederung** der Brackwasserablagerungen und der terrestrischen Sedimente erfolgt zum größten Teil nach lithologischen Gesichtspunkten (vor allem im Buntsandstein), teilweise aber auch unter Zuhilfenahme der Ostrakoden, der Amphibien und Reptilien (problematisch wegen des meist seltenen Vorkommens) sowie schließlich der Pflanzenreste.

Im Umland der Frankenalb treten Buntsandstein und Muschelkalk übertage im Bruchschollenland auf, während die Keuperschichten weitflächig im W der Alb zutage liegen, also im Rednitzbecken und in den Keuperlandschaften der Frankenhöhe und des Steigerwaldes sowie der Haßberge (Keuperbergland). Insgesamt bedecken die Triasgesteine mehr als die Hälfte Nordbayerns. Obwohl den Paläontologiefreund die oft fossilleeren Triasschichten meist nur am Rande interessieren, wollen wir auch deren Lithologie und Fazies beschreiben, um den mehr geologisch orientierten Lesern die Möglichkeit zur Identifizierung bzw. zum Kennenlernen dieser Schichten zu geben.

Die typischen roten Buntsandsteine wurden vielerorts als Baustein abgebaut und sind weitverbreitet an Bauwerken zu beobachten. Aber auch andere Gesteine dieser Serie (z. B. der Kronacher Bausandstein) wurden gerne zu Bauzwecken genutzt. Die Tonsedimente dienten der Ziegelherstellung oder der Keramikproduktion, früher auch zum Mergeln karger Böden. Die verschiedenen Muschelkalkgesteine werden noch heute zur Zementherstellung verwendet; sie waren früher ebenfalls ein beliebter Baustein. Der verwitterungsbeständige Quaderkalk wird noch heute verbaut. Bekannt ist auch der „Fränkische Pflasterstein" aus den Schichten des Hauptmuschelkalks. Keupersandsteine wurden früher ebenfalls in großem

Umfang als Baustein gebrochen (Vierzehnheiligen und Banz bestehen aus Schilfsandstein).

Der Buntsandstein (s)

Großräumig erschlossen ist der Buntsandstein im bayrischen Raum nur im Odenwald, im Spessart und in der Rhön (Buntsandsteinlandschaften). Weitere Vorkommen liegen parallel der Fränkischen Linie im Bruchschollenland. Durch Bohrungen konnte nachgewiesen werden, daß der Sedimentationsraum vermutlich bis zu einer Linie reichte, die von S Wackersdorf in Richtung Berching und Treuchtlingen verlief, dann den nördlichen Riesrand berührte und schließlich östlich von Aalen und an Ulm vorbei in Richtung Schaffhausen verlief. Die Bohrungen im Becken erbrachten Mächtigkeiten zwischen 300 und rund 700 m. Gegen den Beckenrand nimmt die Mächtigkeit schnell ab.

Während des Unt. und Mittl. Buntsandstein sedimentierten vor allem fluviatile und limnische, aber auch terrestrische Gesteine in relativ einheitlichem Ablagerungsmilieu. Im Ob. Buntsandstein traten aber auch marine Einflüsse auf. Ein Beleg für marines Bildungsmilieu ist z. B. das gehäufte Vorkommen von Steinsalzpseudomorphosen im Thüringischen Chirotheriensandstein und in den Chirotherienschiefern („Pseudomorphosenschichten"!). Das Klima war semiarid bis arid – überwiegende Trockenzeiten wurden unterbrochen von kurzzeitigen heftigen Regenfällen – und ermöglichte regional Gips- und Anhydritbildungen.

Die **Standard-Gliederung** beruht auf niedersächsischen Schichtfolgen. Die bayerischen bzw. süddeutschen Ablagerungen zeigen abweichende Fazies und Mächtigkeit und lassen sich mitunter nur schwer mit den Schichten des Beckeninneren parallelisieren. Das Fehlen von biostratigraphischen Zeitmarken ist hier ein großer Nachteil.

Fossilien sind meist sehr spärlich vertreten. Die ursprüngliche Fauna bestand aus hochspezialisierten Formen, die in Anpassung an extreme Lebensbedingungen zwar meist in hoher Individuen-, jedoch geringer Artenzahl auftraten. Bedingt durch relikthafte Überlieferung finden wir von der Wirbeltierfauna meist nur noch Spurenfossilien (Fährten, z. B. *Chirotherium*), ansonsten Muscheln („*Myophoria*"; teilweise in Anhäufungen), Brachiopoden (*Lingula*). Die Flora setzt sich zusammen aus Schachtelhalmen, Cycadeenartigen und Coniferen.

Der Untere Buntsandstein (su)

In Nordostbayern treten Gesteine des Unt. Buntsandstein übertage nur an wenigen Stellen auf, praktisch ausschließlich im Bruchschollenland (z. B. zwischen Weidenberg und Kemnath, bei Burggrub nördlich Kronach). Im folgenden werden die verschiedenen Schichten nur kurz erwähnt sowie die wahrscheinliche Parallelisierung mit den Schichten des Niedersächsischen Beckens besprochen.

Bröckelschiefer-Folge (suB), zwischen 0 und 70 m; darüber die **Gelnhausen-Folge (suG)** mit den bayerischen Äquivalenten **Heigenbrückener Sandstein, ECK'scher Geröllsandstein** und **Dickbank-Sandstein**; **Salmünster-Folge (suS)** mit dem **Basis-Sandstein** und der **Miltenberger Wechselfolge** (Tonlagen-Sandstein).

Die **Bröckelschiefer-Folge** zeigt zumindest im Beckeninneren noch marinen Einfluß. Sie besteht aus einer Ton-Sandstein-Wechselfolge. In den **Gelnhausen-** und **Salmünster-Folgen** überwiegen Sandsteine. Gegenüber dem ab oberer Gelnhausen-Folge relativ feinen Korn

im Beckenbereich treten zum Rand hin Grobsedimente und auch Gerölle auf.
Der Sedimentationsraum des Unteren Buntsandstein ist noch kleiner als in der folgenden Stufe. Im W z. B. verschwindet er schon im Nordschwarzwald.

Aufschlüsse:
1) Der Ort **Gundelsdorf** liegt wenige Kilometer N von Kronach; in der Ziegeleitongrube ca. 250 m E des Bahnhofes werden hauptsächlich Decklehme abgebaut. Darunter stehen im N der Grube randnah abgelagerte Zechsteinsedimente an, im S rote sandige Tone des Unt. Buntsandstein. Aufschlußverhältnisse je nach Abbau sehr wechselhaft.
2) Die Sandgrube HEBENTANZ liegt im N des Ortes **Wellmersdorf** (S Neustadt b. Coburg). Erschlossen sind mürbe, teilweise gebleichte Sandsteine des Ob. Unterbuntsandstein, wohl knapp unter dem Kulmbacher Konglomerat. Zeitweise erschlossene Schrägschichtungskörper sind im ostbayerischen Buntsandstein selten.

Der Mittlere Buntsandstein (sm)

Diese Schichten treten in Nordostbayern übertage ebenfalls nur im Gebiet des Bruchschollenlandes auf, allerdings in wesentlich größerer Verbreitung als jene des Unt. Buntsandstein.

Gliederung:
Volpriehausen-Folge (smV) mit dem bayerischen Äquivalent der **Rohrbrunn-Folge** (Rohrbrunner Geröllsandstein, Mittlerer Geröllhorizont, Rohrbrunn-Wechselfolge; in Nordostbayern an der Basis die Großgeröllzone des **Kulmbacher Konglomerats**, 30 bis 50 m); **Detfurth-Folge (smD)** – in Bayern **Geiersberg-Folge** (Geiersberg-Geröll- und Grobsandstein, Geiersberg-Wechselfolge); **Hardegsen-Folge (smH)** – in Bayern **Felssandstein-Folge**; **Solling-Folge (smS)** – in Bayern **Karneol-Bausandstein** bzw. **Chirotherienschichten** (Unt. oder Thüringer Chirotheriensandstein).
Epirogenetische Bewegungen verursachten ausgeprägtere Profilierung und somit verstärkte Erosion. In erster Linie sedimentierten in großrhythmischen Phasen Geröllsandsteine, deren Abfolge – s. oben – eine lithostratigraphische Gliederung ermöglicht. Das **Kulmbacher Konglomerat** bildet in Nordostbayern die Basis des Mittl. Buntsandstein. Der Gerölldurchmesser liegt bei Kulmbach zwischen 5 und 6 cm und nimmt nach SE bis auf 60 cm zu (Hirschau). Die geröllbindenden grobkörnigen Sandsteine haben meist mürbe Beschaffenheit.
Im Hangenden der **Hardegsen-Folge** beobachten wir Grobgeröllführung, Einkieselungserscheinungen sowie Quarz- und Dolomitkonkretionen, was auf fluviatiles, terrestrisches Ablagerungsmilieu hinweist. Die stark gegliederte „amphibische“ Landschaft der **Solling-Folge** läßt sich aus der schnellwechselnden Fazies ableiten.
Der **Untere Chirotheriensandstein** besteht aus weißgrauem, einheitlich feinkörnigem, glimmerführendem und meist plattig ausgebildetem Sandstein mit Kalkgehalt. Wellenrippeln sind nicht selten; Steinsalzpseudomorphosen weisen ebenfalls auf marines Bildungsmilieu hin. Bei Coburg tritt der Chirotheriensandstein in Form des max. 20 m mächtigen **Karneol-Bausandsteins** auf, im übrigen Buntsandsteingebiet entspricht ihm der Schichtkomplex des **Grenzkarneolhorizonts**. Die Fährten von Chirotherium sind zwar namengebend, leider aber nur höchst selten anzutreffen.

Aufschlüsse:
3) Von Kronach auf der B 85 nach N bis Gundelsdorf; am Ortsende nach E Richtung **Friesen.** Ca. 1 km weiter kleiner Aufschluß, weitere 500 m weiter Richtung E, S des Ortes Birkig großer Aufschluß im

Kulmbacher Konglomerat. Bis 15 cm große Gerölle; Windkanter.
4) S von Burggrub (N Kronach) liegt ca. 1 km W von **Haig** S einer Straßengabelung ein Aufschluß im Kulmbacher Konglomerat.
5) Am SW Ortsausgang von **Mitwitz** (ca. 9 km W Kronach) ist an einer Böschung der Straße eine Quarz- und Mischgeröllzone des Kulmbacher Konglomerats erschlossen.
6) Unmittelbar S von Kronach direkt an der B 85 liegt bei **Neuenreuth** eine weithin sichtbare Keramiksandgrube. Erschlossene Kulmbacher Konglomerat- und Wechselschichten (gering verfestigte Mittel- und Grobsandsteinschichten). Wenig S des Grubenrandes versetzt die Kulmbacher Störung den Mittl. Buntsandstein gegen den Sandsteinkeuper mit einer Sprunghöhe von ca. 900 m.
7) Am S Ortsende von **Weißenbrunn** (S Kronach) sind in der Grube eines Quarzsand-Werkes ca. 50 m Mittl. Buntsandstein über Kulmbacher Konglomerat erschlossen.
8) **Niederndobrach** liegt an der B 85 N Kulmbach. Ca. 500 m N des Ortes halten wir uns E und folgen schließlich einem nach NE ansteigenden Hohlweg Richtung Lehenthal. Erschlossen sind hier ca. 40 m geröllführende Sandsteinbänke mit seltenen Schiefertonbändern: Höherer Mittelbuntsandstein. Ab 400 m über NN Grenzkarneolhorizont (Sandsteine mit Karneolinfiltrationen und Quarzdrusen): Ob. Buntsandstein.
9) ESE von Weidenberg (E Bayreuth) liegt **Waizenreuth**. Straße nach Immenreuth-Kemnath; 700 m nach Waizenreuth S der Straße Gruben im Kulmbacher Konglomerat.

Der Obere Buntsandstein (so)

In Nordostbayern finden sich entsprechende Sedimente wieder nur im Gebiet des Bruchschollenlandes. Die klare Abgrenzung der jeweiligen Schichten ist wegen der fehlenden biostratigraphischen Zeitmarken und der oft verschwimmenden lithofaziellen Merkmale außerordentlich schwierig. – Die **Gliederung** des Ob. Buntsandstein (wegen der vorherrschenden Rotfärbung der Gesteine auch „Röt-Folge“ genannt) sieht folgendermaßen aus: **Chirotherienschiefer** (bzw. **Helle Pseudomorphosenschichten; so 1); Plattensandstein (so 2); Grenzquarzit** und **Unt. Röttonsteine (so 3); Rötquarzit** und **Ob. Röttonsteine (so 4).**
Durch Absenkungsvorgänge erfolgte eine Ausweitung des Sedimentationsbeckens nach S und nach SW gegen die Burgundische Pforte hin. In die zeitweise trockenfallenden Flachwasserbecken wurden vom wüstenartigen Festland feiner Sand und lateritischer Staub (Rotfärbung!) eingeweht. Das Ablagerungsmilieu war teilweise marin beeinflußt.
Die basalen **Chirotherienschiefer** sind feinblättrig und zeigen grünliche, bläuliche bis dunkelgraue Färbung. Sie führen relativ häufig scharf begrenzte Steinsalzpseudomorphosen („Helle Pseudomorphosenschichten“). Wellenrippeln, Schleifmarken und Pflanzenreste sind nicht allzu selten, während Fährten (z. B. eben von *Chirotherium*) wieder Besonderheiten darstellen.
Es folgen alternierend Ton- und Sandsteinkomplexe. Die Tonsteine sind dunkelrot, teilweise mit schwacher Sand- und Glimmerführung, immer schlecht geschichtet und hin und wieder dolomitisch gebunden. Der Glimmergehalt der Sandsteine unterscheidet diese von jenen des Mittl. Buntsandstein, die normalerweise keinen Glimmer enthalten. Der Glimmergehalt verweist auf Sedimentation in nicht fließendem Wasser. Auch Steinsalzpseudomorphosen treten auf. Die Sandsteine sind meist einheitlich tiefrot, seltener hellrot, hin und wieder aber auch mit weißlicher oder grünlicher Tüpfelung. Der Glimmergehalt ist hoch. Das Gestein bricht bankig-plattig. Rippelmarken und Pseudomorphosen weisen auf marines Milieu hin. Holzreste und Wurmspuren stellen den Großteil der ohnehin spärlichen Fossilfunde.
Der über dem Chirotherienschiefer folgende

Plattensandstein ist ein glimmerreicher Feinsandstein mit zwischengeschalteten, meist blaßvioletten Tonsteinlagen. Das Hangende bildet der **Grenzquarzit** (Mittl. Chirotheriensandstein), ein weißlicher bis grünlicher quarzitisch gebundener Sandstein mit plattigem bis flaserigem Bruch. Die **Unt. Röttonsteine** sind feinsandig und zeigen braunrote bis violettstichige Farbe sowie ab und zu Gipsschnüre. Sie werden von den **Ob. Röttonsteinen** durch den **Rötquarzit** (Fränkischer oder Ob. Chirotheriensandstein) getrennt. Diese kieselig gebundene Sandschüttung zeigt feines bis mittleres Korn und ist von weißer, bläulicher oder rötlicher Farbe. Im angewitterten Zustand beobachten wir durch Manganerz verursachte schwarze Tüpfelung. An Fossilien treten praktisch ausschließlich Grabgänge auf (*Corophioides luniformis*). Belege für terrestrisches Bildungsmilieu sind Wurzelhorizonte und die seltenen Reptilfährten.

Die **Ob. Röttonsteine** bestehen in Nordostbayern aus einer zwischen 13 und 16 m mächtigen Tonsteinserie. Das Gestein ist rötlich, gelblich oder auch grau. Den oberen Abschluß bilden die ca. 10 m mächtigen **Myophorienschichten**. Die fazielle Ausbildung und die Mächtigkeit dieser Schichten sind regional sehr verschieden. Wahrscheinlich sind die verschiedenenorts als „Myophorienschichten" bezeichneten Muschelbänke auch nicht altersgleich: Die Myophorienschichten im Kronacher Raum sind älter als jene in der Kulmbacher Gegend.

Anzufügen ist noch, daß die Muschelkalkfazies gebietsweise schon im Ob. Buntsandstein einsetzt: Schalenführende Kalke zeichnen hier schon die kennzeichnende Muschelkalkfazies vor.

Fossilliste Ob. Buntsandstein

Pflanzen: *Anomopteris mougeoti* BRONGN., *Palaeotaxodioxylon, Dadoxylon, Voltzia heterophylla* BRONGN., *V. acutifolia* BRONGN.;
Brachiopoden: *Lingula tenuissima* BRONN;
Muscheln: *Gervilleia murchisoni* GEIN., *G. costata* SCHL., *Myoconcha roemeri* ECK, *M. bicostata* ASSM., *Septifer („Mytilus"), Myophoria laevigata* ALB., *M. vulgaris* (SCHL.), *M. transversa* BORN., *Costatoria costata* ZENK., *Unicardium schmidi* (GEIN.), *Pleuromya musculoides* (SCHL.).

Aufschlüsse:

8) Grenzkarneolhorizont – Aufschluß s. Mittl. Buntsandstein: **Niederndobrach.**

10) Am W-Hang des Mupp-Berges bei **Neustadt/Coburg** kurz vor dem Gipfelplateau Übergang Mittl.-Ob. Buntsandstein. Vom Plateaurand schöne Aussicht auf Thüringer Wald und Bruchschollenland. (Am Osthang des Berges am S Ortsausgang von Ebersdorf Aufschluß im unteren Mittelbuntsandstein.)

11) Unterhalb des Bamberger Tors in der **Kronacher Altstadt** deutliche Schrägschichtung im hier anstehenden Ob. Buntsandstein.

12) Von **Kronach** auf der B 303 nach W (Richtung Coburg). Ca. 500 m nach Ortsende Kronach beiderseits der Straße Aufschlüsse in Sandsteinen mit Grenzkarneolhorizont.

13) Von Kronach auf der B 173 Richtung Wallenfels. In **Zeyern** wenden wir uns am E Ortsausgang nach N und queren die Rodach (Alternative: Im Ort Richtung Rodach-Wehr). An der „Zeyerner Wand" sind erschlossen: Ganz im W, noch W der Sägemühle, Rötschichten des Ob. Buntsandstein, darüber mergeliger Unterer Muschelkalk (abtauchend nach NE). Im Hangschutt Fauna sowohl aus den Myophorienbänken des Röt wie auch aus dem Unt. Muschelkalk.

14) Am E Ortsausgang von **Tauschtal** (S Trebgast SE Kulmbach) unmittelbar hinter dem letzten Haus Anschnitt im Grenzkarneolhorizont.

15) In **Weidenberg** (E Bayreuth) am Straßenanstieg zur Altstadt unmittelbar S der Steinach Böschungsrutschungen im Ob. Buntsandstein.

Der Muschelkalk (m)

Die Ablagerungen des Muschelkalkes treten übertage vor allem in Unterfranken auf (Würzburg-Bad Kissingen-Mellrichstadt), aber auch in meist schmalen Streifen im Bruchschollenland (Kronach-Bayreuth-Weiden). In diesem östlich an die Alb anschließenden Gebiet werden einige Aufschlüsse beschrieben.

Bedingt durch **stärkere Absenkungen** überflutete das Meer von N her große Bereiche Süddeutschlands bis hin zum Vindelizischen Festland im S und SE. Die westliche Begrenzung des weiträumigen Binnenmeers bildete das Gallische Land. Zwischen diesem und dem Vindelizischen Land bestand vom Ob. Muschelkalk an eine Meeresstraße zur Tethys (Basel-Marseille, über die Burgundische Pforte; Rhône-Depression). Die Böhmische Masse war zumindest teilweise überflutet, die Fränkische Linie zu keiner Zeit Küste.

Zur Muschelkalkzeit war nahezu ganz Deutschland nördlich der Donau meeresbedeckt. Die **Küstenlinie** in Süddeutschland verlief von östlich des Bodensees über Memmingen und den südlichen Riesrand, Eichstätt und Berching bis etwa Roding und bog hier vermutlich nach N ab. Die Mächtigkeiten in Unterfranken liegen zwischen 240 und 270 m.

In Mainfranken begegnet uns der Muschelkalk vor allem in der **Meininger Fazies**, die wir auch noch im Bruchschollenland zwischen Coburg und Kronach beobachten können. Südlich da-

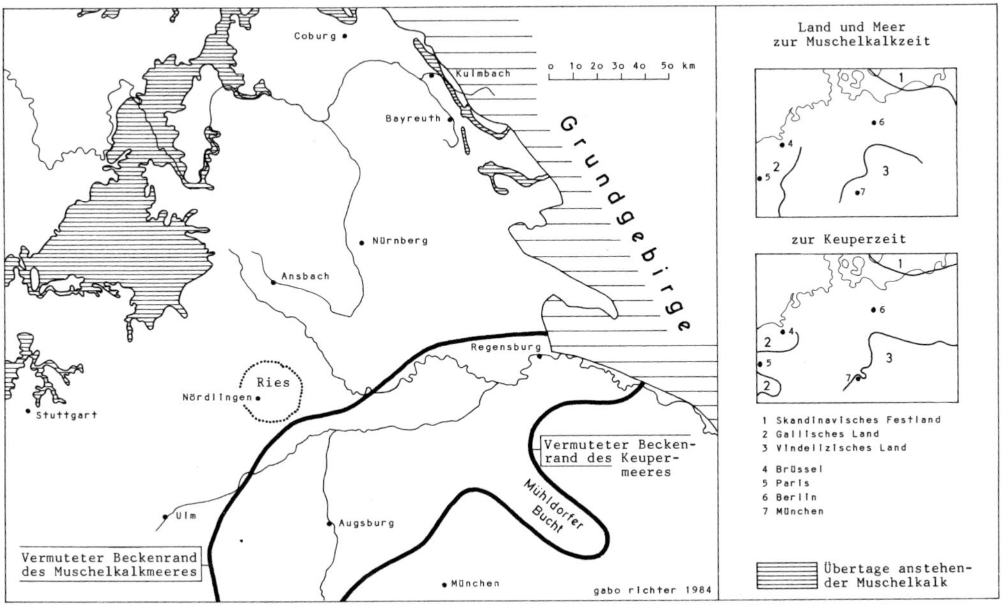

Paläogeographie zur Muschelkalk- und Keuperzeit; umgezeichnet und vereinfacht nach DOBEN, EMMERT, HAUNSCHILD und SCHWARZMEIER 1981.

von tritt küstennähere Fazies auf, ab Bayreuth mit schnell steigendem Sandgehalt. Das Fehlen der Leitbänke kann hier die Gliederung sehr erschweren. Wie oben erwähnt, kann die Muschelkalkfazies schon im Ob. Buntsandstein einsetzen. Andererseits ist hier im Bruchschollenland auch die Abgrenzung der drei Muschelkalk-Abteilungen untereinander sowie jene von Muschelkalk und Keuper oft problematisch (Randfazies!).

Das Klima war warm, die Wassertiefe meist gering. Entsprechend treten neben den bodennah lebenden **Ammoniten** (ausschließlich der Ordnung Ceratitida zugehörig) zahlreiche reine **Benthosformen** auf: Schnecken, Muscheln, Röhrenwürmer, Seelilien, hin und wieder auch Seeigel (Stacheln und Gehäuseplatten), sehr selten Seesterne, ferner Brachiopoden in oft reicher Zahl und Krebse. Wirbeltierreste sind normalerweise selten, treten aber in reicher Zahl in **Bonebedschichten** auf (Zähne, Fischschuppen, Knochenreste . . .). Die Fossilführung schwankt sehr stark, von Schicht zu Schicht, aber auch regional. Grabgänge weisen auf eine reiche Infauna hin.

Die **Kalkfazies** des Beckeninneren wird zur Küste hin durch eine zunehmend sandführende **Randfazies** abgelöst, was zum Verschwinden der artikulaten Brachiopoden und zum verstärkten Auftreten von *Lingula* führt und eine Reduzierung der Muschelfauna und das verstärkte Auftreten von Schnecken nach sich zieht. Randnah tritt reichlich Glaukonit auf. Am Übergang zur Kontinentalfazies finden sich pflanzenführende Tonlinsen mit einer Conchostrakenfauna. Die vom Vindelizischen Land eingespülten Pflanzenreste stammen vor allem von Schachtelhalmen und Coniferen.

Die teilweise stark abweichende Gesteinsausbildung begünstigt die **Gliederung** in **Unteren, Mittleren** und **Oberen Muschelkalk.**

Fossilliste Muschelkalk

Korallen: *Procyathophora, Microphyllia;*
Schnecken: *Neritaria pulla* (GOLDF.), *N. spirata* (SCHL.), *Omphaloptychia gregaria* (SCHL.), *Loxonema mediocalcis* HOHENST., *L. obsoletum* (ZIET.), *L. loxonematoides* (GIEB.), *Worthenia leysseri* (GIEB.), *Protonerita spirata* (SCHL.), *P. coarctata* (QU.), *Chemnitzia hehli* ZIET., *Ampullina, Rhabdoconcha;*
Scaphopoden: *Entalis laevis* (SCHL.);
Muscheln: *Palaeonucula strigilata* (GOLDF.), *Palaeoneilo elliptica* (GOLDF.), *Septifer („Mytilus“), Myalina blezingeri* PHIL., *Bakevellia subcostata* (GOLDF.), *Hoernesia socialis* (SCHL.), *Pleuronectites laevigatus* (SCHL.), *Chlamys alberti* (GOLDF.), *Eopecten, Enantiostreon difforme* (SCHL.), *E. multicostatum* (MUENST.), *Entolium discites* (SCHL.), *E. subtile* (SCHL.), *Newaagia noetlingi* (FRECH), *N. comta* (GIEB.), *Placunopsis ostracina* (SCHL.), *Plagiostoma striata* (SCHL.), *P. lineata* (SCHL.), *Trigonodus sandbergeri* ALB., *Myophoria vulgaris* (SCHL.), *Myophoria laevigata* ALB., *Lyriomyophoria elegans* (DUNK.), *Costatoria goldfussi* (ALB.), *Neoschizodus orbicularis* (BRONN), *Myophoriopsis gregaria* (MUENST.), *M. sandbergeri PHIL., Pleuromya musculoides* (SCHL.), *Gervilleia goldfussi* STROMB., *G. mytiloides* SCHL., *Unionites letticus* (QU.);
Nautiliden: *Germanonautilus bidorsatus* (SCHL.), *G. suevicus* (PHIL.), *Rhyncholithes hirundo* BLAINV. (Oberkiefer von *G. bidorsatus*), *Conchorhynchus avirostris* (SCHL.) (Unterkiefer);
Ceratiten: *Progonoceratites atavus* (PHIL.), *P. pinguis* (GEISL.), *P. flexuosus* (PHIL.), *P. sequens* (RIED.), *P. primitivus* (RIED.), *P. discus* (RIED.), *P. pulcher* (RIED.), *P. laevis* (RIED.), *P. robustus* (RIED.), *P. philippi* (RIED.), *Acanthoceratites subspinosus* (STOLL.), *A. praespinosus* (RIED.), *A. spinosus* (PHIL.), *Ceratites compressus* SANDB., *C. evolutus* PHIL., *C. armatus* PHIL., *C. praecursor* RIED., *C. muensteri* DIEN., *C. humilis* PHIL., *C. riedeli* STOLL., *C. postspinosus* RIED., *C. laevigatus* PHIL., *C. enodis* (QU.), *C. penndorfi* ROTHE, *C. similis* RIED., *C. nodosus* (BRUG.), mit den Unterarten *C. n. nodosus, C. n. minor, C. n. major, C. n. lateumbilicatus, C. n. laevis, C. alticella* GEISL., *Discoceratites levalloisi* (BEN.), *D. intermedius* (PHIL), *D. dorsoplanus* (PHIL.), *D. semipartitus* (MONTF.); anzufügen ist, daß die Gattungsabgrenzung zwischen *Progonoceratites, Acanthoceratites*, der von manchen Autoren verwendeten Gattung *Paraceratites* und

Ceratites schwierig ist und in unterschiedlicher Weise gehandhabt wird.
Krebse: *Paralitogaster meyeri* (ALB.), *Litogaster limicola* (KOENIG), *Pemphix sueuri* DESM.;
Brachiopoden: *Lingula tenuissima* BRONN, *Spiriferina hirsuta* (SCHL.), *Sp. fragilis* (SCHL.), *Coenothyris cycloides* (ZENK.), *C. vulgaris* (SCHL.), *Tetractinella trigonella* (SCHL.);
Seelilien: *Encrinus liliiformis* SCHL.;
Schlangensterne: *Aspidura loricata* (GOLDF.);
Seeigel: *Miocidaris;*
Fische: *Hybodus plicatilis* AG., *H. longiconus* AG., *H. mougeoti* AG., *Acrodus lateralis* AG., *A. immarginatus* MEYER, *A. substriatus* E. E. SCHMID, *Polyacrodus polycyphus* AG., (die nächsten 2 Formen sind Kopfstacheln maskuliner Hybodontiden:) *Hybodonchus trispinosus* E. FRAAS (vermutlich zu *Hybodus plicatilis* oder *H. longiconus* gehörend), *H. pusillus* E. FRAAS (vermutlich zu *Acrodus lateralis* zu stellen), (die nächsten beiden Formen sind Flossenstacheln von Hybodontiden:) *Hybodus major* AG., *H. tenuis AG., Palaeobates angustissimus* AG., *Saurichthys apicalis* AG., *S. annulatus* WINKL., *Birgeria mougeoti* AG., *Gyrolepis albertii* AG., *Dollopterus subserratus* STOLL., *D. brunsvicensis* STOLL., *Colobodus maximus* QU., *Crenilepus sandbergeri* DAMES; *Ceratodus;*
Reptilien: *Nothosaurus mirabilis* MUENST., *Placodus, Termatosaurus;*
Spurenfossilien: *Rhizocorallium, Koprolithen.*

Der Untere Muschelkalk (mu; Wellenkalk)

Die Kalke und Mergelkalke des Unt. Muschelkalk zeigen nicht selten wulstige, knollige und vor allem fein- bis grobwellige Ausbildung, weswegen diese Schichtfolge auch als **„Wellenkalk“** bezeichnet wird. Häufig auftretende Rippelmarken, aber auch Konglomerate, oolithische Schillkalke und Grabgänge verweisen auf geringe Wassertiefe. Die typische mainfränkische Ausbildung (**Meininger Fazies**) ist noch in der Gegend von Kronach mit den typischen Leitbänken entwickelt, während zum Beckenrand hin, nach SE, ein Faziesumschwung zu tonig-mergelig-dolomitischen Sedimenten mit zunehmender Sandführung stattfindet. Bereits nördlich von Bayreuth zeigen die beiden unteren Drittel des Unt. Muschelkalk tonig-mergelige Beschaffenheit; in Kalkfazies entwickelt ist nur noch das obere Drittel.

Gliederung

Unterer Wellenkalk: Grenzgelbkalk bis Unterkante Konglomeratbank beta; **Mittl. Wellenkalk:** Konglomeratbank beta bis Unterkante Unt. Terebratelbank; **Ob. Wellenkalk:** Unt. Terebratelbank bis Orbicularis-Schichten.
Im folgenden werden die wichtigsten Leitbänke aufgezählt. Sie sind allerdings im Bruchschollenland teilweise nicht ausgebildet.
Grenzgelbkalk (0,30 bis 1,70 m mächtig; etwa bis Bayreuth nachweisbar); **Konglomeratbank alpha** (diese mainfränkische Leitbank entspricht der **Oolithbank alpha** bei Meiningen und wird in der Kronacher Gegend wahrscheinlich durch eine zwischen 15 und 25 cm mächtige fossilführende Kalkbank vertreten); **Dentaliumbank** (in Oberfranken nicht nachweisbar); **Konglomeratbank beta** (wie Konglomeratbank alpha); **Unt. Terebratelbank** (in Unterfranken als 0,20 bis 2,00 m mächtiger Schalentrümmerkalk entwickelt, mit mehreren oolithischen Lagen, im N durchwegs oolithisch); **Ob. Terebratelbank** (folgt wenige Meter über der Unt. Terebratelbank, Mächtigkeit zwischen 10 und 80 cm, mit reicher Brachiopodenführung [*Coenothyris vulgaris*], Seelilienstielgliedern, Muscheln; beide Terebratelbänke sind im Raum Kronach-Bayreuth nur undeutlich entwickelt); **Spiriferina-Bank** (in Unterfranken zwischen 5 und 10 cm mächtig, mit *Spiriferina hirsuta*; im Kronacher Raum durch die 8–22 cm mächtige **Pentacrinus-Bank** vertreten); **Schaumkalkbänke** (deutlicher morphologischer Leithorizont; meist 2 oder 3 bis

1,70 m mächtige Kalkbänke mit zwischengelagerten Wellenkalken, deren poröses Aussehen auf die ursprüngliche oolithische Ausbildung zurückzuführen ist; sicher nachweisbar bis in die Bayreuther Gegend, hier jedoch vertreten durch nichtoolithische Schalentrümmerkalke in wesentlich geringerer Mächtigkeit); **Orbicularis-Schichten** (blaugraue Kalkmergel in ebenflächiger Schichtung oder gelbliche dolomitische Mergelkalke, zwischen 1 und 7 m mächtig; Leitfossil: Die Muschel *Neoschizodus orbicularis*).
In der **randnahen Fazies** des Unt. Muschelkalk werden die Kalke und Mergelkalke durch tonige Sedimente abgelöst, wozu mit weiterer Annäherung an die Küste zunehmende Versandung kommt. Bereits knapp über dem Grenzgelbkalk finden sich in der Umgebung von Kronach die ersten dünnen Sandsteinlagen. Sie zeigen die Nähe der Küstenlinie an und beweisen, daß nur westliche Randbereiche des Böhmischen Massivs überflutet waren.

Aufschlüsse:
13) Unt. Muschelkalk – s. Aufschluß **Zeyern**, Ob. Buntsandstein!
16) Von Coburg auf der B 4 nach N. Etwa in Streckenmitte zwischen **Ober-** und **Tiefenlauter** an der E Straßenböschung Schichten des Unt. Muschelkalk: Unt. Terebratelbänke. Ca. 300 m S Tiefenlauter am W-Rand der Straße N des Parkplatzes ebenfalls Unt. Muschelkalk erschlossen (ca. 20 m).
17) Von Kronach nach N Richtung Friesen/Wilhelmsthal. In **Dörfles** unmittelbar S des Gasthofes Wagner über die Kronach zum Kalkwerk Dörfles. Hier links bergan fahren. Direkt oberhalb des Kalkofens an der Schüttbühne ist Unt. Muschelkalk mit Rutschstrukturen erschlossen. Ca. 200 m weiter nach N weiterer kleiner Aufschluß in knauerigen Kalken unterhalb der Orbicularis-Schichten.
18) Am E Ortseingang von **Eschenbach** (NE Grafenwöhr) am E-Rand eines Weihers W einer KFZ-Werkstätte sind in der Böschung an einem Trafo-Haus tiefe fossilführende Schichten des Unt. Muschelkalk erschlossen. 200 m W aufgelassener Stbr in Sandsteinen etwa dem Niveau der Unt. Terebratelbänke der Beckenfazies entsprechend; ebenfalls erschlossen in einer Schlucht ca. 200 m S der Werkstatt. Randfazies!
19) An der Straßenböschung ca. 300 m N der Bahnkreuzung am N Ortsausgang von **Grafenwöhr** (B 299) Randfazies des Unt. Muschelkalk: Sandsteine mit Holznegativen. Sandsteine mit Pflanzenton-Linsen sind erschlossen F. Ortsmitte E der Creußen (ca. 300 m S Felsmühle).

Der Mittlere Muschelkalk (mm; Anhydritgruppe)

Das germanische Muschelkalkmeer hatte damals nur noch zeitweise Verbindung zur Tethys; Wasseraustausch fand nur selten und nur in geringem Umfang statt. Das Klima war sehr warm bis arid; starke Verdunstung führte zur Bildung dolomitischer Gesteine, von Anhydrit und auf dem Höhepunkt des Kondensationsprozesses sogar von Steinsalz (**„Anhydritgruppe“**). Die zwischenzeitliche Einspeisung tethyalen Meerwassers ermöglichte die Bildung von Oolithgesteinen. Die Sedimente im Bekkenzentrum erreichen mehr als 200 m Mächtigkeit, die aber zum Rand hin schnell abnimmt. Bei Döhlau (östlich Bayreuth) gehen Gipsabbaue um; die Mächtigkeit des Mittl. Muschelkalk beträgt dort 40 m. Auch im Mittl. Muschelkalk beobachten wir wieder zum Rand hin zunehmende Versandung.
Gute Leithorizonte in Mainfranken sind der **Untere** und der **Mittlere Oolith**, die **Hornsteinbank** und schließlich der **Obere Oolith**. In der randnäheren Fazies des Bruchschollenlandes mit vorwiegend dolomitischer Entwicklung fehlen diese Leitschichten weitgehend.
Das Milieu war bedingt durch die starke Übersalzung extrem lebensfeindlich – Fossilfunde bilden auch aus diesem Grund eine große Ausnahme.

Im näheren Umland der Frankenalb treten die Gesteine des Mittl. Muschelkalk übertage ausschließlich im Bruchschollenland auf – Aufschlüsse sind sehr selten.

Aufschlüsse:
20) Von Kronach nach N Richtung Friesen/Wilhelmsthal. In Friesen nach E abbiegen Richtung **Roßlach**. Hier nach NW zum Stbr und Kalkofen KRAUS. Im Aufschluß hinter dem Kalkofen knapp 10 m Mergel und Kalke des Mittl. Muschelkalk erschlossen. Ein oolithischer Schillkalk mit Hornsteinen leitet über zum Ob. Muschelkalk (je nach Abbau zwischen 5 und 15 m, Kalke, Mergel und Schillkalke).

Der Obere Muschelkalk (mo; Hauptmuschelkalk)

Das Auftreten dieser Schichten im Umland der Frankenalb ist auf das nördliche und östliche Albvorland (Bruchschollenland) beschränkt. Weiträumig erschlossen ist der Ob. Muschelkalk vor allem in Unterfranken. Hier treten im Liegenden der Schichtfolge noch Wulstkalksteinlagen auf und erinnern an den Wellenkalk. Darüber folgen blaugraue, dichte Mergelkalke mit tonigen Mergelzwischenlagen und zwischengeschalteten mikritischen Schalenkalksteinbänken, die vor allem in Oberfranken an Bedeutung gewinnen. Diese dichten und teilweise mikritischen Kalke entstehen aus feinkörnigem Kalkschlamm und sind in der Regel fossilarm. Die bioklastischen bzw. oolithischen Schalentrümmerkalke hingegen können reiche Fauna führen. Auch Bioturbation (Wühlgefüge) kann vorkommen.
Die Wassertiefe war vermutlich etwas größer als zur Zeit des Unt. Muschelkalk. Die Entwicklung der reichen Lebewelt wurde gefördert bzw. ermöglicht durch **normalmarine Verhältnisse**. Konglomeratlagen sind selten. Im Hangenden des Hauptmuschelkalk treten zunehmend Faziesschwankungen auf – die Grenze zum Keuper kann vor allem randwärts verschwimmen. Dolomitisch-sandige **Randfazies** beobachten wir bereits südöstlich von Bayreuth (**„Bausandstein“**, Ob. Hauptmuschelkalk). Trotz der faziellen Ähnlichkeit zu den Ablagerungen des unterfränkischen Gebiets läßt sich der Ob. Muschelkalk schon im Raum zwischen Kronach und Coburg nur schwer gliedern, was nach SE, also in Richtung Küste, noch schwieriger wird.
Der **Unt. Hauptmuschelkalk (mo 1; Trochitenkalk)** setzt mit max. 5 m mächtigen **Wulstkalklagen** ein. Das Gestein ist regional glaukonitisch oder oolithisch, mitunter auch schwach mikritisch. Die folgende aus hartem Kalk bestehende **Haupt-Encrinidenbank** enthält zahlreiche Stielglieder von *Encrinus liliiformis* (= Trochiten, danach Trochitenkalk); Mächtigkeit bei Kronach zwischen 20 und 30 cm, in Unterfranken 0,50 bis 2,00 m. In dieser Bank treten die ältesten **Ceratiten** auf. Das Hangende bildet die **Spiriferina-Bank,** eine zwischen 10 und 30 cm mächtige, kristallinkörnige Kalkbank mit zahlreichen Trochiten und dem Leitfossil *Spiriferina fragilis*. Dieser wichtige Leithorizont ist sowohl in Unter- wie auch in Oberfranken vorhanden und fehlt erst bei Annäherung an den Beckenrand, etwa südöstlich von Bayreuth. Die Gesamtmächtigkeit des Unt. Hauptmuschelkalk beträgt bei Würzburg ca. 25 m, bei Kronach 28 m und bei Bayreuth ca. 30 m.
Auch der **Mittl. Hauptmuschelkalk (mo 2)** besteht aus wechsellagernden plattigen Kalkbänken und Mergelzwischenlagen. Den Abschluß bildet die **Cycloides-Bank,** die bis südlich Bayreuth (Emtmannsberg) nachweisbar ist. Sie tritt in Oberfranken in reduzierter Mächtigkeit auf (ca. 10 cm) gegenüber einer Bankmächtigkeit von 30 bis 80 cm in Unter-

Ceratites nodosus nodosus (BRUG.). Hauptmuschelkalk (*nodosus*-Zone, Stbr bei Dörfles nördlich Kronach (21); ca. 10,5 cm.

franken. Das Leitfossil ist eine massenhaft auftretende kleinwüchsige Unterart des Brachiopoden *Coenothyris vulgaris*, von rundlicher Form und oft in perlmuttiger Erhaltung: *C. vulgaris* var. *cycloides*.

Der Ob. Hauptmuschelkalk (mo 3) wird nach der Ceratiten-Fauna in die liegenden **Nodosus-Schichten** und die hangenden **Discoceratiten-Schichten (Semipartitus-Schichten)** gegliedert. Die Mächtigkeit liegt bei Würzburg zwischen 35 und 40 m, bei Kronach um 30 m und bei Bayreuth um 16 m. Die **Nodosus-Schichten** bestehen in Oberfranken aus Kalkbänken (bis in die Gegend von Bayreuth-Weidenberg), in Unterfranken dagegen aus kalkhaltigen Tonsteinen. Hier treten auch wieder wulstige bis knollige Kalksteinlagen auf. Die etwa in der Mitte der Nodosus-Schichten liegende **„Bank der kleinen Terebrateln"** beobachten wir vor allem im südlichen Unterfranken; sie ist aber auch noch bei Kronach und nördlich von Bayreuth nachweisbar. Den Abschluß der Nodosus-Schichten bildet in Unterfranken die **Hauptterebratelbank**. Charakteristisch für diese Bank ist das Massenvorkommen von *Coenothyris vulgaris*. Die Hauptterebratelbank konnte bisher in Oberfranken nicht nachgewiesen werden; in Unterfranken liegt die Mächtigkeit zwischen 0,40 und 1,20 m.

Die sandige **Randfazies** zeichnet sich bereits nördlich von Bayreuth in Form dünner, feinsandiger, teilweise glaukonitischer Zwischenlagen ab. Diese Einschaltungen treten im obersten Muschelkalk auch schon in der Kronacher Gegend auf. Ein deutlicher Faziesumschwung macht sich aber erst südöstlich von Bayreuth bemerkbar.

In **Württemberg** sieht die Gliederung des Muschelkalks etwas anders aus: Der Unt. Hauptmuschelkalk (mo 1; Trochitenkalk) endet, wie auch in Franken üblich, mit der Spiriferina-Bank. Ein Mittl. Hauptmuschelkalk wird nicht ausgeschieden, der Ob. Hauptmuschelkalk wird jedoch weiter untergliedert in die Nodosus-Schichten (mo 2) und die Semipartitus-Schichten (mo 3).

Die **Semipartitus-Schichten** (Discoceratiten-Schichten) verweisen bereits auf die folgende Tonsedimentation des Keupers. Sie sind faziesunbeständig und setzen sich in der Regel aus mergelig-tonigen Gesteinen zusammen, mit zwischengeschalteten dünnen Kalkbänken. Etwa im unteren Drittel der Schichtfolge liegt der nur in Unterfranken ausgebildete, gut erkennbare, zwischen 0,30 und 1,00 m mächtige **Gelbe Kipper**. Die im oberen Drittel anstehende **Obere Terebratelbank** ist nur regional ausgebildet, zwischen 30 und 50 cm mächtig und meist von grobknolliger Beschaffenheit.

Die sogenannten **Fränkischen Grenzschichten** bestehen aus ca. 1,50 bis 2,00 m mächtigem Ostrakodenton sowie aus dem rund 50 cm mächtigen Glaukonitkalkstein, einem wulstig ausgebildeten, dunkelgrauen Kalk (braun verwitternd) mit Fossilführung. Auf der Oberfläche, der Grenze zum Keuper, tritt ein Bonebed auf, mit Fisch- und seltener Saurierresten sowie Koprolithen: **Grenzbonebed**.

Die in Oberfranken nur in reduzierter Mächtigkeit vorhandenen **Discoceratiten-Schichten** bestehen hier aus Ton- und Mergelsteinen zwischengeschalteten glaukonitischen Braunkalkbänken. Südlich von Würzburg sind die Discoceratiten-Schichten als **„Quaderkalk“** entwickelt: In Schwellenbereichen (Gammesfelder Barre) wurden Muschelschalen zusammengeschwemmt (bis 5 m mächtig). Aber auch in Oberfranken treten dem Quaderkalk ähnelnde, zwischen 1,00 und 2,00 m mächtige Gesteine auf (bei Stadtsteinach und Trebgast).

Das **Muschelkalk-Keuper-Grenzbonebed** ist ein Kondensationsbonebed. Entstehungsraum war ein strandnaher Flachwasserbereich. Zeiten geringer und starker Wasserbewegung (geringes und hohes Energieniveau) wechselten. Bei geringer Wasserbewegung lagerten sich Organismenreste ab, erhaltungsfähige Hartteile wie Knochen, Zähne, Schuppen usw. fossilisierten. Die anschließende Aufarbeitung bei hohem Energieniveau hatte Sedimentumlagerung und Ausspülung der Feinfraktionen zur Folge – die Fossilreste wurden konzentriert. Die häufige Wiederholung führte zu einer extrem geringen Sedimentationsrate: Die wenigen Zentimeter Grenzbonebed entsprechen mehreren Metern „normal“ sedimentierter Kalk- und Mergelgesteine.

Größere Organismenreste – große Knochen, Zähne, Flossenstacheln usw. – überstanden die Zeiten hohen Energieniveaus nur in Ausnahmefällen – sie zerbrachen und/oder wurden meist weitgehend aufgearbeitet. Wichtig für die Überlieferung war sicherlich auch der Grad der Fossilisation bzw. die Widerstandsfähigkeit des Ausgangsmaterials: Zähne und Schuppen, vor allem solche geringerer Größe, wurden am wenigsten angegriffen, was ihr Überwiegen im Bonebed erklärt.

Die **Fauna** besteht hauptsächlich aus Fischzähnen und -schuppen. Entsprechend der ehemaligen Faunenzusammensetzung und der bedeutenderen Größe der Hartteile und somit höheren Aufarbeitungsrate sind Reptilreste wesentlich seltener. Die Fischzähne erreichen selten mehr als 2 cm, im Durchschnitt knapp unter 1 cm. Schuppen messen meist nicht mehr als ca. 5 mm, während Flossenstacheln maximal um 5 cm groß und meist beschädigt sind. Obwohl anzunehmen ist, daß die verglichen mit den Wirbeltierresten wenig widerstandsfähigen Schalen der wirbellosen Tiere (Muscheln, Brachiopoden usw.) schnell aufgearbeitet wurden, dürfte doch eine gewisse Präsenz dieser Tiergruppen erwartet werden. Das absolute Fehlen verweist möglicherweise auf **lebensfeindliches Milieu im Bodenbereich**. Anzufügen ist noch, daß der Sedimentationsraum nicht mit dem ursprünglichen Lebensraum der eingebetteten Organismen übereinstimmen muß. Die Fische usw. könnten vom offenen Meer her in diese wohl extrem flachen Küstenzonen eingespült worden sein.

Die im Grenzbonebed vorkommenden Fossilien treten auch in den Kalk- und Mergelsedimenten des Ob. Muschelkalks auf, sind hier allerdings wesentlich seltener. Zu den Zähnen der Gattungen *Acrodus* und *Hybodus* sei noch angemerkt, daß die Artenzahl durch eine Revision vermutlich stark verringert werden würde. Manche der zu verschiedenen Arten gestellten Zahnformen sind wahrscheinlich nur durch die Lage im Gebiß unterschieden und somit zu einer Art gehörig.

Aufschlüsse:

20) Siehe Aufschluß **Roßlach** – Mittl. Muschelkalk!

21) Von Kronach nach N Richtung Friesen/Wilhelmsthal. In **Dörfles** S des Gasthofes Wagner über die Kronach zum Kalkwerk Dörfles. Links bergan bis zur Schüttbühne (Unt. Muschelkalk), hier links halten und schmalen, schlechten Weg durch Wald bergauf nehmen. Ausgedehnter Stbr auf der Hochfläche in den Schichten des Ob. Muschelkalk. Dicke Schillbänke, Rippelmarken, synsedimentäre Rutschstrukturen gut zu studieren. Erschlossen *spinosus*- bis *nodosus*-Zone. Während der Abbauzeiten früher hervorragende Fundmöglichkeiten für Ceratiten (siehe Abb. 4, S. 36).

22) Von Kulmbach auf der B 85 nach S bis **Forstlahm.** Im Ort beim Gasthaus durch eine Unterführung nach E zu einem Stbr im Ob. Muschelkalk. Tektonisch stark gestörte steilgestellte Schichten, im W angrenzend an schlecht erschlossenen Schilfsandstein. Erschlossen Schichten der *nodosus*-Zone. Interessant Bänke mit starker Bioturbation (siehe Abb. 5, S. 36).

23) In **Hegnabrunn** (E Kulmbach) fahren wir Richtung Trebgast. Ca. 1 km nach dem Ort liegt N der Straße ein Stbr in Schichten der *spinosus*- und *nodosus*-Zone (erschlossen rund 14 m).

24) Von Bayreuth auf der B 2 nach N; abbiegen nach **Röhrig**. 300 m NE des Ortes Brüche im Ob. Muschelkalk.

25) Von **Eisersdorf** (unmittelbar NE Kemnath) einem nach E ansteigenden Hohlweg folgen zum „Vogelherd“. Im Weg stellenweise Sandsteine des Ob. Muschelkalk erschlossen. In der Wegböschung gegenüber eines einzeln stehenden Hauses E des Ortes (Nordböschung) gelbe Dolomitbank der Discoceratiten-Zone anstehend. Auf der S-Seite der Kuppe des „Vogelherdes“ (ca. 500 m E des Hauses) Sandabbau in Quarz-Feldspat-Kaolinsandsteinen des Unt. Keuper.

26) Von Grafenwöhr auf der B 299 Richtung Pressath. Im Wald E der Straßenabzweigung nach **Bärnwinkel** Gruben in Sanden des randnah abgelagerten Ob. Muschelkalk. Die stellenweise überlagernde Flugsanddecke zeigt basal eine Steinlage, die schöne Windkanter enthält.

Der Keuper (k)

Keupersedimente treten in weiten Gebieten Nordbayerns auf, vor allem aber in Franken. Unt. Keuper ist großflächig in den Gäulandschaften verbreitet, teilweise allerdings durch Quartärsedimente überdeckt. Das Keuperbergland (Frankenhöhe, Steigerwald, Haßberge), das Rednitzbecken und Bereiche des Bruchschollenlandes bestehen aus Mittl. Keuper, während der Ob. Keuper mehr oder weniger an den Albrand gebunden ist. Er wird auf den geologischen Karten meist zusammen mit dem Unteren Schwarzjura ausgeschieden oder gar zusammen mit dem gesamten Schichtkomplex des Schwarzjura.

Obwohl flach bis sehr seicht, drang das **Binnenmeer** weiter nach S bzw. SE vor als zur Muschelkalkzeit. Der südliche Beckenrand verlief von Kempten nach NE bis etwa Pfaffenhofen, von wo aus eine langgezogene Bucht nach SE bis etwa Mühldorf ins Land vorstieß. Der weitere Verlauf führte von Landshut in einem großen nordwestlich gerichteten Bogen Richtung Straubing. Die Meeresüberflutung war aber mehrfach starken Veränderungen unterworfen: die Küstenlinie oszillierte. Mit der Tethys stand das Keupermeer zumindest zeitweise über die Burgundische Pforte in Verbindung.

Regionale Meeresvorstöße oder -rückzüge ließen neben den seichten Meeresbecken eine Watt-, Lagunen- oder Sumpflandschaft entstehen. Flache Landrücken wechselten mit Seen ab. Neben annähernd vollmarinen Verhältnissen vor allem während des Unt. und Ob. Keuper waren großräumige übersalzene Lagunenbecken, andererseits aber auch ausgesüßte Becken verbreitet. Fluviatile Einflüsse lassen sich in der Randfazies nachweisen. Die Wassertiefe betrug wohl selten mehr als 20 bis 30 m. Die Flachwassersedimente bestehen aus Tonen, mergeligen Tonschiefern und Mergeln (mit vertikal oft schnell wechselnder Färbung) und harten Kalkbänken (teilweise dolomitisch; Grenzdolomit, Bleiglanzbank usw.), die über weite Entfernungen durchhalten können und somit echte Leitbänke bilden.

Während der **nordische Keuper (Beckenfazies)** vorwiegend aus Tonen und hellen Sandsteinen besteht, beobachten wir in der **südlichen** bzw. **südöstlichen Randfazies** des **vindelizischen Keuper** oft intensiv gefärbte Tongesteine und grobklastische sandige Sedimente. Die Rotfärbung ist auf Rotstaubeinwehungen vom wüstenartigen Festland zurückzuführen. Das Klima war zumindest zeitweise sehr warm (regional Salzbildung!).

Wir gliedern in den im Bruchschollenland nur sehr schlecht erschlossenen **Unt. Keuper** mit max. 50 m Mächtigkeit, in den **Mittl. Keuper** (rund 400 m) und den **Ob. Keuper** mit ebenfalls max. 50 m Mächtigkeit. Die relativ hohe Gesamtmächtigkeit von rund 500 m wurde trotz des extremen Flachmeercharakters erreicht, weil das Land ständig absank. Noch im Bereich Bamberg-Bayreuth wurden 500 m Keuper erbohrt, während am Beckenrand, z. B. südlich der Linie Ries-Eichstätt-Schwandorf, nur mehr rund 200 m nachgewiesen werden konnten.

Fossilien sind nicht sehr häufig und in der Regel auf bestimmte Schichten beschränkt (Myophorien-Schichten usw.). Cephalopoden fehlen vollkommen, während Muscheln recht häufig sind (*Myophoria, Myophoriopsis, Anoplophora* usw.). Schnecken (*„Turritella“*), Brachiopoden (ausschließlich *Lingula*) und gelegentlich bankweise angereicherte Fischreste, Reptilfährten sowie sehr seltene Amphibienreste vervollständigen das Faunenbild. Das Vorherrschen euryhaliner Formenkreise zeigt starke Salzgehaltsschwankungen an (Übersalzung bis Verbrackung), wodurch die monotone Fauneneinseitigkeit erklärt ist. Stenohaline Faunenkreise (artikulate Brachiopoden, Echinodermen, Ammoniten) fehlen.

In Sumpf- oder Feuchtbereichen siedelten Schachtelhalme, Farn- und Schilfgewächse, in

Trockengebieten primitive Nadelholzgewächse. In manchen Schichten sind Pflanzenreste nicht selten: Im Schilfsandstein treten lokal angereicherte Schachtelhalmabdrücke auf („Schilf"), in anderen Schichten Kieselhölzer (Koniferenreste).

Fossilliste Keuper

Pflanzen: *Laccopteris göpperti* SCHENK, *Phlebopteris muensteri* SCHENK, *Lepidopteris ottonis* SCHENK, *Sphenopteris kirchneri* GÖPP., *S. tricarpa* GÖPP., *Taeniopteris münsteri* GÖPP., *Sagenopteris rhoifolia* PRESL, *Equisetites arenaceus* JAEG., *E. lehmannianus* GÖPP., *Pterophyllum jaegeri* BRONGN., *P. longifolium* BRONGN., *Cycadites rectangularis* COMPT., *Taeniopteris vittata* BRONG., *Nilssonia polymorpha* SCHENK, *N. münsteri* GÖPP., *Thinnfeldia decurrens* BRAUN, *Th. lacinata* SCHENK, *Baiera furcata* HEER, *Voltzia coburgensis* SCHAUR., *Cheirolepis affinis* SCHIMP.;
Brachiopoden: *Lingula zenkeri* ALB.;
Muscheln: *Palaeonucula speciosa* (MUENST.), *Rhaetavicula contorta* (PORTL.), *Pteria bronni* (ALB.), *Hoernesia socialis* (SCHL.), *Septifer („Mytilus"), Modiolus minutus* GOLDF., *Unionites letticus* (QU.), *U. brevis* (SCHAUR.), *U. donacinus* (SCHL.), *Trigonodus hornschuhi* BERGER, *T. keuperianus* BERGER, *Myophoria laevigata* ALB., *M. kefersteini* MUENST., *M. struckmanni* STROMB., *M. intermedia* SCHAUR., *M. vulgaris* SCHL., *Costatoria goldfussi* (ALB.), *Paleocardita praecursor* (QU.), *Protocardia rhaetica* OPP., *„Taeniodon" ewaldi* BORNEM., *„T." praecursor* SCHLOENB., *Pleuromya musculoides* (SCHL.);
Conchostraca: *Cyzicus laxitextus* (SANDB.) (syn. *Estheria laxitexta)*;
Fische: *Hybodus raricostatus* AG., *H. keuperinus* T. C. WINKL., *H. sublaevis* AG., *Acrodus lateralis* AG., *A. gaillardoti* AG., *A. minimus* AG., *A. acutus* AG., *A. microdus*, *Hybodonchus cuspidatus* E. FRAAS, *H. minor* E. FRAAS, (die folgenden 3 Formen sind Flossenstacheln von Hybodontiden:) *Hybodus tenuis* AG., *H. cloacinus* QU., *H. minor* AG., *Cerotodus kaupi* AG., *C. latissimus* AG., *C. parvus* AG., *Saurichthys apicalis* AG., *S. acuminatus* AG., *S. longidens* AG., *Birgeria mougeoti* AG., *Gyrolepis*.

Der Untere Keuper (ku; Lettenkohlenkeuper)

Diese auch Lettenkeuper oder Lettenkohle genannte Schichtfolge zeigt marinen Einfluß. Vor allem gegen Ende des Unt. Keuper war das Gebiet großflächig und relativ langzeitig überflutet. In Mainfranken ist die Schichtfolge hauptsächlich tonig ausgebildet, mit zwischengeschalteten Kalkbänken und Sandsteinen mit teilweise großwüchsiger Fauna. *Costatoria goldfussi* tritt allerdings nur in Kalkfazies auf, fehlt also in der Sandfazies. Nördlich des Mains beobachten wir Mächtigkeiten zwischen 40 und 50 m, bei Coburg und Bayreuth ca. 40 m, bei Nürnberg ca. 17 m.
Die Wechselfolge von grauen Schiefertonen, gelblichgrauen Mergeln und braun verwitternden Kalkbänken (oft dolomitisch) sowie zwischengelagerten Sandschiefern und feinkörnigen Sandsteinen läßt sich teilweise schwer gliedern. Markante lithologische Merkmale bilden im mittleren Teil der gelbliche bis bläulichgrüne feinkörnige **Werk-** oder **Hauptsandstein** mit Pflanzen- (Schachtelhalmen) und Tierresten, der in der „Flut-Ausbildung" bis zu 60 m Mächtigkeit erreichen kann. Mitunter tritt 1,00 bis 2,00 m über der Keuperbasis der dünnplattige und geringmächtige **Untere Sandstein** auf, wenige Meter unter dem Grenzdolomit der **Obere Sandstein** (bis über 5 m). Den Hauptsandstein unterlagern örtlich (z. B. im Würzburger Raum) die **Cardinien-Schiefer**, hellgraue quarzitische bis karbonatische fossilführende Schiefer. Stellenweise treten zwischen 2 und 150 cm mächtige Kohleflöze auf (an Basis und Top des Hauptsandsteins sowie unter und über dem Oberen Sandstein). Das Hangende des Unt. Keuper bildet der **Grenzdolomit**, der gegen die Küste auskeilt oder versandet und somit gegen den hangen-

den Benker Sandstein (Mittl. Keuper) nur schwer abgrenzbar ist. Die fossilreichen Schichten des Grenzdolomites erreichen Mächtigkeiten zwischen 0,5 und 5,00 m. Dieser teils klotzig und zellig, teils plattig und oolithisch ausgebildete dolomitische Kalkstein ist von gelblicher Farbe. Im Liegenden treten oft rote Tone auf, auch Gipseinschlüsse kommen vor. An **Fossilien** finden sich vor allem Myophorien, Gervillien und *Lingula*.
Die Schichtfolge Main- bzw. Unterfrankens hält durch bis südöstlich von Bayreuth. Bereits bei Kemnath aber ist der Unt. Keuper weitgehend sandig entwickelt. Im unteren Teil beobachten wir noch wechsellagernde Letten und mittel- bis grobkörnige Arkosen. Auch der Grenzdolomit tritt südöstlich von Bayreuth bereits in feinsandiger Fazies auf, allerdings noch mit Fossilführung.

Aufschlüsse:
25) Aufschluß bei **Eisersdorf** – s. Ob. Muschelkalk!
27) Von Hofheim (ca. 11 km N Hassfurt) nach S bis **Rügheim**. In der Ziegeleigrube KARL sind im Liegenden Schichten des tiefen Unterkeuper erschlossen (Tone mit Feinsand- und Dolomitbänken), darüber Lößlehme mit basalen Nassach-Schottern. Je nach Abbau interessante Störungen sichtbar.

Der Mittlere Keuper (km)

Wir unterscheiden zwischen dem unteren Bereich, der als **Gipskeuper (kmg)** bezeichnet wird, und dem **Sandsteinkeuper (kms)**. Die Beckenfazies des Gipskeuper in toniger, nordischer Ausbildung ist noch im Raum Bayreuth nachweisbar. Es handelt sich überwiegend um marin-brackische Ablagerungen. Im Beckenbereich treten häufig Gipslagen auf und auch Steinsalzpseudomorphosen sind nicht selten. Der Gipskeuper erreicht etwa 150 m Mächtigkeit.
Als **Sandsteinkeuper** bezeichnen wir die überwiegend sandige Fazies des oberen Mittelkeuper mit einer Gesamtmächtigkeit von ca. 250 m. Bedingt durch anhaltende Regression dringt die vindelizische Sandfazies nach Norden vor, bis ins Rhönvorland (die Randfazies wandert also mit dem Beckenrand nach N).
In Nordfranken beobachten wir noch im Burgsandstein marine Einflüsse (Gipsmergel, Mergel, Dolomit, Fauna), während im S, etwa jenseits der Linie Neustadt/Aisch-Erlangen, schon im Blasensandstein terrestrisches Ablagerungsmilieu herrschte. Vom Vindelizischen Festland her lieferten Schichtfluten Verwitterungsmaterial. Es entstanden ungleichmäßig geschichtete und schlecht sortierte Sandsteine. In Richtung Beckenrand nimmt die Korngröße zu, Gerölle werden häufiger, die im Bekkenbereich auftretenden Dolomitknollen und -lagen aber verschwinden. Gegen Ende des Sandsteinkeuper entstanden die Feuerletten im brackisch-limnischen Ablagerungsmilieu. Die im Sandsteinkeuper einzig häufigen Fossilien sind Kieselhölzer (Koniferenarten).

Gliederung des Gipskeuper
Myophorienschichten i. w. S. (40–100 m): Das Liegende dieser Schichtgruppe bildet der **Grundgips** (Grenz-Grundgips), der etwa auf der Linie Crailsheim-Bad Windsheim 10 bis 15 m mächtig sein kann. Im Raum Coburg-Bayreuth fehlt der Grundgips oder tritt nur in geringmächtigen Lagen auf. Die Fauna des Grundgipses entspricht etwa jener des Grenzdolomits. Die **Myophorienschichten i. e. S.** bestehen aus grüngrauen und roten, dolomitischen, schieferigen Tonmergeln. Mitunter fehlt der Grundgips, so daß die Myophorienschichten (i. w. S.) das Liegende des Mittl. Keuper bilden. Die bis zu 30 cm mächtige **Bleiglanzbank** liegt geringfügig unterhalb der Mitte des Gesamtschichtstoßes. Diese graue

Steinmergelbank versandet randwärts und keilt schließlich aus. Namengebend sind bis zu 1 cm große Bleiglanzkristalle (Würfel). Es kommen aber auch Kupfermineralien sowie Schwerspat vor. Die **Fauna** ist in der Regel spärlich, regional aber reicher (*Myophoria kefersteini*: namengebend für die Schichtfolge). Der **Benker Sandstein** (nach dem Ort Benk, ca. 8 km nördlich von Bayreuth, wo dieser Stein gebrochen wurde) stellt das randliche Äquivalent der Myophorienschichten dar. Die Faziesgrenze liegt etwa auf der Linie Kulmbach-Erlangen-Ansbach. Der Fazieswechsel erfolgt in Form eines allmählichen Überganges. Der **Benker Sandstein** ist fein- bis mittelkörnig und von weißgrauer Farbe. Die tonigen Zwischenschichten verschwinden südöstlich von Bayreuth und werden von groben Arkosen abgelöst (bis 5 cm Durchmesser). Die **Bleiglanzbank** ist in der Randfazies wegen Versandung nicht mehr sicher nachweisbar.

Estherienschichten i. w. S. (20 bis 40 m): Das Liegende bilden die **Corbula-** und **Acrodus-Bank.** Die **Corbula-Bank** erreicht in den Haßbergen und im nördlichen Steigerwald zwischen 0,50 und 1,30 m Mächtigkeit. Die dichten, feinkörnigen Sandsteine sind hellfarben bis blaugrau, teilweise auch rot geflammt. In Nordfranken tritt die namengebende kleine Muschel *Corbula* auf, dazu Spurenfossilien und Fossilmarken. Die hellgraue **Acrodus-Bank** ist zwischen 0,10 und 1,00 m mächtig und setzt ca. 1,00 bis 2,00 m über der Corbula-Bank ein. Fischschuppen sind häufig, stellenweise auch Haizähne der Gattung *Acrodus (A. microdus)*. Die Corbula-Bank zeigt die größte Mächtigkeit im N und dünnt nach S aus, während die im N sehr geringmächtige Acrodus-Bank nach S hin mächtiger wird. In der Randfazies werden die beiden Bänke durch eine oft Wellenfurchen zeigende, zwischen 0,10 und 1,50 m mächtige Sandsteinbank vertreten. Das Gestein ist gelblichgrau bis grau, feinkörnig, meist karbonatisch, seltener quarzitisch gebunden (Ansbach-Erlangen-Nürnberg).

Die **Estherienschichten i. e. S.** bestehen aus einer Folge dünnschieferiger, schluffiger Tonmergel von grauer Farbe. Die mitunter zu beobachtende Hell-Dunkel-Feinbänderung beruht auf lagenweise auftretendem, glimmerreichem Feinsand. Auf den Schichtflächen der feinsandigen Steinmergellagen treten mitunter in reicher Zahl die winzigen Schalen der namengebenden Conchostraken auf: *Cyzicus laxitextus* (syn. *Estheria* bzw. *Isaura laxitexta*). Die Mächtigkeit ist sehr variabel in Abhängigkeit von der Mächtigkeit der überlagernden, mitunter rinnenförmig in die Estherienschichten hinabgreifenden Schilfsandsteinschichten. Das randwärtige Äquivalent der Estherienschichten ist der **Estheriensandstein** (20 bis 40 m). Im Gegensatz zur Beckenfazies fehlen in der Randfazies Gipszwischenlagen. In Annäherung an die Küste treten zunehmend helle fein- bis mittelkörnige (hin und wieder auch grobkörnige) Sandsteine bzw. Arkosen auf. Sie alternieren mit Pflanzenreste führenden grünen und roten Tonlagen.

Schilfsandstein (0 bis 50 m): Der Schilfsandstein liegt als Flächen- oder Rinnenschüttung vor und wird nicht weiter untergliedert. Das durchwegs feinkörnige Gestein ist von gelbgrüner, grüngrauer und seltener roter Farbe. Zwischengeschaltet treten auch tonige Sedimente auf. Namengebend sind inkohlte Schachtelhalmreste, die an Schilfblätter erinnern. Die **Fossilien** treten meist in dichter Packung auf (Pflanzenhäcksel). Farnreste sind selten. Schrägschichtung, Rinnenbildung und Wiederaufarbeitungshorizonte deuten auf Strömungseinflüsse hin. Im einzelnen ist das

Bildungsmilieu jedoch noch umstritten: Strömungskörper in einem Flachwassermeer, außerordentlich ausgedehntes Mündungsdelta eines großen Stromes oder Erosionsrinnen im Flachmeerboden werden diskutiert.
Unterschieden werden zwei Ausbildungsformen: **Normalfazies** und **Flutfazies**. Letztere unterscheidet sich dabei vor allem durch die erheblich größere Mächtigkeit auf Kosten der unterlagernden Estherienschichten. In der Oberpfalz beträgt die Rinnenmächtigkeit mitunter über 60 m gegenüber „Normalmächtigkeiten" zwischen 0 und 5 m. Weiterhin zeigt die Flutfazies keinen allmählichen Faziesübergang vom Liegenden her, sondern an der Basis mitunter einen Aufarbeitungshorizont.
Lehrbergschichten (25 bis 40 m): Sie bestehen aus einer Folge von roten, schluffigen Schiefertonen (meist ohne Fossilführung) mit regional zwischengeschalteten grüngrauen, glimmerreichen Feinsandlagen mit Steinsalzpseudomorphosen. In der Beckenfazies tritt Gips auf. Im Ansbacher Raum steht der **Ansbacher Sandstein** mit ca. 4 m Mächtigkeit an (weißgrau oder grüngrau, auch braun; ungleichmäßig sedimentiert). Im Beckenbereich bilden die Lehrbergbänke das Hangende der Lehrbergschichten: in der Regel drei hellgraue Steinmergelbänke (zwischen 5 und 30 cm), getrennt durch ein oder zwei rotbraune Tonschichten. Der randwärts ausgebildete Lehrbergsandstein (25–50 m) ist relativ feinkörnig und zeigt Rotfärbung. Es handelt sich um rote Tonsteine mit Sandsteinlagen, die in Richtung auf den Beckenrand an Mächtigkeit zunehmen.
Da die **Gliederung des Sandsteinkeuper** (wie übrigens auch jene des Gipskeuper) praktisch ausschließlich auf lithologischen Merkmalen basiert (Leitfossilien fehlen) und zudem schnelle Faziesveränderungen sowohl in vertikaler wie auch horizontaler Richtung auftreten, ist die korrekte Zuordnung der Schichten im Gelände ohne Anleitung bzw. entsprechende Kenntnisse sehr schwierig bzw. unmöglich. Im folgenden werden die wichtigsten Merkmale besprochen. Die faziellen Feinheiten sind jedoch so vielgestaltig, daß nur ein sehr grobes Gerüst gegeben werden kann.

Sandsteinkeuper

Blasensandstein i. w. S. (33 bis 60 m): Die auf GÜMBEL zurückgehende Bezeichnung bezieht sich auf die „blasige" Ausbildung verschiedener Bänke, wobei allerdings derartige „Blasenschichten" auch in anderen Schichtgliedern des Sandsteinkeupers vorkommen. Der Blasensandstein i. e. S. (30 bis 45 m) ist wiederum in Becken- und Randfazies ausgebildet. Die Beckenfazies ist in typischer Form vor allem im nördlichen Franken verbreitet: Rote, mehr oder weniger mergelhaltige Tone mit einigen geringmächtigen quarzitischen Lagen, deren Unterseite Abdrücke von Steinsalzpseudomorphosen aufweist. Die im N zu beobachtenden Gipslagen verschwinden gegen S, in Richtung Beckenrand. Dafür können im S dünne, knollige Quarzkrusten auftreten. Zum Beckenrand hin mehren sich die sandigen Einschaltungen. Im nördlichen Steigerwald und in der Kulmbacher Gegend finden wir in den unteren Schichten des Blasensandsteins Plattensandsteinbänke mit Wellenrippeln, Steinsalzpseudomorphosen und Spurenfossilien. Diese Merkmale ebenso wie die klare Bankung sprechen für Ablagerung in ruhigem Seichtwasser. Wirbeltierfunde (Stegocephalen, Parasuchier, *Ceratodus*) sind selten.
Die Grenze zur Randfazies des Blasensandsteins wird in etwa durch das Maintal gebildet – südlich überwiegt die Sandfazies. Die Sandschüttungen setzen im Profil um so tiefer ein,

je weiter wir nach S bzw. SE kommen. Zwischen der obersten Lehrbergbank und der untersten Blasensandsteinbank beobachten wir am Steigerwald noch 7 bis 9 m rote Tone, im Tal der Aisch aber und im Raum Ansbach oder Bayreuth nur noch 1 bis 2 m Tonschichten.

Der **Coburger Sandstein** (3 bis 15 m; nach Funden des Fisches *Semionotus bergeri* auch Semionoten-Sandstein oder Unt. Semionoten-Sandstein genannt) ist wegen seiner großen faziellen Variabilität nur sehr schwer stratigraphisch abgrenzbar. In der Regel handelt es sich um weiße, jedenfalls helle, seltener auch schwach gelb-, rot- oder grünfarbene, gleichmäßig feinkörnige Sandsteine. Die Steinbrüche bei Weißenbrunn und Haarth (südlich Coburg) erschließen den Coburger Sandstein in seiner größten Mächtigkeit: Zwei oder mehr bis zu 7 m mächtige Bänke sind hier durch eine ca. 6 m mächtige Tonserie mit zwischengeschalteten dünnen Steinmergel- und Sandsteinbänken getrennt. Die horizontale Faziesunbeständigkeit führt so weit, daß bereits wenige Kilometer westlich von Coburg (bei Altenhof) die mächtigen Sandsteinbänke in zahlreiche dünne Lagen aufgespalten sind. In der Randfazies kann der Coburger Sandstein immer noch zwischen 3,00 und 6,00 m mächtige Bänke bilden. Das Korn ist hier jedoch etwas gröber. Horizontale Verzahnung mit Letten und Kreuzschichtung sind häufig. In der Oberpfalz heißen die entsprechenden Schichten der in die weißen Bänke eingestreuten grünen und roten Komponenten wegen **„Buntarkosen“**. In Randnähe treten häufig freiwitternde bunte Hornsteine auf und auch Kieselhölzer sind nicht selten.

Burgsandstein (130 bis 150 m): Vor allem im Nürnberger Raum bestehen viele burggekrönte Hügel aus diesem Sandstein, der hiernach seinen Namen erhielt. Wir unterscheiden 3 Abteilungen, die alle mit Basisletten im Liegenden einsetzen. Die Beckenfazies des **Unt. Burgsandstein** (25 bis 70 m) heißt **Heldburger Fazies** (nach Heldburg bei Coburg) und zeigt letztmalig ausgeprägte Tonsedimente: graue Tone und Tonmergel mit Gipslagen („Gipsmergel“) in der unteren Hälfte. Die Sandsteinbänke der Beckenfazies sind feinkörnig und dolomitisch oder quarzitisch gebunden. Auf den Schichtflächen treten Wellenfurchen und Netzleisten sowie Gips- und Steinsalzpseudomorphosen auf. Die Gesteine der Heldburger Fazies entstanden in ruhigem Seichtwasser.

Die Grenze zur randnahen **Nürnberger Fazies** liegt etwa auf der Linie Kronach-Kulmbach bzw. Eltmann-Bamberg (Maingebiet), im Süden auf der Linie Burgebrach-Neustadt/Aisch-Dombühl. Auf den Feldern liegen oft freigewitterte Hornsteine in großer Zahl (in Oberfranken z. B. im Gebiet zwischen Kulmbach und Bayreuth), oft wie auch im Coburger Sandstein zusammen mit Kieselhölzern. Ganze Baumstümpfe fanden sich südlich von Nürnberg bei Abenberg.

Der **Mittl. Burgsandstein** (30 bis 50 m) setzt wie auch der Unt. und Ob. Burgsandstein regional mit roten, seltener graugrünen Letten ein (**„Basisletten“**), in Mächtigkeiten zwischen 0 und rund 6 m. Ein fazieller Wechsel sowohl in vertikaler wie auch horizontaler Richtung erschwert die Feingliederung. Nach dem Vorkommen charakteristischer dolomitischer Arkosen wird die Schichtfolge auch als **„Dolomitische Arkose“** bezeichnet. Sie besteht aus einem meist grobkörnigen und schlecht sortierten Sandstein dolomitischer Bindung von weißer bis grauer, aber auch violetter Färbung. Die harten Arkosen halten meist auf größere Entfernung nicht durch, bilden vielmehr schnell in der Mächtigkeit

variierende Linsen und gehen randlich in weiße Sandsteine oder Steinmergel über. Häufig treten Aufarbeitungshorizonte mit Brekziencharakter auf. Die Bankung ist unregelmäßig bis undeutlich. Die Dolomitische Arkose finden wir vor allem in den Haßbergen, im Steigerwald und in der Gegend um Dinkelsbühl.
Näher zum Beckenrand hin – in Richtung auf das Vindelizische Land – treten in den hellen, auch gelb- bis rotbraunen Sandsteinen zahlreiche Quarzgerölle auf (1 bis 6 cm). Der feldspatreiche Sandstein ist mittel- bis feinkörnig. Die Lettenzwischenlagen verschwinden, die Fazies wird zunehmend sandiger. Die Gesteine der Randfazies des Mittl. und Ob. Burgsandstein entstanden weitgehend durch Schichtfluten, die vom Vindelizischen Festland her Verwitterungsmaterial in die trockengefallenen Bereiche des Keuperbeckens einspülten. Dementsprechend finden sich an Fossilien ausschließlich Kieselhölzer.

Der **Ob. Burgsandstein** (25 bis 40 m) setzt ebenfalls mit einer zwischen 0 und 6 m mächtigen Lettenserie („Basisletten“) ein. Darin treten häufig kalkig-dolomitische Knollen auf. Aber auch Sandführung konnte beobachtet werden. Nördlich des Mains besteht der Ob. Burgsandstein aus weißgrauen, fein- bis mittelkörnigen, harten, dolomitisch gebundenen Sandsteinen mit alternierenden dolomitischen Arkosen und Dolomitlagen sowie violetten und grünen Tonlagen. Gegen das Maintal zu werden die Dolomitlagen seltener.

Mittel- bis grobkörnige, meist weiße bis gelblichgraue, in der Regel sehr dickbankig ausgebildete Sandsteine treten bevorzugt südlich der Linie Lichtenfels-Bamberg auf, während die Farbe des Sandsteins mit Annäherung an das Vindelizische Land ins Violette übergeht. Unter den in den grobkörnigen Sandsteinen enthaltenen zwischen 1 und 7 cm messenden Geröllen sind Windkanter und Kieselhölzer. Rote und seltener grüne, teilweise mehrere Meter mächtige Tonlagen sind zwischengeschaltet. Abweichend vom üblichen Faziesbild nimmt im Ob. Burgsandstein der Anteil der Tonsedimente in Richtung auf das Vindelizische Land nicht ab, sondern gebietsweise sogar zu.

Die dem Blasensandstein und Burgsandstein entsprechenden Gesteine der Randfazies etwa des Raumes Bayreuth-Grafenwöhr-Nürnberg-Dinkelsbühl (Sandsteinlagen in unregelmäßigem Wechsel mit teilweise Dolomite und bunte Chalcedone führenden Tonlagen) erreichen im Durchschnitt ca. 120 m, bei Bayreuth etwa 200 m Mächtigkeit.

Feuerletten (40 bis 80 m): In weiter Verbreitung führen die feuerroten bis rotvioletten Tone hell- bis gelb- oder rötlichgraue dolomitische bis mergelige Kalkknollen von 2 bis ca. 35 cm Durchmesser. Deshalb werden diese Schichten auch als **„Knollenmergel“** bezeichnet. Grünfarbene Schichten treten nur untergeordnet auf. In die Tonfolge sind vor allem Dolomite, aber auch Kalke und Sandschichten eingelagert. Karbonatische Einlagerungen treten vor allem in N auf, während in der Nähe des Vindelizischen Landes hauptsächlich Sandlagen vorkommen. Typische brekzien- oder konglomeratartige Karbonatlagen sind aus dem ganzen Verbreitungsgebiet der Feuerletten bekannt. Durch zwischengeschaltete Lettenlagen können diese Sedimente zu einer bis 4 m mächtigen konglomeratischen Bankfolge anschwellen. Die eckigen oder gerundeten Komponenten bestehen aus Karbonaten oder Tonsteinen, in der Nähe des Vindelizischen Landes auch aus Quarzen und Feldspatkörnern.

Die Feuerletten wie auch das überlagernde Rhät waren im südfränkischen Raum (Roth-

Weißenburg-Ries) bereits zu Beginn der Jurazeit erodiert, wodurch die hier stark reduzierte Mächtigkeit erklärt werden kann.
Wir nehmen an, daß die Konglomerat- und Brekzienlagen der Feuerletten durch die starken Schichtflutströme vom Festland her oder durch kurzwährende Transgressionsphasen entstanden. Die rote Färbung ist auf Einwehungen feinen Verwitterungsmaterials von den angrenzenden ariden Festlandsgebieten zurückzuführen.
Fossilfunde sind sehr selten, häufiger erwähnt werden lediglich Kieselhölzer. In den Konglomeratschichten von Lauf/Pegnitz fanden sich Pflanzenreste und Skelettelemente von *Plateosaurus* („*Plateosaurus*-Konglomerat").

Aufschlüsse:
28) Von Bad Königshofen nach NE Richtung **Herbstadt**. W (links) der Straße Untertagebaue im Grundgips des tiefen Gipskeupers. Ca. 2 km weiter ist in der Straßenböschung an einem markanten Hangknick eine Bleiglanzbank erschlossen.
29) In **Wolfsbach** (wenige km SE Bayreuth) am N-Rand des Ortes Richtung E fahren (Richtung Schmaelsberg-Emtmannsberg). Parken am Wirtshaus oberhalb der Schlehenmühle. Zu Fuß südwärts zum Prallhang des Roten Main an der Mühle absteigen. Erschlossen alternierend Sandsteinbänke und Tone der oberen Myophorienschichten des Gipskeupers in einer Mächtigkeit von ca. 20 m. Selten Reptilfährten.
30) Von **Königsberg** (ca. 6 km NE Hassfurt) nach NE Richtung Burgpreppach. Kurz vor den letzten Häusern von Königsberg sind in einer Kurve tiefe Estherien-Schichten mit Modiola-Bank erschlossen. – Kurz vor der Höhe ist ein aufgelassener Stbr im Schilfsandstein, E der Straße (heute Müllgrube). Die Schichten zeigen teilweise SW-gerichtete Kleinrippeln.
31) Von Eschenbach (N Grafenwöhr) nach N bis Speinshart, von hier nach NE bis zur Ziegelei **Barbaraberg**. Ob. Benker Sandstein ist erschlossen am Waldrand W vor der Ziegelei und hinter dem Bürogebäude. Die tieferen Estherienschichten (Dolomitbank mit Estherien und Schuppen) sind an der NE-Ecke der Grube angeschnitten. Darüber folgen geringmächtige Sandsteinbänke mit Wellenrippeln und Steinsalzpseudomorphosen. Der größte Teil der Grube erschließt die „Oberen Bunten Estherienschichten", alternierende rote und grüne Tone mit Sandsteinlagen und Kalkbänken. Die überlagernden Lehrbergschichten setzen mit einer sandigen dunkelbraunen Basisbank ein („Ansbacher Sandstein").
32) Von der B 2 ca. 400 m S der Autobahnzufahrt Bayreuth-S befestigten Feldweg nach E Richtung **Bodenmühle** nehmen. Im Weg und in der Böschung unmittelbar N der Mühle Schilfsandstein mit Großrippeln. Am Prallhang W der Brücke 20 m Schilfsandstein; die Estherienschichten sind sichtbar ca. 100 m E der Brücke im Übergang zum Benker Sandstein (fossilführende Steinmergelbank). In den unterlagernden Sandsteinen Rippelmarken. – Am Prallhang des Roten Mains W vom Wehr, ca. 250 m S der Mühle, sind ca. 20 m Estherienschichten sichtbar.
33) Von Coburg Richtung Oeslau bis Dörfles, von hier nach N Richtung **Esbach**. Ca. 1 km E der Straße in Richtung Schloß Rosenau liegt eine Ziegeleigrube in Schichten des Schilfsandsteins (Stillwasser-Fazies). Basal Rinne mit Kohlenflöz; Roteisensteinknollen. Knapp unter der geringmächtigen Lößlehmdecke Übergang zu den Lehrbergschichten in Form der basalen gelben Dolomitbank.
34) Von Coburg nach **Creidlitz** am S Stadtrand. Gegenüber des Bahnhofes aufgelassene Ziegeleigrube. Basal der (heute meist schlecht erschlossene) höchste Schilfsandstein, darüber die basale Dolomitbank der Lehrbergschichten und rote Tone der Lehrbergschichten.
35) Von **Oberlauringen** (ca. 20 km NNE Schweinfurt) nach N fahren; ca. 800 m nach dem Ort nach SW abbiegen. Nach etwa 300 m großer Aufschluß im Schilfsandstein. – Von Oberlauringen nach Norden, dann nach E Richtung **Leinach** abbiegen. Unmittelbar nach der Abzweigstelle im Feld N der Straße Schilfsandstein – Fundmöglichkeit für Equiseten-Lesestücke (Frühling und Herbst).
36) Von Zeil am Main (SE Hassfurt) nach N Richtung Königsberg. Beiderseits der Straße bis in die Gegend von **Altershausen** Gruben im Schilfsandstein. Am S Ortsende von Altershausen Ziegeleigrube in periglazialem Wanderschutt unter Lößlehm.
37) Von **Zeil** SE Hassfurt in Richtung Bischofsheim (NE). Am Ortsende von Zeil N der Straße aufgelassener Stbr im Schilfsandstein. Weiterer Bruch ca. 200 m S der Straße (von hier kein Weg!).

38) Am N-Hang des Hügels vor **Dobertshof** (ca. 6 km N Eschenbach, N Grafenwöhr) Aufschlüsse im Schilfsandstein. Ein weiterer Stbr ca. 1 km NE Dobertshof E der Straße am Waldrand, ein anderer ca. 500 m vor (N) dem Ort unmittelbar vor der Kuppe westlich der Straße im Niederwald.
39) S des Bahnhofes von **Neustadt/Aisch** ausgedehnte Ziegeleigrube in den Lehrbergschichten. Im oberen Profilbereich Lehrbergbänke, worüber der Blasensandstein einsetzt.
40) Von Herzogen-Aurach Richtung Emskirchen (W) bis unmittelbar vor **Oberniederdorf**. Die Lehrbergschichten (tonig) sind erschlossen in einer Ziegeleigrube N der Straße. Das Liegende bildet der nur hin und wieder in Höhe des Straßengrabens erschlossene Ansbacher Sandstein, worüber alternierend rote (vorherrschend), grüne und graue Tone folgen. Im höheren Profil 2 Lehrbergbänke, darüber feste Bänke des Blasensandsteins.
41) In **Eichelberg** (ca. 5 km SE Pressath) zur Kapelle am W Ortsrand. Tiefer Sandsteinkeuper steht direkt unterhalb der Kapelle im nach W absteigenden Weg an. Unterhalb 500 m über NN Estherienschichten erschlossen: Sandsteine mit wenigen grünen Tonlagen, weißbleierzimprägnierte Sandsteinschwarten, Holznegative mit Weißbleierz-Aureolen, Steinsalz-Pseudomorphosen.
42) Von Bamberg auf der B 26 nach NW bis Ebelsbach; abbiegen nach N, an einer Gabelung links halten, Richtung **Schönbachsmühle**. Stbr im Coburger Sandstein; Rinnensandstein. Oben Beckenfazies des Burgsandsteins („Heldburger Fazies"): Grüne mergelige Tone.
43) Auf der B 279 von Ebern (ca. 22 km N Bamberg) nach **Junkersdorf** (beiderseits der Straße steht Mittl. Burgsandstein mit dolomitischen Arkosen an). Von Junkersdorf (ca. 19 km SW Coburg) neue Straße Richtung **Altenstein** nehmen. In der vorletzten Kurve vor Altenstein Aufschluß im Ob. Burgsandstein und roten bis violetten Tonen des Feuerlettens.
44) Oberhalb des Forstamtes von **Neustadt/Kulm** (ca. 5 km SW Kemnath) – am E-Rand des Ortes – liegt eine Sandgrube. Aufgeschlossen sind Schichten des Unt. Burgsandsteins (geröllführende Grobsandsteine).
45) In **Hohnhausen** (ca. 12 km NE Hassfurt) am E Ortsende Feldweg nach E Richtung Eichelberg. Mehr oder weniger gut sichtbar alternierende Sandsteine und Tone des Unt. Burgsandsteins, später Mittl. Burgsandstein. Aufgelassener Stbr am Top des Steilhanges. Hier auch Lesefunde von dunklem Kieselholz möglich. Vermutlich der Hauptsandstein des Rhät ist in einem großen Aufschluß auf der Kuppe sichtbar.
46) Ca. 500 m E **Oberelldorf** (ca. 14 km SW Coburg) N der B 303 kleiner Aufschluß im Mittl. Burgsandstein (Sandsteine; Dolomitische Arkosen).
47) B 26 bei **Gaustadt** unmittelbar W Bamberg verlassen; unweit die Ziegelei Gaustadt. Abbaubereich in Lößlehmen, in der Böschung Sandsteine und Tone des Mittl. Burgsandsteins.
48) Von Pfaffendorf (ca. 19 km SW Coburg) auf der B 303 Richtung Coburg bis zur Abzweigung nach S Richtung **Altenstein**. Die Böschung 100 m W der Abzweigung erschließt Feuerletten mit Karbonatbank.
49) Von Weißenburg auf der B 2 nach N bis Ellingen, hier nach E bis **Höttingen**. Alte, teilweise stark eingewachsene Steinbruchwand mit Profil von den Feuerletten bis zum Amaltheenton (Schwarzjura delta). Die Feuerletten bilden eine markante Hohlkehle am Fuß der Wand. Der Ob. Keuper und Schwarzjura alpha 1 bis 3 fehlen: Schichtlücke im Bereich der Weißenburger Schwelle. Feuerletten: Rote Tone und Sandsteine; Schwarzjura beta und gamma: Kalksandsteinbänke (ca. 1,30 m) und Kalkbänke bis 15 cm (90 cm). Die Grenze beta/gamma könnte mit der lithofaziellen Grenze übereinstimmen. Auf den Bankflächen zahlreiche Austern (gamma; *Gryphaea cymbia*). Amaltheenton: Verwachsen; möglicherweise erschürfen.

Der Obere Keuper (ko; Rhät)

Die Bezeichnung „Rhät" wurde im Jahre 1856 von OPPEL & SÜSS aufgestellt und bezieht sich auf die Rhätischen Alpen. Im Beckenbereich, also im Norden, wurden vor allem Tonsedimente abgelagert. Insgesamt herrschte ein sehr unruhiges Ablagerungsmilieu – die Küstenlinie oszillierte stark, das Meer drang zu wiederholten Malen nach S vor. Vor allem im Gebiet des heutigen südlichen Frankenlandes herrschten ungleichmäßige Sedimentationsbedingungen; in Schwellenbereichen fand **Erosion** statt. Schichtlücken sind nicht selten. In der Gegend von Weißenburg transgredierte das Unterjurameer auf die Feuerletten; Rhät

fehlt. Die Mächtigkeit beträgt im Raum Coburg-Kulmbach-Ansbach rund 30 m, im Raum Bayreuth-Nürnberg 30 bis 40 m, im Raum Creußen-Amberg-Hersbruck-Roth 10 bis 20 m, im Raum Hilpoltstein-Weißenburg 0 bis 10 m, bei Bodenwöhr ca. 5 m.
Die Schichten bestehen aus alternierenden Ton- und Sandsteinlagen. Wie in den unteren Keuperstufen beobachten wir auch im Rhät schnellen Fazieswechsel sowohl in vertikaler wie auch in horizontaler Richtung. Am Großen Haßberg setzt das Rhät mit einer mehr als 10 m mächtigen Sandsteinfolge ein, was eine andernorts oft nicht mögliche klare Abgrenzung gegen die liegenden Feuerletten ermöglicht. Häufig treten graue oder bunte teilweise sandhaltige Übergangsschichten auf, die sich oft nicht eindeutig zuordnen lassen.
Im N herrschen tonige Sedimente vor; im S, zum Beckenrand hin, treten vor allem Sandsteine stärker in Erscheinung. Sie zeigen weiße bis graue oder gelbliche Farbe. Glimmerreichtum und sehr feines Korn sind kennzeichnend für die nordwestlich des Mains vorkommenden Schichten, wo auch Wellenrippeln beobachtet werden können. Der **Rhätsandstein** des übrigen Verbreitungsgebietes ist feldspathaltig und zeigt feines bis grobes Korn, wobei lagenweise auch Konglomerate bzw. Gerölle auftreten können. In den dickbankigen bis massigen Gesteinen kommt häufig Kreuzschichtung vor. Bei quarzitischer oder karbonatischer Bindung wird der Stein zu Bauzwekken gebrochen, bei toniger Bindung als Bausand abgebaut.
Die Tone treten als dünne Linsen auf, aber auch als mehrere Meter mächtige Lagen. Die Farbe ist hellgrau, seltener bunt oder rot, kann aber auch dunkel sein durch Einlagerung kohliger Pflanzenreste. Die kaolinhaltigen Tone werden an einigen Orten Frankens abgebaut und zu keramischen Zwecken genutzt (Töpfereien).
Die Grenze zum hangenden Schwarzjura alpha 1 bildet die im nördlichen Franken gut ausgebildete „Lias-alpha-1-Sohlbank", eine limonitische Sandsteinbank mit Fossilführung. Wo diese Bank fehlt, ist eine eindeutige Abgrenzung gegen die Juraschichten nicht möglich, weshalb diese Sedimente auf den geologischen Karten als „Rhät-Lias-Übergangsschichten" zusammengefaßt werden.
Die im marinen bzw. brackischen Milieu sedimentierten Schichten nordwestlich des Mains führen verglichen mit dem Sandsteinkeuper reichlich **Fossilien**. Muscheln sind häufig (*Cardium, Anoplophora, Avicula* . . .), aber auch Schlangensternabdrücke und in Bonebeds angereicherte Fischreste treten auf. In den Tonen kommt regional eine interessante Mikrofauna vor (Foraminiferen, Ostrakoden). Im Süden finden wir vor allem Pflanzenreste, eingespült vom Vindelizischen Land: Farne und Koniferenreste in den Tonen, kohlige, limonitische oder verkieselte Hölzer in den Sandsteinen.

Aufschlüsse:

45) Rhätaufschluß bei **Hohnhausen** – s. Mittl. Keuper!

50) Von der B 303 nach W abbiegen, Richtung **Muggenbach** (ca. 13 km SW Coburg). Ca. 1 km nach der Abzweigung N des Weges Tongrube Tambach (Hinweisschild). Abgebaut werden Rhät-Tone. Feuerletten sind an der Verladestelle sichtbar.

51) Von Coburg nach E bis Oeslau, von hier nach S bis **Spittelstein/Blumenrod.** Am Schulhaus zwischen den beiden Orten nach N auf den Weg zum Stbr „Sauloch". Die Obergrenze des Feuerlettens liegt etwa bei 360 m ü. NN. Im Stbr werden ca. 10 m Hauptsandstein abgebaut, worüber ca. 7 m Hauptton mit sandigen Einschaltungen folgen, schließlich 3 m Ob. Sandstein, die marine Lias-alpha-Sohlbank und 1 m Ton des Schwarzjura alpha 1. – Am Brucheingang und randlich davon Felsmeerbildun-

gen und interessante Verwitterungsformen im Hauptsandstein des Ob. Keuper.

52) Am „Frohnberg" ca. 600 m NE des Bahnhofes **Ebersdorf** (ca. 8 km SE Coburg) Tongrube in Rhät-Tonen und -Sandsteinen mit Pflanzenresten. In der marinen Lias-alpha-Sohlbank Fauna, in den darüberliegenden Schwarzjuratonen reiche Mikrofauna und z. B. *Cardinia* – insgesamt 10,5 m siltig-feinsandige Schiefertone des Schwarzjura alpha 1 und 2 (im tieferen Bereich mit dem auffallenden Sims des Ebersdorfer Sandsteins; die darüberliegenden Schichten zeigen Rinnen, Marken, Kriechspuren, Schleifspuren, Grabgänge). Zwischengeschaltet sind zwei dünne Schillagen („Cardinienschill"). Der folgende Arietensandstein (Schwarzjura alpha 3) ist geringmächtig (ca. 2 m). Darüber lagern Tonsteine des Schwarzjura beta. Biostratigraphische Leitformen wurden nicht gefunden, wodurch die Einstufung durch lithostratigraphische Vergleiche mit benachbarten Profilen erfolgen mußte. Ausführliche Besprechung der Grube bei SCHIRMER 1981.

53) Von Coburg auf der B 4 nach S bis **Großheirath** (ca. 8 km S Coburg). 500 m NE des Ortes die aufgelassene Grube der Fa. GOTTFRIED. Erschlossen ca. 7 m Hauptton, 2 m Ob. Sandstein, Lias-alpha-Sohlbank, ca. 5 m gelbe, blaue und grauviolette Tone des Schwarzjura alpha 1 und 2. Alpha 2 setzt mit einer Sandsteinbank ca. 2,5 bis 3 m über der Schwarzjura-Basis ein.

54) Neue Tongrube der Fa. GOTTFRIED ca. 1,3 km NE von **Großheirath** (Anfahrt s. 53). Aufgeschlossen der Hauptton, Ob. Sandstein mit grobkörniger Rinnenfazies. Die Lias-alpha-Sohlbank liegt diskordant auf dem Ob. Keuper, gefolgt von Tonen des Schwarzjura alpha 1 und 2.

55) Großer Stbr ca. 1,5 km NE **Zapfendorf** (ca. 15 km N Bamberg an der B 173) im „Maßtapferholz". Das Liegende bilden ca. 8 m Hauptsandstein, es folgen 6 bis 7 m Hauptton [wenig über der Basis die Grüne Bank (Sandsteinbank mit Chloritanteil)], schließlich ca. 4 m alternierende Schiefertone und Sandsteine, mit deutlich ausgeprägten Grobsandsteinen in Rinnenfazies (2 m eingetieft). Den Abschluß bilden ca. 5 m des Unt. Schwarzjura alpha. Rippelmarken und Spurenfossilien (*Rhizocorallium*).

56) Ca. 1 km WNW der Kirche von **Sassendorf** (ca. 10 km NNE Bamberg) am SW-Hang des Häng-Berges liegen alte Stbre. Die Aufschlußverhältnisse sind sehr ungünstig; interessant ist die Grenze Rhät/Lias, ev. erschürfbar. Zwischen dem Werksandstein des höchsten Rhäts und den hangenden graublauen Schiefertonen des Unt. Schwarzjura mit Sandsteinplatten und fossilführenden Geoden (hier gefunden u. a. *Schlotheimia angulata*) liegt eine ca. 1 m mächtige Pflanzenschieferlage, in deren untersten Bereichen neben Süßwassermuscheln Psiloceraten gefunden wurden. Rippelmarken und *Rhizocorallium* auf den Sandsteinen.

57) Von Bayreuth auf der B 2 über Creussen nach **Schnabelwaid** (ca. 15 km S Bayreuth). Ca. 2 km N des Ortes liegt E der Straße (nach dem Bahnübergang) eine Sandgrube: Ob. Keuper mit einer Pflanzentonlinse.

58) Von **Forchheim** 2 km auf der B 470 nach E Richtung Reuth. N der Straße liegt die Ziegelei Forchheim (erfragen). Die Basis der erschlossenen Schichten bildet geröllführender Grobsandstein. Die folgenden Pflanzentone werden zum Rhätolias gestellt, gehören aber wohl zum Unt. Schwarzjura alpha. Es folgt 1 m grobkörniger Arietensandstein mit wenig Körperfossilien, basal mit Spurenfossilien. Die darüberliegenden 8 m mächtigen dunklen Schiefertone gehören zum Schwarzjura beta und führen Geoden. Gegen E sind auch noch die untersten Schichten des Schwarzjura gamma erschlossen (gelbbraun verwitternde Mergel und Mergelkalke).

59) Von **Effeltrich** ca. 12 km NNE Erlangen nach N Richtung Pinzberg. Ab der Gabelung knapp nach Effeltrich sind an der N Böschung Schichten des Ob. Keuper erschlossen: Violettrote, teilweise sandige Tone mit Grüner Bank; darüber folgt der Ob. Sandstein und schließlich etwa 0,5 m dunkelbrauner Arietensandstein. Am Waldrand ist die Basis der etwa 8 m mächtigen Schwarzjura-beta-Tone erschlossen. Ca. 200 m weiter stehen in der W-Böschung gelbbraune Mergel des Schwarzjura gamma an. Auf der Höhe Lesesteine des oberen gamma mit Fauna.

60) Von Erlangen nach E bis **Uttenreuth**. Am E Ortsausgang in einer Kurve Rhätsandstein, nach W – zum Ort hin – mit Pflanzentonen verzahnt. Hin und wieder überlagernder Arietensandstein erschlossen.

Der Jura (j)

Das Wort „jura" kommt aus dem Keltischen und steht für „Waldgebirge". Es wird erstmals erwähnt bei Julius CAESAR. Den stratigraphischen Begriff „Jura" führte Alexander von HUMBOLDT ein. Bereits 1795 stellt er in seiner

Arbeit über das „Juragebirge“ (Frankenalb bis Schweizer Jura) ein eigenes System auf, das in der damals gebräuchlichen Stratigraphie Abraham G. WERNERs fehlte. Nach den morphologisch in erster Linie auffallenden hellen Kalken benannte er es als **„Jurakalk“**. Seine Erkenntnisse veröffentlichte er allerdings erst im Jahre 1823.

Betrachten wir eine geologische Karte, so erkennen wir, daß die Frankenalb weitgehend aus Jurasedimenten besteht, abgesehen von oberkreide- und tertiärzeitlichen Gesteinen. Naturgemäß sind die harten Kalke des Weißen Jura am besten erschlossen.

Die weitere Gliederung des Systems geht zurück auf Leopold von BUCH: Er veröffentlichte 1837 seine Untergliederung in die Serien Lias oder Unterer Jura, Mittlerer Jura und Oberer Jura. Dabei übernimmt er als gleichberechtigte Bezeichnung den im süddeutschen Raum wie teilweise auch im Norden noch gebräuchlichen Ausdruck **„Lias“**, entnommen der englischen Steinbrechersprache und erstmals nachweisbar gegen Ende des 18. Jahrhunderts (vermutlich nach „layers“ = Schichten, möglicherweise auch vom gallischen „leac“ = Steinplatte abgeleitet). Die Benennung nach der vorherrschenden Gesteinsfarbe geht auf Friedrich A. QUENSTEDT zurück. Er spricht im „Flözgebirge Württembergs“ (1843) vom Schwarzen Jura (wendet aber hierfür meist das Wort „Lias“ an!), vom Braunen und vom Weißen Jura. Bereits 1830 schreibt F. W. HOENINGHAUS über den „Weißen Jurakalk“, ebenso L. v. BUCH in einer 1834 erschienenen Arbeit. Die Bezeichnung **Dogger** führt Albert OPPEL auf Grund einer Anregung NAUMANNS für den gesamten Mittleren Jura ein, zusammen mit dem ebenfalls aus dem Englischen kommenden Ausdruck **Malm** für den Oberen Jura (1856–1858). Wegen der im Mittleren Jura verbreiteten Oolithgesteine wurde der Braune Jura früher auch als **Oolithformation** bezeichnet (William SMITH – „Strata-Smith“). QUENSTEDT nun führte erstmals eine für den süddeutschen Raum gültige **Feingliederung** durch (1843): Jede Serie unterteilte er in 6 mit den griechischen Buchstaben alpha (α), beta (β), gamma (γ), delta (δ), epsilon (ε) und zeta (ζ) gekennzeichnete Abschnitte (von unten nach oben). Dabei zieht er sowohl den Gesteinscharakter als auch die Fossilien zur Abgrenzung heran, sich wohl bewußt der Tatsache, daß die Fazies regional rasch wechseln kann und hier nur noch die „Leitfossilien“ Klarheit schaffen können.

Diese Gliederung ist zumindest in Süddeutschland noch heute im Gebrauch: Im Württembergischen wird vom Schwarzen, Braunen, Weißen Jura alpha, beta, gamma usw. gesprochen, im Bayerischen dagegen teilweise immer noch vom Lias, Dogger und Malm alpha, beta usw. Wir verwenden hier QUENSTEDT folgend die Bezeichnungen Schwarzer, Brauner und Weißer Jura.

Etwa zeitgleich mit QUENSTEDT in Deutschland führt der große französische Paläontologe Alcide d' ORBIGNY (übrigens von QUENSTEDT wiederholt angegriffen!) eine weltweit gedachte Gliederung des Jurasystems durch. Er stellt 10 „étages“ auf, die heute zum großen Teil noch im Gebrauch sind, wenn auch verändert oder ergänzt. Auf diesen Stufen beruht die heute gültige und weltweit angewandte Juragliederung. Die ungefähre Korrelation unserer süddeutschen Gliederung mit jenen Stufen entnehmen wir der Tabelle Jura. Teilweise allerdings wurde hier die QUENSTEDTsche Gliederung leicht verändert zugunsten der guten Übereinstimmung mit der international angewandten Gliederung (derartige Abwei-

GLIEDERUNG					AMMONITENZONIERUNG	SCHICHTNAMEN
WEISSJURA					(jüngerer Weißjura in Nordostbayern nicht vorhanden)	
	ζ	6	Tithon	mi.	Pseudolissoceras bavaricum	Neuburger Bankkalke
		5		unt.	Franconites vimineus	Rennertshofener Schichten
		4			Neochetoceras mucronatum	Usseltal-Schichten
		1-3			Hybonoticeras hybonotum	"Solnhofen-Formation"
	ε	2 1	Kimeridge	ob.	Virgataxioceras setatum Enosphinctes subeumelus Enosphinctes pedinopleurus	
	δ	3,4 1,2		mi.	Aulacostephanoceras eudoxus Aulacostephanoides mutabilis	Treuchtlinger Marmor
	γ	3 2 1		unt.	Katroliceras divisum Ataxioceras hypselocyclum Sutneria platynota	Ob. graue Mergelkalke
	β	2 1	Oxford	ob.	Sutneria galar Idoceras planula	Wohlgebankte Kalke (Werkkalk)
	α	2 1		unt.	Epipeltoceras bimammatum Divisosphinctes bifurcatus Arisphinctes plicatilis Cardioceras cordatum Quenstedtoceras mariae	Unt. graue Mergelkalke
BRAUNJURA	ζ	3	Callov	ob.	Lamberticeras lamberti Peltoceras athleta	Ornatenton
		2		mi.	Erymnoceras coronatum Zugokosmoceras jason	
		1		unt.	Sigaloceras calloviense Macrocephalites macrocephalus	Macrocephalenschichten
	ε	3	Bathon	ob.	Clydoniceras discus Oxycerites aspidoides (?O. orbis) Prohecticoceras retrocostatus	Aspidoidesschichten/ Variansschichten
		2		mi.	Morrisiceras morrisi Tulites subcontractus Procerites progracilis	
		1		unt.	Zigzagiceras zigzag	
	δ	3	Bajoc	ob.	Parkinsonia parkinsoni	Parkinsonienschichten
		2			Garantiana garantiana Strenoceras niortensis	"Subfurcatenschichten"
		1		mi.	Stephanoceras humphriesianum	Stephanoceratenschichten
	γ	2		unt.	Otoites sauzei	Sauzei-Schichten
		1			Sonn.ovalis/ Witchellia laeviuscula Hyperlioceras discites	"Sowerbyi-Schichten"
	β	3 2 1	Aalen	ob.	Graphoceras concavum Ludwigia murchisonae Leioceras comptum	Eisensandstein (Doggersandstein, Personatenschichten)
	α			unt.	Leioceras opalinum	Opalinumton
SCHWARZJURA	ζ	3 2 1	Toarc	ob.	Pleydellia aalensis Dumortieria levesquei Grammoceras thouarsense Haugia variabilis	Ob. Schwarzjuramergel ("Jurensis-Mergel", Radians-Schichten)
	ε	3 2 1		unt.	Hildoceras bifrons Harpoceras falcifer Dactylioceras tenuicostatum	Posidonienschiefer (reg. mit Dactylioceras-Bank, Monotis-Bänken, Siemensi-Knollen)
	δ	2 1	Pliensbach	ob.	Pleuroceras spinatum Amaltheus margaritatus	Amaltheenschichten (Ob. Schwarzjuratone)
	γ	3 2 1		unt.	Prodactylioceras davoei Tragophylloceras ibex Uptonia jamesoni	Unt. Schwarzjuramergel (Numismalismergel)
	β	2 1	Sinemur	ob.	Echioceras raricostatum Oxynoticeras oxynotum Asteroceras obtusum	Unt. Schwarzjuratone (Raricostatenschichten)
	α	3		unt.	Arnioceras semicostatum Arietites bucklandi	Arietenschichten
		2	Hettang	ob.	Schlotheimia angulata Alsatites liasicus	Angulatenschichten
		1		unt.	Psiloceras planorbis	Psilonotenschichten

richter 1984

Stratigraphische Tabelle Jura.

chungen sind in der Beschreibung der jeweiligen Schichten erwähnt). So stellt QUENSTEDT z. B. den Parkinsoni-Oolith, also die Schichten mit *Parkinsonia parkinsoni*, in den Braunjura epsilon, während die *parkinsoni*-Zone international dem obersten Bajoc entspricht.

Die Juraablagerungen der Frankenalb zeichnen sich vielerorts durch **großen Fossilreichtum** aus, was zusammen mit den oft günstigen Aufschlußverhältnissen dazu führte, daß sie frühzeitig untersucht und beschrieben, die Fossilien katalogisiert wurden (s. a. „Berühmte Namen . . ."). Es handelt sich dabei durchweg um **Flachwasserablagerungen**.

Schwarzer und Brauner Jura sind vor allem im W, N und E der aus Weißjurakalken aufgebauten Albhochfläche erschlossen, aber auch an den Hängen der tiefer eingeschnittenen Täler. Bohrungen erbrachten den Nachweis der älteren Schichten auch unter der Weißjuratafel. Eine einheitliche, für das ganze Gebiet der Frankenalb gültige, feinstratigraphische Gliederung ist wegen des oft raschen Fazieswechsels – sowohl vertikal wie auch horizontal – nicht möglich.

Vielerorts werden Gesteine zu **wirtschaftlichen Zwecken** abgebaut. Die Bankkalke des Weißjura beta bis zeta, vor allem aber der Treuchtlinger Marmor (hauptsächlich Weißjura delta), waren und sind geschätzt als Naturbausteine. Der Treuchtlinger Marmor wird zu Boden- und Wandplatten sowie zu Fensterbänken verarbeitet. Die Plattenkalke des Weißjura zeta (Solnhofen-Formation) dienen ebenfalls als Boden- und Wandplatten, wohingegen sie ihre Bedeutung als Lithographiesteine heute völlig eingebüßt haben.

Sandsteine des Schwarzjura alpha und Braunjura beta wurden früher als Baustein gebrochen; gleichalte Lockersande werden heute noch als Bausand gewonnen. Ausgangsmaterial für die Ziegelherstellung sind vor allem die Tone des Schwarzjura delta und des Braunjura alpha (Amaltheen-, Opalinumton). Straßenschotter wird heute vor allem aus den Gesteinen des Weißjura beta, aus den härteren Partien des gamma und aus dem delta wie auch aus dem Frankendolomit gewonnen.

Der Schwarze Jura (1)

Die ältesten auf dem flachwelligen und seenbedeckten Vindelizischen Land sedimentierten Juragesteine entstanden teilweise noch in kontinentalem Milieu. An Hand reicher Pflanzenfunde konnte eine nahezu tropische Vegetation rekonstruiert werden. Die rhätische Sandsteinfazies in festländischer Ausbildung ist also auch noch im untersten Schwarzjura vorhanden. Abgesehen von diesen **basalen Kontinentalsedimenten** entstanden alle folgenden Ablagerungen des Schwarzjura in marinem Milieu.

Die durch die Hessische Meeresstraße (Hessische Senke) rasch nach SSE vordringende **Transgression** überflutete den rasch absinkenden Vindelizischen Rücken und bildete eine in großem Rahmen stark gegliederte Küstenlinie mit tief ins Land vorstoßenden Buchten (sicherlich teilweise auf Flußmündungen zurückzuführen). Von Coburg aus nach S lassen sich die einzelnen Transgressionsphasen auf eine Strecke von ca. 120 km nachweisen. Die vermutete Dauer dürfte etwa bei 1,5 Millionen Jahren liegen, was einem durchschnittlichen jährlichen „Vorschub" von 0,8 mm entspricht. Wassertiefe, Strömung, Abstand zur Küste und Bodenabsenkung oder -hebung sowie die palökologisch wichtigen Bedingungen wie Durchlüftung, Salinität und Klima schwankten räumlich wie zeitlich stark. Deshalb weisen die Schichten des Schwarzen Jura eine teilweise

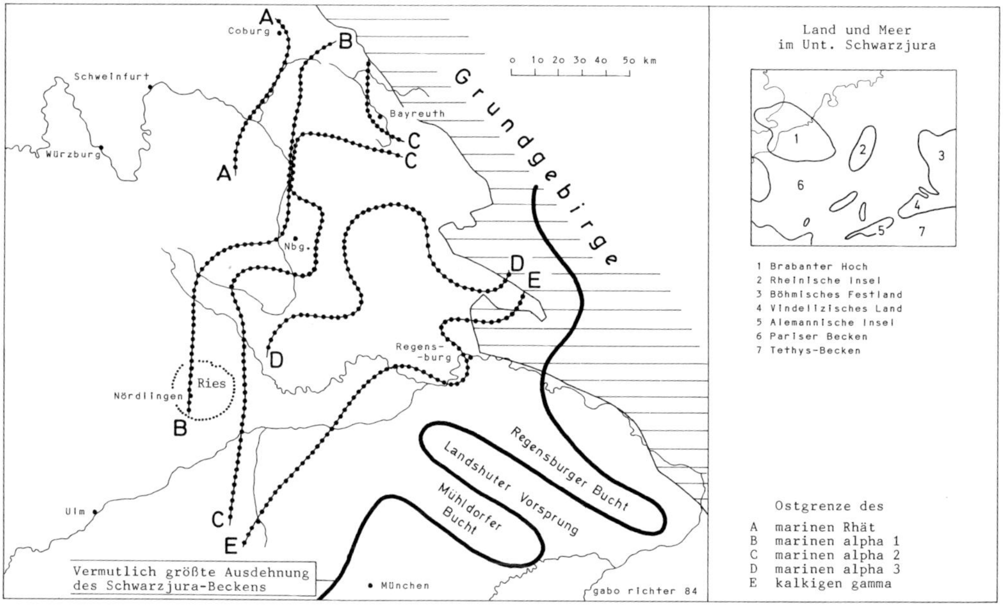

Paläogeographie zur Zeit des Unt. Schwarzjura; umgezeichnet und vereinfacht nach MEYER und SCHMIDT-KALER 1981.

starke fazielle und – vertikal – faunistische Differenzierung auf. Andererseits weisen überwiegend tonige bzw. tonmergelige Schichtstöße auch auf über längere Zeit ruhige und gleichbleibende Ablagerungsbedingungen hin. Eine markante **Faziesgrenze** bildet die Linie Nürnberg-Bayreuth. Die **Mächtigkeit** der Schwarzjuraablagerungen schwankt sehr stark: Sie kann von max. 170 m bis auf rund 30 m abnehmen, in der Nördlichen Frankenalb bis ca. 60 m.

Die basal auftretenden wie auch später noch am südöstlichen bzw. nordöstlichen Beckenrand nachweisbaren Sandschüttungen wurden vom Vindelizischen bzw. Böhmischen Land her eingespeist, z. T. in Form von Deltaschüttungen (Regensburger Bucht, Mühldorfer Bucht). Die im Beckeninneren überwiegende Tonfazies wird zum Rand hin sandig-mergelig. Die **Beckenfazies** besteht aus grauen Schiefertonen, untergeordnet aus Mergeln und Bitumenschiefertonen. Das vom Festland während der ganzen Schwarzjurazeit durch Flüsse eingespülte Tonmaterial verweist auf festländische Tonerdeverwitterung und somit auf feuchtes und mäßig warmes Klima. Ausgesprochene Kalksteinschichten, Toneisenstein- und Phosphoritknollenlagen sind selten und dann oft wichtig als **lithologische Leithorizonte.** Im Sediment feinstverteilter oder konkretionär angereicherter Pyrit (Fossilien!) läßt in Verbindung mit dem Bitumengehalt auf Perioden mit Sauerstoffmangel schließen, bedingt durch mangelnde Strömung und Wasserschichtung im abgeschlossenen, relativ kleinräumigen Meeresbecken. Vor allem in der Randfazies (grundsätzlich) und im höheren Schwarzjura können Schichtlücken vorkommen.

Der Schwarzjura alpha

Die kontinentale Rhätfazies setzt sich, zumindest teilweise, im untersten Schwarzjura fort – eine Zuordnung der Gesteine zum Keuper oder zum Jura ausschließlich aufgrund lithologischer Merkmale ist meist nicht möglich. In diesem Fall sprechen wir von Rhät-Schwarzjura-Übergangsschichten (Rhät-Lias-Übergangsschichten). Sofern fossile Flora enthalten ist, ist die altersmäßige Zuordnung möglich, da sich die Rhätflora von der unterjurassischen gut unterscheiden läßt.

Dieser kontinentale **„Rhätolias“** kann je nach der Lage der damaligen Küstenlinie auch noch in den mittleren und oberen alpha hinaufgreifen, z. B. bei Erlangen. Unter anderem in der Bamberger oder der Forchheimer Gegend treten kontinentale und marine Sedimente zeitgleich nebeneinander auf. Bei günstigen Aufschlußverhältnissen kann der Übergang (Verzahnung) studiert werden. Die petrographische Ausbildung der Rhät-Schwarzjura-Übergangsschichten entspricht weitgehend jener des Rhätsandsteins – s. dort.

Karl MÄGDEFRAU gibt uns ein anschauliches Bild von **Morphologie und Pflanzenwelt** des Festlandes zur Zeit des Unteren Schwarzjura (1968): „Allgemein können wir uns folgende gesicherte Vorstellung machen: Das Gebiet, welches die Liasflora Frankens besiedelte, war ein flachwelliges, von vielen großen und kleinen Seen durchsetztes Land, das sich von der Küste des Liasmeers viele Kilometer weit nach Osten erstreckte (vgl. das treffende Landschaftsbild bei AUGUSTA & BURIAN 1961, S. 37). In einem feuchtwarmen Klima lebte die üppige Pflanzenwelt. Sie bedeckte aber das Land nicht in gleichmäßiger Einförmigkeit, sondern war in einzelne Pflanzengemeinschaften verteilt, wie die Beobachtungen an den Fundstellen zeigen. Mancherorts zogen sich reine Cheirolepiswälder an den Ufern der Seen entlang, an anderer Stelle formte Unterwuchs von Thinnfeldien und Nilssonien ein abwechslungsreiches Bild. Der Großbellhofener Liasweiher muß zeitweise allein von dem Farn *Selenocarpus* umwachsen gewesen sein, währen die Umgebung des Sees, in dem sich der Ton der Ziegeleigrube Wolfshöhe bei Schnaittach absetzte, von einer ungemein artenreichen Flora umstanden war: weit über ein Dutzend Farne, Nilssonien, Bennettiteen, Thinnfeldien und Coniferen haben sich erhalten. Unfern dieses Ortes, bei Speikern, gesellen sich zu derselben Pflanzengemeinschaft noch die Ginkgobäume hinzu . . .“

Florenreste finden sich vor allem in **Lettenlinsen**, die den Sandsteinen eingelagert sind.

Die marinen alpha-Ablagerungen werden in drei Schichtkomplexe unterteilt: Psilonotenschichten = alpha 1; Angulatenschichten = alpha 2; Arietenschichten = alpha 3. Die Zonierung entnehmen wir der Tafel Jura. Die maximale Gesamtmächtigkeit des marinen Schwarzjura beträgt ca. 23 m.

Die **Psilonotenschichten** beginnen weiträumig (vor allem in der Nördlichen Frankenalb) mit der marinen **„Lias-alpha-1-Sohlbank“** (KRUMBECK 1940). Diese geringmächtige Bank (max. wenige Dezimeter) ist bedingt durch den hohen Eisengehalt (Limonit) dunkelrostbraun und besteht aus mittel- bis grobkörnigem Sandstein, teilweise mit Konglomeratcharakter. Während in dieser alpha-Sohlbank der Nördlichen Frankenalb Fossilien auftreten, wurden bisher im Randbereich, z. B. bei Kulmbach-Schwandorf oder Hersbruck, keine Fossilien nachgewiesen. Sicherlich handelt es sich hierbei jedenfalls um die zum Beckenrand hin in die Angulatenschichten aufsteigende Jurabasis. Über der Sohlbank folgen max. 4 m mächtige helle Sandsteine, wechsellagernd in fein- bis grobkörniger Ausbildung. Zwischengelagert treten graue Tone auf.

Die **Angulatenschichten** erreichen im Beckeninneren max. 20 m Mächtigkeit und bestehen aus überwiegend dünnplattigen, weißen bis hellbraunen Sandsteinen. Diese Sandsteine sind von variabler Härte und meist einheitlich feinkörnig, hin und wieder aber auch grobkörniger. Im Raum Erlangen-Coburg beträgt die Mächtigkeit bis 16 m, im Raum Bayreuth-Regensburg ca. 10 m. In der Südlichen Frankenalb ist die Mächtigkeit stark reduziert oder aber die Angulatenschichten fehlen ganz – Schichtlücke. Randwärts können sich in Rinnen Grobsandsteine einschalten, die faziesmäßig bereits den Arietenschichten entsprechen.

Die **Arietenschichten** erreichen max. 3 m Mächtigkeit. Diese im bergfrischen Zustand grauen, angewittert aber braunen eisenschüssigen Sandsteine und Kalksandsteine zeigen auffallende Mächtigkeitsschwankungen: Wenig entfernt von einer Schichtlücke kann die Maximalmächtigkeit ausgebildet sein. Das Gestein ist grobkörnig und kann bis 5 mm große ungerundete Quarzkörner enthalten.

Die den Arietenschichten des Beckeninneren entsprechende pflanzenführende, zumindest teilweise terrestrische **Randfazies**, z. B. im Raum Regensburg-Bodenwöhr-Schwandorf, besteht aus 10 bis 12 m mächtigen, gelbbräunlichen bis buntgeflammten, sehr feinkörnigen Sandsteinen. Zum Teil treten Limonitverkrustungen und Verkieselungen auf. Bei Amberg ist die Mächtigkeit dieser Schichten auf 4 bis 1 m reduziert. Die feinkörnigen Sandsteine zeigen schwachen Tongehalt und führen Toneisensteinlagen und -geoden. Die Muschelfauna verweist hier auf marines Bildungsmilieu. Darüber folgt als Abschluß des alpha noch 1 m grobkörniger Kalksandstein.

Fossilliste Schwarzjura alpha

Pflanzen: *Dictyophyllum acutilobum* BRAUN, *Sagenopteris nilssonia* SCHENK, *Pterophyllum braunianum* GÖPP., *Podozamites distans* PRESL, *Piroconites küsperti* GOTH., *Otozamites brevifolius* BRAUN, *Nilssonia acuminata* PRESL, *N. minima* GOTH., *N. orientalis* HEER, *Thinnfeldia rhomboidalis* ETT., *Baiera münsteri* PRESL;
Schnecken: *Ptychomphalus expansus* (SOW.), *Pleurotomaria tuberculata* ZIET., *P. anglica* (SOW.), *Amberleya subimbricata* (ORB.);
Muscheln: *Nuculana truncata* (MONKE), *Cucullaea muensteri* ZIET., *Modiolus hillanus* (SOW.), *M. bambergensis* (KUHN), *Oxytoma inequivalva* (SOW.), *Entolium lunare* (ROEM.), *Chlamys subulata* (MUENST.), *C. calva* (GOLDF.), *C. glaber* (ZIET.), *C. textoria* (SCHL.), *Aequipecten priscus* (SCHL.), *Antiquilima succincta* (SCHL.), *Plagiostoma gigantea* (SOW.), *P. pectinoides* (SOW.), *Pseudolimea dupla* (QU.), *Gryphaea arcuata* LAM, *Liostrea hisingeri* (NILSS.), *Unicardium cardioides* (PHIL.), *Tutcheria cingulata* (GOLDF.), *Astarte gueuxi* (ORB.), *A. irregularis* (TERQUEM.), *Cardinia listeri* (SOW.), *C. hybrida* (SOW.), *C. concinna* (SOW.), *C. francolaevis* (KUHN), *C. crassissima* (SOW.), *Protocardia philippiana* (DUNK.), *Pleuromya striatula* AG., *P. liasina* ZIET., *Pinna hartmanni* ZIET.;
Nautiliden: *Cenoceras intermedium* (SOW.);
Ammoniten: *Neophyllites brevicellatus* (POMP.), *N. antecedens* (LANGE), *Psilophyllites hagenowii* (DUNK.), *Psiloceras planorbis* (SOW.), *P. plicatulum* POMP., *P. becki* (M. SCHMIDT), *P. calliphylloides* POMP., *P. disdinctum* POMP., *P. tenerum* (NEUM.), *Curviceras subangulare* (OPP.), *C. capraibex* POMP., *Caloceras johnstoni* (SOW.), *Discamphiceras megastoma* (GUEMBEL), *D. longipontinum* (O. FRAAS), *Schlotheimia schroederi* (LANGE), *S. pseudalpinum* (POMP.), *S. angulata* (SCHL.), *S. striatissima* (QU.), *S. polyeides* LANGE, *S. angulosa* LANGE, *S. germani-*

ca LANGE, *S. depressa* (WAEHN.), *S. intermedia* POMP., *S. hoelderi* LANGE, *Sulciferites ventricosus* (SOW.), *S. angulatoides* (QU.), *S. stenorhynchus* (LANGE), *S. charmassei* (ORB.), *S. martinischmidti* (LANGE), *Alsatites laqueus* (QU.), *A. liasicus* (ORB.), *Tmaegoceras crassiceps* POMP., *Vermiceras spiratissimum* (QU.), *Coroniceras longidomus* (QU.), *C. deffneri* (OPP.), *C. rotiforme* (SOW.), *C. coronaries* (QU.), *Arietites bucklandi* (SOW.), *A. pinguis* (QU.), *A. solarium* (QU.), *Paracoroniceras oblongaries* (QU.), *P. nodosaries* (QU.), *P. nudaries* (QU.), *Euagassiceras striaries* (QU.), *A. confusum* SPATH, *Arnioceras oppeli* GUER.-FRAN., *A. ceratitoides* (QU.), *A. falcaries* (QU.), *A. semicostatum* (Y. & B.), *A. miserabile* (QU.), *A. laevissimum* (QU.), *Microderoceras birchi* (SOW.), *Xipheroceras rasinodum* (QU.), *Promicroceras capricornoides* (QU.);

Belemniten: *Nannobelus acutus* (MILL.);

Brachiopoden: *Cirpa fronto* (QU.), *Piaorhynchia belemnitica* (QU.), *P. juvenis* (QU.), *Rimirhynchia rimosa* (BUCH), *Rudirhynchia calcicosta* (QU.), *Calcirhynchia calcaria* (BUCKM.), *Tetrarhynchia durobinensis* (ROLL.), *Spiriferina walcotti* (SOW), *S. tumida* (BUCH), *Lobothyris ovatissima* (QU.);

Seelilien: *Chladocrinus scalaris* (GOLDF.), *C. tuberculatus* (MILL.), *C. psilonoti* (QU.);

Spurenfossilien: *Asteriacites lumbricalis* (SCHL.), *Gyrochorte.*

Aufschlüsse:

51) Aufschluß **Spittelstein/Blumenrod** – s. Ob. Keuper!

52) Aufschluß **Ebersdorf** – s. Ob. Keuper!

53) Aufschluß **Großheirath** (alte Grube) – s. Ob. Keuper!

54) Aufschluß **Großheirath** (neue Grube) – s. Ob. Keuper!

55) Aufschluß **Zapfendorf** – s. Ob. Keuper!

56) Aufschluß **Sassendorf** – s. Ob. Keuper!

58) Aufschluß **Forchheim** – s. Ob. Keuper!

59) Aufschluß **Effeltrich** – s. Ob. Keuper!

60) Aufschluß **Uttenreuth** – s. Ob. Keuper!

61) Von Lichtenfels nach **Degendorf** (im E der Stadt), dann zu Fuß ca. 20 Minuten auf die Hochfläche des Krappenbergs (r 4436010, h 5556020). Am Höhenweg und an der Kante der Hochfläche mehrere meist verfallene kleine Stbre. Der erschlossene Sandstein kann nicht sicher datiert werden, muß aber wohl in den untersten Unterjura gestellt werden. Heute bester Aufschluß an der Hochflächenkante ca. 250 m SE Punkt 443,3.

62) Von Bayreuth nach S; an der S-Seite der Autobahn hier Sandgrube im Schwarzjura alpha 1 bis beta (zwischen **Unternschreez** und Freileithen, ca. 7 km S Bayreuth, r 4470500, h 5527300). Das Liegende bilden ca. 10 m gering verfestigte Sande, hell, mittel- bis grobkörnig. In dieser Schicht im unteren Bereich an der W-Wand Linse blaßrötlicher Pflanzenton (alpha 1 + 2); interessant die Schrägschichtung im Sandstein. Darüber alternierend dunkelgraue bis hellrötliche Tone und bis mehrere Dezimeter mächtige fein- bis mittelkörnige auskeilende Sandsteinlagen mit Spurenfossilien, z. B. *Rhizocorallium* (alpha 2). Mächtigkeit zwischen 1,5 und 3,5 m. – Die überlagernden Grobsande mit Limonitschwarten und eingelagerten grauen Tonlinsen erreichen ca. 4 m Mächtigkeit und sind zum alpha 3 zu stellen. – Das Hangende bilden rund 5 m dunkelfarbige schiefrige Tone mit vielen geringmächtigen Sandsteinbänkchen (beta).

63) Von Schnaittach unter der Autobahn nach W bis **Großbellhofen**, hier nach S Richtung Kleinbellhofen. Links des Weges Aufschlüsse im Rhätolias. Die den Sandsteinen zwischengelagerten Pflanzentone führen Schwarzjura-Flora. Das Hangende bilden Sande, vermutlich dem alpha 3 zuzuordnen.

64) Von Wassertrüdingen Richtung Dinkelsbühl; in Gerolfingen nach S abbiegen und über Irsingen nach **Himmerstall**. Ort durchfahren Richtung Frankenhofen (W). Ca. 200 m nach den letzten Häusern von Himmerstall Feldweg nach S, bis nach ca. 700 m beidseits des Weges alte Stbre (flach, teilweise eingewachsen, seit längerer Zeit aufgelassen) im Unt. Schwarzjura liegen. Grobsandige Küstenfazies des Schwarzjura alpha. Auf dem Feld N der ersten Grube rechts des Weges Lesefunde aus dem Schwarzjura beta (auch Phosphoritkonkretionen mit Fauna, darunter Leitformen wie *Echioceras*).

65) Ebenfalls küstennahe Randfazies erschließt der weitgehend verflachte ehemalige Stbr ca. 500 m W des Weilers **Bosacker** (von der Straße Wassertrüdingen-Dinkelsbühl ab W Wittelshofen, über Ruffenhofen, Weiltingen, Veitsweiler nach S bis Bosakker): Grobsande des alpha, darüber beta mit Phosphoritkonkretionen.

Der Schwarzjura beta

Nach KRUMBECK (1932) unterscheiden wir zwischen Beckenablagerungen nördlich der Linie Hesselberg-Lauf/Pegnitz-Creußen und einer südlich davon ausgebildeten küstennäheren Randfazies. Die Sedimente der **Beckenfazies** erreichen im N (Bamberg) 35 m Mächtigkeit (Durchschnittswert ca. 15 m). Gegen S beobachten wir eine Ausdünnung bis auf 1 m. Die dunklen Schiefertone und einförmigen Tonmergel führen nur **wenige Fossilien**. Phosphoritknollen sind nicht selten.

Die sandige **Randfazies** südlich der oben angegebenen Linie zeigt reduzierte Mächtigkeit (zwischen 8 und 4 m). Die oft grobsandigen Mergel und Tone enthalten viel Limonit. Die sandigen und kalkoolithischen Phosphoritknollen sowie in etwas geringerem Maße auch die sonstigen Gesteine führen eine reiche Fauna, meist in Steinkernerhaltung. Die zahlreichen Schalentrümmer weisen auf starke Wasserbewegungen in teilweise sehr flachem Wasser hin – Strandnähe.

Die **Zonierung** des dem Ob. Sinemur entsprechenden Schwarzjura beta sieht folgendermaßen aus: *Asteroceras obtusum, Oxynoticeras oxynotum, Echioceras raricostatum.*

Fossilliste Schwarzjura beta

Schnecken: *Ptychomphalus expansus* (Sow.), *Pleurotomaria anglica* (Sow.), *P. tuberculata* Ziet., *Amberleya subimbricata* (Orb.);
Muscheln: *Cucullaea muensteri* Ziet., *C. oxynota* (Qu.), *Modiolus hillanus* (Sow.), *Oxytoma inequivalva* (Sow.), *Chlamys subulata* (Muenst.), *C. textoria* (Schl.), *C. calva* (Goldf.), *Aequipecten priscus* (Schl.), *Ae. acuticostatus* (Lam.), *Ae. reutlingensis* (Staesche), *Antiquilima succincta* (Schl.), *Plagiostoma gigantea* (Sow.), *P. pectinoides* (Sow.), *Gryphaea obliqua* (Goldf.), *Tutcheria cingulata* (Golf.), *Astarte gueuxi* (Orb.), *Cardinia listeri* (Sow.), *C. hybrida* (Sow.), *Pholadomya ambigua* (Sow.), *P. voltzii* (Ag.), *Pleuromya crassa* (Ag.), *P. liasina* Ziet.;
Nautiliden: *Cenoceras intermedium* (Sow.);
Ammoniten: *Angulaticeras lacunatum* (Buckm.), *A. rumpens* (Opp.), *A. sulcatum* (Simps.), *A. densilobatum* (Pomp.), *Asteroceras obtusum* (Sow.), *A. stellare* (Sow.), *A. suevicum* Guer.-Fran., *Eparietites undaries* (Qu.), *E. impendens* (Y. & B.), *Aegasteroceras sagittarium* (Blake), *Epophioceras landrioti* (Orb.), *E. longicella* (Qu.), *Gagaticeras gagateum* (Y. & B.), *G. neclectum (Simps.), Echioceras raricostatum* (Ziet.), *E. raricostatoides* (Vadasz), *E. laevidomus* (Qu.), *Paltechioceras aplanatum* (Hyatt), *Leptechioceras macdonelli* (Portlock), *Cymbites globosus* (Ziet.), *C. centriglobus* (Opp.), *C. fastigatus* Schindew., *Oxynoticeras oxynotum* (Qu.), *O. praecursor* Soell, *O. simpsoni* (Simps.) *O. bucki* (Simps.), *Cheltonia accipitris* (Buckm.), *Riparioceras riparium* (Opp.), *R. auritulum* (Qu.), *Gleviceras paniceum* (Qu.), *Xipheroceras ziphus* (Ziet.), *X. dudressieri* (Orb), *Promicroceras planicosta* (Sow.), *P. precompressum* Spath, *Bifericeras bifer* (Qu.), *B. nudicostum* (Qu.), *B. curvicostum* (Qu.), *B. soelli* Schleg., *B. subplanicostum* (Opp.), *B. vitreum* (Simps.), *Crucilobiceras densinodum* (Qu.), *C. crucilobatum* Buckm.;
Belemniten: *Rhopalobelus ventroplanus* (Voltz), *Coeloteuthis calcar* (Phil.), *Prototeuthis cricki* (Liss.), *Nannobelus acutus* (Mill.), *N. alveolatus* (Wern.), *N. engeli* (Wern.), *N. oppelius* (Mayer), *N. langi* (Liss.), *Passaloteuthis elegans* (Phil.);
Brachiopoden: *Cirpa fronto* (Qu.), *Cuneirhynchia oxynoti* (Qu.), *Rudirhynchia calcicosta* (Qu.), *Calcirhynchia calcaria (*Buckm.), *Gibbirhynchia curviceps* (Qu.), *Piaorhynchia juvenis* (Qu.), *Rimirhynchia rimosa* (Buch), *Spiriferina walcotti* (Sow.), *S. tumida* (Buch);
Seelilien: *Chladocrinus scalaris* (Goldf.), *C. tuberculatus* (Mill.).

Aufschlüsse:
49) Aufschluß **Höttingen** – s. Ob. Keuper!
52) Aufschluß **Ebersdorf** – s. Ob. Keuper!
58) Aufschluß **Forchheim** – s. Ob. Keuper!
59) Aufschluß **Effeltrich** – s. Ob. Keuper!
62) Aufschluß **Unternschreez** – s. Schwarzjura alpha!
64) Aufschluß **Himmerstall** – s. Schwarzjura alpha!
65) Aufschluß **Bosacker** – s. Schwarzjura alpha!
66) Von Bamberg auf der B 22 nach NE Richtung Schesslitz, ca. 1,5 km E von Memmelsdorf rechts ab ca. 1,5 km bis zum E Ortsrand von **Schmerldorf**. Die Straßenböschung erschließt Tone des Schwarzjura beta. – Weiter durch Schmerldorf nach E Richtung Kremmeldorf. In der N-Böschung der Straße zwischen 290 und 295 m ü. NN sind ca. 6 m Gesteine des gamma und schließlich der Übergang zum delta

erschlossen. SCHRÖDER (1978) gibt folgendes Profil: Liegendes 20 cm Kalkbank („Sohlbank") des gamma, 1,20 m Lücke, 2,90 m Mergelschiefer, 10 bis 30 cm Kalkbänke, 1,10 m Mergelschiefer, 10 cm Kalkbank = Dachbank des gamma. Das Hangende bilden Mergelschiefer mit Toneisensteinen und Phosphoritkonkretionen: delta.

Der Schwarzjura gamma

Die Sedimente des Schwarzjura gamma sind, bedingt durch tektonische Hebungsvorgänge, geringmächtig. Wieder kann klar zwischen Becken- und Randfazies unterschieden werden (KRUMBECK 1936), wobei sich die Faziesgrenze weitgehend mit jener des Schwarzjura beta deckt.

Die Basis der zwischen 3 und 8 m mächtigen dunklen Mergelschiefer bildet eine Sohlbank aus dunklen eisenhaltigen Kalkplatten oder -bänken, die auch höheren Tonanteil aufweisen oder dolomitisiert sein können. Die regional entwickelte Dachbank besteht aus knolligen und dunkelfleckigen Kalkplatten. Die Gesteine der **Beckenfazies** sind wieder **relativ fossilleer**, selten sind vor allem Ammoniten.

Zum **Beckenrand** hin beobachten wir im W eine Mächtigkeitsreduzierung auf 1,50 bis 0,85 m. Diese im Gegensatz zum Beckeninneren phosphoritarme Mergelserie ist durch mehrere Kalkplattenhorizonte gegliedert. Im E tritt eine Dolomitfazies auf: 2,00 bis 4,40 m mächtige dolomitische Mergelkalk- und Kalkplatten. Im S bestehen die küstennahen Sedimente aus relativ horizontbeständigen quarzführenden Kalkbänken. Kennzeichnend sind zahlreiche Phosphoritknollen im W der Alb (Schichtmächtigkeit hier 1,15 bis 2,30 m), während wir im E der Alb Oolithfazies beobachten (Kalkoolithe). Hier kann das Gestein auch Feldspat oder Pyrit führen; die Mächtigkeit schwankt zwischen 0 und 4,40 m. Der Schwarze Jura gamma entspricht in etwa dem Unt. Pliensbach. In Übereinstimmung mit England und Frankreich gliedern wir in die Zone der *Uptonia jamesoni*, des *Tragophylloceras ibex* und des *Prodactylioceras davoei*. Wegen der im Beckeninneren meist fehlenden Ammoniten ist hier die **Feingliederung problematisch.**

Aufgrund frühzeitiger Untersuchungen des Grafen zu MÜNSTER (in GOLDFUSS), A. F. GOLDFUSS (1834–1840), von AMMON (1891), M. SCHLOSSER (1901), POMPECKJ (in SCHLOSSER), F. X. SCHNITTMANN (1922) und L. KRUMBECK (1932, 1936) wurde im Schwarzjura gamma die **größte Artenfülle** des nordbayerischen Schwarzjura nachgewiesen: KRUMBECK nennt ca. 370 Arten, in folgender Weise verteilt: 55 Foraminiferen-, 11 Seelilien-, 3 Seeigelarten, unbestimmbare See- und Schlangensternreste, 5 Röhrenwurm-, 3 Bryozoen-, 64 Brachiopoden-, 72 Muschel-, 44 Schnekken-, 7 Nautiliden-, 58 Ammoniten-, 40 Belemniten- und 4 Krebsarten. Eine Revision würde wohl weitaus höhere Artenfülle bei den Foraminiferen und eine Reduzierung bei den übrigen Gruppen bringen.

Vor allem in der **Randfazies** treten **reiche Fossilvorkommen** auf. Erinnert sei an den Anschnitt dieser Schichten beim Gasleitungsbau bei Ehenfeld (nordnordöstlich Amberg), wo eine reiche Cephalopodenfauna geborgen werden konnte (z. B. Nautiliden, Lytoceraten, Androgynoceraten, im Grenzbereich gamma-delta frühe Amaltheen, zahlreiche Belemniten usw.). Leider sind die Aufschlußverhältnisse schlecht, abgesehen von kurzfristigen Baugruben in entsprechenden Gebieten.

Fossilliste Schwarzjura gamma

Schnecken: *Pleurotomaria anglica* (SOW.), *P. tuberculata* ZIET., *Amberleya subimbricata* (ORB.), *Ptychomphalus expansus* (SOW.);

Androgynoceras maculatum (Y. & B.), Schwarzjura gamma (*davoei*-Zone), Ehenfeld nördlich Hirschau/Opf. (68); je ca.5,5 cm.

Muscheln: *Palaeonucula subglobosa* (ROEM.), *Nuculana trapezoidalis* (MONKE), *Cucculaea muensteri* ZIET., *Modiolus hillanus* (SOW.), *Promytiloides ventricosus* (SOW.), *Oxytoma inequivalva* (SOW.), *Chlamys subulata* (MUENST.), *Chlamys textoria* (SCHL.), *Aequipecten priscus* (SCHL.), *Pseudopecten aequivalvis* (SOW.), *Antiquilima succincta* (SCHL.), *Plagiostoma gigantea* (SOW.), *P. pectionoides* (SOW.), *Pseudolimea acuticosta* (GOLDF.), *Gryphaea cymbia* LAM., *Tutcheria cingulata* (GOLDF.), *Astarte striatosulcata* ROEM., *A. gueuxi* ORB., *Pholadomya ambigua* (SOW.), *Pleuromya liasina* (ZIET.);
Nautiliden: *Cenoceras aratum* (QU.), *C. intermedium* (SOW.);
Ammoniten: *Tragophylloceras ibex* (QU.), *T. numismale* (POMP.), *T. paucicostatum* (POMP.), *Holcolytoceras nodostrictum* (QU.), *Lytoceras fimbriatum* (SOW.), *L. salebrosum* (POMP.), *L. aequistriatum* (POMP.), *Metoxynoticeras oppeli* (SCHLOENB.), *Microderoceras bimaculum* (QU.), *Apoderoceras nodogigas* (QU.), *Epideroceras nodofissum* (QU.), *E. spoliatum* (QU.), *E. frischmanni* (QU.), *Hyperderoceras rugum* (QU.), *H. planarmatum* (QU.), *Phricodoceras taylori* (SOW.), *P. coronulum* (QU.), *Coeloceras pettos* (QU.), *C. planulum* BREMER, *C. pinguecostatum* BREMER, *Coeloderoceras birugum* (QU.), *C. zieteni* (OPP.), *C. linum* (QU.), *Polymorphites polymorphus* (QU.), *P. peregrinus* (HAUG.), *P. interruptus* (QU.), *P. bronni* (ROEM.), *P. confusus* (QU.), *Platypleuroceras brevispinum* (SOW.), *P. caprarium* (QU.), *Uptonia jamesoni* (SOW.), *U. angusta* (QU.), *U. costosa* (QU.), *Acanthopleuroceras natrix* (ZIET), *A. valdani* (ORB.), *A. maugenesti* (ORB.), *A. arietiforme* (OPP.), *Tropidoceras frischmanni* (OPP.), *T. masseanum* (ORB.), *Liparoceras zieteni* TRUEM., *L. densistriatum* SPATH, *Becheiceras bechei* (SOW.), *B. nautiliforme* (J. BUCKM.), *Parinodiceras parinodum* (QU.), *P. reineckii* (TRUEM.), *Platynoticeras ovale* (SPATH), *P. alterum* (OPP.), *P. haugi* (SPATH), *Metacymbites centriglobus* (OPP.), *Beaniceras centaurum* (ORB.), *B. luridum* (SIMPS.), *Androgynoceras maculatum* (Y. & B.), *A.*

hybridum (ORB.), *A. capricornum* (SCHL.), *A. lataecostum* (SOW.), *A. intracapricornum* (QU.), *Oistoceras figulinum* (SIMPS.), *O. angulatum* (FREBOLD), *Prodactylioceras davoei* (SOW.), *P. nodosissimum* (QU.);
Belemniten: *Nannobelus acutus* (MILL.), *Passaloteuthis paxillosus* (SCHL.), *P. apicicurvatus* (BLAINV.), *Hastites clavatus* (SCHL.), *H. microstylus* (PHIL.), *Brachybelus breviformis* (VOLTZ);
Röhrenwürmer: *Glomerula gordialis* (SCHL.), *Sarcinella plexus* (SOW.), *Serpula*;
Brachiopoden: *Cincta numismalis* (VAL.), *Spiriferina rostrata* ZIET., *S. verrucosa* (BUCH), *S. walcotti* (SOW.), *Rudirhynchia calcicosta* (QU.), *Gibbirhynchia curviceps* (QU.), *Cirpa fronto* (QU.), *Homoeorhynchia lineata* (Y. & B.), *Cuneirhynchia oxynoti* (QU.), *Furcirhynchia furcillata* (BUCH), *Rimirhynchia rimosa* (BUCH), *Lobothyris punctata* (SOW.), *Zeilleria cornuta* (SOW.);
Seelilien: *Chladocrinus basaltiformis* (MILL.), *C. scalaris* (GOLDF.), *Seirocrinus subangularis* (MILL.).

Aufschlüsse:
49) Aufschluß **Höttingen** – s. Ob. Keuper!
58) Aufschluß **Forchheim** – s. Ob. Keuper!
59) Aufschluß **Effeltrich** – s. Ob. Keuper!
66) Aufschluß **Schmerldorf** – s. Schwarzjura beta!
67) Von **Neuses** (ca. 2 km S Kronach) Richtung Trepitzmühle (S, ca. 1,5 km). SW der Mühle sind am Prallhang des Zeublitzer Grabens rund 3 m gamma erschlossen, überlagert von Tonen des delta.
68) Von Hirschau (an der B 14 E von Sulzbach-Rosenberg) nach N bis **Ehenfeld** (ca. 3 km). Ca. 300 m S von Ehenfeld, W der Straße von Hirschau, führen zwei Flurbereinigungswege nach S, bergan. In der Böschung Kalkbänke des gamma, darüber Papierschiefer des epsilon. Delta fehlt – Schichtlücke.

Der Schwarzjura delta

Im delta kam es offensichtlich zu einer Transgression gegen E: Das Schwarzjurameer erreichte zu dieser Zeit wohl schon seine **größte Ausdehnung**. Der Schwarzjura delta ist in Nordbayern die mächtigste Unterjurastufe: Die einförmigen blaugrauen und blättrigen Tonmergel erreichen in der Umgebung von Bayreuth zwischen 50 und 60 m Mächtigkeit, in Nordfranken zwischen 25 und 40 m, Südfranken 25 bis 30 m und in der Oberpfalz zwischen 0,10 und 17,00 m (Küstennähe). Eine ähnlich deutlich wie in den unteren Stufen ausgeprägte Randfazies fehlt meist.
Die Tonmergel zeigen sich oberflächennah oft tiefgründig entkalkt und zu Ton verwittert. Bis kopfgroße Toneisensteinkonkretionen, Phosphoritknollen und Kalkseptarien sind häufig auch lagenweise zwischengeschaltet. Dünne oolithische **Braun-** bzw. **Roteisenerzflöze** sind den bei Amberg und Bodenwöhr nur in geringer Mächtigkeit ausgebildeten delta-Sedimenten eingelagert. Sie wurden früher abgebaut und verhüttet.
Der Schwarzjura delta entspricht dem Ob. Pliensbach. Wir gliedern in delta 1 (Zone des *Amaltheus margaritatus*) und delta 2 (Zone des *Pleuroceras spinatum*). Delta 1 wird weiter gegliedert in die Subzonen des *Amaltheus stokesi*, des *A. subnodosus* und des *A. gibbosus*, delta 2 in die Subzonen des *Pleuroceras apyrenum* und des *P. hawskerense* bzw. des *P. solare* und des *P. spinatum*.
Im Gegensatz zu den in der Schwäbischen Alb nur zwischen 25 und 30 m mächtigen delta-Ablagerungen und den oft sehr geringmächtig vertretenen Schichten der *spinatum*-Zone ist der delta in Franken meist **gut entwickelt**. Die **Fossilführung ist reich**, die Artenzahl recht gering. Es handelt sich um eine Cephalopodenfazies mit reichlich Ammoniten, teilweise auch mit reicherer Belemnitenführung. Eine Feingliederung mit Hilfe der Ammoniten ist sehr gut durchführbar. Die Begleitfauna besteht im Beckeninneren aus wenigen Muschel-, Schnecken- und Brachiopodenarten, während in der Randfazies die Cephalopoden zurücktreten und die Benthosformen (Muscheln, Schnecken, Brachiopoden) zunehmen können. Die Fossilien aus den Mergeltonen

liegen oft in Pyriterhaltung vor. Auch in den Phosphoritknollen finden sich guterhaltene Fossilien. Die Mergeltone führen öfters interessante Mikrofaunen: Foraminiferen, Ostrakoden, Molluskenbrut . . . Petrographie und Fauna der **Beckenfazies** lassen auf ungestörte Ablagerungsbedingungen in tieferem Wasser schließen. In der **Randfazies** – z. B. im Riesgebiet – treten hin und wieder **„Belemnitenschlachtfelder"** auf – oft eingeregelte Rostrenanreicherungen.

Fossilliste Schwarzjura delta

Schnecken: *Pleurotomaria anglica* (SOW.), *Amberleya subimbricata* (ORB.), *Ptychomphalus expansus* (SOW.), *Discohelix sinistra* (ORB.), *Cryptaulax scobina* (DESL.);
Muscheln: *Palaeonucula subglobosa* (ROEM.), *P. acuminata* (GOLDF.), *P. palmae* (SOW.), *Nuculana complanata* (SOW.), *N. trapezoidalis* (MONKE), *Cucullaea muensteri* (ZIRT.), *Modiolus hillanus* (SOW.), *M. amalthei* (QU.), *Pseudomytiloides nobilis* (GOLDF.), *Promytiloides ventricosus* (SOW.), *Parainoceramus substriatus* (MUENST.), *Oxytoma inequivalva* (SOW.), *Chlamys subulata* (MUENST.), *Aequipecten pricus* (SCHL.), *Pseudopecten aequivalvis* (SOW.), *Pseudolimea acuticosta* (GOLDF.), *Plicatula spinosa* (SOW.), *Astarte striatosulcata* ROEM., *A. gueuxi* (ORB.), *Pholadomya ambigua* (SOW.), *Gresslya abducta* (PHIL.), *Pleuromya liasina* ZIET., *Pinna hartmanni* ZIET.;
Nautiliden: *Cenoceras intermedium* (SOW.);
Ammoniten: *Phylloceras, Zetoceras zetes* (ORB.), *Sowerbyceras tortisulcoides* (QU.), *Derolytoceras tortum* (QU.), *Lytoceras fimbriatum* (SOW.), *Amaltheus bifurcus* HOW., *A. subnodosus* (Y. & B.), *A. stokesi* (SOW.), *A. margaritatus* MONTF., *A. gibbosus* (SCHL.), *A. wertheri* (LANGE), *A. evolutus* (BUCKM.), *A. gloriosus* HYATT, *A. striatus* HOW., *A. levigatus* HOW., *A. reticularis* (SIMPS.), *Pseudoamaltheus engelhardti* (ORB.), *Amauroceras ferrugineum* (SIMPS.), *A. lenticulare* (Y. & B.), *Pleuroceras spinatum* (BRUG.), *P. hawskerense* (Y. & B.), *P. apyrenum* BUCKM., *P. salebrosum* (HYATT), *P. solare* (PHIL.), *P. reichenbachense* SCHLEG., *P. transiens* (FRENTZ.), *P. paucicostatum* HOW., *P. birdi* (SIMPS.), *P. quadratum* HOW.;
Belemniten: *Passaloteuthis paxillosus* (SCHL.), *P. apicicurvatus* (BLAINV.), *Hastites clavatus* (SCHL.), *Brachybelus breviformis* (VOLTZ), *B. compressus* (STAHL);
Röhrenwürmer: *Serpula quinquecristata* GOLDF.;
Brachiopoden: *Scalpellirhynchia scalpellum* (QU.), *Homoeorhynchia lineata* (Y. & B.), *Rudirhynchia calcicosta* (QU.), *Tetrarhynchia tetraedra* (SOW.), *Spiriferina rostrata* (SCHL.), *Lobothyris punctata* (SOW.), *Zeilleria cornuta* (SOW.), *Z. quadrifida* (VAL.), *Aulacothyris resupinata* (SOW.), *Furcirhynchia furcillata* (BUCH);
Seelilien: *Chladocrinus basaltiformis* (MILL.), *C. scalaris* (GOLDF.), *Seirocrinus subangularis* (MILL.).

Aufschlüsse:
49) Aufschluß **Höttingen** – s. Ob. Keuper!
66) Aufschluß **Schmerldorf** – s. Schwarzjura beta!
67) Aufschluß **Neuses** – s. Schwarzjura gamma!
69) Von Forchheim nach N Richtung Bamberg bis zur Abfahrt Buttenheim, von hier nach S bis **Unterstürmig**. E des Ortes große Tongrube in Beckenfazies des oberen delta (*spinatum*-Zone), nur begehbar am Wochenende. Beschreibung der Fauna bei RICHTER 1977 (s. Abb. 6 u. 7, S. 85 u. 86).
70) N **Marloffstein** (ca. 4 km NE Erlangen) W der Straße nach Langensendelbach (Wasserturm als Wegmarke) ausgedehnte Tongrube im delta (*margaritatus*-Zone; unt. *spinatum*-Zone = *apyrenum*-Subzone).
71) Von Schnaittach nach W Richtung Forth. In Kirchröttenbach nach N abzweigen und durch **Illhof** weiter nach N zum **Teufelsgraben**. Delta ist erschlossen vom Damm bis ca. 500 m nach W (ausgewaschene Fauna, Konkretionen). Bachaufwärts E des Dammes Aufschlüsse im höheren delta, schließlich im epsilon und zeta. Klassischer Fundort.
72) Von **Schnaittach** (ca. 22 km NE Nürnberg) Richtung Veste Rothenberg bis zur W der Straße liegenden alten Tongrube. Weitgehend zugewachsen, hin und wieder wird jedoch noch Ton abgebaut. Früher hervorragende Funde von pyritisierten Pleuroceraten usw. (*spinatum*-Zone).
73) Aufgelassene Ziegeleitongrube am E Ortsrand von **Reichenschwand** (zwischen Lauf und Hersbruck, an der B 14) N der Bahn. In der ehemaligen Grube Straßenmeistereigebäude, eingezäunt. Zugänglich außerhalb des Zaunes. Fauna in Konkretionen, früher reichlich (*spinatum*-Zone).
74) Von Ellingen (N Weißenburg, an der B 2) über Höttingen und Fiegenstall bis **Ettenstatt**. Straßenan-

schnitt im delta/epsilon: Blaugrauer Ton mit fossilführenden Konkretionen, darüber helle, unverwittert dunkle Posidonienschiefer (r 4430750, h 5438600).

Der Schwarzjura epsilon

Die Mächtigkeit dieser als Folge von Wasserverlust zu Schiefern geformten Sedimente ist – sekundär – gering: Im Bamberg-Coburger Raum zwischen 6 und 10 m, bei Bayreuth 3 bis 5 m, zwischen Neumarkt/Opf. und Erlangen 1 bis 5 m, am Hesselberg bei Wassertrüdingen ca. 10 m, bei Amberg bis 13 m und in der küstennahen Randfazies entlang des Bayerischen Waldes von Bodenwöhr bis Regensburg 9 bis 17 m. Hier sind also die Ablagerungen der sandigen Randfazies mächtiger als jene der Beckenfazies, zurückzuführen auf die sekundäre Mächtigkeitsreduzierung der Beckensedimente. Wir nehmen an, daß die ursprüngliche Mächtigkeit bis zum Zwanzigfachen betragen haben kann.

Die schieferige **Beckenfazies** tritt auf im westlichen und nördlichen Vorland der Frankenalb, zum großen Teil auch am östlichen Albsaum. Die **Randfazies** (Bodenwöhr-Regensburg) besteht aus Sandsteinen und Sanden und nur in geringem Maße aus bitumenführenden Schiefertonen.

Die Gesteine der Beckenfazies bestehen aus dünnblättrigen bis -plattigen, im bergfrischen Zustand dunklen, verwittert oft hellgrauen **bituminösen Schiefern** (Ölschiefer), oft kalkhaltig und mit Pyritführung. Zwischengelagert

Lytoceras siemensi (DENCKM.), Schwarzjura epsilon (Siemensi-Knollen), mit weiteren Ammoniten auf Treibholz abgelagert. Alter Fund vom „Trimeusel" bei Nedensdorf westlich Staffelstein (75). Durchmesser des *Lytoceras* ca. 7 cm.

sind eine Reihe harter Kalksteinbänke. Im unteren Bereich treten die **„Siemensi-Knollen“** auf, mit reicher Fauna: wohlerhaltene Ammoniten, Muscheln usw. (oft in Schalenerhaltung). Diese Stinkkalkbänke und -laibsteine (Bitumengehalt; Geruch beim Anschlagen) zeichnen sich durch variable Hauptfaunen aus: Die Monotis-Bänke z. B. sind benannt nach der massenhaft auftretenden Muschel *Meleagrinella substriata* (syn. *Pseudomonotis substriata*) und stellen einen wichtigen **Leithorizont** dar.

Der süddeutsche Schwarzjura epsilon entspricht dem Unt. Toarc. Wir unterscheiden die Zonen des *Dactylioceras tenuicostatum*, des *Harpoceras falcifer* und des *Hildoceras bifrons*.

Das interessante Profil am Trimeusel bei Nedendorf zeigt (richtiger: zeigte; mittlerweile verdeckt Hangschutt die unteren Profilbereiche) wenig über der Basis des Schwarzjura epsilon die Laibsteinlage der **Siemensi-Knollen**, weiter oben die **Inoceramen-Bank** und dicht darüber die **Höckerbank**, dann die **„Beinbreccie“** (Hauptbonebed, Saurierschicht) und die **Monotis-Bänke**, schließlich die **Dunkle Bank** und die **Parva-Platten** (nach der Muschel *Bositra „parva“*). Manche dieser Bänke haben nur regionale Bedeutung, so z. B. die **Fischschuppenbank** oder die bekannte und berühmte **Dactylioceras-Bank** bei Schlaifhausen: Hier wurden unzählige Gehäuse der Ammonitenart *Dactylioceras athleticum* (SIMPSON) zusammengeschwemmt – ein echter **Ammonitenfriedhof!** Diese der *bifrons*-Zone zugehörige Bank weist außer den Dactylioceraten nur ganz selten andere Arten auf (*Hildoceras bifrons*, Nautilidenreste, hin und wieder Ichthyosaurier-Wirbel und als extreme Seltenheiten Exemplare der mediterranen Ammonitengattung *Frechiella*).

Das schwäbische Äquivalent der fränkischen Ölschiefer sind die Posidonienschiefer, berühmt vor allem durch die marine Wirbeltierfauna und einige Flugsaurierfunde aus der Gegend um Holzmaden. Hier wie dort sind die Ammoniten wie auch die Beifauna (außer den Belemniten) mehr oder weniger flachgedrückt erhalten. In den Laibsteinen und Stinkkalkbänken der Frankenalb aber sind die Fossilien **hervorragend überliefert**: unzerdrückt, oft in calcitischer brauner oder heller Schalenerhaltung. Die Präparation allerdings kann problematisch sein, da das Gestein sehr hart ist und eine gut ausgebildete Trennfuge zwischen Fossil und Gestein nur manchmal vorhanden ist. Die Fossilien der sandigen Randfazies sind ebenfalls nicht verformt. In den obersten Kalkbänken des epsilon treten **Belemnitenschlachtfelder** auf (z. B. in Mistelgau, mit *Dactyloteuthis irregularis, D. wrighti, D. incurvatus* usw., siehe S. 82).

Ebenso wie in den Posidonienschiefern des Schwäbischen Jura treten auch in den fränkischen Ölschiefern hervorragend erhaltene Ichthyosaurierreste etc. auf. Ein bekannter Fundort war z. B. die oben erwähnte Lokalität Trimeusel, weiterhin ganz allgemein die Umgebung von Banz oder von Altdorf (s. a. S. 87).

Fossilliste Schwarzjura epsilon

Schnecken: *Coelodiscus minutus* (ZIET.), *Neritopsis philea* (ORB.);
Muscheln: *Palaeonucula subglobosa* (ROEM.), *P. hausmanni* (ROEM.), *Modiolus hillanus* (SOW.), *Parainoceramus substriatus* (MUENST.), *Pseudomytiloides dubius* (SOW.), *Bositra buchi* (ROEM.) *syn. parva, Meleagrinella substriata* (ZIET.), *Oxytoma inequivalva* (SOW.), *Propeamussium pumilum* (LAM.), *Steinmannia bronni* (ZIET.), *Astarte voltzi* HOENINGH., *Astarte striatosulcata* ROEM., *Gresslya abducta* (PHIL.), *Dacryomya ova* (SOW.);
Nautiliden: *Cenoceras intermedium* (SOW.), *C. inornatum* (ORB.);

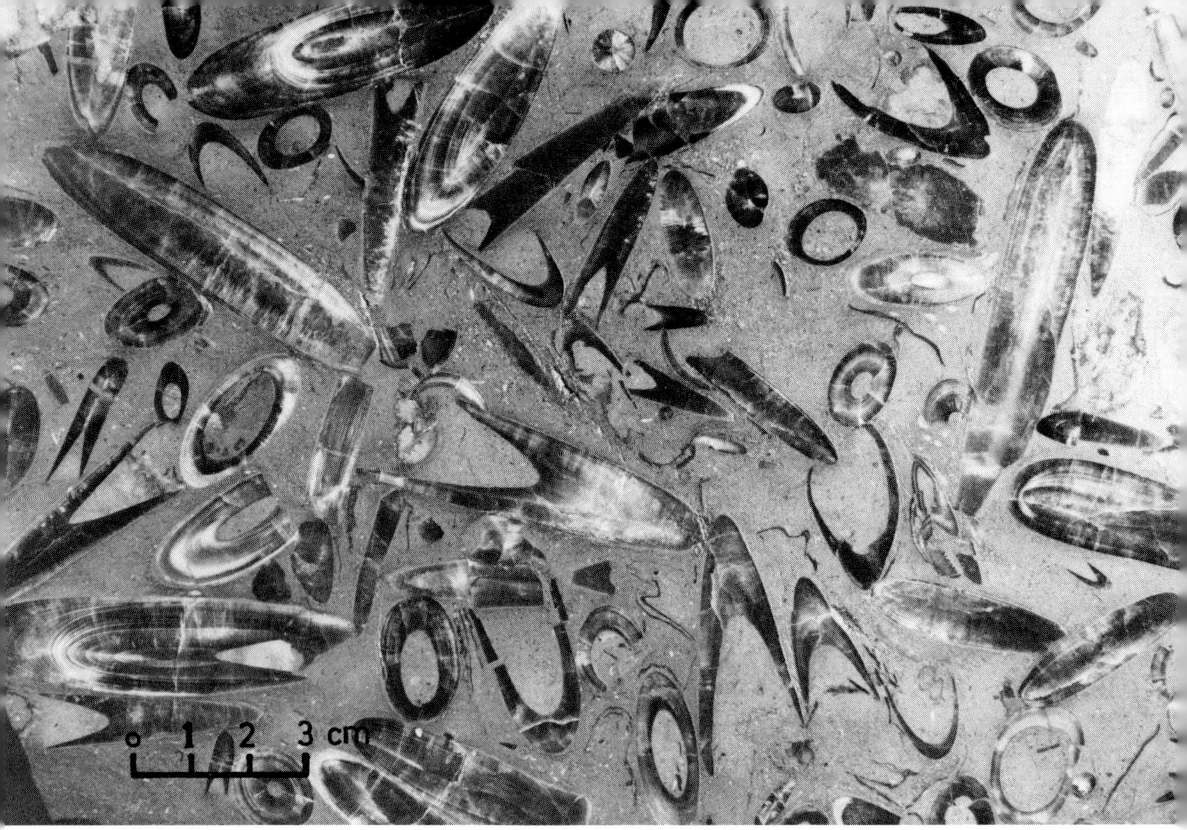

„Belemnitenschlachtfeld"; Rostrenanreicherung im obersten Schwarzjura epsilon von Mistelgau, westlich Bayreuth (78). Anschliff. Es handelt sich hauptsächlich um *Dactyloteuthis irregularis* (SCHL.), weitere *Dactyloteuthis*-Arten, *Brachybelus* und *Odontobelus*. Herzlichen Dank für die Überlassung des Stückes an Herrn Herbert TIEMANN/Hamburg.

Ammoniten: *Phylloceras heterophyllum* (SOW.), *Lytoceras siemensi* (DENCKM.), *L. cornucopia* (Y. & B.), *Dactylioceras tenuicostatum* (Y. & B.), *D. semicelatum* (SIMPS.), *D. crosbeyi* (SIMPS.), *D. crassifactum* (SIMPS.), *D. commune* (SOW.), *D. athleticum* (SIMPS.), *D. anguinum* (REIN.), *D. attenuatum* (SIMPS.), *D. annuliferum* (SIMPS.), *Peronoceras fibulatum* (SOW.), *P. subarmatum* (Y. & B.), *P. andraei* (SIMPS.), *P. vortex* (SIMPS.), *Catacoeloceras crassum* (Y. & B.), *Nodicoeloceras crassoides* (SIMPS.), *N. puteolum* (SIMPS.), *Harpoceras falcifer* (SOW.), *H. exaratum* (Y. & B.), *H. elegans* (SOW.), *H. alternatum* (SIMPS.), *Eleganticeras elegantulum* (Y. & B.), *Tiltoniceras antiquum* (WRIGHT), *Hildoceras bifrons* (BRUG.), *H. sublevisoni* FUC., *Hildaites levisoni* (SIMPS.), *H. serpentinum* (REIN.), *H. proserpentinum* (BUCKM.), *H. subserpentinum* (BUCKM.);
Belemniten: *Passaloteuthis paxillosus* (SCHL.), *Odontobelus pyramidalis* (ZIET.), *Brachybelus breviformis* (VOLTZ), *Salpingoteuthis acuarius ventricosus* (QU.), *S. tubularis* (Y. & B.), *Dactyloteuthis wrighti* (OPP.), *D. incurvatus* (ZIET.), *D. irregularis* (SCHL.) (syn. *Belemnites digitalis*), *Rhabdobelus exilis* (ORB.);
Brachiopoden: *Lingula beani* PHIL., *„Rhynchonella" schüleri* OPP;

Seelilien: *Seirocrinus subangularis* (MILL.); **Spurenfossilien:** *Chondrites*.

Aufschlüsse:

68) Aufschluß **Ehenfeld** – s. Schwarzjura gamma!

74) Aufschluß **Ettenstatt** – s. Schwarzjura delta!

75) Von Staffelstein (SW Lichtenfels) nach N bis Unnersdorf, nach Querung des Mains am Ortsrand von Unnersdorf nach W Richtung **Nedensdorf**. Am Ortsende Wagen stehen lassen und mainabwärts bis zu den unmittelbar am Ufer aufragenden Felsen des **„Trimeusel“**, einem Mainprallhang. Knapp 30 m Schwarzjuragesteine erschlossen, vom oberen delta bis zum oberen zeta. Die Deltaschichten wie auch die Siemensi-Knollen an der epsilon-Basis sind durch Hangschutt überdeckt. Zugänglich sind noch Bereiche des epsilon; die zeta-Schichten stehen zu hoch an und können nicht erreicht werden. Mächtigste und kalkbankreichste Ausbildung des Posidonienschiefers in Nordbayern hier im Raum von Banz. Unverkennbar die unschwer aufsammelbaren Handstücke der Monotis-Bank mit *Meleagrinella substriata*. Im Profil steht auch die „Saurier-Schicht“ an sowie die „Knochenschicht“. Fossilien aus diesen Schichten, von hier und aus der näheren Umgebung, im Petrefaktenmuseum von Banz.

76) Von **Schesslitz** (ca. 18 km NE Bayreuth) nach N Richtung Kleukheim/Ebensfeld. Nach Unterquerung der B 505 nach E bis zum Gipfel des Griesberges. Es werden durchfahren Schwarzjura delta, epsilon und zeta. Auf den Feldern reichlich epsilon-Fauna, vor allem Belemniten (*Dactyloteuthis irregularis* u. a.). Auf der Kuppe zeta-Fauna in Phosphoritkonkretionen und lose.

77) Von Bamberg auf der B 22 nach NE, nach Memmelsdorf (ca. 1,5 km) abbiegen nach E und durch Schmerldorf bis **Kremmeldorf**. Unmittelbar W der Kirche Weg nach NNE mit epsilon-Anschnitten bis auf 332 m ü. NN. Auf den Feldern oberhalb Lesefunde im zeta (Belemniten).

78) Ziegeleitongrube **Mistelgau** S des Ortes und der Eisenbahn, E der Straße nach Ahorntal. Mistelgau liegt ca. 7 km WSW Bayreuth. Erschlossen sind die Schichten vom oberen epsilon bis zum Braunjura alpha. Epsilon ist je nach Abbauverhältnissen sichtbar im tiefsten Grubenteil, in einem Grabenan-

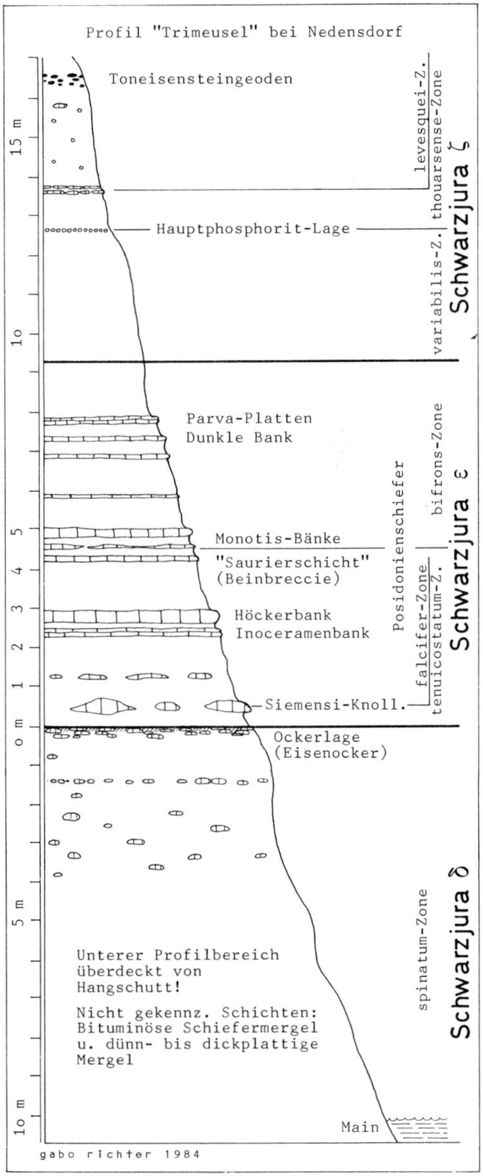

Profil des Mainprallhanges am „Trimeusel“ bei Nedensdorf (75); umgezeichnet nach SCHIRMER 1981.

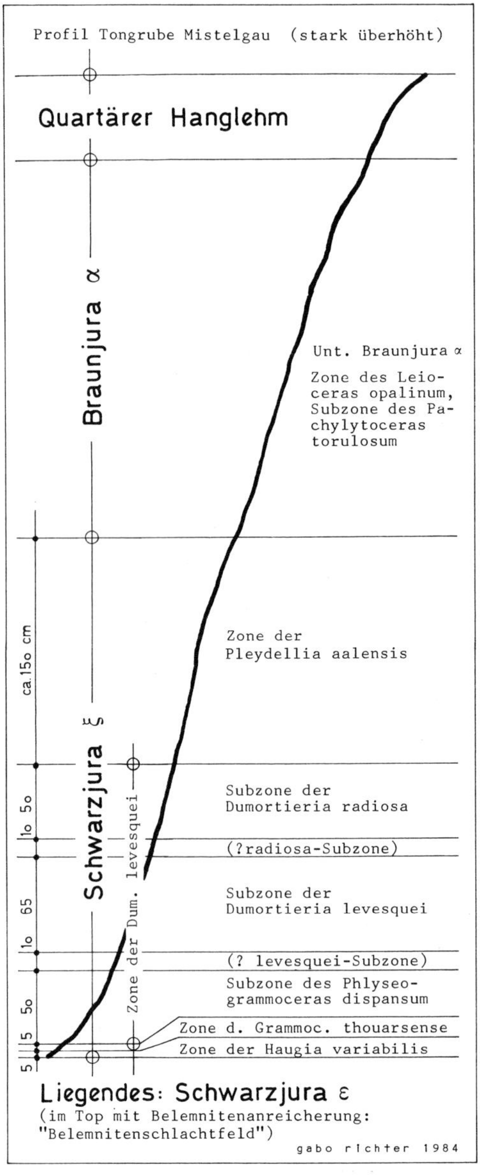

Stark überhöhtes Profil der Tongrube Mistelgau (78).

schnitt. Die Grubenbasis bildete zeitweise eine harte epsilon-Kalkbank mit „Belemnitenschlachtfeld“ (hauptsächlich *Dactyloteuthis irregularis*). Darüber Tone des Schwarzjura zeta mit Fauna und – erschlossen ausschließlich an den flachen Hängen – des Braunjura alpha (Gipsbildungen; auch die Ammoniten sind mitunter gipsumkrustet). Faunenbeschreibung bei RICHTER 1978.

79) Die berühmten „Ammonitenfelder“ von **Schlaifhausen** (ca. 5 km E Forchheim) liegen E des Ortes, auf halber Strecke bis zum Abzweig Dietzhof, etwa 200 m S der Straße. Hier stand früher die Dactylioceras-Bank des epsilon an („Ammonitenfriedhof“), und nach dem Pflügen konnten auch reichlich freigewitterte Einzelammoniten gesammelt werden. Die unter dem Verwitterungsboden liegende Bank ist mittlerweile weitestgehend abgegraben; Grabungserlaubnis erteilten die jeweiligen Besitzer der Felder gegen beachtliche Gebühren. Heute so gut wie keine Fundmöglichkeiten mehr – ein „Klassischer Fundort“! (siehe Abb. 9, S. 88)

80) Von Neunkirchen (ca. 8 km ENE Erlangen) nach N und durch **Hetzles**, der nächsten Ortschaft. Am N Ortsrand von Hetzles Hohlweg nach NW („Brunngasse“). Gut sichtbar beiderseits in den Böschungen „Papierschiefer“.

Der Schwarzjura zeta

Auch die oberste Stufe des Schwarzen Jura ist durch mergelschieferige Becken- und sandige Randfazies gekennzeichnet. Die Mächtigkeit ist sehr gering – im Beckenbereich zwischen 1 und 6 m und im Küstenbereich zwischen 4,50 und 7,30 m. Vor allem in der Randfazies treten häufig Schichtlücken auf. Die regionale Abgrenzung der Faziesbereiche entspricht etwa jener des Schwarzjura epsilon.

Die dunklen pyritführenden Tonmergel der **Beckenfazies** führen häufig Phosphoritknollen, Mergelkalkknollen oder Toneisensteinkonkretionen. In den untersten Schichten kön-

Abb. 6. Fossilien aus dem Schwarzjura delta (*spinatum*-Zone) der Tongrube Unterstürmig (69), weißschalig erhalten; bei einem Ammoniten wurde die Schale abgebürstet. Oben von links nach rechts: *Nuculana complanata* (Sow.), *Pleuroceras spinatum* (Brug.), *Pleuroceras solare* (Phil.); links mittig: *Modiolus amalthei* (Qu.); unten von links nach rechts: *Ptychomphalus expansus* (Sow.), *Pleuroceras salebrosum* (Hyatt), *Pleuroceras solare* (Phil.), *Pseudomytiloides nobilis* (Goldf.). Größtes Exemplar ca. 4,2 cm.

Abb. 7 (S. 86). *Pleuroceras spinatum* (Brug.), pyritisiert, mit erhaltener Mündung und Kielfortsatz, Schwarzjura delta (*spinatum*-Zone);Unterstürmig (69); ca. 7 cm. Gut erkennbar die Lobenlinien und der Wohnkammerbeginn.

Abb. 8 (S. 87). Handstück aus den Monotis-Bänken mit *Meleagrinella substriata* (Ziet.). Schwarzjura epsilon; Bauaushub von Altdorf östlich Nürnberg. Höhe des Stückes ca. 6,5 cm.

Abb. 9 (links). Dactylioceras-Bank: Zusammenschwemmung von Gehäusen des *Dactylioceras athleticum* (SIMPS.). Rechts oben sitzt ein *Hildoceras bifrons* (BRUG.). Schwarzjura epsilon (*bifrons*-Zone); Schlaifhausen bei Forchheim (79). Bildhöhe ca. 30 cm. Herzlichen Dank für die Überlassung des Stückes an Herrn Arnold SEUBERT/Würzburg!

Abb. 10 (unten). Fossilien aus dem Schwarzjura zeta und Braunjura alpha (*levesquei-/ aalensis-/ opalinum*-Zone) von Mistelgau, westlich Bayreuth (78). Oben von links nach rechts: *Pachylytoceras torulosum* (ZIET.) (Braunjura alpha; *opalinum*-Zone), *Pleurolytoceras hircinum* (SCHL.) (*aalensis*-Zone), *Dumortieria kochi* BEN. (*levesquei*-Zone), *Pleydellia subcompta* (BRANCO.) (*aalensis*-Zone); unten von links nach rechts: *Pleydellia leura* (BUCKM.) (*aalensis*-Zone; ca. 4,5 cm), *Pleydellia aalensis* (ZIET.) (*aalensis*-Zone; grobberipptes Exemplar), *Hudlestonia serrodens* (QU.) (*aalensis*-Zone)

Abb. 11. Fossilien aus dem Schwarzjura zeta (*aalensis*-Zone) von Blomenhof bei Neumarkt (81). Oben von links nach rechts: *Pleydellia mactra* (DUM.), *Pleydellia subcompta* (BRANCO) (ca. 4,8 cm), *Pleurolytoceras* sp.; unten von links nach rechts: *Dumortieria kochi* BEN. (2 Exemplare), *Pleydellia costula* (REIN.), *Pleurolytoceras hircinum* (SCHL.); rechts mittig: *Pleurolytoceras hircinum* (SCHL.).

nen noch bitumenführende Sedimente vorkommen, die der Stinkschiefer-Ausbildung des epsilon entsprechen.

Sande und Sandmergel, oolithische Kalke und Kalksandsteinbänke bauen die Schichten der Randfazies auf.

Die Schichtlücken und die starken regionalen Mächtigkeitsschwankungen lassen verstärkte tektonische Abläufe erkennen: Hebungen und Senkungen und dadurch Verflachung des Meeres oder sogar Trockenfallen. Gelegentlich beobachten wir **Aufarbeitungshorizonte** (Steinkerne mit Wurmröhren- und Austernbewuchs).

Die Schichten des Schwarzjura zeta sind lokal sehr fossilreich: Cephalopodenfaunen mit akzessorischen Faunenelementen wie Muscheln (z. B. Nuculiden) und Schnecken (z. B. *Amphitrochus*) sowie gelegentlich Einzelkorallen (*Thecocyathus*). Die Fossilien in den Mergeln sind häufig pyritisiert. Auffallend die oft besonders reiche Belemnitenführung.

Fossilliste Schwarzjura zeta

Korallen: *Thecocyathus mactrus* (GOLDF.), *T. tintinnabulus* (GOLDF.);
Schnecken: *Coelodiscus minutus* (ZIET.), *Eucyclus capitanaeus* (MUENST.), *Amphitrochus subduplicatus* (ORB.), *Cryptaulax armata* (GOLDF.), *Rostellaria gracilis* (GOLF.);
Muscheln: *Palaeonucula subglobosa* (ROEM.), *P. hausmanni* (ROEM.), *Modiolus minimus* (SOW.), *Parainoceramus substriatus* (MUENST.), *Oxytoma inequivalva* (SOW.), *Propeamussium pumilum* (LAM.), *Astarte striatosulcata* ROEM., *Gresslya abducta* (PHIL.);
Nautiliden: *Cenoceras inornatum* (ORB.), *C. intermedium* (SOW.);
Ammoniten: *Phylloceras supraliasicum* (POMP.), *Lytoceras dilucidum* (OPP.), *L. neumarktense* KRUMB., *L. sublineatum* (OPP.), *Alocolytoceras germaini* (OPP.), *A. coarctatum* (POMP.), *A. irregulare* (POMP.), *A. rugiferum* (POMP.), *A. wrighti* (BUCKM.), *Pleurolytoceras hircinum* (SCHL.), *P. hirciniforme* (KRUMB.), *P. propehircinum* (KRUMB.), *Pseudolioceras compactile* (SIMPS.), *P. pompeckji* ERNST, *P. beyrichi* (SCHLOENB.), *P. bicarinatum* (ZIET.), *Polyplectus discoides* (ZIET.), *Grammoceras striatulum* (SOW.), *G. thouarsense* (ORB.), *G. quadratum* (HAUG), *G. saemanni* (DUM.), *G. doerntense* (DENCKM.), *Pseudogrammoceras fallaciosum* (BAYLE), *Phlyseogrammoceras dispansum* (LYCETT), *P. dispansiforme* (WUNST.), *Pleydellia distans* (BUCKM.), *P. costula* (REIN.), *P. aalensis* (ZIET.), *P. aalensis var. tenuicostata* (THEOB. & MOINE), *P. subcompta* (BRANCO), *P. mactra* (DUM.), *P. leura* (DUM.), *P. fluitans* (DUM.), *Hudlestonia serrodens* (QU.), *H. affinis* (SEEB.), *Dumortieria levesquei* (ORB.), *D. striatulocostata* (QU.), *D. munieri* (HAUG), *D. radiosa* (SEEB.), *D. pseudoradiosa* (BRANCO), *D. gundershofensis* (BUCKM.), *D. rhodanica* (HAUG), *D. brancoi* (BEN.), *D. nicklesi* (BEN.), *D. kochi* (BEN.), *D. moorei* (LYCETT), *Haugia variabilis* (ORB.), *H. illustris* (DENCKM.), *H. navis* (DUM.), *H. latumbilicata* SCHLEG., *Esericeras eseri* (OPP.), *Hammatoceras insigne* (ZIET.), *H. subinsigne* (DUM.), *H. semilunulatum* (QU.), *H. speciosum* JANENSCH;
Belemniten: *Odontobelus pyramidalis* (ZIET.), *O. brevirostris* (ORB.), *Brachybelus breviformis* (VOLTZ), *Dactyloteuthis hebetatus* ERNST, *Hastites subclavatus* (VOLTZ), *Rhabdobelus exilis* (ORB.), *Acrocoelites subgracilis* (KOLB), *A. rostriformis* (THEOD.), *A. curtus* (ORB.);
Brachiopoden: *Lingula beani* PHIL.;
Seelilien: *Seirocrinus subangularis* (MILL.);

Aufschlüsse:

71) Aufschluß **Illhof** – s. Schwarzjura delta!

76) Aufschluß **Schesslitz** – s. Schwarzjura epsilon!

77) Aufschluß **Kremmeldorf** – s. Schwarzjura epsilon!

78) Aufschluß **Mistelgau** – s. Schwarzjura epsilon (und Abb. 10, S. 89)!

81) Von Neumarkt/Opf. nach N Richtung Altdorf. W der Straße der kleine Ort Holzheim, kurz danach nach E abbiegen, vorbei am **Blomenhof**, einem rechts liegenden Wirtshaus, über eine kleine Brükke, rechts ab, durch die Häusergruppe der Schönmühle, schließlich nach S – links – auf einen unbefestigten Feldweg. Nach einigen 100 m Wagen parken. Die ehemalige kleine, mittlerweile weitgehend eingewachsene Grube liegt wenig W. In der Sohle und an den Hängen Schwarzjura zeta (*aalensis*-Zone); die Sohle wurde großteils schon von Sammlern umgegraben (siehe Abb. 11, S. 90).

Der Braune Jura (b)

Während dieser Zeit ging die Absenkung des Vindelizischen Landes weiter. Die Mühldorfer Bucht wurde breiter; im Regensburger Raum entstand im Verlaufe des Ob. Braunjura aus der ehemaligen Bucht die Regensburger Straße, die das nordbayerische Meer mit der Tethys verband: das Vindelizische Land wurde zur Insel. Im N aber entwickelte sich die Hessische Senke zur Mitteldeutschen Querschwelle, wodurch die Verbindung zum norddeutschen Meeresraum zumindest über lange Zeiträume hinweg abriß. Immerhin beweisen vereinzelte **boreale Faunenelemente** in den süddeutschen Braunjurasedimenten, daß die Verbindung zeitweise bestanden haben muß.
Die **Gesamtmächtigkeit** des Braunjura beträgt im Beckeninneren knapp 200 m. Die Randfazies kann zwischen 60 bis 70 m mächtig sein. Wie auch im Schwarzen Jura liegt die **Faziesscheide** etwa auf der Linie Nürnberg-Bayreuth. In den Schichten des Unt. Braunjura beobachten wir Gesteine (Opalinumton), die der Mergelfazies des Schwarzjurameers entsprechen. Der Braunjura beta (Eisensandstein) ist in Sandfazies entwickelt, während der relativ geringmächtige Rest des Braunjura-Schichtpaketes aus Mergelkalken, oolithischen Kalken, Eisenoolithen und Tonen besteht.
Insgesamt zeigt der Braune Jura ausgeprägtere **Faziesdifferenzierung** als der Schwarze Jura, wobei ein schneller Fazieswechsel vor allem im Mittl. und Ob. Braunjura beobachtet werden kann, bedingt wohl durch rasch aufeinanderfolgende wenn auch meist unbedeutende Hebungs- und Senkungsvorgänge, weiterhin durch sehr geringe Wassertiefe und entsprechend starke Wasserbewegung bis in Grundbereiche sowie durch Küstennähe.
Morphologisch treten die entsprechend mächtigeren Opalinumtone mehr in Erscheinung als die Schwarzjuratone. Der bewaldete Steilanstieg der Alb besteht zumindest in den unteren Bereichen aus dem Eisensandstein, während die Schichten des Mittl. und Ob. Braunjura meist nur gering ansteigende Terrassen bilden. Aufgrund der geringen Wassertiefe und entsprechender Wellen- und Strömungseinwirkung war auch das Bodenwasser gut durchlüftet (abgesehen vom Braunjura alpha), was **reiches Bodenleben** ermöglichte. Gegenüber der auffallenden Vorherrschaft der Ammoniten und Belemniten im Schwarzjurameer treten nun zahlreiche Muschel-, Brachiopoden-, Schnecken-, aber auch Bryozoen-, Seeigel-, Serpulidenarten usw. auf – wir beobachten eine interessante Faunendifferenzierung. Auch die Ammoniten entwickeln verschiedentlich ausgeprägte Arten- und Individuenvielfalt. Die Fossilführung kann aber regional stark schwanken.

Der Braunjura alpha

Diese nach dem Leitammoniten *Leioceras opalinum* auch **Opalinumton** genannte Stufe besteht aus gleichförmigen, dunklen, kalkarmen Schiefertonen und glimmerführenden Tonmergelschiefern und Mergeln. Durch die Entkalkung im Laufe der Verwitterung geht das Gestein in plastischen Ton über, der infolge Oxidation des im Sediment enthaltenen Eisengehaltes eine bräunliche Färbung annehmen kann.
Die Sedimente wurden in einem sich ständig vertiefenden **Stillwasserbecken** abgelagert, wobei das Beckenzentrum (mit ca. 150 m heutiger Sedimentmächtigkeit) nördlich des Bodensees lag, die Küstenlinie leicht geschwungen wenig östlich der Linie München-

Regensburg verlief. Das Milieu war nicht sehr viel anders als zur Zeit der Schwarzjura-Mergel-Bildung. Eine scharfe petrographische Grenze zum unterlagernden Schwarzjura zeta existiert nicht. Aber auch zum hangenden Braunjura beta fehlt eine deutliche Abgrenzung: Über der typischen alpha-Mergelfazies folgt eine zwischen 10 und 15 m mächtige Übergangszone zwischen Ton- und Sandsteinen.

Die Mächtigkeiten sind beträchtlich, können aber stark schwanken. Vor allem in der Randfazies beobachten wir wieder auffallende Mächtigkeitsreduzierung. Mächtigkeiten: Bei Coburg 20 bis 60 m, bei Bayreuth 80 m, zwischen Bamberg und Lichtenfels 100 m, in der Mittleren Frankenalb ca. 85 m, bei Neumarkt/Opf. 35 bis 55 m, am Hesselberg 100 m, in der Oberpfalz 15 bis 35 m (Schwellen!), örtlich auch bis zu 90 m, zwischen Regensburg und Bodenwöhr 6 bis 8 m (Randfazies).

Die Mergel können Toneisensteinkonkretionen und Kalksandsteinbänke führen, zuunterst auch Phosphoritknollen. Pyrit und Gipskristalle (letzteres Mineral vor allem in den höheren Schichten) sind häufig. Fossilien können entsprechend pyritisiert sein oder einen Gipsharnisch zeigen. Da an der Obergrenze des Opalinumtons zahlreiche Quellen austreten, ist die Stufe wichtig für die Wasserversorgung der Alb. Viele Albrandortschaften beziehen aus diesen natürlichen Quellen ihr Wasser (mitunter auch aus bis zu diesem Stauhorizont niedergebrachten Bohrungen).

Der Braunjura alpha entspricht dem Unt. Aalen und somit der Zone des *Leioceras opalinum*. Der untere Bereich (alpha 1) wird als Subzone des *Pachylytoceras torulosum* ausgeschieden.

Die **Fossilführung** ist meist bescheiden. In den untersten Schichten treten aber regional reiche Faunen auf: vor allem Ammoniten (*Leioceras opalinum*), dazu mitunter eine individuenreiche Muschelfauna, Schnecken, Einzelkorallen . . . In der Regel ist die Fauna kleinwüchsig; die Lebensbedingungen für benthische Organismen waren ungünstig. Die Fossilien sind oft zerdrückt überliefert.

Fossilliste Braunjura alpha

Korallen: *Theococyathus mactrus* (GOLDF.);
Schnecken: *Cryptaulax armata* (GOLDF.), *Anchura subpunctata* (GOLDF.), *Riselloidea biarmata* (MUENST.), *Eucyclus subangulatus* (MUENST.);
Muscheln: *Palaeonucula hausmanni* (ROEM.), *P. hammeri* (DEFR.), *Oxytoma inequivalva* (SOW.), *Propeamussium pumilum* (LAM.), *Camptonectes auritus* (SCHL.), *Scaphotrigonia navis* (LAM.), *Trigonia costata* PARK., *Astarte voltzi* HOENINGH., *A. opalina* QU., *A. striatosulcata* ROEM., *Mesomiltha plana* (ZIET.) („*Lucina*"), *Gresslya abducta* (PHIL.), *Lopha marshi* (SOW.), *Pholadomya lirata* (SOW.), *Goniomya literata* (SOW.), *Gervillella, Nuculana;*
Nautiliden: *Cenoceras inornatum* (ORB.);
Ammoniten: *Pachylytoceras torulosum* (ZIET.), *Leioceras opalinum* (REIN.), *L. costosum* (QU.), *Tmetoceras scissum* (BEN.), *Hammatoceras subinsigne* (DUM.);
Belemniten: *Odontobelus brevirostris* (ORB.), *Brachybelus breviformis* (VOLTZ);
Röhrenwürmer: *Glomerula gordialis* (SCHL.), *Sarcinella plexus* (SOW.), *Serpula lumbricalis* (SCHL.), *S. sulcata* SOW.;
Bryozoen: *Berenicea archiaci* HAIME;
Seelilien: *Chariocrinus wuerttembergicus* (OPP.).

Aufschlüsse:

78) Aufschluß **Mistelgau** – s. Schwarzjura epsilon!

82) Von Schesslitz (ca. 18 km NE Bayreuth) nach N Richtung Ebensfeld; ca. 2 km nach Schesslitz im Ort Schweisdorf nach NE abbiegen Richtung **Roschlaub**. Im Hohlweg NW des Ortes schönes Profil im Unt. Braunjura. 50 m unterhalb des Hohlweges N der Straße an der Abzweigung Braunjura alpha – Opalinumton mit Toneisensteinkonkretionen. Im Hohlweg Grenzbänke alpha/beta (Muschelsteinkerne: *Propeamussium pumillum*, Trigonien . . .) gleich am Beginn, darüber der Kellersandstein mit Limonitschwarten und schließlich der Hauptwerk-

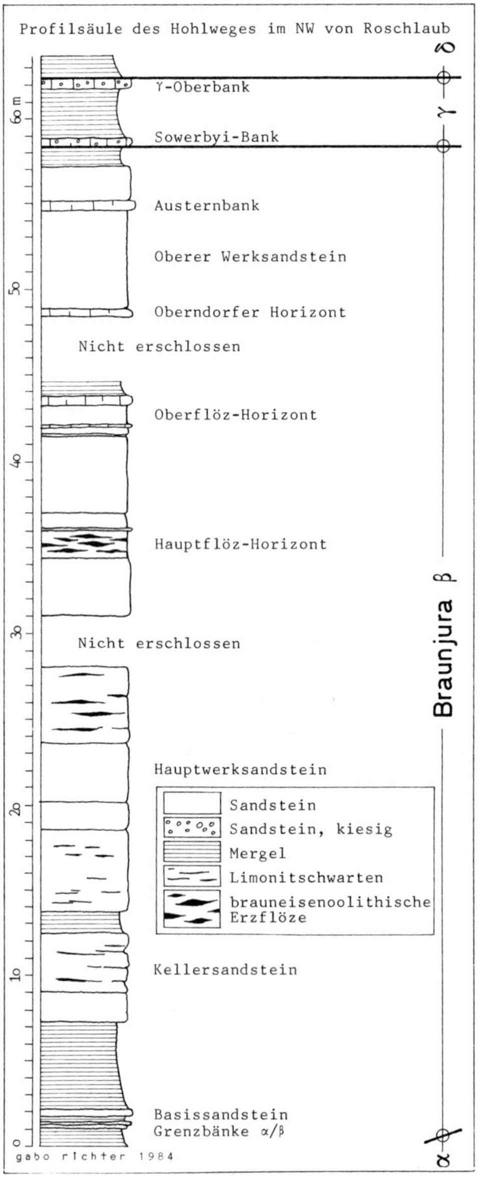

Hohlwegprofil im NW von Roschlaub (81); umgezeichnet nach SCHIRMER 1981.

sandstein. – S des Weges aufgelassener kleiner Stbr im Ob. Werksandstein mit karbonatischer Austernbank. Das Hangende bildet der Sandstein der Discites-Schichten. – Die tonigen Schichten des Braunjura gamma bis zeta stehen weiter oben in den Verebnungsflächen an, sind aber selten gut erschlossen.

83) Von Unterweilersbach (ca. 6 km ENE Forchheim an der B 470) nach NE und nach ca. 1,5 km nach NW abbiegen Richtung **Reifenberg**. Am W Ortsrand befestigten Feldweg nach N nehmen (an der Nikolaus-Kapelle). Anrisse in Tonen im Niveau der alpha-beta-Grenzbänke unmittelbar W der letzten Häuser, ebenfalls im Kellersandstein. In der ersten Kurve das unterste Oolithflöz. Der Weg verläuft in Sandsteinen und Tonen hangaufwärts. Die Verebnungsfläche oberhalb liegt in Schichten des Mittl- und Ob. Braunjura. „Goldschnecken" können evtl. in der E Wegböschung und in Fahrspuren oder kleinen Anrissen E des Weges gefunden werden (zeta). – Oberhalb in der nächsten Kurve kleiner Aufschluß im Weißjura alpha.

84) Von Neumarkt/Opf. auf der B 8 Richtung Nürnberg, bis **Heng** ca. 8 km NW Neumarkt. Ca. 700 m NE des Ortes Tongrube des Blähtonwerkes DENNERT in Schichten des Braunjura alpha. Die blaugrauen pyrithaltigen Schiefertone führen Toneisenstein-, weniger oft Mergelkalkkonkretionen sowie Gipskristalle.

Der Braunjura beta

Die Schichten des **Dogger-** oder **Eisensandsteins** entstanden in bewegtem Flachwasser. Die Küstenlinie verlief vergleichsweise zum Opalinumton mehr südöstlich. Das intensiv verwitternde Böhmische Festland lieferte die Sande und die gelösten Eisenverbindungen. Diese Sande wurden mehrfach umgelagert. Typische Sedimentstrukturen sind Schrägschichtung, Rippelmarken, Sand-Ton-Flaserschichtung. Die randwärts auftretenden Eisenerzooide entstanden in Küstennähe und bildeten nach Umlagerung und Anreicherung Eisenerzflöze, die früher ausgebeutet wurden. Das damalige Meer wies ein durch Schwellen und tiefere Bereiche gekennzeichnetes **bewegtes Profil** auf. Aufarbeitungszonen und Gezeitenschichtung zeigen grundberührende starke Strömungen an.

Wie auch beim liegenden Opalinumton sind die Mächtigkeiten beträchtlich und stark schwankend, bedingt durch allgemeine Senkungstendenz und das bewegte Bodenprofil: am Albwestrand bis Lichtenfels und am Ostrand bis Zeubach zwischen 40 und 50 m, bei Bayreuth über 100 m, zwischen Berching und Neumarkt 50 bis 80 m, in der Oberpfalz 45 bis 120 m, in der Südalb zwischen Hesselberg und Berching 20 bis 35 m, bei Regensburg ca. 25 m (Randfazies).

Das Gestein besteht aus gelblich-rötlichen tonig, kalkig oder auch limonitisch gebundenen, unterschiedlich harten Sandsteinen (mit geringer Feldspatführung) mit zwischengeschalteten verschiedenmächtigen Tonen (Sand-Ton-Flaserschichtung) und Limonitlagern bzw. Eisenerzflözen von weißer bis roter Farbe. Die durchschnittliche Korngröße nimmt zur Küste hin zu auf 0,1 bis 0,4 mm, die Sortierung aber ab. Die ebenfalls gelblich-rötlichen, aber auch weißen, fein- bis mittelkörnigen Lockersande fallen morphologisch nicht auf. Die oben genannten Farbwerte gelten für sekundäre, oberflächennahe, verfärbte Sandsteine. Bergfrisch sind sie weiß, grau oder grün, die Toneinschaltungen aber schwarz, grau oder braun (Bohrprofile). Die gelbrötlichen Farben entstehen also erst durch die Oxidation des im bergfrischen Gestein vorkommenden Eisens zu dreiwertigem Eisen. Jedoch können Sandsteine wie Eisenoolithflöze in seltenen Fällen auch primär rot sein.

Graue Sandsteine mit feinen oder gröberen Korngrößen, tonarm bis tonfrei, grüne Grobstandsteine, Limonitsandsteine, graufarbene, dichte und sehr harte Sandsteine und selten auch Sandsteine mit geringer Erzgeröllführung zeigen uns die Vielfalt der Faziesausbildungen.

Die weitverbreitete **Grabgangfazies** weist auf verstärktes Auftreten von Bodenwühlern (Infauna) hin. Sowohl Tone wie Sandsteine zeigen hier zahlreiche sandausgefüllte, meist 1 bis 2 mm, aber auch bis zu Fingerstärke erreichende, regellos verteilte Grabgänge.

Der Braunjura beta entspricht dem Ob. Aalen und wird gegliedert in die Zonen des *Leioceras comptum*, der *Ludwigia murchisonae* und des *Graphoceras concavum*. Wegen des seltenen Auftretens biostratigraphischer Leitformen stützt sich die Feingliederung auf petrographische Merkmale, was aber wegen des raschen Fazieswechsels auch in horizontaler Richtung nicht unproblematisch ist.

Fossilliste Braunjura beta

Schnecken: *Cryptaulax armata* (GOLDF.);
Muscheln: *Mytiloceramus polyplocus* (ROEM.), *Modiolus imbricatus* (SOW.), *M. gregarius* ZIET., *Oxytoma inequivalvis* (SOW.), *Propeamussium pumilum* (LAM) (syn. *Pecten personatus* – Personatensandstein), *Camptonectes auritus* (SCHL.), *Gryphaea calceola* QU., *Lopha marshi* (SOW.), *Liostrea, Trigonia costata* PARK., *Astarte striatosulcata* ROEM., *Pholadomya lirata* (SOW.), *Gresslya abducta* (PHIL.), *Goniomya literata* (SOW.), *Pteroperna plana* MORR. & LYC., *Eopecten abjectus* (PHIL.), *Pseudolimea duplicata* (SOW.), *Inoperna sowerbyana* (ORB.), *Myoconcha crassa* SOW., *Trigonastarte trigonalis* (SOW.), *Praeconia rhomboidalis* (PHIL.), *Myophorella*;
Nautiliden: *Cenoceras inornatum* (ORB.);
Ammoniten: *Tmetoceras scissum* (BEN.), *Leioceras comptum* (REIN.), *Staufenia discoidea* (QU.). *S. staufensis* (OPP.), *Costileioceras sinon* (BAYLE), *C. opalinoides* (MAYER), *C. sehndensis* (HOFFM.), *Ludwigia murchisonae* (SOW.), *Brasilia bradfordensis* (BUCKM.), *Graphoceras concavum* (SOW.);
Röhrenwürmer: *Glomerula gordialis* (SCHL.), *Sarci-*

nella plexus (Sow.), *Serpula lumbricalis* (Schl.), *S. sulcata* (Sow.);
Bryozoen: *Berenicea archiaci* Haime;
Brachiopoden: *Tetrarhynchia, Lobothyris, Aulacothyris, Ornithella, Plectothyris fimbria* (Sow.);
Seelilien: *Chariocrinus wuerttembergicus* (Opp.).

Aufschlüsse:
82) Aufschluß **Roschlaub** – s. Braunjura alpha!
83) Aufschluß **Reifenberg** – s. Braunjura alpha!
85) Von **Weismain** (ca. 14 km W Kulmbach) auf den unmittelbar S der Stadt liegenden „Kalkberg". Ab 330 m ü. NN Sandsteine des beta: Krickelsdorfer Flöz 15 m, Hauptflöz um 20 m und Oberflöz ca. 24 m über der Aufschlußbasis. Im Hangenden die karbonatische Austernbank.
86) An der S Böschung der Straße **Kaspauer**-Köttel (ca. 3 km W Weismain) ca. 8 m Sandstein des beta erschlossen; die Austernbank liegt ca. 6 m über der Sohle.
87) Auf der B 505 nach E bis ca. 1 km vor **Thurnau** (ca. 10 km SW Kulmbach). Der hier angelegte Parkplatz liegt im beta-Sandstein, gut erschlossen in der N Böschung. Ein Hohlweg S der Straße ermöglicht ebenfalls das Studium dieser Schichten (vom Parkplatz zu Fuß zu erreichen).
88) Nach Neunkirchen (ca. 10 km E Erlangen). Von hier nach **Großenbuch** (E) und weiter Richtung Rödlas. An der W Böschung oberhalb Großenbuch bei ca. 410 m ü. NN Grenze zwischen den feinsandigen Glimmertonen des tiefen beta und überrutschtem Kellersandstein. Das Hauptflöz ist am Waldrand an einem nach N abzweigenden Waldweg erschlossen. Weiter aufwärts der Straße in den beiderseitigen Böschungen höherer beta-Sandstein, braune Kalksandsteine, bioturbate helle Sandsteine mit tonigen Lagen und schließlich ab ca. 480 m ü. NN der Discites-Ton. Darüber die als Sims auswitternde Sowerbyi-Kalksandsteinbank (Braunjura gamma). Die N abzweigenden Wege beginnen auf der Höhe der oolithischen gamma-delta-Kalkbänke. Die höheren Tonschichten (bis epsilon) sind hin und wieder durch Rutschungen erschlossen (Gelände ablaufen).
89) Von Neumarkt/Opf. auf der B 8 Richtung Nürnberg (NW) bis ca. 1 km vor Postbauer. Hier abbiegen nach N und bis **Dillberg** fahren. Am S „Dillberg" Sandgrube der Fa. Adler im Eisensandstein (r 4454650, h 5463900). Erschlossen sind ca. 14 m Felssandstein (steilwandig) mit abschließender karbonatischer Austernbank, darüber teilweise abgeböscht ca. 10 m Discites-Ton. Hierin mehrere Grabgang-Lagen. Auch der oberste Meter des Felssandsteins zeigt starke Bioturbation. Das Hangende bilden geringmächtige gamma-Schichten.
90) Von Neumarkt/Opf. auf der B 299 nach S, ca. 3 km nach Neumarkt abbiegen nach E und durch **Sengenthal** weiter bergauf Richtung Winnberg. Im Wald links der Straße Böschungen im Eisensandstein (siehe Abb. 13, S. 107).

Braunjura gamma, delta, epsilon und zeta

Während der Zeit des Mittl. und Ob. Braunjura senkte sich das Gebiet nur noch in geringem Maße oder gar nicht, wie sehr schwache Sedimentation und wiederholte **Sedimentationspausen** mit **Aufarbeitungshorizonten** belegen. Die Wassertiefe war meist gering, das Energieniveau hoch. In Verlängerung der Regensburger Bucht entstand durch den Durchbruch des Meeres zur Tethys die Regensburger Meeresstraße. Sie machte das Vindelizische Land zur Insel und schied sie vom Böhmischen Festland. Die Sandschüttung vom Böhmischen Festland ließ nach, es sedimentierten hauptsächlich Tongesteine.

Der Braunjura gamma

Nahezu überall bildet eine **konglomeratische Kalksandsteinbank** („Sowerbyi-"Konglomerat) die Basis des Braunjura gamma (Ausnahmen: Das Gebiet um Vilseck und der südöstliche Albrand von Sulzbach bis Regensburg). Die Mächtigkeit der Stufe ist gering: 0 – ca. 6 m. Am nordwestlichen und östlichen Albrand finden sich mächtigere Schichten als im übrigen Gebiet.
Die Schichtfolge besteht aus alternierenden Mergel- und Kalksandsteinbänken. Im unteren Bereich des Schichtstoßes können Phosphoritknollen, im ganzen Profil horizontunbeständige Geröllagen auftreten. Regional sind

entkalkte, mürbe Sandsteinbänke ausgebildet. Das Hangende der Stufe besteht aus sehr harten blaugrauen Kalksandsteinen oder auch aus Mergeln und Tonmergeln.

Regional treten die ersten der in den folgenden Stufen häufigen **Eisenooide** (Oolithgestein) auf, allerdings noch in geringen Abmessungen zwischen 0,2 und 0,3 mm. Die Grenze zum überlagernden Braunjura delta ist unscharf.

Der Braunjura gamma entspricht dem Unt. Bajoc. **Zonengliederung:** *Hyperlioceras discites, Sonninia ovalis* und *Witchellia laeviuscula, Otoites sauzei*.

Die Fossilführung ist normalerweise gering, von regionalen Ausnahmen abgesehen. Ammoniten sind immer selten, was die biostratigraphische Gliederung erschwert. Aufschlüsse gibt es kaum. Interessant ist die berühmte Korallenfauna von Thalmässing, bekannt aus der älteren Literatur. Leider sind heute nur noch spärlichste Feldfunde möglich.

Fossilliste Braunjura gamma

Korallen: *Montlivaltia, Thamnasteria;*
Schnecken: *Cryptaulax armata* (GOLDF.), *Bourguetia saemanni* (OPPEL);
Muscheln: *Grammatodon concinnus* (PHIL.), *Modiolus imbricatus* (SOW.), *Gervillella aviculoides* (SOW.), *G. acuta* (SOW.), *Isognomon isognomonoides* (STAHL), *Oxytoma inequivalva* (SOW.), *Meleagrinella echinata* (SMITH), *Entolium corneolum* (Y. & B.), *Propeamussium pumilum* (LAM.), *Camptonectes auritus* (SCHL.), *Ctenostreon pectiniformis* (SCHL.), *Bilobissa bilobata* (SOW.), *Liostrea eduliformis* (SCHL.), *Lopha marshi* (SOW.), *Trigonia costata* PARK., *T. interlaevigata* QU., *T. triangularis* (GOLDF.), *Myophorella clavellata* (SOW.), *Astarte pulla* ROEM., *A. striatosulcata* ROEM., *A. muensteri* (DUNK. & KOCH), *Coelastarte excavata* (SOW.), *Pholadomya lirata* (SOW.) (syn. *P. murchisoni*), *Gresslya abducta* (PHIL.), *Pleuromya uniformis* (SOW.), *Goniomya literata* (SOW.), *Osteomya dilatata* (PHIL.);
Nautiliden: *Cenoceras inornatum* (ORB.);
Ammoniten: *Hyperlioceras discites* (WAAG.), *„Sonninia sowerbyi“* (SOW.), *Sonninia propinquans* (BAYLE), *S. ovalis* (QU.), *Euhoploceras polyacanthum* (WAAG.), *Papilliceras mesacanthum* (WAAG.), *Fissilobiceras fissilobatum* (WAAG.), *Witchellia laeviuscula* (SOW.), *Bradfordia praeradiata* H. DOUV., *Emileia brocchii* (SOW.), *E. polyschides* (WAAG.), *Otoites sauzei* (ORB.), *O. contractus* (BUCKM.), *O. pauper* WESTERM.;
Belemniten: *Brachybelus gingensis* (OPP.), *Megateuthis ellipticus* (MILL.) (syn. *M. giganteus*), *Hibolites semihastatus* (QU.), *Belemnopsis canaliculatus* (SCHL.), *B. fusiformis* (PARK.), *Cylindroteuthis munieri* (DESL.);
Röhrenwürmer: *Glomerula gordialis* (SCHL.), *Sarcinella plexus* (SOW.), *Serpula lumbricalis* (SCHL.), *S. sulcata* (SOW.);
Bryozoen: *Berenicea archiaci* HAIME;
Seeigel: *Rhabdocidaris horrida* (MERIAN).

Aufschlüsse:
82) Aufschluß **Roschlaub** – s. Braunjura alpha!
88) Aufschluß **Großenbuch** – s. Braunjura beta!
89) Aufschluß **Dillberg** – s. Braunjura beta!
91) Kurz vor Sengenthal (S Neumarkt/Opf.) die Werksanlagen eines Zementwerkes (HEIDELBERGER ZEMENT). Am **Winnberg** oberhalb großer Stbr, der jedoch für Privatpersonen nicht zugänglich ist. Begehungserlaubnis erhalten nur wissenschaftlich geführte Gruppen. Erschlossen Braunjura gamma bis Weißjura beta, in einer Grube in der Sohle auch noch der Braunjura beta (Eisensandstein). Der große Steinbruch erschließt knapp 3 m gamma (unten mit 40 cm mächtiger harter Kalksandsteinbank mit basaler Geröllage, darüber zwischen 80 und 150 cm mächtige graue Mergeltone und schließlich 120 cm Kalksandsteinbänke mit Tonzwischenlagen), ca. 2 m delta (Mergelkalkooidbänke, Mergel und Mergelkalke, Eisenoolith = Parkinsoni-Oolith), ca. 1,50 m epsilon (dunkle Mergeltone mit 3 zwischengeschalteten Mergelkalkbänken), zeta (Ornatenton) in einer Mächtigkeit von reichlich 4 m, darüber schließlich die alpha-Glaukonitbank, mergelreiche alpha-Schichten mit Schwamm-Mergel-Linsen, Weißjura beta mit einem mergelreicheren unteren und einem kalkigen oberen Bereich (siehe Abb. 12, S. 107).

Der Braunjura delta

Wir fassen hier den Braunjura delta abweichend von QUENSTEDTs Vorschlag: Er stellt seinen Parkinsoni-Oolith zum Braunjura epsilon. Die *garantiana*-Zone ist also seine jüngste delta-Zone (wobei er hier von der Bifurcatenschicht mit *Strenoceras niortensis* = *Str. subfurcatum* (ORB.) spricht und den *Ammonites garantianus* nur beiläufig erwähnt). Jedoch erkannte er die Problematik seiner Grenzziehung zwischen delta und epsilon zumindest in bestimmten Gegenden: „In den Gegenden, wo die Eisenoolithe Oberhand gewinnen, wie bei Bopfingen und Spaichingen, da wird nicht blos die Eintheilung von Delta ungemein schwierig, sondern selbst Epsilon verschwimmt so innig mit Delta, daß die Grenzen zu ziehen nicht möglich wird." (Der Jura, 1856–1857.) Von QUENSTEDTS Gliederung abweichend stellen wir die Zone der *Parkinsonia parkinsoni* zum Braunjura delta und erreichen damit die Gleichstellung dieser Stufe mit dem Mittl. und Ob. Bajoc.

Dem Mittl. Bajoc entspricht die Zone des *Stephanoceras humphriesianum*, dem Ob. Bajoc die Zonen des *Strenoceras niortensis*, der *Garantiana garantiana* und der *Parkinsonia parkinsoni*.

Nordwestlich der **Faziesscheide** Nürnberg-Bayreuth tritt überwiegend Mergeltonfazies, südöstlich Mergelkalkfazies auf. Die Mächtigkeiten sind gering, am höchsten noch in der nördlichen Oberpfalz mit max. 12 m und in der Gegend um Staffelstein (zwischen 8 und 9 m). Auffallend sind starke Mächtigkeitsschwankungen. Bei Neumarkt/Opf. tritt der delta in ca. 2 m Mächtigkeit auf.

Die Sandschüttungen hören nun im delta vollkommen auf, dafür wird wieder Ton eingespeist (veränderte Klimabedingungen und Liefergebiete?). Wir beobachten Mergel, Mergelkalke, teilweise in knolliger Ausbildung, in den unteren Schichten auch **Geröllführung**. Die Gesteinsfarbe variiert von dunkelgrau über gelbgrau bis zu braungrau. Die zahlreichen eingelagerten **Eisenooide** erreichen Durchmesser zwischen 0,75 und 1 mm.

Die auch in Bayern früher als Dogger epsilon 1 ausgewiesenen **Parkinsonienschichten** können bei starken örtlichen Schwankungen bis zu 7 m mächtig werden (Oberpfalz; Staffelstein 4,50 m; Thalmässing 0,20 m). Das **Oolithgestein** besteht aus grauen, gelbgrauen bis ziegelroten Mergelkalken (die auffallende Färbung entsteht durch Eisenverwitterung) und zwischengelagerten ähnlichfarbenen weicheren Tonmergeln und Tonen. Hin und wieder sind Mergelkalkbänke eingelagert. Die Eisenooidverteilung kann horizontal wie vertikal sehr rasch wechseln, wobei die Ooide größer sind als in den unteren delta-Schichten.

Die **Fossilführung** ist reich. Muscheln treten oft in großer Arten- und Individuenfülle auf, vor allem Formen des Endobenthos. In der Gegend um Auerbach streichen die Schichten der *humphriesianum*-Zone aus. Auf den Feldern können entsprechende Fossilien aufgelesen werden (z. B. bei Ohrenbach). Grabungen erbrachten hier ein reiches, horizontiertes und gut erhaltenes Ammonitenmaterial (vor allem *Stephanoceras, Stemmatoceras, Teloceras*; SCHMIDTILL & KRUMBECK 1938). Ammoniten sind in allen Schichten vertreten, mancherorts aber angereichert. Hin und wieder treten Rostren des **„Riesenbelemniten"** *Megateuthis* auf, wobei natürlich meist nur Bruchstücke der über einen Meter Länge erreichenden Rostren geborgen werden können. Bekannt sind aber auch Funde aus dem Anstehenden bis zu 70 cm Länge.

In den **Parkinsonienschichten** beobachten wir eine andere Faunenverteilung: Die Ammoniten herrschen eindeutig vor (Cephalopodenfazies), während die Muscheln spärlicher vertreten sind. Häufig sind vor allem die Parkinsonien, belegt durch mehrere Arten. Dazu kommen Vertreter der Gattungen *Oxycerites, Oppelia, Cadomites, Polyplectites, Lissoceras* usw. Der klassische, heute nicht mehr zugängliche Aufschluß unweit Neumarkt/Opf. bot eine in großartiger Schalenerhaltung überlieferte Ammonitenfauna, wozu Muscheln, Brachiopoden, Schnecken und Belemniten kamen. Der Eisenoolith erreicht dort eine Mächtigkeit von ca. 50 cm.

Fossilliste Braunjura delta

Schnecken: *Leptomaria amoena* (DESL.), *Pyrgotrochus conoideus* (DESH.), *Obornella pliopunctata* (DESL.), *O. granulata* (SOW.), *O. palemon* (ORB.), *Oolitica ornata* (SOW.), *Bourguetia saemanni* (OPP.), *Cryptaulax armata* (GOLDF.), *Chartronella zetes* (ORB.), *Riselloidea biarmata* (MUENST.), *Amphitrochus duplicatus* (SOW.), *Purpurina bellona* (ORB.), *Procerithium muricatum* (SOW.), *Spinigera longispina* (DESL.);
Muscheln: *Palaeonucula variabilis* (SOW.), *Grammatodon concinnus* (PHIL.), *Cucullaea subdecussata* (MUENST.), *Modiolus imbricatus* (SOW.), *Gervillella aviculoides* (SOW.), *G. acuta* (SOW.), *Pteroperna plana* MORR. & LYC., *Isognomon isognomonoides* (STAHL), *Oxytoma inequivalva* (SOW.), *Meleagrinella echinata* (SMITH), *Entolium corneolum* (Y. & B.), *Propeamussium pumilum* (LAM.), *Camptonectes auritus* (SCHL.), *C. intertextus* (ROEM.), *Ctenostreon pectiniformis* (SCHL.), *Liostrea eduliformis* (SCHL.), *Lopha marshi* (SOW.), *Trigonia costata* PARK., *T. interlaevigata* QU., *T. triangularis* (GOLDF.), *T. subtriangularis* WETZ., *Myophorella clavellata* (SOW.), *Astarte striatosulcata* ROEM., *A. pulla* ROEM., *A. muensteri* DUNK & KOCH, *Coelastarte excavata* (SOW.), *Neocrassina modiolaris* (LAM.), *Praeconia rhomboidalis* (PHIL.), *Pseudotrapezium cordiforme* (DESH.), *Pholadomya lirata* (SOW.), *P. fidicula* (SOW.), *Goniomya literata* (SOW.), *Gresslya abducta* (PHIL.), *Pleuromya uniformis* (SOW.), *Cercomya undulata* (SOW.), *Osteomya dilata* (PHIL.);
Nautiliden: *Cenoceras inornatum* (ORB.), *C. lineatum* (SOW.);
Ammoniten: *Apsorroceras baculatum* (QU.), *Dorsetensia deltafalcata* (QU.), *D. liostraca* (BUCKM.), *D. romani* (OPP.), *Poecilomorphus cycloides* (ORB.), *Lissoceras oolithicum* (QU.), *Oppelia subradiata* (SOW.), *Oxycerites fallax* (GUER.), *O. limosus* (BUCKM.), *Oecotraustes genicularis* (WAAG.), *Normannites orbignyi* BUCKM., *Stephanoceras humphriesianum* (SOW.), *S. nodosum* (QU.), *S. umbilicatum* (QU.), *Skirroceras bayleanum* (ORB.), *S. macrum* (QU.), *Phaulostephanus paululum* (BUCKM.), *Stemmatoceras frechi* RENZ, *Teloceras coronatum* (SCHL.), *T. blagdeni* (SOW.), *Kumatostephanus kumaterus* BUCKM., *Cadomites deslongchampsi* (ORB.), *Polyplectites gracilis* WESTERM., *Sphaeroceras tuttum* BUCKM., *S. brongniarti* (SOW.), *Strenoceras niortensis* (ORB.) (syn. *S. subfurcatum*), *S. bajocense* (DEFR.), *Spiroceras orbignyi* (BAUG. & SAUZÉ), *Pseudogarantiana dichotoma* BENTZ, *Garantiana garantiana* (ORB.), *G. baculata* (QU.), *G. parkinsoni longidens* (QU.), *Orthogarantiana schroederi* BENTZ, *Subgarantiana tetragona* (WETZ.), *Parkinsonia parkinsoni* (SOW.), *P. acris* WETZ., *P. subarietis* WETZ., *P. neuffensis* (OPP.), *Bigotites nicolescoi* (GROSS.), *P. martinsi* (ORB.), *B. funatus* (OPP.), *Leptosphinctes leptus* BUCKM., *Prorsisphinctes pseudomartinsi* (SIEM.), *Vermisphinctes vermiformis* BUCKM.;
Belemniten: *Brachybelus gingensis* (OPP.), *Megateuthis aalensis* (VOLTZ), *M. ellipticus* (MILL.), *Hibolites semihastatus* (QU.), *Belemnopsis fusiformis* (PARK.), *B. canaliculatus* (SCHL.), *Cylindroteuthis munieri* (DESL.);
Röhrenwürmer: *Glomerula gordialis* (SCHL.), *Sarcinella plexus* (SOW.), *Serpula lumbricalis* (SCHL.), *S. sulcata* (SOW.);
Bryozoen: *Berenicea archiaci* HAIME;
Brachiopoden: *Acanthothiris sentosa* (QU.), *A. inflata* (QU.), *A. spinosa* (QU.), *Formosarhynchia undosa* SEIF., *F. bruta* SEIF., *Gigantothyris blanda* SEIF., *Goniothyris uniformis* SEIF., *G. gracilis* SEIF., *G. amoena* SEIF., *Lobothyris pervulgata* SEIF., *L. dubia* SEIF., *Sphaeroidothyris sphaeroidalis* (SOW.), *Stiphrothyris tumida* (DAVIDS.), *Wattonithyris callosa* SEIF., *W. pseudobullata* SEIF., *W. lata* SEIF.;
Seelilien: *Chariocrinus andraea* (DESOR), *C. cristagalli* (QU.), *Isocrinus nicoleti* (THURM.);
Seeigel: *Rhabdocidaris horrida* (MERIAN), *Caenocidaris cucumifera* (AG.), *Plesiechinus ornatus* (BUCKM.), *Stomechinus bigranularis* (LAM.), *Clypeus plotii* LESKE, *Nucleolites clunicularis* (SMITH).

Aufschlüsse:
82) Aufschluß **Roschlaub** – s. Braunjura alpha!
83) Aufschluß **Reifenberg** – s. Braunjura alpha!

88) Aufschluß **Großenbuch** – s. Braunjura beta!
91) Aufschluß **Winnberg** – s. Braunjura gamma!

Der Braunjura epsilon

Auch bei dieser Stufe weichen wir wieder von der QUENSTEDTschen Gliederung ab: Die Parkinsonienschichten schlagen wir zum Braunjura delta (s. oben), QUENSTEDTs obersten Horizont aber, den Macrocephalusoolith, stellen wir in den Braunjura zeta. Dann stimmt der Braunjura epsilon mit dem international gebräuchlichen Bathon überein.

Dem Unt. Bathon entspricht die Zone des *Zigzagiceras zigzag*, dem Mittl. Bathon entsprechen die Zonen des *Procerites progracilis*, des *Tulites subcontractus* und des *Morrisiceras morrisi*, dem Ob. Bathon jene des *Prohecticoceras retrocostatum*, des *Oxycerites aspidoides* und des *Clydoniceras discus*.

Diese Zonenfolge ist im Frankenjura nur **lükkenhaft** und in geringen Mächtigkeiten (max. wenige Meter) nachweisbar. Das Gestein führt noch **Ooide** (nestartig angereichert, bis 2 mm groß). Die grauen, aber auch gelben bis dunkelbraunen Mergeltone, Tonmergel und Mergel mit zwischengelagerten Mergelkalkbänken können eine **reiche Fauna** führen: Ammoniten (in den Kalkbänken oft in Schalenerhaltung; *Oraniceras, Bullatimorphites, Morrisiceras*), Brachiopoden (z. B. *Rhynchonelloidella alemanica* syn. *R. varians* – danach **„Varians-schichten“**). Muscheln und Schnecken sind selten.

Fossilliste Braunjura epsilon

Schnecken: *Bourguetia saemanni* (OPP.), *Cryptaulax armata* (GOLDF.), *Obornella granulata* (SOW.), *Amberleya bathonica* COX & ARK., *Riselloidea biarmata* (MUENST.), *Procerithium muricatum* (SOW.), *Melanioptyxis altararis* (COSSM.);
Muscheln: *Grammatodon concinnus* (PHIL.), *Cucullaea subdecussata* (MUENST.), *Modiolus bipartitus* (SOW.), *M. imbricatus* (SOW.), *Gervillella aviculoides* (SOW.), *G. acuta* (SOW.), *Isognomon isognomonoides* (STAHL), *Meleagrinella echinata* (SMITH), *Entolium corneolum* (Y. & B.), *Camptonectes auritus* (SCHL.), *C. intertextus* (ROEM.), *Ctenostreon pectiniformis* (SCHL.), *Catinula knorri* (VOLTZ), *Lopha marshi* (SOW.), *Arctostrea gregarea* (SOW.), *Trigonia costata* PARK., *T. interlaevigata* QU., *T. triangularis* (GOLDF.), *Myophorella clavellata* (SOW.), *Mactromya concentrica* (MUENST.), *Astarte striatosulcata* ROEM., *A. pulla* ROEM., *A. muensteri* DUNK. & KOCH, *Praeconia rhomboidalis* (PHIL.), *Pseudotrapezium cordiforme* (DESH.), *Pholadomya lirata* (SOW.), *P. fidicula* SOW., *P. deltoidea* (SOW.), *Goniomya literata* (SOW.), *Gresslya abducta* (PHIL.), *G. gregaria* (ZIET.), *Pleuromya uniformis* (SOW.), *Cercomya undulata* (SOW.), *Osteomya dilata* (PHIL.), *Inoperna duplicata* (SOW.), *Nanogyra nana* (SOW.);
Nautiliden: *Cenoceras lineatum* (SOW.);
Ammoniten: *Oxycerites aspidoides* (OPP.), *O. limosus* (BUCKM.), *O. yeovilensis* (ROLL.), *O. seebachi* (WETZ.), *Paroecotraustes fuscus* (QU.), *Oecotraustes bradleyi* ARK., *Oe. bomfordi* ARK., *Oe. decipiens* (GROSS.), *Lissoceras psilodiscum* (SCHLOENB.), *Tulites modiolaris* (SMITH), *T. cadus* (BUCKM.), *Rugiferites rugifer* (BUCKM.), *R. polypleurus* (BUCKM.), *Trolliceras reuteri* (ARK.), *Morrisiceras morrisi* (OPP.), *Lycetticeras comma* (BUCKM.), *Holzbergia schwandorfense* (ARK.), *Kheraiceras bullatus* (ORB.), *Bomburites microstomus* (ORB.), *Cadomites extinctus* (QU.), *Clydoniceras discum* (SOW.), *Gonolkites convergens* (BUCKM.), *Oraniceras gyrumbilicum* (QU.), *O. wuerttembergensis* (OPP.), *O. fretensis* (WETZ.), *Morphoceras multiforme* ARK., *M. macrescens* (BUCKM.), *M. patescens* (BUCKM.), *M. jactatum* (BUCKM.), *Ebrayiceras sulcatum* (ZIET.), *Asphinctites tenuiplicatus* (BRAUNS), *Polysphinctes secundus* (WETZ.), *Zigzagiceras euryodum* (F. A. SCHMIDT), *Z. plenum* ARK., *Siemiradzkia procera* (SEEB.), *S. aurigera* (OPP.), *S. lenthayensis* (ARK.), *S. lochenensis* HAHN, *Procerites laeviplex* (QU.), *P. stephanovi* HAHN, *P. hodsoni* ARK., *Wagnericeras fortecostatum* (GROSS.), *Homoeoplanulites homoeomorphus* (BUCKM.), *Choffatia subbakeriae* (ORB.);
Belemniten: *Megateuthis aalensis* (VOLTZ), *M. ellipticus* (MILL.), *Hibolites semihastatus* (QU.), *Belemnopsis canaliculatus* (SCHL.), *B. wuerttembergicus* (OPP.);

Röhrenwürmer: *Glomerula gordialis* (SCHL.), *Sarcinella plexus* (SOW.), *Serpula lumbricalis* (SCHL.), *S. sulcata* (SOW.);
Bryozoen: *Berenicea archiaci* HAIME;
Brachiopoden: *Rhynchonelloidella alemanica* (ROLL.) (syn. *R. varians* – Variansschichten), *R. wattonensis* MUIR-WOOD, *Acanthothiris spinosa* (L.), *Cererithyris intermedia* (SOW.), *Stiphrothyris tumida* (DAVIDS.), *Wattonithyris wattonensis* MUIR-WOOD, *Obovothyris magnobovata* BUCKM., *Ornithella bathonica* (ROLL.), *O. expolita* SEIF., *Rugitela bullata* (SOW.);
Seeigel: *Holectypus depressus* (LESKE).

Aufschlüsse:
82) Aufschluß **Roschlaub** – s. Braunjura alpha!
83) Aufschluß **Reifenberg** – s. Braunjura alpha!
88) Aufschluß **Großenbuch** – s. Braunjura beta!
91) Aufschluß **Winnberg** – s. Braunjura gamma!

Der Braunjura zeta

Die Basis des zeta bilden die **Macrocephalenschichten** (nach der Ammonitengattung *Macrocephalites*), die zumindest regional mit Mergelkalken einsetzen, die den Schichten des epsilon ähnlich sind. Vor allem im N folgen Mergel und Tonmergel. Die Grenze zwischen der nördlichen, phosphoritisch-pyritischen Fazies und der südlichen Kalkfazies verläuft etwa vom Hesselberg bei Wassertrüdingen in Richtung Hersbruck-Pegnitz-Troschenreuth.
Die dem Unt. Callov entsprechenden Schichten des *Macrocephalites macrocephalus* und des *Sigaloceras calloviense* sind im S nur geringmächtig ausgebildet (weniger als 1 m), schwellen aber gegen N an (zwischen 1 und ca. 5 m; bei Staffelstein sogar auf mehr als 10 m). In den Macrocephalenschichten treten, von wenigen Ausnahmen abgesehen, die letzten Braunjuraooide auf, vor allem in der Kalkfazies.
Über den Macrocephalenschichten folgt der **Ornatenton**, der durch die Zonen des *Zugokosmoceras jason*, des *Erymnoceras coronatum* (Mittl. Callov), des *Peltoceras athletum* und des *Quenstedtoceras lamberti* (ob. Callov) vertreten wird. Er besteht aus einer einförmigen Tonmergelserie mit zwischengeschalteten festeren Mergellagen. Im gesamten Verbreitungsgebiet treten Phosphoritknollen und phosphoritisch erhaltene Fossilien auf.
In der Nördlichen Frankenalb finden sich an vielen Fundstellen die bekannten „Goldschnecken“ bzw. „Silberschnecken“, pyritisierte, hellsilbern glänzende, zu Goldtönen oxidierte Ammoniten (s. a. S. 108). Eine **„Geröllage“** aus zahlreichen Phosphoritknollen tritt im obersten Teil des Ornatentons auf. Seine Mächtigkeit schwankt zwischen 0,60 m am Hesselberg und ca. 9 m bei Staffelstein. Bedingt durch die im ganzen Ob. und Mittl. Braunjura anhaltende geringe Sedimentationsrate und die starke Profilierung des Meeresbodens beobachten wir auch im zeta starke und horizontal rasch aufeinanderfolgende Mächtigkeitsschwankungen.
Da zwischen dem Braunen und dem Weißen Jura ein **Erosionshorizont** liegt, kann der Ornatenton fehlen – der Weißjura liegt dann auf älteren Stufen – oder sekundär stark mächtigkeitsreduziert sein.
Die **Fossilführung** ist reich. Im N findet sich die berühmte pyriterhaltene Cephalopodenfauna mit geringem Benthosanteil. Im S sind die Fossilien phosphoritisch oder calcitisch (Belemniten) bzw. kalkig erhalten, die Ammoniten oft flachgedrückt. Benthos ist auch hier nur in geringem Maße vertreten. In der Oberpfalz können in den ooidführenden Mergelkalken auch schalenerhaltene Ammoniten in beträchtlichen Größen vorkommen (*Subgrossouvria, Homoeoplanulites, Sigaloceras, Hecticoceras* usw.; in den mitunter hohlen Kammern mit Calcit- und – selten – Coelestinkristallen).

Fossilliste Braunjura zeta

Korallen: *Thecocyathus;*
Schnecken: *Bourguetia saemanni* (OPP.), *Cryptaulax armata* (GOLDF.), *Obornella granulata* (SOW.), *Riselloidea biarmata* (MUENST.);
Scaphopoden: *Laevidentalium entalloides* (DESL.);
Muscheln: *Grammatodon concinnus* (PHIL.), *Cucullaea subdecussata* (MUENST.), *Modiolus biparitus* (SOW.), *Palaeonucula*;
Nautiliden: *Cenoceras*;
Ammoniten: *Hecticoceras hecticum* (REIN.), *Lunuloceras lunulum* (REIN.), *Sublunuloceras pseudopunctatum* (LAHUS.), *Putealiceras puteale* (LECKENBY), *P. punctatum* (STAHL), *Brightia brighti* (PRATT), *B. sueva* (BON.), *B. nodosa* (BON.), *Distichoceras bipartitum* (ZIET.), *Horioceras bidentatum* (QU.), *Phlycticeras pustulatum* (REIN.), *Bullatimorphites bullatus* (ORB.), *Kheraiceras cosmopolitum* (PAR. & BON.), *Macrocephalites macrocephalus* (SCHL.), *M. compressus* (QU.), *M. lamellosus* (SOW.), *M. formosus* (SOW.), *Kamptokephalites tumidus* (REIN.), *K. grantanus* (OPP.), *Pleurocephalites rotundus* (QU.), *P. perseverans* (MODEL), *Oecoptychius refractus* (ZIET.), *Erymnoceras coronatum* (BRUG.), *E. nodosum* (ROLL.), *Erymnocerites leuthardti* (ROLL.), *Kepplerites keppleri* (OPP.), *K. gowerianus* (SOW.), *Sigaloceras calloviense* (SOW.), *S. enodatum* (NIK.), *Kosmoceras spinosum* (SOW.), *K. ornatum* (QU.), *K. spinatum* (SOW.), *Gulielmites medeus* CALL., *Lobokosmoceras proniae* (TEISS.), *Gulielmiceras gulielmi* (SOW.), *Zugokosmoceras jason* (REIN.), *Z. obductum* (BUCKM.), *Spinikosmoceras castor* (REIN.), *S. pollux* (REIN.), *S. pollux ornatum* (SCHL.), *Lamberticeras lamberti* (SOW.), *Parapatoceras distans* (BAUG. & SAUZÉ), *Reineckeia anceps* (REIN.), *R. greppini* (OPP.), *R. nodosa* (TILL), *R. brancoi* (STEINM.), *R. tyranniformis* SPATH, *R. spinosa* JEANN., *R. rehmanni* (OPP.), *Kellawaysites multicostata* (PETITCL.), *Collotia fraasi* (OPP.), *Proplanulites koenigi* (SOW.), *Choffatia transitoria* (SPATH), *Parachoffatia funata* (OPP.) *Homoeoplanulites furculus* (NEUM.), *H. balinensis* (NEUM.), *Grossouvria sulcifera* (OPP.), *G. chanasiense* MANG., *G. subtilis* (NEUM.), *Flabellia tuberosa* MANG., *Subgrossouvria recuperoi* (GEMM.), *Peltoceras athletum* (PHIL.), *P. berckhemeri* PRIES., *P. modeli* PRIES., *P. trifidum* (QU.), *Unipeltoceras unispinosum* (QU.);
Belemniten: *Hibolites semihastatus* (QU.), *H. calloviensis* (OPP.), *Belemnopsis canaliculatus* (SCHL.);
Brachiopoden: *Robustirhynchia robusta* SEIF., *Rhynchonelloidella socialis* (PHIL.), *Aulacothyris bernardina* (ORB.), *Ornithella lagenalis* (SCHL.);
Krebse: *Eryma ornata* (QU.),

Aufschlüsse:
82) Aufschluß **Roschlaub** – s. Braunjura alpha!
83) Aufschluß **Reifenberg** – s. Braunjura alpha!
91) Aufschluß **Winnberg** – s. Braunjura gamma!
92) Von Bamberg nach W Richtung Hollfeld. Wenig E des Ortsrandes von **Tiefenellern** im Bereich der scharfen Linkskurve Wagen parken und zu Fuß entlang eines kleinen Baches (mit danebenliegenden kleinen Fischteichen) im Wald bergan. Nach einigen hundert Metern links Holzhütte im verrutschten Opalinuston. Hier wurden früher reichlich „Gold-“ und „Silberschnecken“ gegraben.
93) Gute Fundmöglichkeiten boten auch die Hänge des **Staffelberges** bei Staffelstein: Grabungen erbrachten hervorragend erhaltene „Gold-“ und „Silberschnecken“ aus dem Ornatenton. Neue Rutschungen mögen neue Fossilfunde ermöglichen (siehe Abb. 14, S. 108).
94) Gegend um **Uetzing** und **Oberlangheim** (ca. 6 km S Lichtenfels). Meist kleinflächige Aufschlüsse an Rutschungen, in Wegböschungen, an Waldrändern: Ornatenton mit „Gold-“ und „Silberschnecken“.

Der Weiße Jura (w)

Der größte Teil der Albhochfläche besteht aus den im N um 200 m, im S – da weniger Erosion – **bis über 500 m mächtigen Gesteinen** des Weißen Jura. Allerdings waren die Weißjuraschichten im Gebiet der Nordalb vermutlich bereits ursprünglich meist in reduzierter Mächtigkeit vorhanden. Die bewegte (Kuppenalb) oder eher flache (Flächenalb) Kalktafel fällt mit max. 7 Grad gegen Osten bzw. Südosten ein und taucht hier teilweise – vor allem in der Mittleren und Südlichen Alb – unter die Kreideschichten ab.
Morphologisch treten vor allem die **Massenkalke** hervor (s. unten). Sie sind verwitterungsresistenter als Schichtgesteine. Auffal-

lend sind z. B. die im Altmühltal (s. S. 172) schön zu beobachtenden Türme und Zinnen wie auch jene entlang der Täler in der Fränkischen Schweiz.

Wir unterscheiden zwischen **Schichtfazies** („Normalfazies") und **Massenfazies** ohne deutliche Schichtung. Vor allem in der Massenfazies treten sekundär dolomitisierte Kalke – jetzt Dolomite – auf.

Während der Weißjurazeit erreichte das Jurameer seine größte Ausdehnung. Es stieß nach S bzw. SE vor, überflutete die absinkende Vindelizische Insel und stellte die Verbindung mit dem Tethysmeer her. Das Böhmische Massiv wurde zur Insel, das süddeutsche Jurameer zu einem flachen, dem großen Weltmeer nördlich vorgelagerten Randmeer. Das bei freiem Wasseraustausch mit der Tethys zufließende kalkreiche Tiefenwasser begünstigte die Sedimentation der Kalke und Mergel. Die Klimaänderungen zu trockenheißen Bedingungen und die damit verbundene Erwärmung des Schelfmeers spielten dabei eine wichtige Rolle. Nach W bestand eine Verbindung mit dem Pariser Becken, nach N zum Niedersächsischen Becken.

Die Mitteldeutsche Schwelle blieb bestehen und, zumindest bis in den Weißjura delta 2, auch die Hessische Meeresstraße als Verbindung zum norddeutschen Jurameer. Durch diese Hessische wie auch die Sächsische Straße flossen bodennah tonführende **Trübeströme** ins süddeutsche Flachmeer. Sie lieferten den Tonanteil während der intensiveren Mergelbildungen jeweils zu Beginn der beiden mit Kalken endenden **Sedimentationszyklen** (Weißjura alpha bis beta; Weißjura gamma bis zeta). Beim Aufeinandertreffen kalter (aus dem N) und warmer (aus der Tethys) Strömungen entstand **Glaukonit**. Dieses grüne Mineral tritt vor allem in den basalen Mergelschichten des alpha und gamma auf. Auch die Fossilien – bevorzugt Ammoniten – aus diesen Schichten können grünlich gefärbt sein.

Die **Schichtfazies** besteht vor allem aus hellen Kalken, Kalkmergeln und Mergeln, wobei der Gesteinscharakter durch die Intensität der Toneinspeisung bestimmt wird. Reine Kalke sind weiß bis hellfarben, während tonhaltige Kalke graufarben sind und mit Ansteigen des Tonanteils dunkler werden. Aufgrund der reichen Fauna und weil Bitumen fehlt, schließen wir auf strömungsreiches und somit gut durchlüftetes Milieu. Die Wassertiefe dürfte durchschnittlich zwischen 150 und 250 m gelegen haben. Die Wassertemperatur war relativ hoch, höher jedenfalls als während der Schwarz- und Braunjurazeit. Die Ablagerungsbedingungen waren gleichförmig und ungestört. Im obersten Weißjura war die Wassertiefe geringer (Sonderfazies der Solnhofener Schichten; s. „Das Plattenkalkgebiet . . ."). Die erstmals durch Bruno v. FREYBERG (1939) durchgeführte **Bank-für-Bank-Vermessung** (Stromatometrie) der Schichtfazies erbrachte den Nachweis konstanter Bankmächtigkeiten über weite Strecken und somit ein Hilfsmittel zur Schichtparallelisierung ohne Leitfossilien. Ideal hierfür sind z. B. die Verhältnisse im Weißjura beta, aber auch die anderen Stufen sind auf diese Weise erfaßbar. Mit gewissen Einschränkungen können so Profile verglichen und in ein idealisiertes Standardprofil eingehängt werden. Meist schwierig ist jedoch die Parallelisierung zwischen Nord- und Südalb (ohnehin meist nur möglich unter Zuhilfenahme von Zwischenprofilen). Der stromatometrische Vergleich der überwiegend kalkigen **„Fränkischen Fazies"** mit der eher mergeligen **„Schwäbischen Fazies"** über die Riesschwelle hinweg ist nicht möglich.

Das in der Schichtfazies eindeutig vorherrschende Faunenelement sind die Cephalopoden. Die Ammonitenarten eignen sich aufgrund schneller Entwicklung und weiter Verbreitung hervorragend zur Zonierung, wobei das oft häufige Vorkommen der Leitformen ein weiterer Vorteil ist. Die Belemniten sind meist Durchläufer, von wenigen Arten abgesehen (z. B. *Hibolites pressulus* im Weißjura alpha). Das Fehlen des echten Benthos – Muscheln, Brachiopoden, Schnecken, Seeigel usw. – belegen zusammen mit der ausgesprochenen Cephalopodenfazies die meist höhere Wassertiefe und die Nährstoffarmut des kalkschlammigen Meeresbodens im Becken. Foraminiferen sind teilweise wieder häufiger und können aus den Mergeln ausgeschlämmt, in den Kalken mittels Dünn- bzw. Anschliff nachgewiesen werden.

Die Gliederung der **Massenkalkfazies** (oder kurz Massenfazies) ist meist schwierig. Es handelt sich dabei um ungeschichtete kalkige oder sekundär dolomitisierte Ablagerungen ehemaliger Schwamm-Algen-Riffe von teilweise beträchtlicher Mächtigkeit. In der Hauptsache wurden die Riffe durch Kieselschwämme aufgebaut. Die Fazies kann unabhängig vom Alter in allen Stufen gleichartig sein, was die stratigraphische Zuordnung gelegentlich sehr kompliziert. Hier sind wir also bei der Gliederung auf Leitfossilien angewiesen. Leider aber treten in diesen Ablagerungen Ammoniten den benthischen Riffbewohnern gegenüber meist stark zurück.

Auf den Schwellengebieten im Meer entstanden hoch aufragende kuppelförmige Riffe (maximal 50 bis 80 m hoch – **Biohermfazies**), die bis zu 500 m Durchmesser haben konnten (vor allem in der Hauptverbreitungszeit der Schwammriffe, also im oberen Weißjura delta). Die Hauptriffbildner waren Kieselschwämme, deren rasche Ausbreitung durch Erhöhung der Salinität und somit auch des Kieselsäuregehalts des Wassers ermöglicht wurde. Im Wannenbereich zwischen den Riffkuppeln entstanden flache, teilweise großflächige Schwammrasenbänke oder locker gestreute Schwammkolonien (**Biostromfazies**). Vor allem die Schwämme der Riffkuppeln wirkten als „Sedimentfänger“: Im Gebiet dieser Schwammkomplexe wurde mehr Sediment abgelagert. Zudem wuchsen die Schwämme generationsweise übereinander, wodurch die Riffe rasch an Höhe zunahmen. Bei günstigen Aufschlußverhältnissen in Randzonen eines Riffkomplexes erkennen wir das leichte Einfallen der Schichten vom Massenkalk weg.

Die faziellen Verhältnisse in den durch die Riffkomplexe getrennten Wannen differieren aufgrund unterschiedlicher Wassertiefe, Strömungsverhältnisse, Salinität usw. stark. So können die in verschiedenen Wannen gleichzeitig entstandenen Gesteine in unterschiedlicher Fazies vorliegen, während andererseits gleichartige Sedimente verschiedenes Entstehungsalter haben können: rascher horizontaler und vertikaler **Fazieswechsel**. Das in der Südalb so entstandene mächtige Schichtpaket zeigt in komplizierter Verzahnung Riffazies und Schichtfazies. Eine ausführliche Bearbeitung des Frankendolomits und der Massenkalkfazies der Frankenalb verdanken wir R. MEYER (1972, 1974 a, 1977).

Die frühesten Schwammriffe treten bereits im Unt. Weißjura auf, nämlich im Bereich der **Kelheim-Landshuter Schwelle** und ihrer nordwestlichen Fortsetzung bis zur Wiesent (über Parsberg, Kastl, Hirschbach und Rupprechtstegen). Dieses Schwammriff ragte während des Weißjura delta so hoch auf, daß Riffkuppe und -hänge bei einer Wassertiefe von rund 50 m schon Korallenwachstum zuließen. Von der Wiesent zog ein weiterer Riffgürtel zum Ries,

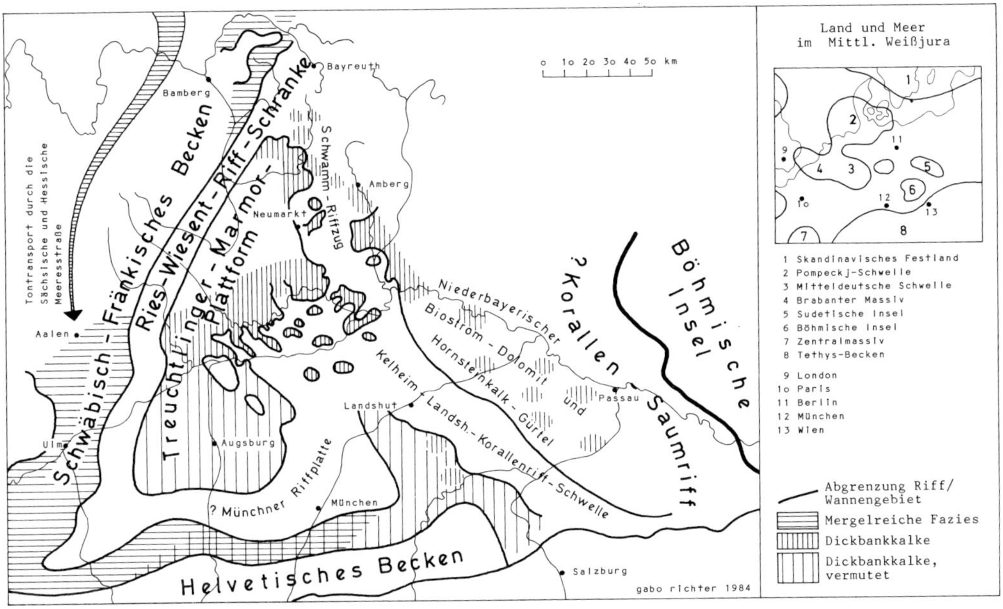

Paläogeographie zur Mittl. Weißjurazeit; umgezeichnet und vereinfacht nach MEYER 1981.

wobei dieses **„Ries-Wiesent-Riff"** hauptsächlich im Weißjura gamma bis delta, in geringerem Maße auch schon ab alpha die aus dem norddeutschen Jurameer kommenden Tontrübeströme nach Westen ablenkte. Deshalb beobachten wir im E dieser Barriere die kalkreichere Fränkische Fazies, im übrigen schwäbisch-fränkischen Becken aber die mergelreiche Schwäbische Fazies. Ein dritter Riffgürtel schließlich verlief von Memmingen über München und Ingolstadt (**Münchner Riffplatte**) und schloß hier an das Kelheim-Landshuter Riff an. Damit war die **„Treuchtlinger Marmor-Plattform"** vollkommen von Riffen umgeben. Hier aber entstanden dickbankig geschichtete Kalke mit eingelagerten Schwämmen.

Zwischen Kelheim-Landshuter Schwelle und Böhmischer Insel (die vermutlich von einem Korallen-Saumriff umgeben war) entstanden während des unteren Weißjura delta **Schwammrasenbänke** (Biostromfazies, heute dolomitisch) und dickbankige Hornsteinkalke. Bereits im oberen Weißjura delta bedeckten die Schwammriffe große Bereiche des süddeutschen Flachmeerbodens. Die Vielzahl der späteren Wannengebiete der Plattenkalkzeit war bereits vorgezeichnet durch zahlreiche Schwammrasenbänke in Biostromfazies. Ab Weißjura epsilon starben vom N her die Riffe langsam ab, bedingt durch zu flaches Wasser und somit ungünstiges ökologisches Milieu. In den Becken zwischen den einzelnen Riffzügen lagerten sich die **Plattenkalke** ab (s. a. „Das

Plattenkalkgebiet . . ."). Im gut durchlüfteten Flachwasser der großflächigen Ooid-Plattform südlich der Donau konnten sich die Schwämme vorerst behaupten.

Vor allem in der Massenfazies kommt oft eine **reiche benthische Fauna** vor: speziell die zahlreichen Formen der typischen Wirbellosengruppen belegen zusammen mit seltenen Wirbeltierresten (Haizähne, Fisch- und Saurierreste) optimale Lebensbedingungen. Die Seltenheit der Wirbeltierfunde dürfte dabei auf eine Überlieferungslücke zurückzuführen sein, wie die reiche Wirbeltierfauna der Plattenkalke zeigt. Ammoniten, Nautiliden und Belemniten sind in den Massenkalken meist selten. Die Schwammriffe ermöglichten durch stark gegliedertes Relief und günstige ökologische Bedingungen reiches Leben: An den Riffhängen und in Nischen, wie auch auf der Unterseite der Schwämme, siedelten Röhrenwürmer, Brachiopoden und Bryozoen, aber auch Muscheln und selten Kalkschwämme; Seelilien, Brachiopoden usw. konnten auch auf der Oberseite der Schwämme festgewachsen sein (fixisessile Fauna). Die abgestorbenen Schwämme waren von Blaugrünalgen umkrustet. Seeigel, See- und Schlangensterne, Muscheln, Schnecken und Ostrakoden lebten frei beweglich im Riffgebiet. Foraminiferen treten als fixisessile wie auch frei bewegliche (Plankton-) Formen auf.

Der **Frankendolomit** besteht aus ungebanktem oder undeutlich-dickbankigem Gestein von grauer bis blaugrauer Farbe. Die Körnung ist fein bis grob, das Gefüge oft lückig. Die Intensität der Dolomitisierung kann vertikal wie auch horizontal über kürzeste Distanz stark schwanken. Häufig treten rundliche oder laibförmige, hin und wieder auch ungerundete Hornsteine auf, die kreidigweiß anwittern.

Der mitunter über 200 m Mächtigkeit erreichende Frankendolomit kann Gesteine des Weißjura beta bis zeta erfassen, stellt also keine stratigraphische Einheit dar. Die sekundäre Dolomitisierung erfolgte noch während des Jura und erfaßte vor allem Gesteine der Massenfazies. Mergel können nicht dolomitisiert werden – Mergelfugen können also den Dolomitisierungsvorgang stoppen. Massenkalke unter dickeren Mergellagen blieben somit unverändert. Das Magnesium, das bei der Dolomitisierung das Calcium teilweise ersetzt, entstammt dem Meerwasser.

Fossilien kommen im Frankendolomit nur sehr selten vor (Korallen, Brachiopoden, Muscheln, sehr selten Ammoniten; immer als Steinkern oder Hohlform), da sie bei der Umwandlung zersetzt wurden. Eine stratigraphische Feingliederung des Frankendolomits ist praktisch unmöglich, bedingt durch das Fehlen von Leitfossilien und horizontbeständigen lithologischen Merkmalen. Die stratigraphische Zuordnung des Dolomits ist oft nur möglich, wenn ein horizontaler Anschluß an nicht dolomitisiertes Gestein vorhanden ist.

Der Weißjura alpha

Der Weißjura alpha (**„Untere graue Mergelkalke"**) tritt im Fränkischen in mehreren Faziestypen auf. In der Mittleren Alb finden sich vor allem gebankte Kalke (Werkkalkfazies), in der Südalb aber Kalke mit hohem Mergelanteil. Die sogenannte **Parsberger Riffschranke** trennt diese beiden Gebiete (etwa im Bereich von Hemau-Parsberg-Velburg-Berching-Freystadt). Lokal können kleinere Riffkomplexe ausgebildet sein; mergelreichere Riffpartien finden sich auch im Bereich der nördlichen Kalkfazies. Gegenüber der Schwäbischen Mergelfazies sind die Fränkischen Ablagerungen durch die Ries-Riffschranke (Ries-Wie-

Abb. 12. *Parkinsonia acris* WETZ., Braunjura delta (*parkinsoni*-Zone), Winnberg bei Neumarkt/Opf. (91). Größter Durchmesser des Ammoniten ca. 11 cm. Die Mündung ist erhalten; die nahebei sitzende Muschel ist *Grammotodon concinnus* (PHIL.).

Abb. 13. An der Straße von Sengenthal nach Winnberg (90) anstehender Eisensandstein (Braunjura beta).

Abb. 14. „Goldschnecken" aus dem Braunjura zeta vom Staffelberg bei Staffelstein (93). Oben von links nach rechts: *Subgrossouvria recuperoi* (GEMM.), *Sigaloceras enodatum* (NIK.) (ca. 3,5 cm), *Kamptokephalites tumidus* (REIN.); unten von links nach rechts: *Zugokosmoceras jason* (REIN.), *Hecticoceras hecticum* (REIN.), *Zugokosmoceras jason* (REIN.).

sent-Riffzug) abgegrenzt. In der Südalb werden die Kalke nach W, zum Riesgebiet hin, immer mergelreicher: allmählicher Übergang zur Schwäbischen Mergelfazies. Bank-für-Bank-Parallelisierung ist sowohl im Bereich nördlich wie auch südlich der Parsberger Schranke möglich, nicht aber über das Riffgebiet hinweg.

Die Basis des Weißjura alpha der Südalb bildet die **„Glaukonitbank"**, eine oder mehrere, meist aber zwei, gelbe und knollig verwitternde glaukonitführende Mergelkalkbänke mit reicher Ammonitenführung (regional als Aufarbeitungshorizont ausgebildet – die Ammoniten liegen als Bruchstücke im Sediment). Die Glaukonitbank entspricht etwa der Zone des *Arisphinctes plicatilis* (bzw. des *Gregoryceras transversarium*). Darüber folgen alternierend mehr oder weniger graue (je nach Mergelführung) Kalke, Mergelkalke und Mergel.

In der Nordalb treten die Schichten des untersten alpha infolge einer regressiven Meeresbedeckung nur in sehr geringer Mächtigkeit oder als Abtragungsrelikte auf, mit **Ammonitenanreicherungen** an der Basis. Die entsprechenden dunklen glaukonitischen Mergel und Mergelkalke vertreten hier die in der Mittel- und Südalb nicht belegten Zonen des *Quenstedtoceras mariae* und des *Cardioceras cordatum*. Darüber folgt die Glaukonitbank.

Die in der Südalb von W nach E immer **tiefer greifende Werkkalkfazies** ist von den typischen Wohlgebankten Kalken des beta durch die im alpha immer wieder auftretenden charakteristischen und relativ dicken Mergellagen klar zu unterscheiden. Nördlich der Parsberger Schranke findet sich fast nur noch Werkkalkfazies mit hellen, gutgebankten Kalken, von lokalen Ausnahmen abgesehen.

Früher wurden die grauen, gering mergelführenden Werkkalke in der Südlichen und der Mittleren Alb als unterer Weißjura beta ausgeschieden (Bimammatum-Schichten). Sie zählen jedoch zum oberen alpha. Die stratigraphische Grenze alpha-beta liegt also bedingt durch das Herabgreifen der Werkkalkfazies innerhalb dieses Schichtstoßes.

Der Weißjura alpha entspricht dem Unt. Oxford mit den Zonen des *Quenstedtoceras mariae, Cardioceras cordatum, Arisphinctes plicatilis, Divisosphinctes bifurcatus* und des *Epipeltoceras bimammatum. Gregoryceras transversarium* gilt ebenfalls als Leitform; es setzt etwas höher ein als *A. plicatilis* und endet etwa mit *D. bifurcatus*. Die Gregoryceraten sind jedoch extrem selten und deshalb als Leitformen nicht oder nur bedingt geeignet.

Mächtigkeiten: 39 m bei Heidenheim/Hahnenkamm, am Arzberg bei Beilngries 36 m, in Burglengenfeld am Albostrand etwa 24 m, bei Hartmannshof 14 bis 15 m, bei Ebermannstadt ca. 31 m und bei Pegnitz ca. 7 m.

Im Parsberger Riffgebiet treten die üblichen riffbewohnenden Wirbellosen auf, ebenfalls in den randwärts isolierten und in die Schichtfazies eingestreuten Mergelinseln. Aber auch Cephalopoden sind häufig. Die Glaukonitbank führt zahlreiche, leider häufig verwitterungsbedingt zerfallende oder bereits (Mergelfazies) relikthaft eingelagerte Ammoniten (oft von Glaukonit grünlich gefärbt): vor allem Perisphinctiden der Gattung *Perisphinctes* (teilweise großwüchsig). Auch in der Schichtfazies kann eine reiche Ammonitenfauna auftreten.

Fossilliste Weißjura alpha

Schwämme: *Cnemidiastrum, Hyalotragos patella* (GOLDF.), *Cylindrophyma, Sporadobyle obliqua* (GOLDF.), *Tremadictyon, Laocaetis paradoxa* (MUENST.), *Pachyteichisma, Cypellia dolosa* (QU.), *C. rugosa* (GOLDF.), *Myrmecium, Corynella, Peronidella;*

Schnecken: *Bathrotomaria reticulata* (Sow.), *Pyrgotrochus speciosus* (Goldf.), *Pseudomelania heddingtonensis* (Sow.), *Bourguetia saemanni* (Opp.), *Cryptaulax armata* (Goldf.), *Anchura bicarinata* (Goldf.), *Spinigera alba* (Qu.), *Nerita visurgis* Roem.;
Muscheln: *Grammatodon concinnus* (Phil.), *Modiolus biparitus* (Sow.), *Gervillella aviculoides* (Sow.), *Entolium corneolum* (Y. & B.), *Cingentolium cingulatum* (Goldf.), *Camptonectes auritus* (Schl.), *C. intertextus* Roem., *Chlamys fibrosa* (Sow.), *Ctenostreon pectiniformis* (Schl.), *Plagiostoma laeviuscula* (Sow.), *Gryphaea dilatata* Sow., *Arctostrea gregarea* (Sow.), *Trigonia costata* Park., *Myophorella clavellata* (Sow.), *Mactromya concentrica* (Muenst.), *Pholadomya lirata* (Sow.), *P. aequalis* Sow., *Goniomya literata* (Sow.), *Ceratomya excentrica* (Roem.), *Pleuromya alduini* (Brongn.), *P. uniformis* (Sow.), *Thracia depressa* (Sow.);
Nautiliden: *Pseudaganides, Paracenoceras;*
Ammoniten: *Glochiceras subclausum* (Opp.), *Coryceras canale* (Qu.), *C. crenatum* (Opp.), *Ochetoceras canaliculatum* (Buch), *O. hispidum* (Opp.), *Trimarginites arolicus* (Opp.), *Taramelliceras callicerum* (Opp.), *T. tricristatum* (Opp.), *T. pichleri* (Opp.), *Strebliticeras externnodosum* (Dorn), *Proscaphites anar* (Opp.), *Cardioceras cordatum* (Sow.), *C. costicardium* (Buckm.), *Scarburgiceras bukowskii* (Maire), *Amoeboceras alternans* (Buch), *Perisphinctes martelli* (Opp.), *Arisphinctes plicatilis* (Sow.), *Orthosphinctes laufenensis* (Siem.), *O. tiziani* (Opp.), *Dichotomosphinctes antecedens* Salf., *Divisosphinctes bifurcatus* (Qu.), *Discosphinctes streichensis* (Opp.), *Greygoryceras transversarium* (Qu.), *G. toucasianum* (Orb.), *Epipeltoceras bimammatum* (Qu.), *Euaspidoceras perarmatum* (Sow.), *Paraspidoceras meriani* (Opp.), *Lamellaptychus, Laevilamellaptychus, Laevaptychus;*
Belemniten: *Hibolites pressulus* (Qu.), *H. hastatus* (Blainv.), *Cylindroteuthis puzosianus* (Orb.);
Röhrenwürmer: *Glomerula gordialis* (Schl.), *Serpula lumbricalis* (Sch.), *S. sulcata* Sow.;
Bryozoen: *Berenicea, Ceriopora, Entalophora;*
Krebse: *Prosopon mammillatum* Woodw.;
Brachiopoden: *Lacunosella arolica* (Opp.), *Thurmanella thurmanni* (Voltz), *Juralina bauhini* (Etall.), *Loboidothyris bisuffarcinata bisuffarcinata* (Schl.), *L. stockari* (Moesch), *L. gigas* (Qu.), *L. bisuffarcinata birmenstorfensis* (Moesch), *L. lucerna* Westph., *L. zieteni* (Lor.), *Aulacothyris bernardina* (Orb.), *Zittelina orbis* (Qu.), *Trigonellina loricata* (Schl.), *T. pectuncula* (Schl.), *Ismenia pectunculoides* (Schl.);
Seelilien: *Isocrinus cingulatus* (Muenst.), *Balanocrinus subteres* (Muenst.), *Archaeometra scrobiculata* (Muenst.), *A. aspera* (Qu.), *Millericrinus munsterianus* (Orb.), *M. echinatus* (Schl.), *M. milleri* (Schl.), *Sclerocrinus compressus* (Goldf.), *Eugeniacrinites cariophillites* (Schl.), *E. hoferi* Muenst., *Tetracrinus moniliformis* Muenst.;
Seesterne: *Pentasteria, Sphaeraster punctatus* (Qu.), *S. scutatus* (Goldf.), *Tylasteria jurensis* (Qu.);
Schlangensterne: *Ophiomusium, Sinosura, Ophiacantha;*
Seeigel: *Plegiocidaris coronata* (Schl.), *P. cervicalis* (Ag.), *P. propinqua* (Muenst.), *Paracidaris florigemma* (Phil.), *P. blumenbachii* (Muenst.), *P. filograna* (Ag.), *Hemicidaris crenularis* (Lam.), *Magnosia decorata* (Ag.), *Nucleolites scutatus* Lam., *Cardiopelta bicordata* (Leske), *Collyrites carinata* (Leske), *Disaster granulosus* (Goldf.);
Fische: *Notidanus, Orthacodus.*

Aufschlüsse:
83) Aufschluß **Reifenberg** – s. Braunjura alpha!
91) Aufschluß **Winnberg** – s. Braunjura gamma!
95) **Kirchleus** liegt an der B 85 zwischen Kronach und Kulmbach. Ca. 1 km N des Ortes Weg nach W, bergan. Nach ca. 1 km links der Straße großer Stbr. Auf den Feldern oberhalb der Bruchzufahrt ausgewitterte Fossilien des Weißjura gamma. – Der Bruch erschließt im unteren Bereich kalkigen Weißjura alpha und beta, gut bebankt, in den obersten ca. 8 m stark mergeligen gamma.
96) Von Lichtenfels nach SE bis **Mönchkröttendorf**, dann nach S Richtung Lahm („Lahmer Steige"). Erschlossen Weißjura alpha und beta.
97) Von Weismain (ca. 14 km SE Lichtenfels) ca. 3 km im Weismaintal nach S, bis ca. 500 m vor **Schammendorf**. An Steintalmündung in das Weismaintal kleiner Stbr im E. Erschlossen ca. 12 m alpha mit nach oben hin zunehmender Riffschuttführung und Übergang in Massenfazies.
98) Von Schesslitz (ca. 18 km NE Bayreuth) auf der B 505 nach E. Auf der Höhe der Kreuzung mit der N-S verlaufenden Straße **Roßdorf**-Hohenhäusling Wagen parken und entlang der Bundesstraße zu Fuß nach W. Erschlossen an den Böschungen Weißjura delta, gamma, beta und alpha, im Wechsel von Bank- und Massenfazies. Die Schichten des gamma und delta sind hier stark verschwammt.

99) Von Bamberg nach W Richtung Hollfeld. Nach **Tiefenellern** führt die Straße in scharfen Kurven bergan. In der vorletzten Kurve biegen Wege ab zu Stbren im alpha und beta (riffnahe Ablagerungen; r 3380, h 3220 bzw. 3410).
100) Der Ort Kirchenthumbach liegt zwischen Auerbach und Eschenbach. Von hier nach S Richtung **Ernstfeld**, kurz vor dem Ort nach E abbiegen zum Stbr PRÜSCHENK. Erschlossen riffnahe Fazies des Weißjura alpha bis gamma 1 mit Hornsteinen. In Karsthohlformen Oberkreidesedimente.
101) Von **Teuchatz** (ca. 12 km S Schesslitz) nach W Richtung Zeegendorf. Nahe eines Wasserhochbehälters Einfahrt zu S liegendem Stbr im Weißjura alpha bis gamma 2 mit freiliegenden beta-Schichtflächen. N der Straße Stbr im alpha bis gamma 1. Fundmöglichkeiten für freigewitterte Schwämme auf den Feldern S Teuchatz von einer Kapelle an der Gabelung Richtung SW (Richtung „Katzenberg").
102) Ca. 6 km WNW von Ebermannstadt liegt **Drügendorf**. Oberhalb des Ortes (im E) Stbr im alpha und beta; auf der Abraumsohle früher erschlossen gamma 1 mit der bekannten „Ammonitenseife" (keine Fundmöglichkeiten mehr). Im Bruch kann Abschiebungstektonik beobachtet werden; oberkreidezeitliche Spaltenfüllungen.
103) Von **Ebermannstadt** nach N Richtung Eschlipp/Drügendorf. Etwa 400 m nach den letzten Häusern von Ebermannstadt nach E abbiegen zum Stbr und Kalkofen Ebermannstadt. Entlang der Bruchzufahrt ist Eisensandstein erschlossen. Der Stbr erschließt Gesteine des beta, gamma 1 und 2 (an der Ostwand); alpha steht unter der Lastseilbahnstation an und wurde 1961 in schöner Form durch einen Bergrutsch freigelegt.
104) Am W Ortsrand von **Ebermannstadt** nach N Richtung Weigelshofen. Der Stbr am **„Feuerstein"** NW von Ebermannstadt erschließt hauptsächlich Weißjura beta. Abraumsohle in gamma-Mergeln (gamma 1). In der scharfen Linkskurve unterhalb des Bruches kann man nach N fahren bzw. gehen, um eine Abraumhalde des Bruches zu erreichen mit reichlich gamma-Material (heute leider auch als Müllkippe genutzt). Hier ist auch alpha erschlossen – alternierende Mergel- und Mergelkalkbänke.
105) In **Streitberg** (ca. 3,5 km NE Ebermannstadt) Richtung Binghöhle. Von hier auf einem Fußweg nach N Richtung Schauertal. Abwärts zum Wasserbehälter. An den Talhängen Riffkuppeln des Unt. Weißjura mit zwischengelagerter „Streitberger Fazies", einer mergelreichen schwammführenden alpha-Ausbildung. – Am N Ortsrand von Streitberg nach SE zur Streitburg, am Weg und in einem aufgelassenen Stbr Bankfazies. – Von der Ruine nach E ins Tal; vom Forsthaus nach E zum Müllersfelsen. Die „Muschelquelle" 500 m nach dem Forsthaus entspringt auf alpha-Mergeln. Schwammfazies und Fauna aus Hangschutt entlang des Weges.
106) Von **Leutenbach** (ca. 8 km E Forchheim) nach E Richtung Egloffstein. Unmittelbar N der Straße zwischen den beiden Orten (an der Kapelle St. Moritz) Aufschlüsse in verschwammter Mergelfazies des Unt. Weißjura.
107) Der Ort **Hartmannshof** liegt an der B 14 ca. 9 km E Hersbruck. Im N des Ortes Kalkwerk Hartmannshof mit großen Stbren. Erschlossen zeitweise Ob. Braunjura, ständig Weißjura alpha, beta, gamma und delta. – Weitere Brüche E des Weges zum Dorf Hunas (im N von Hartmannshof).
108) **Rappersdorf** liegt E der B 299 zwischen Beilngries und Neumarkt, wenig N von Berching. Ca. 700 m ENE des Dorfes liegt ein aufgelassener Stbr im höheren Weißjura alpha. Dünn- bis mittelbankige Kalke mit splittrigem Bruch deuten schon die Werkkalkfazies des beta an.
109) Von **Pollanten** (an der B 299 zwischen Berching und Neumarkt/Opf.) nach E Richtung Grubach. In der Böschung ca. 500 m E Pollanten und in einem kleinen aufgelassenen Stbr NW von hier Mergel- und Kalkfazies des alpha. Basal als Hohlkehlen ausgewitterte Schwammergel und alternierend hierzu Schwammflaserkalke. Schwammumien oft von dunklen Algenkrusten überzogen. – Zum Hangenden kompaktere Schwammbänke. – Die Schichten dieser Aufschlüsse geben ein schönes Beispiel für Riffazies.
110) Von Berching nach W Richtung Hilpoltstein bis **Rübling**. Ca. 200 m NNW des Ortes aufgelassener Stbr in einer Wechselfolge von dunklen Mergel- und Mergelkalkbänken und zähen hellen Kalkbänken des unteren alpha.
111) Das Dorf **Nennslingen** liegt ca. 11 km E Weißenburg. Ca. 800 m SE des Ortes aufgelassener Stbr im oberen alpha: Zähe mittelbankige Kalke mit deutlichen dunklen Mergellagen.

Der Weißjura beta

Im Gegensatz zur vergleichsweise scharfen Grenze alpha-beta in der Schwäbischen Alb (unten eher mergelige Fazies, oben Wohlgebankte Kalke) beginnt die Werkkalkfazies im Frankenjura teilweise bereits im alpha, gegen E immer tiefer hinabgreifend (s. oben). Die **Wohlgebankten Kalke** des beta sind in der Schwäbischen und Fränkischen Alb recht gleichartig ausgebildet, was auf ein **Absinken der Riesschwelle** hinweist. Bankvergleiche ermöglichen die Verfolgung der alpha-beta-Grenze auch über das Ries hinweg.

Wie auch im alpha trennt die Parsberger Riffschranke den Faziesbereich der Südalb von jenem der Nordalb. Im S treten über weite Strecken horizontbeständige wohlgeschichtete Kalke auf (**„Werkkalk“**). Die Bankmächtigkeit liegt zwischen 15 und 40 cm. Mergelfugen sind sehr geringmächtig oder fehlen ganz. Die Farbe der Kalke ist hellgelblich; das Gestein ist sehr dicht und spröde und hat muscheligen Bruch. Ausstreichender beta kann u. a. an den hellklingenden Scherben auf den Feldern erkannt werden. Der Mergelanteil im Kalk ist gering.

Im N des Parsberger Riffs dünnen die Mergelfugen aus, die Bänke verschmelzen und der Bankungsrhythmus ist nur noch gebietsweise zu erkennen. Auch im beta treten in die Schichtfazies eingelagerte, kleinräumige Schwammstotzen auf, meist wenige Kubikmeter groß. Diese mergeligen Sedimente führen Hornsteinknauern, die enthaltenen Fossilien können verkieselt sein (die Kieselsäure stammt von den Kieselschwämmen). In der Ostalb finden sich unregelmäßig eingestreute oder lagenweise angereicherte, maximal etwa hühnereigroße, kalkige Kieselknollen, die mehligweiß verwittern. Dazu treten bis faustgroße Hornsteinknauern. Der **Frankendolomit** greift vor allem in der Oberpfalz bis in die Massenkalke des Weißjura beta herab.

Die Mächtigkeit ist weitgehend konstant und läßt auf ruhige, gleichbleibende Ablagerungsbedingungen schließen. In der Süd- und Westalb liegt sie zwischen 15 und 18 m, in der Oberpfalz zwischen 20 und 28 m.

Der Weißjura beta entspricht dem Ob. Oxford. Wir unterscheiden die Zonen des *Idoceras planulum* und der *Sutneria galar*.

Ammoniten sind häufig, wobei vor allem kleinwüchsige Taramelliceraten in Anhäufungen auftreten können (lebten manche Ammoniten in Schwärmen?). Belemniten sind ebenfalls nicht selten. Benthos tritt gegenüber den Ammoniten meist zurück. Zu nennen sind hier Brachiopoden, Muscheln und Stachelhäuter. Auch kleine Krebse (*„Prosopon“*) können häufiger vorkommen und sind meist durch mehligweiße Panzerreste ausgezeichnet (bis ca. 2,5 cm). In den Riffbereichen ist die **Bodenfauna** entsprechend reich belegt. Die Präparation kann schwierig sein, weil die Kalke hart und spröd sind; eine deutliche Fuge zwischen Gestein und Fossil fehlt oft.

Fossilliste Weißjura beta

Schwämme: *Cnemidiastrum, Hyalotragos, Cylindrophyma, Sporadobyle, Tremadictyon, Laocaetis paradoxa* (MUENST.), *Pachyteichisma, Cypellia rugosa* (GOLDF.), *Myrmecium, Corynella, Peronidella*;
Schnecken: Siehe Weißjura alpha!
Muscheln: Wie Weißjura alpha; zusätzlich *Barbatia uhligi* (BOEHM), *Stenocolpus biburgensis* YAMANI, *Nemodon maceratus* (BOEHM), *Pinna lanceolata* SOW.;
Nautiliden: *Pseudaganides, Paracenoceras;*
Ammoniten: *Coryceras modestiforme* (OPP.), *Lingulaticeras lingulatum* (QU.), *Ochetoceras canaliculatum* (BUCH), *Trimarginites trimarginatus* (OPP.), *Taramelliceras rigidum* (WEG.), *T. costatum* (QU.), *Metahaploceras litocerum* (OPP.), *M. falculum* (QU.), *M. wenzeli* (OPP.), *M. pseudowenzeli* (WEGELE), *M. kobyi quenstedti* HOELDER, *Amoeboceras bauhini* (OPP.), *A. serratum* (SOW.), *Orthosphinctes virgulatus* (QU.), *O. tiziani* (OPP.), *O. colubrinus* (REIN.), *Progeronia triplex* (QU.), *Lithacoceras grandiplex* (QU.), *Ringsteadia brandesi*

SALF., *Idoceras planulum* (HEHL), *I. minutum* DIETR., *Rasenioides fascigera* (QU.) *Sutneria galar* (OPP.), *Epipeltoceras bimammatum* (QU.), *Physodoceras circumspinosum* (OPP.), *Lamellaptychus, Laevilamellaptychusa, Laevaptychus;*
Belemniten: *Hibolites hastatus* (BLAINV.), *Cylindroteuthis puzosianus* (ORB.);
Röhrenwürmer: Siehe Weißjura alpha!
Bryozoen: Siehe Weißjura alpha!
Krebse: *Prosopon mammillatum* WOODW.;
Brachiopoden: *Lacunosella arolica* (OPP.), *Thurmanella thurmanni* (VOLTZ), *Juralina bauhini* (ETALL.), *Loboidothyris bisuffarcinata bisuffarcinata* (SCHL.), *L. bis. birmenstorfensis* (MOESCH), *L. lucerna* WESTPH., *L. zieteni* (LOR.), *L. gigas* (QU.), *Zittelina orbis* (QU.), *Trigonellina loricata* (SCHL.), *T. pectuncula* (SCHL.), *Ismenia pectunculoides* (SCHL.);
Seelilien: *Isocrinus desori* (THURM.), *Balanocrinus subteres* (MUENST.), *Millericrinus mespiliformis* (SCHL.), *Eugeniacrinites cariophillites* (SCHL.), *E. hoferi* MUENST.;
Seesterne: Siehe Weißjura alpha!
Schlangensterne: Siehe Weißjura alpha!
Seeigel: *Plegiocidaris coronata* (SCHL.), *Rhabdocidaris, Collyrites carinata* (LESKE), *Disaster granulosus* (GOLDF.).

Aufschlüsse:
95) Aufschluß **Kirchleus** – s. Weißjura alpha!
96) Aufschluß **Mönchkröttenbach** – s. Weißjura alpha!
98) Aufschluß **Roßdorf** – s. Weißjura alpha!
99) Aufschluß **Tiefenellern** – s. Weißjura alpha!
100) Aufschluß **Ernstfeld** – s. Weißjura alpha!
101) Aufschluß **Teuchatz** – s. Weißjura alpha!
102) Aufschluß **Drügendorf** – s. Weißjura alpha!
103) Aufschluß **Ebermannstadt** – s. Weißjura alpha!
104) Aufschluß **Ebermannstadt** („Feuerstein") – s. Weißjura alpha!
107) Aufschluß **Hartmannshof** – s. Weißjura alpha!
112) Von Weismain im Kleinen Ziegenfelder Tal nach S bis vor **Weihersmühle**. Hier an der Böschung ca. 700 bis 600 m vor der Mühle in den Übergangsschichten beta/gamma verzahnte Bankkalke, Schwammkalkbänke und Riffkalke. Teilweise auch

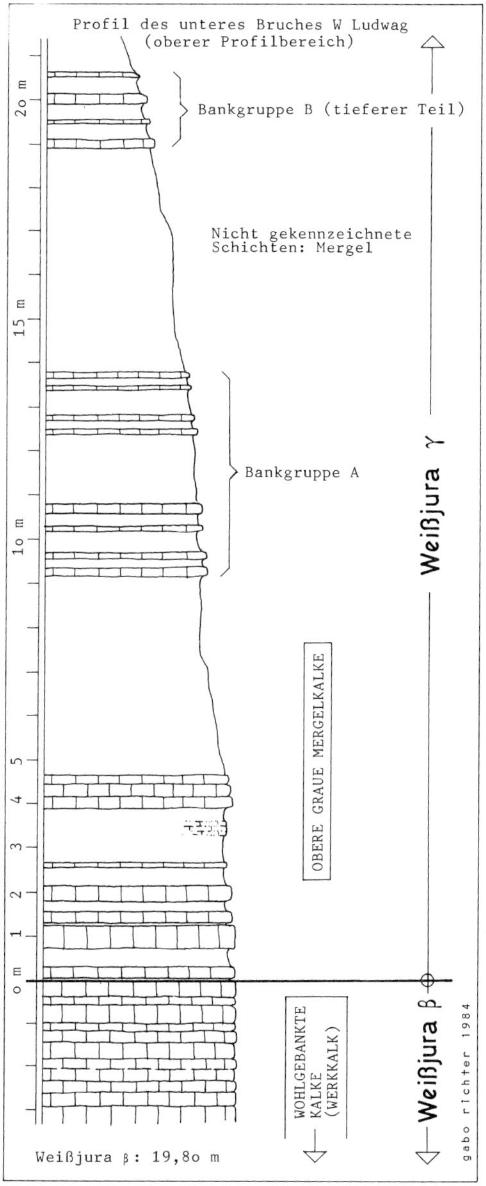

Profil des unteren Steinbruches westlich Ludwag (115), umgezeichnet nach SCHIRMER 1981.

dolomitischer Massenkalk. In Richtung Weihersmühle Dolomitkalke. – Von der Weihersmühle nach W Richtung Wallersberg. In der scharfen Kurve (400 m ü. NN) eine in den Massenkalk eingelagerte Bankfazieslinse (Weißjura delta).

113) Vom E Ortsbereich Weismain nach SE Richtung Neudorf. Bankkalke des höheren beta sind unmittelbar an der Straße ca. 400 m SE von **Krassach** erschlossen.

114) Von **Thurnau** (ca. 10 km SW Kulmbach) entlang der B 505 nach W: „Menchauer Steige". Der Parkplatz auf der S-Seite der B 505 liegt im Übergang beta/gamma. Die jenseitige Straßenböschung erschließt nach W hin zuerst gamma (bis ca. 455 m ü. NN), dann delta (bis ca. 485 m ü. NN), in mergelreicher Nordalb-Fazies.

115) Ca. 4 km SE von Schesslitz (ca. 18 km NE Bamberg) liegt **Ludwag**. W des Ortes zwei Stbre der Fa. SCHMAUS. Im unteren Bruch ist der Werkkalk (beta) erschlossen sowie große Bereiche des Ob. Mergelkalkes (gamma). Die im Bereich der Obermainalb nachweisbaren Mergelkalkbankgruppen A (gamma 2) und der tiefere Teil von B (gamma 3) können im unteren Bruch beobachtet werden. – Der obere Bruch liegt etwa einen halben km entfernt; im Bruch stehen Gesteine der Riffazies an mit Mergelzwischenlagen. Erschlossen sind beta (unterer Riffkomplex), gamma (mit unteren Schwammergeln bzw. Platynota-Schwammergeln und oberen Schwammergeln = mittl. Riffkomplex) sowie vermutlich delta im oberen Riffkomplex. Gute Aufschlußbeschreibung bei SCHIRMER 1981 (siehe Abb. S. 113).

116) Am NE Ortsausgang von **Gräfenberg** (ca. 18 km ENE Erlangen) beiderseits der B 2 Stbre. Erschlossen beta/gamma (Grenze erkennbar an den vermehrten und mächtigeren Mergelschichten; in den Bruchwänden). In den E der Straße liegenden Stbren teilweise unterster Weißjura delta erschlossen (im Hangenden).

117) W **Burglengenfeld** (ca. 20 km NNE Regensburg) großer Stbr der HEIDELBERGER ZEMENTWERKE. Erschlossen Dickbankfazies des beta (Bankmächtigkeiten um 1 m, aber auch bis über 4 m!) mit dem „Oberen Doppelmergel" ca. 5 m über der Sohle (= Grenze alpha/beta), darüber gamma (Platynota-Schichten). – In der 2. Sohle sind an der höheren Wand der gesamte gamma (gut erkennbar die Crussoliensis-Mergel) und der untere delta aufgeschlossen.

118) Ca. 2,5 km S **Weißenburg**, E der B 2, liegt ein aufgelassener Stbr am Waldrand. Erschlossen ca. 17 m Wohlgebankte Kalke. Im untersten Bereich Grenzschichten alpha/beta. Bankweise gehäuftes Auftreten von *Taramelliceras* (Bank 206 bis 208).

119) Von Treuchtlingen im Altmühltal nach E Richtung Pappenheim und weiter bis zum nächsten Ort, **Zimmern**. Ca. 600 m S des Dorfes (Altmühl queren, auf Feldweg weiter) am NW-Ausgang des Eisenbahntunnels Weganschnitt im obersten beta (Galar-Bänke). Überlagernder gamma (*platynota*-Zone) schlecht erschlossen.

In den folgenden beim Weißjura gamma beschriebenen Aufschlüssen stehen in den tieferen Steinbruchbereichen ebenfalls Schichten des Weißjura beta an: 122, 123, 124, 125, 126.

Der Weißjura gamma

Die im Gegensatz zur Schwäbischen Fazies (Mergel mit nur drei geringmächtigen Kalkhorizonten) deutlich gebankte Fränkische Kalkfazies des gamma ermöglicht die stromatometrische Parallelisierung zumindest in der Südalb (wenn auch nicht so klar wie im beta). Ein Bank-für-Bank-Vergleich über den Rieskessel hinweg nach Westen ist nicht mehr möglich.

In der Südlichen Frankenalb beobachten wir im mittleren und oberen gamma dickere Kalkbänke im E, nach W aber in zunehmender Zahl Mergellagen und eine entsprechende Bankaufspaltung in geringermächtige Kalkbänke, im Riesgebiet schließlich den abrupten Fazieswechsel zur reinmergeligen Schwäbischen Fazies.

Auch am NW-Rand der Frankenalb beobachten wir einen Fazieswechsel von Kalkfazies im S (Lange Meile nördlich Ebermannstadt) zu Mergelfazies: Mergel mit wenigen zwischengelagerten, 10 bis 25 cm mächtigen Mergelkalkbänken (Staffelstein).

Im Gebiet der Parsberger Riffschranke abgelagerte Schichtkalke sind in der Mächtigkeit stark reduziert, was auch für alle anderen im Riffbereich abgelagerten Gesteine der

Schichtfazies gilt. Schwammfazies tritt in der Südalb außer im Parsberger Riffzug vor allem im Riesgebiet auf, ist aber auch im östlichen Albbereich und in der Nördlichen Alb häufig. Die undeutlich dickbankig-geschichteten Massenkalke sind weitgehend dolomitisiert, Schwammriffe weit verbreitet. In der Mergelfazies treten Einzelschwämme in lockerer Anordnung oder auch in zusammenhängenden Schwammlagen auf (Biostromfazies; gut zu beobachten z. B. im Riesgebiet). Zur vergleichsweise konstanten Mächtigkeit der Schichtfazies mit rund 30 m schwankt die Mächtigkeit der Schwammfazies sehr stark, bedingt durch schnellere Sedimentierung im Riffbereich bzw. durch ungleichmäßigere Sedimentierung.

Die im Vergleich zu den unterlagernden Werkkalken sehr viel mergeliger ausgebildeten Kalke des gamma setzen über einer scharfen Grenze ein. Wegen dieser Mergelführung sprechen wir von den **Oberen grauen Mergelkalken** (Untere graue Mergelkalke = Weißjura alpha). Auffallend sind die beiden Mergelhorizonte der Platynota-Schichten und der Crussoliensis-Mergel. Wir betrachten die durch Gestein und Fossilführung geschiedenen Stufen des Weißjura gamma:

Die **Platynota-Schichten** (gamma 1; nach dem Ammoniten *Sutneria platynota*, der häufig zu finden ist) bestehen aus grauen bis grünlichen Mergeln und Mergelkalken. Morphologisch bilden diese Schichten sanfte Verebnungsflächen über den oft schroffen Werkkalk-Aufstiegen. In der Südalb und in Riesnähe erreicht gamma 1 Mächtigkeiten zwischen 5 und 6 m, bei Ebermannstadt 8,5 bis 14 m. Die durchschnittliche Mächtigkeit liegt bei 2 bis 3 m.

Die Kalke der folgenden **Ataxioceraten-Schichten** (gamma 2) sind grau und bei geringerem Mergelgehalt härter und dichter. Die nach oben zunehmende Bankmächtigkeit liegt zwischen 15 und 40 cm. Zwischen den Kalkbänken sind Mergelfugen ausgebildet. Die hellen und mergelarmen Kalke der oberen Schichten sind relativ hart. Dieser Schichtstoß kann wieder eine Geländestufe bilden. Die Mächtigkeit liegt in der Südalb und im E zwischen 20 und 21 m, in der westlichen Nordalb zwischen 8 und 29 m.

Die geringmächtigen **Crussoliensis-Uhlandi-Schichten** (gamma 3; nach den Ammoniten *Crussoliceras crussoliensis* und *Orthaspidoceras uhlandi*) werden in die zwischen 1 und 3 m mächtigen knolligen Mergelkalke mit dicken Mergelfugen der Crussoliensis-Mergel und die 3 bis 4 m mächtigen harten, mergelfreien und nach oben hin dickbankigen Uhlandi-Kalke unterteilt. Etwa in der Mitte der Uhlandi-Schichten liegen die **Balderum-Bänke** mit dem Ammoniten *Idoceras balderum*. Da diese Art hier wie auch im Schwäbischen Jura eine nur geringe Vertikalreichweite hat, lassen sich mit ihrer Hilfe stromatometrische Vergleiche zwischen Franken- und Schwabenalb durchführen.

Bis faustgroße, oft unregelmäßig geformte Hornsteinknauern und Kieselkalkknollen treten sowohl in der Schicht- wie auch der Schwammfazies der östlichen und nördlichen Alb auf. Die Menge der schichtweise angereicherten oder locker eingestreuten Knollen nimmt nach oben hin zu.

Im Gegensatz zu den über den gamma-Mergeln und -kalken mit relativ scharfer Grenze und sofortigem Auftreten der leitenden Aulacostephaniden einsetzenden Kalken des Weißjura delta (einige Meter über den Balderum-Bänken) in Schwaben greift die Dickbank-Fazies des Treuchtlinger Marmors in Franken hinab in den Weißjura gamma: Unmittelbar über den Uhlandi-Kalken folgen schon charakteristische Dickbänke, führen aber in den unteren Bänken (rund 6 m) noch eine typische gamma-Fauna. Erst ca. 9 m über dieser Faziesgrenze konnten die ersten Aulacostephaniden nachgewiesen werden, was die biostratigraphische Zugehörigkeit der untersten Schichten des Treuchtlinger Marmors zum Weißjura gamma belegt (s. a. Bankfolge des Treuchtlinger Marmors, S. 119).

Der Weißjura gamma entspricht dem Unt. Kimeridge und wird in folgende Zonen gegliedert: *Sutneria platynota* (gamma 1), *Ataxioceras hypselocyclum* (gamma 2), *Katroliceras divisum* (gamma 3).

Die **Fossilführung** ist in der Regel sehr groß. In der Schichtfazies beherrschen die Ammoniten das Faunenbild. Auch Belemniten sind häufig (vor allem *Hibolites hastatus*, eine im ganzen Weißjura vertretene Durchläuferform). Muscheln, Schnecken und auch Brachiopoden treten stark zurück. **Ammonitenanreicherungen** an der Basis des gamma (berühmt waren z. B. die Schichten bei Drügendorf unweit Ebermannstadt – heute abgebaut) belegen Wiederaufarbeitung und somit zeitweisen Sedimentationsstopp; sie sind weiträumig nachweisbar. In den Mergeln der Riffgebiete tritt zusammen mit den Cephalopoden eine oft extrem fossilreiche Benthosfauna auf, mit Brachiopoden, Muscheln, Schnecken, Seeigeln, Seestern- und Seelilienresten. Selten finden sich Haizähne als Belege für die Wirbeltierfauna.

Fossilliste Weißjura gamma

Schwämme: *Cnemidiastrum rimulosum* GOLDF., *C. stellatum* GOLDF., *Sporadobyle, Tremadictyon reticulatum* (GOLDF.), *Laocaetis paradoxa* (MUENST.), *Pachyteichisma lopas* (QU.), *Cypellia rugosa* (GOLDF.), *Stellispongia, Myrmecium hemisphaericum* (GOLDF.), *Corynella quenstedti* ZITTEL, *Peronidella cylindrica* (GOLDF.);

Schnecken: *Bathrotomaria reticulata* (SOW.), *Pyrgotrochus, Neritopsis jurensis* (ZIET.), *Onkospira ranellata* (QU.), *Pseudomelania heddingtonensis* (SOW.), *Anchura bicarinata* (GOLDF.), *Spinigera alba* (QU.), *Ampullina gigas* (STROMB.);

Muscheln: *Cucullaea texta* ROEM., *Entolium corneolum* (Y. & B.), *Camptonectes auritus* (SCHL.), *Chlamys comatus* (MUENST.), *Ctenostreon pectiniformis* (SCHL.), *Liostrea rugosa* (MUENST.), *Nanogyra striata* (SMITH), *Myophorella clavellata* (SOW.), *Mactromya concentrica* (MUENST.), *Ceratomya excentrica* (ROEM.), *Plectomya rugosa* (ROEM.), *Protocardia eduliformis* (ROEM.), *Rollierella orbicularis* (ROEM.), *Thracia incerta* (ROEM.), *Pleuromya alduini* (BRONGN.), *P. uniformis* (SOW.);

Nautiliden: *Pseudonautilus, Pseudaganides aganiticus* (QU.), *Paracenoceras hexagonum* (SOW.), *Paracymatoceras asperum* (OPP.);

Ammoniten: *Glochiceras nimbatum* (OPP.), *Coryceras modestiforme* (OPP.), *C. canale* (QU.), *Lingulaticeras lingulatum* (QU.), *L. nudatum* (OPP.), *L. fialar* (OPP.), *L. crenosum* (QU.), *Ochetoceras canaliferum* (OPP.), *O. semifalcatum* (OPP.), *O. palissyanum* (FONT.), *Granulochetoceras uracense* DIETLEN, *Cymaceras guembeli* (OPP.), *Oxydiscites laffoni* (MOESCH), *Taramelliceras pichleri* (OPP.), *T. trachinodum* (OPP.), *T. compsum* (OPP.), *T. pseudoflexuosum* (FAVRÉ), *Strebliticeras tegulatum* (QU.), *Metahaploceras subnereum* (WEG.), *M. rigidum* (WEG.), *M. semibarbarum* HOELDER, *M. strombekki* (OPP.), *M. nodosiusculum* (FONT.), *Creniceras dentatum* (REIN.), *Streblites tenuilobatus* (OPP.), *S. frotho* (OPP.), *S. levipictus* (FONT.), *Uhligites weinlandi* (OPP.), *Amoeboceras fraasi* (FISCH.), *A. ovale* (QU.), *A. bauhini* (OPP.), *A. lineatum* (QU.), *A. kitcheni* SALF., *A. cricki* SALF., *A. kapffi* (OPP.), *Orthosphinctes tizianiformis* (CHOFF.), *O. freybergi* (GEYER), *O. polygratus* (REIN.), *O. vandelii* (CHOFF.), *O. praenuntians* (FONT.), *Lithacoceras subachilles* (WEG.), *L. planulatum* (QU.) (siehe Abb. 16, S. 125), *L. grandiplex* (QU.), *L. pseudolictor* (CHOFF.), *Progeronia eggeri* (AMMON), *P. lictor* (FONT.), *P. riberoi* (CHOFF.), *P. triplex* (QU.), *P. breviceps* (QU.), *P. castroi* (CHOFF.), *P. pseudopolylocoides* GEYER, *P. uresheimense* (WEG.), *P. rotiforme* GEYER, *Katroliceras aceroides* GEYER, *K. atavum* (SCHNEID), *K. divisum* (QU.), *Crussoliceras crussoliense* (FONT.), *C. tenuicostatum* GEYER, *Garnierisphinctes semigarnieri* GEYER, *Toquatisphinctes championneti* (FONT.), *T. melliconense* GEYER, *Ataxioceras hypselocyclum* FONT., *A. eudiscinum*

SCHNEID, *A. subinvolutum* (SIEM.), *A. rupiphilum* SCHNEID, *A. genuinum* SCHNEID, *A. complanatum* SCHNEID, *A. guentheri* (OPP.), *A. striatellum* SCHNEID, *A. litorale* SCHNEID, *A. catenatum* SCHNEID, *A. pulchellum* SCHNEID, *A. involutum* GEYER, *A. suberinum* (AMMON), *A. polyplocum* (REIN.), *A. discoboloides* GEYER, *A. discobolum* (FONT.), *A. lautum* SCHNEID, *A. homalinum* SCHNEID, *Parataxioceras lothari* (OPP.), *P. pseudolothari* GEYER, *P. effrenatum* (FONT.), *P. pseudoeffrenatum* (WEG.), *P. nudocrassatum* GEYER, *P. hoelderi* GEYER, *P. oppeli* GEYER, *P. balnearium* (LOR.), *P. geniculatum* (WEG.), *P. nendingenense* GEYER, *P. robustum* GEYER, *P. inconditum* (FONT.), *P. desmoides* (WEG.), *P. schneidi* GEYER, *P. wemodingense* (WEG.), *Idoceras balderum* (OPP.), *Nebrodites agrigentinus* (GEMM.), *N. heimi* (FAVRÉ), *N. cafisii* (GEMM.), *N. peltoideus* (GEMM.), *N. hospes* (NEUM.), *N. macerrimus* (QU.), *Mesosimoceras planulacinctum* (QU.), *M. teres* (NEUM.), *M. hossingensis* (FISCHER), *Rasenia cymodoce* (ORB.), *R. balteata* SCHNEID, *Eurasenia trifurcata* (REIN.), *E. rolandi* (OPP.), *E. pendula* (SCHNEID), *E. gothica* (SCHNEID), *E. trimera* (OPP.), *E. frischlini* (OPP.), *E. vernacula* (SCHNEID), *E. engeli* GEYER, *Involuticeras involutum* (QU.), *I. crassiocostatum* GEYER, *Semirasenia moeschi* (OPP.), *S. thermara* (OPP.), *Prorasenia stephanoides* (OPP.), *P. witteana* (OPP.), *P. quenstedti* SCHINDEW., *P. heeri* (MOESCH), *Rasenioides striolaris* (REIN.), *R. transitoria* (SCHINDEW.), *R. lepidula* (OPP.), *R. pseudolepidula* GEYER, *R. paralepida* (SCHNEID), *Pictonia baylei* SALF., *Pachypictonia dorsata* (SCHNEID), *P. albinea* (OPP.), *P. perornatula* (SCHNEID), *P. bipedalis* (QU.), *Ringsteadia tenuiplexa* (QU.), *Vineta laevigyrata* (QU.), *V. weinlandi* (FISCH.), *V. striatula* (SCHNEID), *Sutneria platynota* (REIN.), *S. cyclodorsata* (MOESCH), *Hybonoticeras suevicum* (FISCH.), *Aspidoceras acanthicum* (OPP.), *A. binodum* (OPP.), *Orthaspidoceras orthocerum* (ORB.), *O. schilleri* (OPP.), *O. uhlandi* (OPP.), *Physodoceras circumspinosum* (OPP.), *P. altenense* (OPP.), *P. contemporaneum* (FAVRÉ), *Pseudowaagenia micropla* (HERBICH), *Lamellaptychus, Laevilamellaptychus, Laevaptychus;*
Belemniten: *Hibolites hastatus* (BLAINV.);
Röhrenwürmer: Siehe Weißjura alpha!
Bryozoen: Siehe Weißjura alpha!
Krebse: *Prosopon mammillatum* WOODW., *Laeviprosopon, Nodoprosopon, Pithonoton;*
Brachiopoden: *Lacunosella lacunosa* (SCHL.), *Torquirhynchia speciosa* (MUENST.), *Juralina humeralis* (ROEM.), *Loboidothyris bisuffarcinata bisuffarcinata* (SCHL.), *L. bis. birmenstorfensis* (MOESCH), *L. gigas* (QU.), *L. subselloides* WESTPH., *L. lucerna* WESTPH., *L. zieteni* (LOR.), *Placothyris rollieri* (HAAS), *Nucleata nucleata* (SCHL.), *Terebratulina substriata* (SCHL.), *Zittelina orbis* (QU.), *Trigonellina loricata* (SCHL.), *T. pectuncula* (SCHL.), *Ismenia pectunculoides* (SCHL.);
Seelilien: *Balanocrinus subteres* (MUENST.), *Millericrinus milleri* (SCHL.), *M. mespiliformis* (SCHL.), *Eugeniacrinites cariophillites* (SCHL.), *E. hoferi* MUENST.;
Seesterne: Siehe Weißjura alpha!
Schlangensterne: Siehe Weißjura alpha!
Seeigel: *Plegiocidaris coronata* (SCHL.), *Rhabdocidaris orbignyana* (AG.), *R. princeps* DESOR, *Polydiadema, Diplopodia subangularis* (GOLDF.), *Magnosia nodulosa* (GOLDF.), *Collyrites carinata* (LESKE), *Disaster granulosus* (GOLDF.);
Fische: *Notidanus, Orthacodus.*

Aufschlüsse:
95) Aufschluß **Kirchleus** – s. Weißjura alpha!
98) Aufschluß **Roßdorf** – s. Weißjura alpha!
100) Aufschluß **Ernstfeld** – s. Weißjura alpha!
101) Aufschluß **Teuchatz** – s. Weißjura alpha!
102) Aufschluß **Drügendorf** – s. Weißjura alpha!
103) Aufschluß **Ebermannstadt** – s. Weißjura alpha!
104) Aufschluß **Ebermannstadt („Feuerstein")** – s. Weißjura alpha!
107) Aufschluß **Hartmannshof** – s. Weißjura alpha!
114) Aufschluß **Thurnau** – s. Weißjura beta!
115) Aufschluß **Ludwag** – s. Weißjura beta und Abb. 15 u. 18, S. 125/6!
116) Aufschluß **Gräfenberg** – s. Weißjura beta!
120) An einem Feldweg am **„Kalkberg"** S Weismain unten Weißjura beta (Dickbankfazies; ab ca. 420 m ü. NN), dann ca. 5 m mergeliger gamma 1, darüber ca. 4,80 m Mergelkalke und Mergel der Bankgruppe A (s. Aufschluß 115), ca. 6,50 m Mergel, 1,60 m Bankgruppe B (s. Aufschluß 115), 14 m Mergel etwa auf Kuppenhöhe (Übergang gamma/delta) und schließlich 1,50 m Bankgruppe D (bereits delta; C = unterster delta – fehlt).
121) von Weismain nach SSE Richtung **Neudorf**. Ca. 750 m NW dieses Ortes an der Straße Schichten des gamma erschlossen: Basal alternierend Kalk- und Mergelkalkbänke (ca. 2,50 m), dann 9,50 m Mergel mit zwischengelagerten Mergelkalkbänken, 10 m Schwammergel, 9 m Mergel mit Schwammstotzen

und schließlich 20 m Massenfazies mit Schichtfazieslinse (Restlücke).
122) Von Neumarkt/Opf. Richtung NE – Amberg, auf der B 299. Nach ca. 13 km nach N abbiegen, Richtung **Lauterhofen**. Kurz vor dem Ort im E großer Stbr der Fa. TROLLIUS. Auf den unteren Sohlen Weißjura beta erschlossen, auf der oberen Sohle Weißjura gamma. Die Sohle liegt im Bereich der hier glaukonitischen *platynota*-Zone (Grünfärbung der Fossilien), siehe Abb. 16, S. 125.
123) Von Neumarkt/Opf. nach N Richtung Altdorf. In Oberölsbach nach E und über Sindlbach nach **Bischberg**. Im Ort nach N und zum Stbr am „Lindenbühl". Hier erschlossen im unteren Bereich beta, oben gamma, je nach Abbauverhältnissen fossilreich und gut zugänglich vor allem im E (basale glaukonitische Platynota-Schichten zeitweise gut erschlossen).
124) Ca. 9 km NE von Neumarkt/Opf. liegt ein z. Zt. nicht im Abbau stehender Stbr unmittelbar N der B 299 (ca. 1,2 km SE von **Ammelhofen**). Im tieferen Bruchbereich im E oberster beta, glaukonitische Platynota-Schichten; mittlerer und höherer gamma vor allem im Bruchbereich gegenüber (N) der Einfahrt. Im Hangenden Frankendolomit.
125) Von der B2 auf der Höhe von Treuchtlingen nach E Richtung **Osterdorf**. Ca. 1,2 km W des Ortes kleiner Stbr am Waldrand. Erschlossen basal oberster beta, darüber gamma. Profilhöhe ca. 7 m. Gut erkennbar die relativ mächtige Kalkbank 242 im oberen Profilteil (höhere Schichten des unteren gamma). In den Bänken 234, 234 a und 235 Ammonitenseifen. Beta = Galar-Schichten; gamma = Platynota-Schichten.
126) Am NE-Rand des Rieses liegt **Ursheim** (ca. 19 km NE Nördlingen). Von hier nach E Richtung Döckingen. Ca. 700 m nach den letzten Häusern unmittelbar N der Straße aufgelassener Stbr in Schichten des Weißjura beta sowie im Hangenden in den untersten Bänken des gamma (*platynota*-Zone). Über dem gamma noch ca. 4 m Bunte Breccie (violette Letten, hellgraue bis rosafarbene Keupersandsteine). Die Weißjuragesteine des Bruches sind autochthon.
127) Von Treuchtlingen im Altmühltal nach E Richtung Pappenheim. Ca. 2,5 km W Pappenheim passieren wir die **Grafenmühle**, etwa 600 m weiter erschließt ein gut zugänglicher Straßen- und Bahneinschnitt den Weißjura gamma. Der untere Schichtstoß – ca. 5 m Mergel und Mergelkalke – gehört zu den Platynota-Schichten, die überlagern-den ca. 14 m mächtigen Kalkbankschichten zu den Ataxioceraten-Schichten.

Der Weißjura delta

Zur Zeit des unteren Weißjura delta sedimentierten in der Südalb die sehr gleichförmigen, zwischen 40 und 135 cm mächtigen Dickbänke des **Treuchtlinger Marmors**. Diese Fazies kann in den gamma hinabreichen (s. oben). Demgegenüber zeigt die in sich ebenfalls sehr gleichförmige Schwäbische Fazies dünn- bis mittelbankige Kalke mit vielen dicken Mergelfugen. Stromatometrische Vergleiche über das Ries hinweg sind nicht möglich.
Das ungestörte Ablagerungsmilieu, das entsprechend gleichförmige Sedimente entstehen ließ, ergab sich aus der allseitigen Abschirmung der flachen „Treuchtlinger Marmor-Plattform" gegen die umgebenden Meeresbereiche: im W durch die Ries-Wiesent-Riffschranke, im E durch die Kelheim-Landshuter Riffschwelle samt ihrer Fortsetzung nach NNW und im S durch die Münchner Riffplatte. Durch die relativ gleichbleibende Bankmächtigkeit und die charakteristische Ausbildung der Einzelbänke (bis zu 100 km!) lassen sich **stromatometrische Vergleiche** in idealer Weise durchführen. Lithologische Befunde überwiegen an Bedeutung die Leitfossilien: Die Lithostratigraphie ist für die Parallelisierung wichtiger als die Biostratigraphie. Einige markante Horizonte ermöglichen schnelle Orientierung ohne Vermessungsarbeiten: die knapp über der Faziesgrenze folgende Knollige Lage, die Geblümte Bank und Untere und Obere Mergelplatte (s. unten).
Die Kalke sind dicht und hart und von gelblichgrauer, gelblicher bis bräunlicher Farbe. Sie enthalten Schwammumien und Algenkrusten (Tuberoide) im Millimeter- bis Zentimeter-

Bereich bzw. deren Relikte. Die Kieselschwämme sind teller- bis becherförmig und zeigen vielfach Algenkrusten. Sehr häufig sind freigewachsene Algenkrusten und -knollen. Ganz typisch sind die ca. 4 mm großen weißen „Flämmchen“ der massenhaft auftretenden Foraminiferengattung *Nubeculinella*. Diese Foraminiferen wie auch Einzelheiten des tuberolithischen Bankkalkes lassen sich am besten an einer polierten Platte studieren (unschwer zu erhalten in jedem Marmorwerk im Bruchgebiet oder beim heimischen Steinmetz; kann auch auf den Abfallhalden der Werke gesammelt werden).

Wir betrachten die **Bankfolge**, wobei zu beachten ist, daß die stratigraphische Grenze gamma-delta etwa zwischen Bank 9 und 11 liegen dürfte. Die Mächtigkeit der Bänke schwankt je nach regionaler Lage. Auch können einzelne Bänke in mehrere dünnere Bänke aufspalten. Die Angaben stammen aus der Arbeit von H.-U. Banz (1970).

Bank 1 und 2: „Basis-“ oder „Hauptschwammbank“, ca. 1 m, mit rauher Sohl- und Dachfläche; Bank 2 a: **„Knollige Lage“**, 0,10 bis 0,37 m, Mergel mit Kalkeinlagerungen, regional aufspaltend – wichtiger Leithorizont; Bank 3: 0,65 bis 0,75 m, regional aufspaltend; Bank 4: ca. 0,70 m, regional aufspaltend; Bank 5: 0,50 bis 0,80 m, regional mit dünnen Fugen; Bank 6: 1,00 bis 1,05 m – die „Meterbank“ der Brucharbeiter; Bank 7: 0,60 bis 0,80 m; Bank 8: ca. 0,80 m, regional starke Mächtigkeitsreduzierung bis auf ca. 0,30 m; Bank 9: 0,85 bis 2,00 m, wobei die 2-Meter-Bank Fugen bei 0,95 und 1,25 m hat; Bank 10: ca. 1,10 m; Bank 11: 0,90 bis 1,40 m, regional geringmächtige harte Mergelzwischenlage, zahlreiche lagige Algenkrusten, massenhaft Nubeculinellen – **„Geblümte Bank“**: wichtiger Leithorizont; Bank 12: 0,75 bis 1,20 m, meist mit einer oder zwei Fugen; Bank 13: 0,75 bis 1,50 m, regional gefugt; Bank 14: 0,55 bis 0,80 m, regional bis 1,75 anschwellend; Bank 15: 0,80 bis 1,35 m, regional mit sandiger glaukonitführender Mergelbank und oberem Abschluß durch grüne Mergelfuge; Bank 16: 0,40 bis 0,90 m; Bank 17: 0,60 bis 0,70 m, regional bis 2,30 m anschwellend, dann mit dicken, unregelmäßig angeordneten Mergelbänken; Bank 18: 0,55 bis 0,70 m, regional mit einer Fuge; Bank 19: **„Untere Mergelplatte“** – wichtiger Leithorizont! Unten 0,08 bis 0,20 m mächtige helle bis graugrüne Mergel, selten mit Kalkknolleneinlagerungen, darüber 0,30 bis 1,10 m mächtige Kalkbank, gefolgt von 0,10 bis 0,30 m mächtiger, hellfarbener Mergelfuge; Bank 20: 0,70 bis 1,00 m, regional einmal gefugt; Bank 21: 0,60 bis 1,00 m, regional einmal gefugt; Bank 22: 0,45 bis 0,70, regional bis auf 2,70 m anschwellend und dann aufspaltend; Bank 23: 0,60 bis 1,05 m, regional bis auf 1,55 m anschwellend und knollig-plattig aufspaltend; Bank 24: 0,70 bis 0,90 m, regional bis auf 2,65 m anschwellend; Bank 25: **„Obere Mergelplatte“** – wichtiger Leithorizont! Unten 0,05 bis 0,20 m mächtige Mergel, teilweise mit Kalkknollen, oder bis 0,40 m mächtige linsenartig in weißen Mergeln liegende Mergelkalke. Darüber zwischen 0,60 und 0,70 m, regional auch bis 1,00 m mächtige Kalkbank, überlagert von 0,10 bis 0,30 m dicken hellfarbenen Mergeln oder knolligen Kalkmergeln; Bank 26 (kann mit 27 verschmelzen): 0,95 bis 1,20 m, regional reduziert auf geringere Mächtigkeit (ca. 0,75 m), mitunter mit mehreren Fugen; Bank 27 (kann mit 26 verschmelzen): 0,80 bis 1,00 m; Bank 28: 0,80 bis 1,10 m, regional mit deutlicher Mergelfuge etwa in Bankmitte; Bank 29: 0,50 bis 0,60 m; Bank 30: 1,00 bis 1,10 m, regional reduziert bis ca. 0,50 m, selten gefugt etwa in Bankmitte; Bank 31: 1,00 bis

1,10 m; Bank 32: ca. 1,00 m, regional stark reduziert; Bank 33: 0,60 bis 0,95 m, regional wellig-flaserig geschichtet; Bank 34: ca. 0,55 m; Bank 35: ca. 0,85 m; Bank 36: ca. 0,85 m; Bank 37: ca. 0,60 m; Bank 38: ca. 1,60 m mit 2 Fugen; Bank 39: ca. 0,60 m; Bank 40: ca. 1,05 m mit einer Fuge; Bank 41: ca. 1,05 m mit einer Fuge; Bank 42: ca. 0,70 m; Bank 43: ca. 1,00 m; Bank 44: ca. 1,25 m; Bank 45: ca. 1,55 m mit einer Fuge; Bank 46: ca. 2,00 m; Bank 47: ca. 2,00 m.

Die noch höher liegenden Dickbänke des Treuchtlinger Marmors sind sehr selten erschlossen. In den zahlreichen Steinbrüchen ist die Schichtfolge meist nur bis etwa Bank 30 sichtbar.

Der Treuchtlinger Marmor hat große wirtschaftliche Bedeutung, da die aus den Dickbänken gesägten und polierten Platten im Innenausbau nach wie vor sehr gerne verwendet werden (Fensterbänke, Boden-, Wand- und Treppenplatten). Dementsprechend ist die Dickbankfolge vorzugsweise des unteren Bereiches des Treuchtlinger Marmors vielerorts durch im Abbau stehende Steinbrüche erschlossen (vor allem um Treuchtlingen und nördlich von Eichstätt). Das Gestein ist **kein echter Marmor** (also ein Metamorphgestein), sondern ein verschleifbarer Kalk. Es führt oft Pyrit und hat dann eine blaugraue Grundfarbe, die durch Oxidation in das typische und beliebte Gelbgrau wechselt.

Der Weißjura delta entspricht dem Mittl. Kimeridge und somit den Zonen des *Aulacostephanoides mutabilis* und des *Aulacostephanoceras eudoxum*. Der untere Schichtstoß – ab Bank 9 bis 11 bis etwa Bank 22 – entspricht den **Mutabilis-Schichten**. In Franken kommt allerdings *A. mutabilis* nicht vor und wird durch *Aspidoceras acanthicum* als Leitform ersetzt. Diese Art ist nachweisbar etwa von Bank 9 bis Bank 29. Die frühesten Aulacostephanen konnten in Bank 11 nachgewiesen werden. Damit ist die Festlegung der biostratigraphischen **Grenze gamma-delta** auf die Bänke 9 bis 11 berechtigt. *Aulacostephanoceras eudoxum* tritt erstmals auf in Bank 23. Nach ihm wird der obere Schichtstoß als **Eudoxum-Schichten** bezeichnet. Die **Acanthicum-Schichten** entsprechen also der *mutabilis*-Zone und somit dem schwäbischen delta 1 und 2, die Eudoxus-Schichten dem schwäbischen delta 3 und 4. Während die Acanthicum-Schichten des Treuchtlinger Marmors eine Mächtigkeit von durchschnittlich ca. 19 m erreichen (wobei die unteren 5 bis 6 m noch zum gamma gerechnet werden müssen!), dürften die Eudoxus-Schichten insgesamt weit über 30 m mächtig sein.

In der Mittleren und Nördlichen Frankenalb wird die Dickbankfazies des Treuchtlinger Marmors teilweise durch hornsteinreiche Kalke abgelöst, läßt sich aber bis an den östlichen Albrand verfolgen. Ein großer Teil der Bankkalke ist jedoch bis hinab an die Basis des Treuchtlinger Marmors **dolomitisiert**. Am W-Rand der Nordalb (Lange Meile-Staffelstein) tritt der delta stark mergelig auf, wobei die Acanthicum-Schichten bis 27 m erreichen können (abzüglich der basalen gamma-Bänke): Wohlgebankte Mergelkalke und Mergel mit wenigen zwischengeschalteten Kalkbänken. Die Eudoxus-Schichten bestehen hier aus ca. 13 m mächtigen, harten, grauen Kalkbänken.

Die **Schwammfazies** breitete sich vor allem im oberen Weißjura delta immer weiter aus, die Schichtfazies wurde stark zurückgedrängt. Dabei zeigen die den eigentlichen Schwammriffen zwischengelagerten Gebiete oft Biostromfazies in tafelbankiger bis undeutlich geschichteter Form. Diese Fazies kann regional in den unteren delta hinabgreifen und die hier typische Dickbankfazies verdrängen. In großflächiger Form tritt die Schwammfazies sowohl in der Südalb wie auch in der Mittleren und Nördlichen Frankenalb auf. Hier alternieren weitgespannte Riffkuppeln mit zwiebelschalig lagernden Schwammschichten und ungegliederten Massenkalkkomplexen, teilweise mit unmittelbarem Kontakt.

Fossilführung und **-häufigkeit** in der Dickbankfazies wechseln vertikal von Bank zu Bank und horizontal von Steinbruch zu Steinbruch. Dieser Befund läßt sich nicht ausschließlich durch die seinerzeitigen ökologischen Bedingungen erklären, da ja die Ablagerungsverhältnisse gleichförmig waren; man muß die Ursache wohl vor allem in strömungsmechanischen Einwirkungen suchen: postmortale Sortierung nach Verfrachtung über kurze oder weitere Entfernung. Dafür sprechen auch die oft schon zertrümmert eingelagerten Ammonitengehäuse und die umgestürzten und/oder zerbrochenen Schwämme. Das Milieu war vollmarin, die Wassertemperatur lag bei 26,4 °C ± 2,6 °C (nach H. ENGST 1961), was tropischen Bedingungen entspricht und das schnelle Schwammwachstum erklärt. In Übereinstimmung mit der Ausdehnung der Schwammfazies im höheren delta dürfen wir ein weiteres Ansteigen der Wassertemperatur annehmen.

B. ZIEGLER (1967) spricht von einer **Wassertiefe** von rund 150 m, während H.-U. BANTZ (1970) eine durchschnittliche Wassertiefe von 30 bis 50 m annimmt. Er begründet dies mit der in größeren Tiefen fehlenden Wasserbewegung, die er in der Dickbankfazies nachzuweisen können glaubt. Jedoch treten normalerweise in derart flachen Meeresbecken nur selten Ammoniten auf; sie bevorzugten als Lebensraum wohl meist Wassertiefen unter 50 m. Die vielen Ammonitengehäuse im Gestein können unmöglich alle aus dem offenen Meer eingespült sein; das ist auch geographisch unmöglich, da die Treuchtlinger Marmor-Plattform ja allseitig gegen das offene Meer abgeschirmt war. Wenn die Gehäuse der Cephalopoden und die Schwämme usw. schon vor der Einbettung zerbrochen waren, so muß das nicht unbedingt durch stark bewegtes Oberflächenwasser in Seichtgebieten erfolgt sein, es kann genausogut auf Bodenströmungen zurückzuführen sein. Gegen eine Wassertiefe zwischen 30 und 50 m spricht auch, daß Korallen völlig fehlen. Wahrscheinlich lag die Wassertiefe im Ablagerungsgebiet der Dickbankfazies – ganz grob angenommen als Durchschnittswert – um 100 m, worauf auch das spärlich vertretene Benthos hinweist. Brachiopoden z. B. treten vor allem in Nachbarschaft von Riffgebieten stärker in Erscheinung und sind im übrigen oft auf die Mergellagen beschränkt. Sicherlich war jedoch die Wasserbedeckung, zumindest zeitweise, geringer, worauf einzelne Bänke mit Bewegtwasserfazies schließen lassen (Onkoide, Ooide, feinlamellierte Stromatolithen).

H.-U. BANTZ beschreibt in seiner Arbeit über den **Fossilinhalt** des Treuchtlinger Marmors (1970) rund 126 „Arten“, wobei er bei den Brachiopoden nur unbestimmte „Formen“ unterscheidet und die Mikrofossilien und Schwämme nicht berücksichtigt. Den eindeutig überwiegenden Anteil des Artenspektrums stellen die Ammoniten mit 69 Arten (wovon einige ausschließlich im gamma vorkommen dürften). Belemniten sind zwar häufig, aber nur mit einer sicher zuordenbaren Art vertreten (*Hibolites hastatus*). BANTZ erwähnt ferner eine Form ohne Ventralfurche, gefunden in wenigen Exemplaren (pathologisch?). Nautiliden sind selten (zwei Arten), Brachiopoden

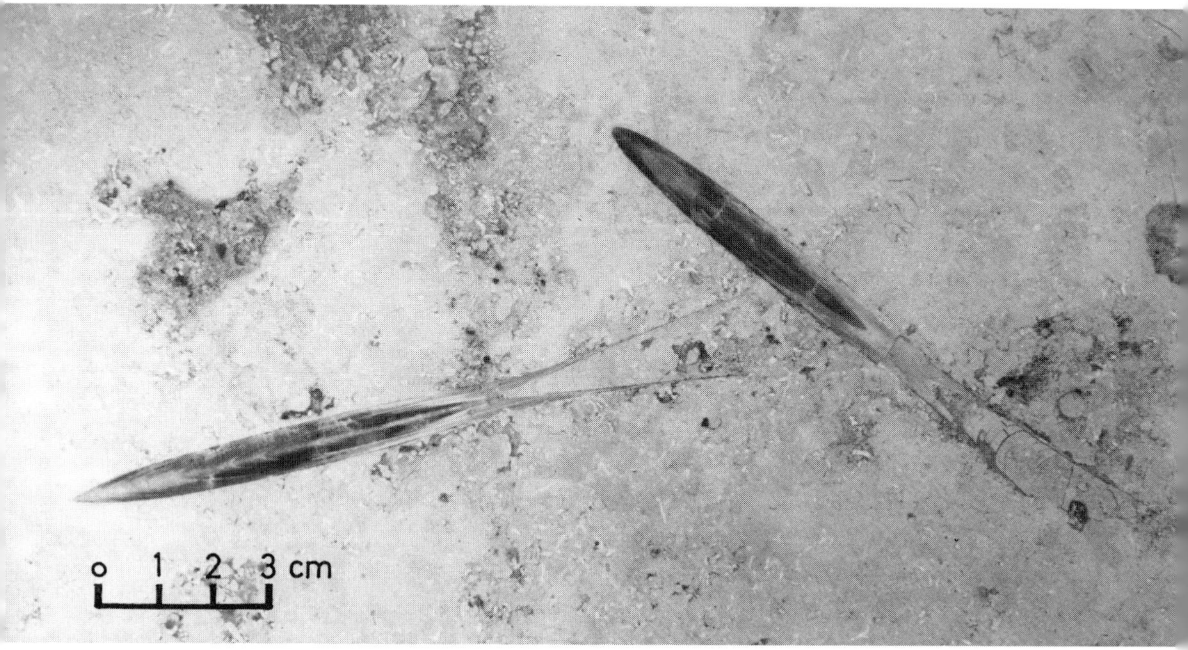

Hibolites hastatus (BLAINV.), 2 Exemplare (selten!) in einer angeschliffenen Platte. Weißjura delta (Treuchtlinger Marmor); Gundelsheim, südwestlich Treuchtlingen. Beachtenswert das teilweise erhaltene Proostracum und die Septen. Die weißen „Flämmchen" sind Foraminiferen.

belegt durch sieben Rhynchonellidae-„Formen" und sieben Terebratulidae-„Formen", Muscheln durch 23 Arten (in wenigen Exemplaren; revisionsbedürftig?), Schnecken durch sechs Arten (sehr wenige Exemplare), Seelilien durch zwei Arten, Seeigel durch acht Arten.

Die **Lebensbedingungen** waren, wie man daraus folgern muß, für sessile wie auch vagile Bodenbewohner gleichermaßen ungünstig, offensichtlich aber nicht immer. Darauf weisen die in den Mergelplatten massenhaft vorkommenden Seeigel hin (vor allem *Holectypus orificatus*, aber auch *Diplopodia subangularis*) und die hier nicht seltenen Terebratuliden (Rhynchonellen sind durchwegs seltener). Die individuenreichste Gruppe stellen die Schwämme. Ebenso häufig sind Algenkrusten.

Das **Sammeln** kann, vor allem in den harten Dickbänken, recht mühsam sein. Viele der hin und wieder calcitierten Ammoniten lassen sich nur mit Glück aus dem Gestein lösen. Andererseits sind die Ammoniten in den mergelreicheren Kalkpartien oftmals zerdrückt oder allgemein schlecht erhalten. Diese Nachteile werden aber durch den großen Fossilreichtum wieder ausgeglichen. Sinnvollerweise suchen wir nicht in den anstehenden Dickbänken (und bearbeiten **auf gar keinen Fall** zum Abtransport bereitliegende Blöcke!), sondern in den Schutthalden der Brüche. Jedoch mag das Absuchen der Blockoberflächen mit freigespülten Mergelschichten gute Ergebnisse erbringen (Benthos, Belemniten).

Fossilliste Weißjura delta

Schwämme: *Cnemidiastrum rimulosum* GOLDF., *C. stellatum* GOLDF., *Hyalotragos, Sporadobyle, Tremadictyon reticulatum* (GOLDF.), *Laocaetis paradoxa* (MUENST.), *Pachyteichisma, Cypellia rugosa* (GOLDF.), *Stellispongia glomerata* (QU.), *Myrmecium hemisphaericum* (GOLDF.), *Corynella quenstedti* ZITTEL, *Peronidella cylindrica* (GOLDF.);
Schnecken: *Bathrotomaria reticulata* (SOW.), *B. jurensis* (HARTM.), *B. babeauana* (ORB.), *Conotomaria cincta* (MUENST.), *Pyrgotrochus, Neritopsis, Onkospira ranellata* (QU.), *Pseudomelania heddingtonensis* (SOW.), *Anchura bicarinata* (GOLDF.), *Ampullina globosa* (ROEM.), *A. gigas* (STROMB.), *Harpagodes oceani* (BRONGN.);
Muscheln: *Cucullaea texta* ROEM., *Entolium corneolum* (Y. & B.), *E. cingulatum* (GOLDF.), *E. orbiculare* (SOW.), *Camptonectes auritus* (SCHL.), *Chlamys subtextoria* (MUENST.), *C. comata* (MUENST.), *C. subarmata* (MUENST.), *Eopecten velatus* (GOLDF.), *Ctenostreon pectiniformis* (SCHL.), *Liostrea rugosa* (MUENST.), *Nanogyra striata* (SMITH), *Deltoideum deltum* (SMITH), *Myophorella clavellata* (SOW.), *Lucina concinna* (DAMON), *Mactromya concentrica* (MUENST.), *Protocardia eduliformis* (ROEM.), *Rollierella orbicularis* (ROEM.), *Eocallista brongniarti* (ROEM.), *E. nuculaeformis* (ROEM.), *Corbulomima mosensis* (BUVIGN.), *Pholadomya acuminata* (HARTM.), *Goniomya literata* (SOW.), *Ceratomya excentrica* (ROEM.), *Pleuromya uniformis* (SOW.), *Plectomya rugosa* (ROEM.), *Thracia depressa (Sow.), T. incerta* (ROEM.);
Nautiliden: *Pseudaganides ammoni* (LOESCH), *P. schwertschlageri* (LOESCH), *Paracenoceras;*
Ammoniten: *Glochiceras nimbatum* (OPP.), *Lingulaticeras nudatum* (OPP.), *L. crenosum* (QU.), *L. modestum* (ZIEGL.), *L. semicostatum* (BERCKH.), *Ochetoceras canaliferum* (OPP.), *O. palissyanum* (FONT.), *O. zio* (OPP.), *Taramelliceras holbeini* (OPP.), *T. compsum* (OPP.), *T. hemipleurum* (FONT.), *T. pseudoflexuosum* (FAVRÉ) (siehe Abb. 17, S. 126), *T. klettgovianum* (WÜRTENB.), *T. klettgovianum modeli* (HOELDER), *Streblites tenuilobatus* (OPP.), *S. weinlandi* (OPP.), *S. levipictus* (FONT.), *Amoeboceras lineatum* (QU.), *Creniceras dentatum* (REIN.), *Orthosphinctes praenuntians* (FONT.), *O. stenocyclus* (FONT.), *O. vandelii* (CHOFF.), *Progeronia progeron* (AMMON), *P. ernesti* (LOR.), *P. lictor* (FONT.), *P. riberoi* (CHOFF.), *Katroliceras atavum* (SCHNEID), *Nebrodites agrigentinus* (GEMM.), *N. heimi* (FAVRÉ), *N. cafisii* (GEMM), *N. peltoideus* (GEMM.), *N. hospes* (NEUM.), *Mesosimoceras herbichi* (HAUER), *M. teres* (NEUM.), *Aulacostephanites eulepidus* (SCHNEID), *A. peregrinus* ZIEGL., *Aulacostephanoides linealis* (QU.), *A. circumplicatus* (QU.), *A. attenuatus* (ZIEGL.), *A. mutabilis* (SOW.), *Aulacostephanoceras eudoxum* (ORB.), *A. autissiodorensis* (COTT.), *Aulacostephanus pseudomutabilis* (LOR.), *Pararasenia quenstedti* (DURAND), *P. semieudoxa* (SCHNEID), *Sutneria cyclodorsata* (MOESCH), *Enosphinctes eumelus* (ORB.), *Aspidoceras acanthicum* (OPP.), *A. wolfi* (NEUM.), *A. bispinosum* (ZIET.), *Physodoceras contemporaneum* (FAVRÉ), *Pseudowaagenia haynaldi* (HERBICH), *P. micropla* (OPP.), *Orthaspidoceras liparum* (OPP.), *O. schilleri* (OPP.), *O. orthocera* (ORB.), *Lamellaptychus, Laevilamellaptychus, Laevaptychus;*

Belemniten: *Hibolites hastatus* (BLAINV.);
Röhrenwürmer: Siehe Weißjura alpha!
Bryozoen: Siehe Weißjura alpha!
Krebse: *Prosopon, Laeviprosopon, Nodoprosopon, Pithonoton;*
Brachiopoden: *Lacunosella lacunosa* (SCHL.), *Torquirhynchia speciosa* (MUENST.), *Loboidothyris bisuffarcinata bisuffarcinata* (SCHL.), *L. lucerna* WESTPH., *L. zieteni* (LOR.), *Placothyris rollieri* (HAAS), *Zittelina orbis* (QU.), *Trigonellina loricata* (SCHL.), *T. pectuncula* (SCHL.), *Ismenia pectunculoides* (SCHL.), *Terebratulina subsella* (SCHL.), *T. substriata* (SCHL.);
Seelilien: *Balanocrinus subteres* (MUENST.), *B. campichei* (LOR.), *Millericrinus milleri* (SCHL.), *M. mespiliformis* (SCHL.), *Eugeniacrinites hoferi* (MUENST.);
Seesterne: Siehe Weißjura alpha!
Schlangensterne: Siehe Weißjura alpha!
Seeigel: *Plegiocidaris coronata* (SCHL.), *Paracidaris, Rhabdocidaris maxima* (MUENST.), *R. orbignyana*

(AG.), *Polydiadema langi* (DESOR), *Diplopodia subangularis* (GOLDF.), *Holectypus orificatus* (SCHL.), *H. corallinus* (ORB.), *Collyrites carinata* (LESKE), *Desorella semigloba* (MUENST.).

Aufschlüsse:
98) Aufschluß **Roßdorf** – s. Weißjura alpha!
107) Aufschluß **Hartmannshof** – s. Weißjura alpha!
112) Aufschluß **Weihersmühle** – s. Weißjura beta!
114) Aufschluß **Thurnau** – s. Weißjura beta!
115) Aufschluß **Ludwag** – s. Weißjura beta!
120) Aufschluß **„Kalkberg"** bei Weismain – s. Weißjura gamma!
128) Von Weismain im Tal des Weismains nach S bis Weihersmühle; hier abbiegen nach N Richtung **Arnstein**. An der Straße zwei Restlückenvorkommen von delta: Tiefere Schichten des delta etwa bei 400 m ü. NN, höherer delta ab 440 m ü. NN.
129) Von Regensburg auf der B 8 nach W bis **Etterzhausen**. Ca. 1,5 km NE des Ortes liegt ein großer aufgelassener Stbr in Schichten des delta und epsilon. Es handelt sich um Flachwasserschuttkalke mit Dolomitbänken und Hornsteinlagen und zwischengeschaltete bituminöse fossilreiche Mergel. Eine etwa 1 m mächtige Dolomitbank über einer Hohlkehle bildet wahrscheinlich die Basis des epsilon.
130) Von Regensburg auf der B 8 nach W bis **Deuerling**. N des Ortes aufgelassener Stbr (r 4493, h 5433), basal im Grenzbereich gamma/delta, nach oben hin bis delta 3 erschlossen. Restlücke. Riffnah abgelagert, undeutliche Bankung. Hornsteine zahlreich. Riffschutt, Echinodermenreste und Brachiopodenanreicherungen verweisen auf bewegtes Flachwasser.
131) Von Kelheim (ca. 20 km SW Regensburg) entlang der Altmühl nach W bis **Gronsdorf**. Ca. 1 km W des Ortes an der E-Seite des Ziegeltals aufgelassener Stbr im Kelheimer Kalk: Feinschutt- und Grobschuttkalke, Breisteinlagen. Oberer Weißjura delta bis unteres epsilon.
132) Im Altmühltal von Kelheim aus nach W bis **Oberau**; N des Ortes großer Stbr (Fa. TEICH). Erschlossen Weißjura delta bis zeta. Hinter dem Schleiferei-Gebäude „Plumpe Felsenkalke" mit Schwämmen, Ooid- und Feinschill. Höher setzen Stockkorallen ein. Der z. Zt. im Abbau stehende weiße „Auer Kalk" führt zahlreiche, teilweise metergroße Korallenkolonien, teilweise angebohrt und von Stromatolithen überwuchert. Zwischengeschaltet treten Grobfossilschuttlagen auf. In den obersten Bereichen Breitsteinfazies mit Korallen und Algen (Dasycladeceen).
133) Von Eichstätt nach N bis **Wachenzell**. Ca. 600 m NE des Ortes Stbr der Fa. TEICH in tafelbankigem Dolomit des höheren Weißjura delta. Im unteren Teil klar gefugt, nach oben hin wird die Bankung undeutlich. Biostromfazies.
134) Von Treuchtlingen auf der B 2 nach N bis **Schambach** (N Abbiegemöglichkeit nehmen, nach ca. 300 m nach N abbiegen Richtung Bonhof). Der aufgelassene Stbr liegt etwa 250 m E des Bonhofs. Erschlossen sind Bankkalke des Treuchtlinger Marmors mit eingelagerten Schwammkuppeln (die Schichten fallen teilweise mit 30 bis 40 Grad von den Kuppeln weg). Gut zu beobachten die Untere Mergelplatte. An einer alten Kluftwand sehr deutlich erkennbare freigewitterte Schwammschnitte.
135) Von Treuchtlingen entlang der Bahnlinie nach Donauwörth nach S bis **Möhren**. Nach dem Ort unter der Bahn durch Richtung Rehlingen/B 2 (E). Ca. 500 m nach der Bahnunterführung W der Straße Stbr im Treuchtlinger Marmor, E Abraumhalden mit guten Klopfmöglichkeiten. Oberhalb alter Bruch.
136) Von Treuchtlingen auf der B 2 nach S. Ca. 5 km nach der Eisenbahnunterführung nach W abbiegen Richtung **Rehlingen**. Durch den Ort; nach ca. 700 m liegt am Hang SW der Straße ein Stbr in Schichten des Treuchtlinger Marmors.
137) Von Treuchtlingen entlang der Bahnlinie nach S bis **Gundelsheim**. Im Ort nach W; nach Unterquerung der Bahnlinie nach S zum großen Stbr der Fa. TEICH im Treuchtlinger Marmor. Oben Schlifffläche und überlagernde Bunte Trümmermassen – s. „Nördlinger Ries".
138) Von **Treuchtlingen** entlang der Bahnlinie nach S. Nach der Bahnunterquerung ca. 1,3 km S Treuchtlingen N der Straße am bewaldeten Hang mehrere teilweise aufgelassene Stbre im Treuchtlinger Marmor.
139) Auf der B 2 von Treuchtlingen nach S; ca. 3 km nach der Eisenbahnunterquerung nach SE abbiegen Richtung Langenaltheim. N des Abzweigs aufgelassener Stbr (ca. 600 m ESE **Höfen**) in typischer Dickbankfazies des Treuchtlinger Marmors. Untere und Obere Mergelplatte an den Wänden teilweise als Hohlkehlen ausgewittert. Zum Hangenden hin wird die Bankung undeutlicher – Übergang in Schwammfazies mit teilweiser Dolomitisierung.

Abb. 15. Stbr bei Kirchleus (95). Die Basis der Steinbruchwand zwischen der unteren und oberen Sohle bildet der oberste Weißjura alpha, darüber folgt der Werkkalk (beta); der Untergrund des rechts auf der oberen Sohle verlaufenden Wegs besteht aus dem tiefsten Weißjura gamma, dessen Schichten auch die max. 5 m hohe Böschung rechts des Weges bilden. Die im Abbau befindlichen Bruchbereiche liegen links vorn.

Abb. 16. *Lithacoceras planulatum* (Qu.), Weißjura gamma 1 (*platynota*-Zone), Lauterhofen (122); ca. 10,5 cm. Nach Möglichkeit lassen wir unsere Sammelstücke immer auf Gestein sitzen: Die Einheit Fossil – Gestein vermittelt mehr als das losgelöste, isolierte Fossil!

Abb. 17. *Taramelliceras pseudoflexuosum* (FAVRÉ), Weißjura delta (Treuchtlinger Marmor), Rehlingen südlich Treuchtlingen (136); ca. 7 cm. Etwa die Hälfte des letzten Umfanges entspricht der Wohnkammer.

Abb. 18. Großer Ammonit auf einer Weißjura-gamma-Schichtfläche im Stbr Kirchleus (95): Vorsichtiges Ummeißeln ermöglicht die Bergung eines ungebrochenen Sammelstückes.

Der Weißjura epsilon

Das durch Hebungen bedingte Vorrücken der Mitteldeutschen Schwelle von N her und die damit verbundene Reduzierung der Wassertiefe zog das allmähliche **Absterben der Schwammriffe** von N nach S nach sich. Die abgestorbenen Riffzüge gliederten das Meer in zahlreiche, mehr oder weniger große, teilweise untereinander verbundene Wannen.

Obwohl die Blütezeit der Schwammriffe ihren Höhepunkt überschritten hatte, tritt vor allem in der Mittleren und Nördlichen Frankenalb die Massenkalkfazies noch in weitester Verbreitung auf. Hier finden wir Schichtfazies meist nur in **Restlücken** von geringer Ausdehnung, eingelagert in die Massenkalke. Dabei handelt es sich z. B. um helle feinstkörnige und wohlgebankte Kalke. Die Datierung als Weißjura epsilon läßt sich aber mitunter nur hypothetisch durchführen, da Leitfossilien meist fehlen. Außer diesen den Meeresboden überragenden Riffkomplexen zwischen sedimentierten, fossilarmen bis fossilleeren Kleinwannenfüllungen kommen aber auch durch reiche Fossilführung ausgezeichnete Kalke vor: deutlich bis undeutlich gebankt, aber auch dünnplattig ausgebildet oder verschwammt. Diese z. B. zwischen Muggendorf und Gräfenberg anstehenden **„Engelhardtsberger Schichten"** bilden 10 bis 15 m mächtige Schichtpakete im Dolomit und enthalten eine teilweise verkieselte Brachiopoden- und Echinodermenfauna.

In der Südlichen Frankenalb ist die **Schichtfazies** relativ weit verbreitet. Bedingt durch Sedimentierung in mehr oder weniger verbundenen Wannen können Mächtigkeit und Fazies schnell wechseln, auch auf kürzeste Entfernungen.

Im unteren Schichtpaket, den **Subeumela-Schichten** (wobei diese Bezeichnung die Zone der *Sutneria (Enosphinctes) pedinopleura* mit einschließt), können neben nur undeutlich gebankten, braunfarbenen und rauhbrechenden Kalken auch wohlgebankte, dichte und glattbrechende, gelbbraune Kalke mit Bankmächtigkeiten von 10 bis 40 cm auftreten, aber auch dickbankige, rauhbrechende Kalke von heller Farbe, kreidigweiß abfärbend. Hornsteine treten selten auf. Die Fossilführung schwankt stark; das Gestein ist manchmal fossilleer, führt aber an anderer Stelle reiche Fauna.

Der obere Bereich des Weißjura epsilon besteht aus den **Setatum-Schichten**: hellfarbene, feinstgeschichtete Kalke und Kieselplatten, alternierend mit feingeschichteten Mergellagen. Im Gegensatz zu den Subeumela-Schichten treten hier zahlreiche Hornsteinknauern auf oder die erwähnten Kieselplatten. Die vor allem aus den Solnhofener Schichten bekannten **„Krummen Lagen"** sind hier erstmals zu beobachten, wenn auch nur kleinräumig.

Der Weißjura epsilon entspricht dem Ob. Kimeridge und somit den Zonen der *Sutneria (Enosphinctes) pedinopleura, S. (E.) subeumela* und des *Virgataxioceras setatum. Subeumela-* und *pedinopleura-*Zone bilden epsilon 1 (unteres epsilon), die *setatum-*Zone epsilon 2 (oberes epsilon).

Die **Massenfazies** – der „Plumpe Felsenkalk" – ist weit verbreitet, vor allem in der Mittleren und Nördlichen, aber auch in der Südlichen Frankenalb. Die Massenkalke bilden ausgedehnte Riffkomplexe und zusammenhängende Riffmassen mit scharfer Grenze gegen die eingelagerten Schichtkalke. Der Felsenkalk der Südlichen Frankenalb ist dicht und glattbrechend, von weißer bis rötlicher Farbe, oder auch grobspätig-zuckerkörnig, gelb bis braun. In der Nördlichen Frankenalb ist die Massenfazies praktisch vollkommen dolomitisiert und somit fossilleer.

Die eindeutige Abgrenzung gegen verschwammte Schichten des Weißjura delta und auch des unteren zeta ist schwierig, oft unmöglich. Die Zugehörigkeit etlicher, früher in den Weißjura epsilon gestellten Massenkalkvorkommen (vor allem der Südlichen Frankenalb) zum delta konnte zwischenzeitlich nachgewiesen werden. Damit ist die früher vertretene Ansicht widerlegt, daß im epsilon die Massenfazies am weitflächigsten verbreitet war. Ihre größte Ausdehnung hatten die Schwammriffe im Weißjura delta.

Fossilliste Weißjura epsilon

Schwämme: *Cnemidiastrum rimulosum* GOLDF., *C. stellatum* GOLDF., *Hyalotragos, Sporadobyle, Tremadictyon reticulatum* (GOLDF.), *Laocaetis paradoxa* (MUENST.), *Pachyteichisma, Cypellia, Stellispongia glomerata* (QU.), *Myrmecium hemisphaericum* (GOLDF.), *Corynella quenstedti* ZITTEL, *Peronidella cylindrica* (GOLDF.);
Schnecken: *Bathrotomaria reticulata* (SOW.), *Cryptoplocus depressus* (VOLTZ), *Onkospira ranellata* (QU.), *Cernina hemisphaerica* (ROEM.), *Acteonina, Ampullina, Itieria, Cossmanea*;
Muscheln: *Entolium corneolum* (Y. & B.), *E. orbiculare* (SOW.), *Camptonectes auritus* (SCHL.), *C. lamellosus* (SOW.), *Chlamys comata* (MUENST.), *C. subarmata* (GOLDF.), *Ctenostreon pectiniformis* (SCHL.), *Liostrea rugosa* (MUENST.), *Nanogyra striata* (SMITH), *Deltoideum deltum* (SMITH), *Myophorella clavellata* (SOW.), *Mactromya concentrica* (MUENST.), *Protocardia eduliformis* (ROEM.), *Rollierella orbicularis* (ROEM.), *Eocallista brongniarti* (ROEM.), *E. nuculaeformis* (ROEM.), *Corbulomima mosensis* (BUVIGN.), *Goniomya literata* (SOW.), *Ceratomya excentrica* (ROEM.), *Pleuromya uniformis* (SOW.), *Lucina concinna* (DAMON), *Thracia depressa* (SOW.), *T. incerta* (ROEM.);
Nautiliden: *Eutrephoceras, Pseudonautilus, Pseudaganides, Paracenoceras;*
Ammoniten: *Glochiceras lens* BERCKH., *G. politulum* (QU.), *G. parcevali* (FONT.), *G. solenoides* (QU.), *G. tuberculatum* BERCKH., *G. procurvum* ZIEGL., *Ochetoceras canaliferum* (OPP.), *O. semimutatum* FONT., *O. palissyanum irregulare* BERCKH. & HOELDER, *Taramelliceras pugile* (NEUM.), *T. acallopistum* FONT., *T. nobile* (NEUM.), *T. multinodum* BERCKH. & HOELDER, *Metahaploceras wepferi* (BERCKH.), *Oxyoppelia fischeri* (BERCKH.), *O. pseudopolitula* (BERCKH.), *Torquatisphinctes isolatum* (SCHNEID), *Virgataxioceras setatum* (SCHNEID), *V. comatum* (SCHNEID), *V. supinum* (SCHNEID), *Enosphinctes pedinopleurus* (SEEG.), *E. subeumelus* (SCHNEID), *E. rebholzi* (BERCKH.), *Aspidoceras longispinum* (SOW.), *A. contemporaneum* (FAVRÉ), *Pseudowaagenia episa* (OPP.), *P. hermanni* (BERCKH.), *Hybonoticeras beckeri* (NEUM.), *H. pressulum* (NEUM.), *H. knopi* (NEUM.), *H. ciliatum* (BERCKH. & HOELDER), *H. mundulum* (OPP.), *Lamellaptychus, Laevaptychus;*
Belemniten: *Hibolites hastatus* (BLAINV.);
Röhrenwürmer: Siehe Weißjura alpha!
Bryozoen: Siehe Weißjura alpha!
Krebse: *Prosopon, Laeviprosopon laevepunctatum* (MEYER), *Nodoprosopon ornatum* (MEYER), *Pithonoton marginatum* (MEYER);
Brachiopoden: *Lacunosella lacunosa* (SCHL.), *L. trilobata* (ZIET.), *Torquirhynchia speciosa* (MUENST.), *Weberithyris moravica* (GLOKK.), *Loboidothyris bisuffarcinata bisuffarcinata* (SCHL.), *L. zieteni* (LOR.), *Terebratulina substriata* (SCHL.), *Trigonellina loricata* (SCHL.), *T. pectuncula* (SCHL.). *Ismenia pectunculoides* (SCHL.);
Seelilien: Siehe Weißjura delta!
Seesterne: Siehe Weißjura alpha!
Schlangensterne: Siehe Weißjura alpha!
Seeigel: *Plegiocidaris coronata* (SCHL.), *Rhabdocidaris orbignyana* (AG.), *Acrocidaris nobilis* AG., *Diplopodia subangularis* (GOLDF.), *P. mamillanum* (ROEM.), *Holectypus.*

Aufschlüsse:
129) Aufschluß **Etterzhausen** – s. Weißjura delta!
131) Aufschluß **Gronsdorf** – s. Weißjura delta!
132) Aufschluß **Oberau** – s. Weißjura delta!
140) Von Regensburg auf der B 8 nach W bis **Kager**. Aufgelassener Stbr ca. 500 m SW des Ortes. Erschlossen sind ca. 20 m Bankkalke des Weißjura epsilon, sedimentiert im Zentrum der Kager/Ebenwieser-Wanne. Ammoniten sehr selten, Brachiopoden, Muscheln und Schnecken häufiger.
141) Von Regensburg auf der B 8 nach W bis kurz nach Deuerling. Hier abzweigen und nach Westen Richtung Netzstall/Painten. An der Abzweigung nach **Netzstall** aufgelassener Stbr: Ca. 8 m dickbankige weiße, kreidige Kalke des Weißjura epsilon. Von hier wurde eine reiche Ammonitenfauna be-

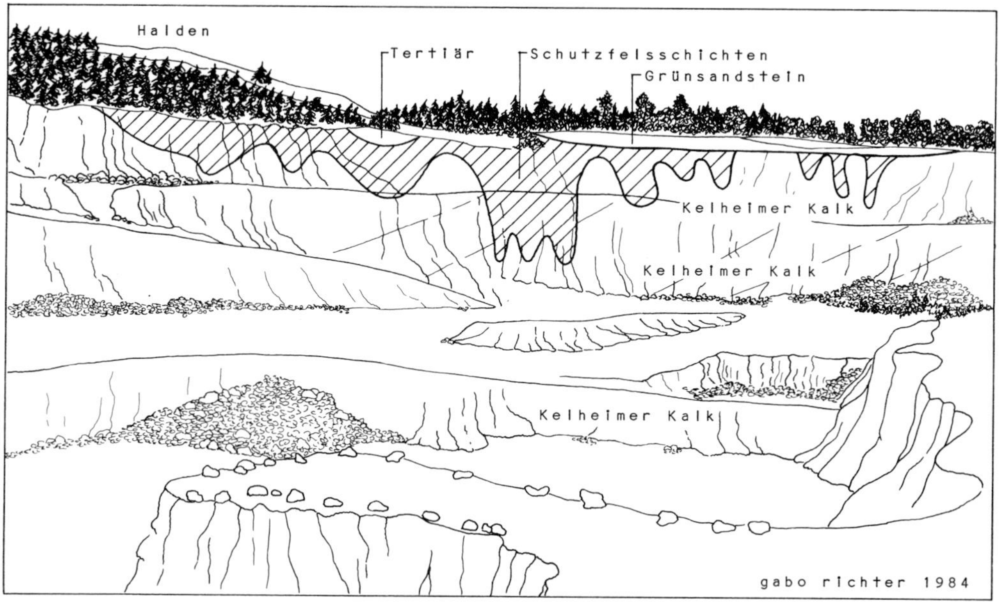

Ansicht des Steinbruchs Saal (142).

kannt, aber auch Muscheln sind nicht selten. An der Oberkante des Profils beginnt epsilon 2 mit deutlicher Grenze (Kieselplattenfazies).

142) Von Kelheim über die Donau und nach E bis **Saal**. Ort nach S durchqueren; nach E abbiegen Richtung Kalkstickstoffwerk (SKW TROSTBERG AG). Zwischen Werk und Schwimmbad bergauf auf einem das Werk umgehenden geschotterten Weg, später entlang rechts liegender alter Halden. Weit oben nach Durchfahren eines Waldstückes wird ein Schlagbaum erreicht – hier Wagen parken. Zu Fuß abwärts in das ausgedehnte Bruchgelände. Ein Betreten wird offiziell nicht gestattet und würde – außerhalb der Arbeits- und Sprengzeiten – auf eigene Gefahr erfolgen. Der Stbr – über 100 m tief – erschließt Kelheimer Fossilschuttkalk, altersmäßig zuzuordnen dem Weißjura epsilon und zeta, sowie überlagernden Regensburger Grünsandstein. In Karsttrichtern im Weißjura können je nach Abbauverhältnis Schutzfelsschichten beobachtet werden. Der Regensburger Grünsandstein überlagert den Jura diskordant. Ammoniten extrem selten, Brachiopoden teilweise außerordentlich häufig (siehe Abb. 19, S. 143). Weiterhin Korallen, Muscheln, Stachelhäuter . . . Sehr gute Beschreibung in MEYER & SCHMIDT-KALER 1984; s. a. RICHTER 1984 b.

143) Zwischen Treuchtlingen und Eichstätt liegt der Ort **Altendorf** im Altmühltal. Von hier aus Richtung Dollnstein/Eichstätt (E). Ca. zwei Straßenkilometer nach Altendorf sind an der E Straßenböschung (W-Hang der Torleite) gelblichweiße dünngebankte Kalke des Weißjura epsilon erschlossen. Eingelagert Hornsteine. Der untere Bereich gehört zu den Subeumela-Schichten, der obere zu den Setatum-Schichten. Eine ca. 20 cm mächtige rote Mergelschieferlage bildet den Übergang zum Weißjura zeta (erschlossen ca. 3 m Kalke). Epsilon fossilreich. (R 4429920, H 5415600-5415900).

Der Weißjura zeta

Die Schichtfazies des Weißjura zeta der Frankenalb besteht aus den berühmten **Solnhofe-**

ner Schichten. Diese in zahlreichen miteinander verbundenen oder auch weitgehend isolierten Wannen sedimentierten Plattenkalke sowie die Neuburger Bankkalke werden in einem eigenen Kapitel besprochen („Das Plattenkalkgebiet . . .").

Der im Weißjura epsilon eingeleitete Rückzug bzw. das **Absterben der Schwammriffe** läuft im zeta beschleunigt ab. Im S können sich noch einige ausgedehnte Riffgebiete bzw. -schranken halten (z. B. das Wellheim-Riedenburger Riff). Doch im zeta 2 aber sind fast alle Riffkomplexe abgestorben und zerfallen. Die niedrigen Schwammrasenbänke der Biostromfazies auf den Wannenböden starben ebenfalls ab und wurden überdeckt durch die nun darüber sedimentierten Plattenkalke. Vor allem im Gebiet des Kelheim-Landshuter Riffzuges siedeln nun Korallen, begünstigt durch geringe Wassertiefen. Diese Ablagerungen enthalten oft eine reiche Korallenriffauna.

Die jüngsten Sedimente des Weißjura zeta sind bei Neuburg/Donau erhalten (zeta 6). Nach N hin verschwindet eine Stufe nach der anderen. Bereits in der Mittleren Frankenalb sind zeta-Sedimente selten, in der Nördlichen Alb schließlich nur noch relikthaft vorhanden: Während im S noch die Neuburger Bankkalke sedimentierten, war der N schon Festland und somit **Erosionsgebiet**. Da die unterkreidezeitliche Abtragung die Deckschichten im N großflächig erfaßte, läßt sich heute nicht mehr feststellen, in welchem Ausmaß überhaupt zeta-Gesteine vorhanden waren bzw. wie weit das zeta-Meer nach N reichte.

Die Schichten des Weißjura zeta entsprechen dem Unt. und Mittl. Tithon mit den Zonen des *Hybonoticeras hybonotum, Neochetoceras mucronatum, Franconites vimineus* (Unt. Tithon) sowie des *Pseudolissoceras bavaricum* (Mittl. Tithon).

Fossilliste Weißjura zeta
(Plattenkalkfossilien sind nicht aufgeführt!)

Schwämme: Siehe Weißjura epsilon!
Korallen: *Thamnasteria, „Astraea" tubulosa* GOLDF., *Latomeandra tubia* (GOLDF.), *Cyathophora bourgueti* (DEFR.), *Tiaradendron germinans* (QU.), *Enallhelia compressa* (GOLDF.), *Isastrea, Microphyllia soemmeringii* (MUENST.), *Placophyllia, Montlivaltia obconica* (MUENST.), *Dimorphastrea, Thecosmilia trichotoma* GOLDF., *T. plicata* (GOLDF.), *Dermosmilia, Ovalastraea caryphylloides* (GOLDF.);
Schnecken: *Bathrotomaria, Leptomaria, Onkospira ranellata* (QU.), *Nerinea hoheneggeri* PETERS, *Aptyxiella portlandica* (SOW.), *Trochalia pyramidalis* (MUENST.);
Muscheln: *Isoarca speciosa* MUENST., *I. striata* BOEHM, *Arca pencki* BOEHM, *Barbatia uhligi* (BOEHM), *Nemodon maceratus* (BOEHM), *Pachymytilus crassissimus* BOEHM, *Isognomon, Camptochlamys tithonica* (GEMM. & DI BLASI), *Camptonectes auritus* (SCHL.), *Eocallista brongniarti* (ROEM.), *E. nuculaeformis* (ROEM.), *Corbulomima mosensis* (BUVIGN.), *C. inflexa* (ROEM.), *Chlamys quenstedti* (BLAKE), *Aequipecten nebrodensis* (GEMM. & DI BLASI), *Eopecten inaequistriatus* (VOLTZ), *Placunopsis jurensis* (ROEM.), *Lima notata* GOLDF., *Ctenostreon rubicundum* BOEHM, *Plagiostoma latelunulata* (BOEHM), *Pseudolimea duplicata* (SOW.), *„Exogyra" wetzleri* BOEHM, *Myoconcha boehmi* ROLL., *Praeconia, Coelopis, Pachyrisma, Plesiodiceras, Paradiceras, Eodiceras bavaricum* (ZITTEL), *Arcomya kelheimensis* (BOEHM), *Thracia incerta* (ROEM.):
Nautiliden: Siehe Weißjura epsilon!
Ammoniten: *Glochiceras politulum* (QU.), *G. lens* BERCKH., *G. carachtheis* (ZEJSZNER), *Lingulaticeras solenoides* (QU.), *Paralingulaticeras lithographicum* (OPP.), *Haploceras subelimatum* FONT., *H. elimatum* (OPP.), *Pseudolissoceras bavaricum* BARTHEL, *Ochetoceras zio* (OPP.), *Neochetoceras steraspis* (OPP.), *N. praecursor* ZEISS, *N. mucronatum* BERCKH. & HOELDER, *Metahaploceras wepferi* (BERCKH.), *Taramelliceras prolithographicum* (FONT.), *Lithacoceras ulmense* (OPP.), *L. supremum* (SCHNEID), *Sublithacoceras penicillatum* ZEISS, *Subplanites rueppelianus* (QU.), *S. reisi* (SCHNEID), *S. laisackerensis* SCHAIR. & BARTHEL, *S. moernsheimensis* (SCHNEID), *Subplanitoides siliceus* (QU.), *S. spindelense* ZEISS, *S. schwertschlageri* ZEISS, *Usseli-*

ceras franconicum ZEISS, *Parapallasiceras praecox* ZEISS, *Franconites vimineus* (SCHNEID), *Torquatisphinctes filiplex* (QU.), *T. neuburgense* SCHAIR. & BARTHEL, *T. guembeli* ZEISS, *Subdichotomoceras pseudocolubrinum* OLORIZ, *Sutneria bracheri* BERCKH., *S. eugyra* BARTHEL, *S. apora* (OPP.), *S. asema* (OPP.), *Gravesia gigas* (ZIET.), *G. gravesiana* (ORB.), *Aspidoceras longispinum* (SOW.), *A. episoides* FONT., *Hybonoticeras beckeri* (NEUM.), *H. hybonotum* (OPP.), *H. pressulum* (NEUM.), *H. knopi* (NEUM.), *Protancyloceras gracile* (OPP.), *Lamellaptychus, Laevaptychus;*
Belemniten: *Hibolites hastatus* (BLAINV.);
Röhrenwürmer: Siehe Weißjura alpha!
Bryozoen: Siehe Weißjura alpha!
Krebse: Siehe Weißjura epsilon! Dazu: *Coelopus pustulosus* (MEYER);
Brachiopoden: Siehe Weißjura epsilon!
Seelilien: Siehe Weißjura delta!
Seesterne: Siehe Weißjura alpha!
Schlangensterne: Siehe Weißjura alpha!
Seeigel: *Plegiocidaris coronata* (SCHL.), *Rhabdocidaris, Paracidaris, Acrocidaris nobilis* AG., *Acropeltis aequituberculata* AG., *Acrosalenia, Hemicidaris, Hemitiaris, Diplopodia, Polydiadema, Glypticus, Collyrites.*
Aufschlüsse Weißjura zeta s. Kapitel „Das Plattenkalkgebiet“!

Aufschlüsse:
Im folgenden werden noch einige Aufschlüsse bezeichnet, wo der Frankendolomit bzw. Dolomitisierung allgemein studiert werden können:
112) Aufschluß **Weihersmühle** – s. Weißjura beta!
124) Aufschluß **Ammelhofen** – s. Weißjura gamma!
129) Aufschluß **Etterzhausen** – s. Weißjura delta!
133) Aufschluß **Wachenzell** – s. Weißjura delta!
139) Aufschluß **Höfen** – s. Weißjura delta!
144) Von Weismain im Klein-Ziegenfelder Tal nach S. Ca. 500 m vor dem Ort **Kleinziegenfeld** Stbr in dolomitischer Massenfazies am W-Hang des Tals (?delta).
145) Von Bamberg auf der B 22 nach W Richtung Hollfeld/Bayreuth. Am W Ortsausgang von **Steinfeld** N der Straße dolomitischer Massenkalk erschlossen in Kuppelform. – Im **Wiesenttal** weitgehend dolomitische Massenkalke zu beobachten.
146) E der Kreuzung B 14/B 85 W von **Sulzbach-Rosenberg** dolomitische Massenkalkfelsen.
Diese wenigen Beispiele müssen für die vielerorts erschlossenen dolomitisierten Weißjuragesteine genügen. Fossilien finden sich in Dolomiten höchst selten – ein Beispiel hierfür gibt **Großmehring** (196; s. Kapitel „Das Plattenkalkgebiet“!).

Die Kreide

Ursprünglich diente „Kreide“ nur als Bezeichnung für ein feinkörniges, „kreidiges“, biogenes Kalkgestein, z. B. der Insel Rügen. Im Jahre 1815 führte K. v. RAUMER den Namen als stratigraphischen Begriff ein. Heute wird das jüngste System des Mesozoikum weltweit als „Kreide“ bezeichnet.
Wir gliedern weiter in Unt. und Ob. Kreide mit je sechs Stufen. Da die Kreideschichten im Exkursionsgebiet zwar eine nicht unbedeutende Verbreitung haben, sich andererseits aber wegen extrem schnellen Fazieswechsels und fehlender Leitfossilien oft nicht eindeutig gliedern lassen, beschränken wir uns auf die Besprechung der Oberkreide (Unterkreide tritt im Exkursionsgebiet nicht auf).
Die in den Fossillisten angegebenen Bezeichnungen stammen aus der hervorragenden Arbeit von E. DACQUÉ aus dem Jahre 1939; die Fossilnamen sind unverändert übernommen und entsprechen somit mitunter nicht mehr der modernen Nomenklatur.
Von der Nördlichen Frankenalb (nördlich Hollfeld) bis südlich Regensburg treten Oberkreidegesteine auf, meist unzusammenhängend und relikthaft. Oft an den Albwestrand gebunden, folgen sie auch ein Stück weit dem Pfahl und sind vor allem in der Auerbacher, Vilsecker und Regensburger Gegend geschlossener. Ein weiteres Vorkommen beobachten wir zwischen Neuburg/Do. und Dollnstein. Wir nennen diese Kreidevorkommen **Regensburger oder Regensburg-Hollfelder Kreide**. Verschiedene dieser Kreidevorkommen wurden früher der „Lehmigen“ bzw. „Sandigen Albüberdeckung“ quartären Alters zugeschla-

	Raum REGENSBURG	Raum AUERBACH/AMBERG	Andere Gebiete
Santon		Ob. Auerbacher Kellersandst.(t)	Albenreuther Schotter (t) (?Campan)
		Hauptbuntton (t)	Friedensreuther Pflanzentone (t)
		Unt.Auerbacher Kellersandst.(t)	
Coniac		Glimmersandstein	
		Knölling-Jedinger-Sandstein	
		Cardienton	
		Limonitbank/Neukirchener Ocker	
Ob. Turon	Weilloher Mergel	Hiltersdorfer Sandstein	Windmaiser Formsand (t) Windmaiser Geröllsandst.(t) Grauer Feinsandton (t) Werksandstein (t) Äquiv.d.Großberg.Sandst.(t)
	Großberger Sandstein	Ob. Freihölser Bausand (t)	
		Pflanzentone (t)	
		Unt. Freihölser Bausand (t)	
Mittl. Turon	Pulverturmschichten (Baculitenmergel)	Glaukonitsandstein und Arkosen	Michelfelder/Ehenfelder Schichten (t) Ob. Cenoman - Ob. Turon
	Glaukonitmergel		
	Eisbuckelschichten		
Unt. Turon	Hornsandstein	Hornsandstein	
	Knollensand	Knollensand	
	Reinhausener Schichten	Amberger Tripel	Neuburger Kieselkreide/Wellheimer Inoceramenquarzit/ Fränk. Vesiculariskreide
	Eibrunner Mergel	Eibrunner Mergel	
Ob. Cenoman	Ob. Regensburg.Grünsandst. Unt.Regensburg.Grünsandst.	Erzletten Erzkonglomerat	Mörnsheimer Bryozoensandst./ Mühlheimer Muschelsandstein
Prä-Obercenoman	Schutzfelsschichten (t)	Amberger Erzformation (t) Schutzfelsschichten (t)	(t = terrestrisch)

Stratigraphische Tabelle Kreide

gen (Hollfelder Gegend, Gebiet nördlich von Neuburg/Do.).

Das Prä-Obercenoman

Da eine exakte biostratigraphische Datierung bei den ältesten Kreidegesteinen nicht möglich ist (limnofluviatil-terrestrische Entstehung – Leitfossilien fehlen!), sprechen wir von „Vorobercenomanen-Schichten“. Fest steht also nur, daß diese Gesteine postjurassischen und präobercenomanen Alters sind. Die ältesten Kreidegesteine, die sich stratigraphisch eindeutig zuordnen lassen, gehören zum Ob. Cenoman.

Während der Unt. Kreide verkarstete die Juratafel der Frankenalb in teilweise extremer Form. Das Grundgebirge im E wurde gehoben, an seiner W-Flanke bildeten sich tief eingeschnittene Trogzüge. Der Eisengehalt der vielfach tief angeschnittenen Gesteine des Ob. Braunjura wurde von Gewässern nach W geführt. Hier entstanden am W-Rand der Alb die bis knapp 70 m mächtigen limnofluviatil-terrestrischen Gesteine der **Amberger Erzformation**. Durch Neutralisation der herbeigeführten Schwarzwässer beim Zusammentreffen mit kalkreichen Karstwässern wurde das enthaltene Eisen ausgefällt. Die Brauneisenerzlager bzw. -linsen der Amberger Erzformation vertauben seitlich und gehen in Ocker und Ockertone, glaukonit- und auch ooidführende

Tone, schließlich auch in eisenschüssige oder helle Sande über (Schutzfels-Schichten).
Die frühere Annahme der Entstehung der Amberger Erzformation in marinem oder zumindest brackisch-marinem Milieu stützte sich hauptsächlich auf die nachgewiesenen Foraminiferen-Arten (wobei planktonische Formen vollkommen fehlen). Neuere Untersuchungen ergaben aber die Zugehörigkeit dieser Faunen zu älteren Schichten: Es handelt sich um umgelagerte jurassische Arten (aus dem Mittl. und Ob. Jura).
Die zeitgleich mit der Amberger Erzformation entstandenen **Schutzfelsschichten** entsprechen der erzlosen Fazies dieser Sedimentationszeit. Der Name geht zurück auf den „Schutzfelsen“ gegenüber Sinzing (GÜMBEL 1854). Das fluviatil aus den nördlichen und nordöstlichen Grundgebirgsgegenden angelieferte Material bedeckte vermutlich die gesamte Frankenalb bis über das Ries hinweg. Die entsprechenden Gesteine sedimentierten in Senken, z. B. Seen, Karstspalten wurden plombiert. Die Mächtigkeit war, zumindest regional, bedeutend – noch heute existieren bis ca. 50 m mächtige Ablagerungen.
Das Gestein besteht aus hellen, auch bunten, kaolingebundenen (Salzsäureprobe!) Quarzsanden, meist mittel- bis grobkörnig, gelegentlich mit Feinkieslagen. Die Schwermineralführung besteht aus Zirkon, Turmalin, Rutil, Granat, Epidot, Disthen und Hornblende. Gelegentliche dunkle Punktierung des Gesteins beruht auf eingelagerten schwarzen Ilmenitkörnern.
Vor allem im Übergangsbereich zum Jurakalk treten auffallend gefärbte Kaolintone auf: rot, violett, grün, aber auch weiß bis hellgrau und dunkel. Sie enthalten gelegentlich Wurzelböden. Außer undeutlichen kohligen Blattresten führen die Schutzfelsschichten keine Fossilien, wenn wir von umgelagerten jurassischen Mikrofossilien absehen. Somit ist eine Klärung der Altersfrage auf biostratigraphischem Wege nicht möglich.
Sowohl die Ablagerungen der Erzformation wie auch der Schutzfelsschichten waren zum größten Teil bereits vor dem Beginn der obercenomanen Transgression ausgeräumt. Erhalten blieben nur die in Senken, Karsthohlformen usw. weitgehend erosionsgeschützten Gesteine.

Die Schutzfelsschichten können gut studiert werden im Stbr bei **Saal** (142; s. Weißjura epsilon).

Oberkreide ab Obercenoman

Das großflächig erodierte und verkarstete Juraplateau der Alb sank ab. Von S her transgredierte das Kreidemeer über Frankenalb und Bruchschollenland. Die Meeresbedeckung bestand regional bis zum Campan. Im Ob. Cenoman transgredierte das Meer etwa bis in den Amberger Raum. Die Phase der ersten Maximalausdehnung war im obersten Cenoman/ untersten Turon erreicht.
Während des **Turon** erfolgten vom im E aufsteigenden Grundgebirge Sand- und Kiesschüttungen nach S bzw. SW. **Submarine Großgleitungen** im Bereich der Amberger Störungszone verschütteten die Erzschichten. Undatierbare, da fossilfreie Quarzitblöcke belegen die Verbreitung des Kreidemeers im W bzw. SW bis Neumarkt/Opf., Berching, Hahnenkamm, Töging bzw. über die genannten Gebiete hinaus.
Im **Mittelturon** drang das Meer vermutlich bis an den N-Rand der Frankenalb vor, also bis an den N-Rand der Hollfelder Mulde etwa bei Weismain. Durch intensivere Hebung des Grundgebirges während des Oberturon erfolg-

ten verstärkte Sandschüttungen. Das Meer zog sich weit nach S zurück, drang aber bereits im obersten Turon wieder nach N vor. N Burglengenfeld belegen dunkle, kohlige Sande und Tone eine sumpfige Seenlandschaft.
Das im **Coniac** nochmals kurzfristig weit nach N vorstoßende Meer verbreiterte sich im Vergleich zur schmalen turonischen Meereszunge nach E. Während der **Santon-Campan-Zeit** fiel die Oberpfälzer Bucht endgültig trocken. Die nunmehr sedimentierten limnisch-fluviatilen Gesteine blieben im Westen zum Teil erhalten (Auerbacher Kellersandstein, vermutlich Santon). Zwischen Erbendorf und Parkstein liegen um 150 m mächtige Gesteine des ?Campan (Albenreuther Schotter) vor der Fränkischen Linie. Jüngere Kreidesedimente sind in Nordbayern nicht bekannt.
Im Norden sedimentierten die **Michelfelder/Ehenfelder-Schichten** vom Obercenoman bis ins Ob. Turon. Diese limnisch-fluviatil entstandenen Gesteine erinnern faziell an die Schutzfelsschichten. Sie bestehen aus einer rasch alternierenden Folge fein- bis grobkörniger Quarzsandsteine und heller Kaolin- oder Bunttone mit einer Maximalmächtigkeit von ca. 160 m. Der überlagernde Seugaster Werksandstein (0 bis 16 m) entspricht einer Deltabildung.
Im folgenden werden verschiedene Schichten ohne viele Einzelheiten besprochen. Besonders an den Kreideschichten interessierte Leser seien auf die entsprechenden Titel im Literaturverzeichnis hingewiesen. Schlechte Aufschlußverhältnisse beeinträchtigen die Studienmöglichkeiten im Gelände.

Das Obere Cenoman

Im Raum Kelheim-Regensburg-Straubing sedimentierte der **Regensburger Grünsandstein**.

Paläogeographie des Obercenoman und Coniac; umgezeichnet nach HERM 1978.

Die Bezeichnung geht zurück auf GÜMBEL (1854). Es handelt sich dabei um einen fein- bis mittelkörnigen, kalkig gebundenen Glaukonitsandstein mit Mächtigkeiten zwischen 6 und 19 m (in der Bohrung Birnbach allerdings mit 34 m nachgewiesen). Er setzt regional mit einem Transgressionskonglomerat ein, bestehend aus aufgearbeiteten Schutzfels- bzw. Juraschichten. Randwärts häufen sich diese Aufarbeitungskomponenten, die Mächtigkeit wird geringer. Die Gliederung in **Unt.** und **Ob. Grünsandstein** beruht vor allem auf petrographischen Eigenarten. Die Fossilführung ist weitgehend gleichartig. Das dickbankig anstehende und mitunter relativ harte Gestein wurde früher viel zu Bauzwecken abgebaut: Regensburger Dom, Alte Pinakothek in München usw.
Die **Transgressionsfläche des Jurakalkes** zeigt gelegentlich – vor allem auch abhängig von günstigen Aufschlußverhältnissen! – Bohrmuschellöcher. Beim Meer der Grünsandsteinzeit handelte es sich um Flachwasserbereiche mit vorerst noch mäßiger Wassertemperatur. Benthonische Lebensformen wie Muscheln (z. B. Pectiniden; Austern wie die für den Grünsandstein charakteristische Art *Rhynchostreon sub-*

Rhynchostreon suborbiculatum (LAM.) (syn. *Exogyra columba*), Unt. Regensburger Grünsandstein; aus Bauaushub bei Epfenthau, nordwestlich Regenstauf. Das größere Exemplar mißt ca. 8,5 cm. Es handelt sich bei diesen Stücken möglicherweise um eine ungewöhnlich großwüchsige Unterart („*Exogyra columba* LAM. var. *gigantea*“). Herzlichen Dank für die Überlassung des Stückes an Herrn Helmut FETZER/Augsburg!

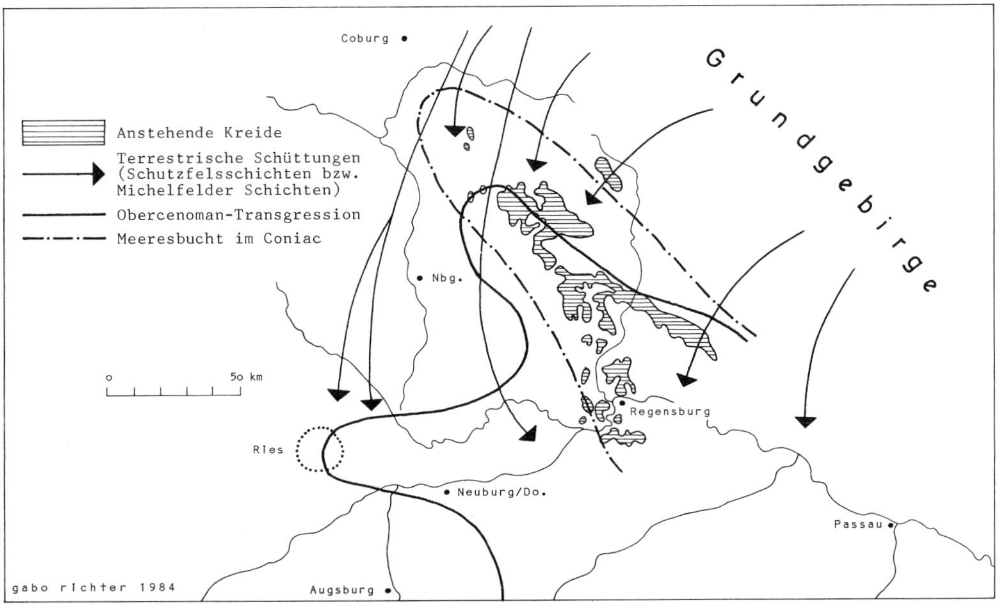
Coburg
Grundgebirge
Anstehende Kreide
Terrestrische Schüttungen (Schutzfelsschichten bzw. Michelfelder Schichten)
Obercenoman-Transgression
Meeresbucht im Coniac
Nbg.
0
50 km
Regensburg
Ries
Neuburg/Do.
Passau
gabo richter 1984
Augsburg

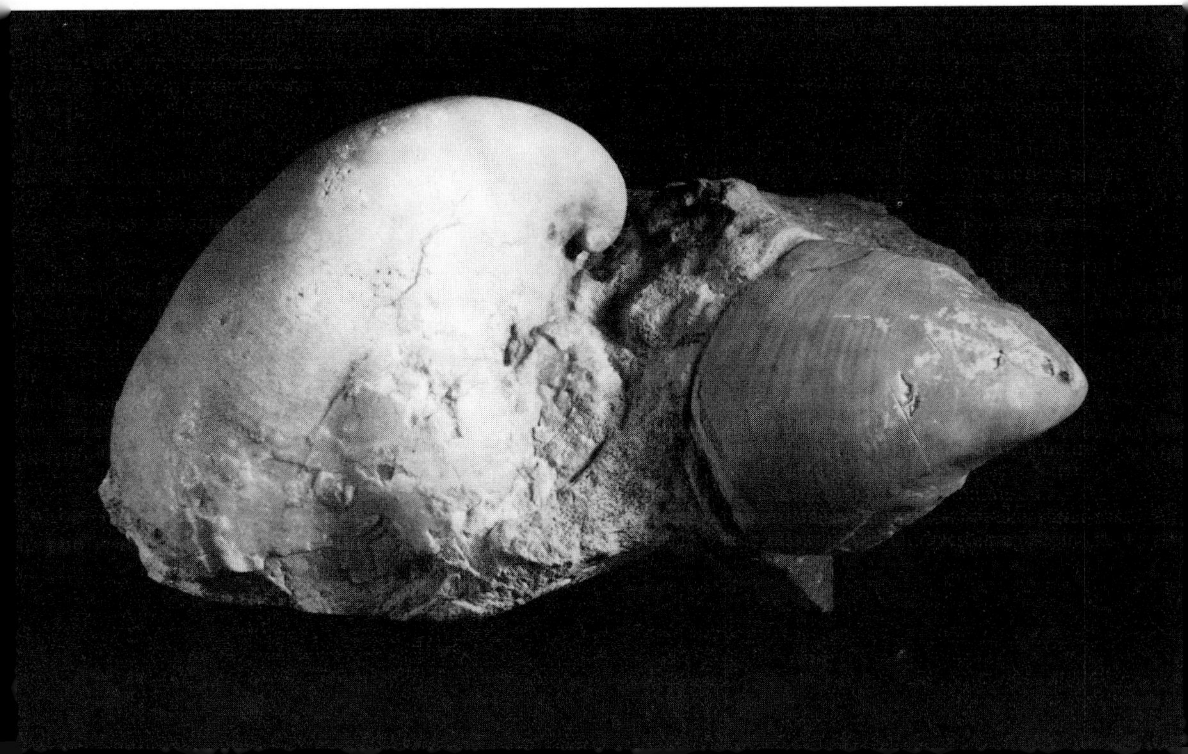

orbiculatum syn. *Exogyra columba*), Brachiopoden (*Cretirhynchia*), Röhrenwürmer, selten Schnecken, Krebse (Scheren von *Callianassa*) und Seeigel verweisen auf Flachwassermilieu. Reptilreste, Hai- und Kugelzähne runden das Faunenbild ab. Die Wassertiefe dürfte während der Bildungszeit des Unt. Grünsandsteins unter, später mehr oder weniger über 10 m gelegen haben. Zumindest anfangs war ein hohes Energieniveau vorhanden.
Für flaches Wasser spricht auch das Fehlen nektonischer Lebensformen wie z. B. der Belemniten. Die pseudobenthonischen Ammoniten fehlen ebenfalls weitestgehend, während Nautiliden schon etwas häufiger auftreten.
Wir achten beim Sammeln auf die freigewitterten Kleinfossilien wie Hai- und Kugelzähne, Krebsscheren, Brachiopoden, kleine Seeigel usw. Bei trockener Witterung mag das Sieben der lockeren Verwitterungssande gute Ergebnisse bringen (Mehl- oder Küchensieb, Maschenweite 1 bis 3 mm). Das Aufklopfen der Sandsteine erbringt größere Stücke: Muscheln, Austern usw.

Neithea aequicostata LAM., Regensburger Grünsandstein; Feldfund vom Pfalzbauernberg westlich Eilsbrunn (westlich Regensburg); ca. 6,5 cm. Sammlung Helmut FETZER/Augsburg.

Fossilliste Cenoman

DACQUÉ unterscheidet in seiner Auflistung zwischen Fossilien des „Mittelcenomanen Grünsandsteins" und jenen des „Obercenomanen Kalksandsteins" (beide Schichtglieder Ob. Cenoman!). In der folgenden Fossilliste sind DACQUÉs Aufzählungen vereinigt, unter Weglassung der doppelt genannten Arten.
Pseudodiadema normanni COTT., *P. variolare* BRONGN., *P.* cf. *michelini* AG., *Cottaldia benettiae* KOEN., *Discoidea subucula* LESKE, *Catopygus columbarius* ARCH., *Serpula gordialis* SCHL., *S. conjuncta* GEIN., *S. arcuata* GOLDF., *S. quadricarinata* MUENST., *S. ootatoorensis* GEIN., *Rhynchonella bohemica* SCHLOENB., *Terebratula biplicata* BROCCHI, *Terebratella pectita* SOW., *T. fittoni* MEY., *Alectryonia diluviana* L., *Exogyra columba* LAM., *E. conica* SOW., *Lima* cf. *canalifera* GOLDF., *L. granulata* NILSS., *L. elongata* REUSS, *L. tombeckiana* ORB., *L. aspera* MANT., *Neithea aequicostata* LAM., *N. notabilis* MUENST., *N. quadricostata* SOW., *N. quinquecostata* SOW., *Pecten asper* LAM., *P. arlesiensis* WOODS, *P. saxonicus* SCUPIN, *P. subacutus* LAM., *P. acuminatus* GEIN., *P. hispidus* GOLDF., *P. undulatostriatus* DACQUÉ, *P. orbicularis* SOW., *Spondylus striatus* SOW., *Pinna decussata* GOLDF., *Inoceramus etheridgei* WOODS, *Mytilus gregarius* DACQUÉ, *Myoconcha cretacea* ORB., *Arca* sp., *Trigonia spinosa* PARK., *T.* sp., *Crassatella* cf. *vindinensis* ORB., *Corbis rotundata* ORB., *Protocardia hillana* SOW., *Cyprina ligeriensis* ORB., *C. regularis* ORB., *C. intermedia* ORB., *Venus faba* SOW., *Gastrochaena tornacensis* RYCK., *G. amphisbaena* GOLDF., *Clavagella kafkai* FRIČ, *Pleurotomaria* cf. *linearis* REUSS,

Acanthoceras naviculare MANT., *Actinocamax* cf. *plenus* BLAINV., *Callianassa antiqua* OTTO, *Oxyrhina mantelli* AG., *O. angustidens* REUSS, *Otodus appendiculatus* AG., *Corax falcatus* AG., *Polyptychodon interruptus* OWEN, *Ptychodus mammillaris* AG., *P. decurrens* AG., *Anomoedus muensteri* AG., *A. angustus* AG., *Protosphyraena ferax* LEIDY, unbestimmte Krokodilierreste.
(Bei diesen Krokodilierresten könnte es sich um *Teleorhinus browni* OSBORN handeln.)

Aufschlüsse:
142) Aufschluß **Saal** – s. Weißjura epsilon!
147) Vom Cham nach SW bis Schorndorf; hier abbiegen nach W Richtung **Obertrübenbach**. Ca. 800 m NW des Ortes liegt ein aufgelassener Stbr mit einem interessanten Profil: Im Liegenden rötlicher vergruster Granit mit unruhiger Oberfläche, darüber ein teilweise nur in Taschen überliefertes Transgressionskonglomerat (0 bis 80 cm); dann ca. 1,20 bis 1,40 m glaukonitischer Kalksandstein mit Mergellagen (= Äquivalent des Regensburger Grünsandsteins); ca. 1 m graugrünliche feinsandige Mergel = Eibrunner Mergel; 2,5 bis 3,0 m helle nach oben hin grobkörnig werdende Feinsandsteine, im Hangenden mit Exogyren = Knollensande; 30 bis 50 cm bräunlichgrauer grobkörniger Grobsandstein = Hornsandstein. – Alle Gesteine sedimentierten nahe dem Beckenrand (Randfazies).
148) Ca. 6 km NW von Regensburg liegt **Schwetzendorf**. E des Ortes mehrere aufgelassene Stbre im Regensburger Grünsandstein.
149) Von Regensburg auf der B 8 nach W, bei Kager nach N bis **Pettendorf**. Ab ca. 1 km NE der Kirche des Ortes mehrere aufgelassene Stbre im Regensburger Grünsandstein.
150) Von Kelheim nach N Richtung Painten/Hemau. W von **Ihrlerstein** (ca. 3 km N Kelheim) Brüche im Regensburger Grünsandstein (hier wurde der Stein gebrochen für die Treppen der Befreiungshalle, die Neue Residenz, Staatsbibliothek und Feldherrnhalle in München).
151) Ca. 2 km SE von **Bad Abbach** (ca. 10 km SSE Regensburg) liegen drei aufgelassene Stbre am „Mühlberg". Weitere Aufschlüsse am W-Hang. Das folgende kombinierte Profil basiert auf Beobachtungen mehrerer Aufschlüsse am Mühlberg (nach FAY, FÖRSTER & MEYER 1982): (Transgressionskonglomerat nicht aufgeschlossen); 7,5 m Unterer, 5,5 m Oberer Regensburger Grünsandstein; ca. 6,2 m Eibrunner Mergel (mit reicher Mikrofauna vor allem in den unteren 2 m); ca. 10 m Reinhausener Schichten.
173) Aufschluß **Kapfelberg** – s. „Das Plattenkalkgebiet". . . !

An der Nordküste bei Amberg-Sulzbach bildete sich zeitgleich mit dem Regensburger Grünsandstein das **Amberger Erzkonglomerat**, ein aus der aufgearbeiteten Erzformation in der Brandungszone entstandenes Basiskonglomerat (Maximalmächtigkeit ca. 2 m). Aus dieser Schicht erwähnt LEHNER (1935) folgende Arten: *Trigonia sulcataria* LAM., *Pecten serratus* NILSS., *Exogyra conica* SOW., *Ostrea vesicularis* LAM., *Spondylus hystrix* GOLDF., *Terebratula phaseolina* LAM., *Thamnastraea* sp., *Cidaris vesiculosa* GOLDF., *Catopygus columbarius* LAM. Der grobe Kalksandstein führt Oberjura-Hornsteingerölle und Tongerölle sowie bis zu faustgroße Erzbrocken.

Aufschlüsse:
152) Von Amberg parallel der B 299 nach SW bis **Oberleinsiedl**. Der Autobahneinschnitt ca. 500 m SW des Ortes erschließt eine Schichtfolge vom Obercenoman bis zum Mittelturon. Im Liegenden ca. 1,5 m Amberger Erzkonglomerat mit bis zu faustgroßen Erzbrocken; darüber – heute nur mehr schlecht sichtbar – ca. 3,2 m dunkle Montmorillonitreiche Mergel (Grünsandstein-Äquivalent); die obersten 1,5 m dieser Schichten gehören bereits zum Eibrunner Mergel (hier insgesamt max. 2 m); Reinhausener Schichten in der Faziesform des Amberger Tripel (4 bis 5 m); ca. 10,5 m Knollensand; 5,5 m fein- bis grobkörniger Glaukonitsandstein; 4 bis 5 m Kalksandstein mit Kieselknollen und schließlich 3 m Pulverturmkalk. – Die an der NE-Böschung anstehenden jüngeren Schichten (ab dem Knollensand) sind bereits zugewachsen.
153) Von Amberg über Oberleinsiedl nach SW bis **Hohenkemnath**. N des Ortes große Blöcke des Amberger Erzkonglomerats.
154) In einem Einschnitt der stillgelegten Bahnlinie Amberg-Lauterhofen (r 4487, h 5475) ca. 300 m SE der Sandgrube PONGRATZ bei **Haag** (ca. 3 km SW Amberg; s. 159 – Unterturon) Amberger Erzkonglomerat erschlossen (im verkarsteten Weißjuradolomit).

Darüber folgt in der Amberg-Sulzbacher Gegend der fossilreiche **Sulzbacher Kreidekalk** (Klippenfazies). An der Westküste, im Gebiet zwischen Neuburg/Do. und Ries, finden wir den **Mörnsheimer Bryozoensandstein**, ein lange Zeit wegen der stratigraphischen Stellung umstrittenes Gestein sowie weitere Sandsteine, meist quarzitisch gebunden, wie z. B. den **Mühlheimer Muschelsandstein**. Bei diesen Sandsteinen sowie bei ähnlichen muschelführenden Feinsanden und Quarziten handelt es sich um Äquivalente des Regensburger Grünsandsteins, abgelagert in küstennahen Gebieten.
Die Grenze Cenoman/Turon fällt in den unteren Bereich der auf den Regensburger Grünsandstein folgenden **Eibrunner Mergel** – s. unten.

Die obercenomanen Eibrunner Mergel (Foraminiferen-Zonierung: *cushmanni-greenhornensis*-Zone) führen folgende Mikrofauna (WEISS 1981): *Hedbergella planispira* (TAPPAN), *H. delrioensis* (CARSEY), *Whiteinella brittonensis* (LOEBLICH & TAPPAN), *Praeglobotruncana stephani* (GANDOLFI), *P.* aff. *praehelvetica* (TRUJILLO), *Rotalipora greenhornensis* (MORROW), *R. cushmanni* (MORROW).

Das Turon

Unterturon

Die pelitischen **Eibrunner Mergel**, feinschichtige Tonmergel mit einer Mächtigkeit zwischen 6 und 12 m, entsprechen Ablagerungen größerer Wassertiefe, entstanden in ruhigem Bildungsmilieu. Makrofauna fehlt weitgehend; DACQUÉ gibt folgende (hier unveränderte) Faunenliste, die allerdings auf Einzelfunden basiert:

Flabellina cordata REUSS, *Dorocidaris eybrunnensis* DACQUÉ, *Serpula septemsulcata* COTTEAU, *S. erecta* GOLDF., *Exogyra conica* SOW., *E. columba* LAM., *E. canaliculata* SOW., *Pecten membranaceus* NILSS., *Neithea cometa* ORB., *Inoceramus bohemicus* LEONH., *Gervillia* cf. *forbesiana* ORB., *Cyprina* cf. *lineolata* SOW., *Volutilithes elongatus* ORB., *Acanthoceras rhotomagense* DEFR., *A. mantelli* SOW., *Pulchellia gesliniana* ORB., *Scaphites rochatianus* ORB., *Scaphites aequalis* SOW., *Turrilites costatus* LAM., *Baculites subbaculoides* GEIN., *Actinocamax plenus* BLAINV., *Otodus appendiculatus* AG.
Offensichtlich liegen hier einige Bestimmungs- oder Horizontierungsfehler vor, da z. B. *Turrilites costatus* nur im Unt. Cenoman vorkommt, *Acanthoceras rhotomagense* nur im Mittl. Cenoman, die Gattung *Baculites* aber erst ab dem Ob. Turon auftritt. *Mantelliceras* (= *Acanthoceras* bei DACQUÉ) *mantelli* (SOW.) kommt ebenfalls nur im Unt. Cenoman vor.
Die Foraminiferen-Fauna des unteren Bereichs der Oberen Eibrunner Mergel (Unterturon; *helvetica*-Zone) enthält nach WEISS (1981) folgende Formen: *Hedbergella planispira* (TAPP.), *H. delrioensis* (CARS.), *Praeglobotruncana stephani* (GANDOLFI), *P. aumalensis* (SIGAL), *P.* aff. *praehelvetica* (TRUJ.), *P. imbricata* (MORNOD), *P. helvetica* (BOLLI), *P. hagni* SCHEIBNEROVA, *Whiteinella* cf. *baltica* DOUGLAS & RANKIN.
Die Fauna des oberen Bereichs der Oberen Eibrunner Mergel besteht u. a. aus folgenden Arten: *H. delrioensis* (CARS.), *H. brittonensis* LOEBL. & TAPP., *H. paradubia* (SIGAL), *Praeglobotruncana stephani* (GANDOLFI), *P. aumalensis* (SIGAL), *P. turbinata* (REICHEL), *P. imbricata* (MORNOD), *P. helvetica* (BOLLI), *P. hagni* SCHEIBNEROVA, *Whiteinella* cf. *baltica* DOUGL. & RANK., *Marginotruncana schneegansi* (SIGAL). – Es handelt sich also um Schichten des Unterturon (*schneegansi*-Zone).

Die **Reinhausener Schichten** überlagern die Eibrunner Mergel mit undeutlicher Grenze, können aber randnah auch neben den Eibrunner Mergeln auftreten (Faziesvertretung). Sie bestehen aus feinkörnigen, quarzitisch gebundenen Kalksandsteinen mit Hornsteinlinsen. Die oberflächennah entkalkten Reinhausener Schichten bilden den **Amberger Tripel**, einen weißen bis hellgelben, porösen Kieselsandstein. Die Mächtigkeit der Reinhausener

Schichten liegt im Regensburger Becken zwischen 15 und 22 m und dünnt zum Rand hin auf 10 bis 2 m aus.

DACQUÉ nennt folgende, hier unverändert übernommene Arten: *Flabellina cordata* REUSS, *Serpula* aff. *septemsulcata* COTTEAU, *Lima canalifera* GOLDF., *Neithea notabilis* MUENST., *Pecten cretosus* DEFR., *P.* aff. *acuminatus* GEIN., *Anomia* cf. *laevigata* SOW., *Exogyra columba* LAM., *Plicatula* cf. *placunea* LAM., *Inoceramus labiatus* SCHL., *I. lamarcki* PARK., *Gastrochaena amphisbaena* GOLDF., *?Mammites michelobensis* LAUBE & BRUDER, *Pachydiscus peramplus* MANT., *Otodus appendiculatus* AG., *Corax falcatus* AG., *Ptychodus mammillaris* AG., *Osmeroides lewisiensis* MANT.

Die **Neuburger Kieselkreide** (Neuburger Kieselweiß) tritt nur im N bzw. NNW von Neuburg/Do. auf. Es handelt sich um in Karsthohlformen des Ob. Jura erhaltene unterturonische Schichten. Diese weiße bis gelbliche kryptokristalline Kieselerde (ein Feinsand-Spongiolith) ist unverfestigt und zeigt keine Schichtung. Die zwischengelagerten Kieselknollen nehmen gegen das Hangende bzw. zum Karsttrichterzentrum hin zu und führen mitunter eine reiche Schwammfauna (WAGNER 1963) sowie vereinzelt Muscheln. Die Mikrofauna besteht aus wenigen sandschaligen Foraminiferen. Die Mächtigkeit schwankt sehr und kann lokal auf über 40 m ansteigen. Die Kieselkreide in diesen Karsttrichtern ist nicht einheitlich, sie zeigt eine große Zahl fazieller Unterschiede. Z. B. basal Neuburger Tone, darüber Grobsande, dann Feinsande, Kieselkreide, Feinsande und schließlich tertiär- und quartärzeitliche Tone und Sande. Die Neuburger Kieselkreide ist das westliche Äquivalent der Reinhausener Schichten. Heute werden die Vorkommen der Kieselkreide in verschiedenen Tagebauen abgebaut und in der Farbenindustrie zur Herstellung von Putz- und Poliermitteln verwendet.

Die etwas über 40 vorkommenden Arten (außer den 58 Schwammarten) sind in etwa identisch mit LEHNERs Fauna aus den Wellheimer Inoceramenquarziten. Etwas häufiger tritt auf *Inoceramus labiatus* SCHL.

Ebenfalls unterturonen Alters ist der **Wellheimer Inoceramenquarzit** wie auch die fränkische **Vesiculariskreide** (nach dem Seeigel *„Cidaris" vesicularis*; feinsandige Quarzitblöcke). Beide Gesteine führen Makrofaunen, vor allem Muscheln. Sie bilden Äquivalente der Reinhausener Schichten.

Über den Reinhausener Schichten folgt der **Knollensand**, mittelfein- bis mittelgrobkörnige kalkig gebundene Quarzsandsteine mit zwischengelagerten Kiesellinsen. Das Gestein verwittert zu gelben, knolligen Sanden (Name!). Die Mächtigkeit liegt im Beckenbereich zwischen 14 und 27 m, nahe der Küste, bei Amberg z. B., zwischen 10 und 27 m.

DACQUÉ gibt folgende (hier unveränderte) Faunenliste: *Salenia* cf. *scutigera* GOLDF., *?Holectypus turonensis* DESH., *Cardiaster ananchytis* LESKE, *Magas geinitzi* SCHLOENB., *Rhynchonella plicatilis* SOW., *Avicula glabra* REUSS, *Lima canalifera* GOLDF., *Neithea notabilis* MUENST., *N. quinquecostata* SOW., *N. cometa* ORB., *Pecten laevis* NILSS., *P. nilsoni* GOLDF., *Exogyra columba* LAM., *E.* cf. *conica* SOW., *Spondylus latus* SOW., *S.* cf. *obesus* ORB., *Inoceramus labiatus* SCHL., *I. lamarcki* PARK., *Modiola jovialis* DACQUÉ, *Nautilus* sp., *Callianassa antiqua* OTTO, *Otodus appendiculatus* AG. – Hierzu kommen zahlreiche Bryozoenarten, die von DACQUÉ nicht bearbeitet wurden.

Der **Hornsandstein** besteht aus mittel- bis grobkörnigen Geröllsandsteinen in bankiger Ausbildung, in der küstennahen Fazies wechsellagernd mit fein- bis mittelkörnigen Kalksandsteinen und Sandmergeln. Die Mächtigkeit schwankt zwischen 2 und 12 m.

DACQUÉ führt folgende Arten auf: *Synastraea* aff. *composita* SOW., *Magas geinitzi* SCHLOENB., *Rhynchonella plicatilis* SOW., *Lima canalifera* GOLDF., *Pecten orbicularis* SOW., *Exogyra columba* LAM., *Pinna cretacea* SCHL., *Inoceramus labiatus* SCHL., *Cucullaea hercynica* GUEMB., *Astarte obovata* SOW., *Cyprimeria discus* MATH., *Pholadomya ligeriensis* ORB., *Pterodonta elongata* ORB.

Knollensand und Hornsandstein entstanden in einer Zeit verstärkter und großräumiger Sand- und Kiesschüttungen vom ostbayerischen Grundgebirge her. In diese Zeit fallen auch die intensivierte bruchtektonische Phase und die submarinen Großgleitungen im Amberg-Sulzbacher Erzrevier.

Aufschlüsse:
147) Aufschluß **Obertrübenbach** – s. Regensburger Grünsandstein!
151) Aufschluß **Bad Abbach** – s. Regensburger Grünsandstein!
152) Aufschluß **Oberleinsiedl** – s. Amberger Erzkonglomerat!
155) Neue Grube Pfaffengrund ca. 1,5 km NW **Bittenbrunn** (ca. 2 km NNW Neuburg/D.). Abgebaut wird die Neuburger Kieselkreide, die ein Äquivalent der Reinhausener Schichten ist. Marine Muscheln treten ausschließlich in den Feinsandlagen unter der Kieselkreide auf. Die unter der Kieselkreide liegenden geringmächtigen Schichten entsprechen altersmäßig den Schutzfelsschichten, dem Grünsandstein und dem Eibrunner Mergel. Faunenbestandteile neben Muscheln: Bryozoen, Seeigel, Brachiopoden, Schwämme (Spiculae in reicher Zahl in der Kieselkreide – schlämmen!). – Weitere Aufschlüsse im NW.
156) Von Kelheim nach E bis **Kelheimwinzer**. Am Rande eines kleinen Kiefernwäldchens im NNE des Ortes tief eingeschnittene Hohlwege mit oberflächlich verrutschten Eibrunner Mergeln.
157) Ca. 400 m SE **Bodenwöhr** (ca. 15 km SE Schwandorf) aufgelassene Sandgrube in den Knollensanden: Basal ca. 7,5 m Feinsande mit Exogyrenlage; dann ca. 50 cm Grobsand/Feinkies; ca. 1,5 m gelbgrüner fein- bis mittelkörniger Sand; 2 m gelbgrüne mittelkörnige Sande mit Kalksandsteinlagen und nestartig angereicherter Fauna, im Liegenden mit starker Bioturbation; 4 m gelblichgrüne, glaukonitische, dünnbankige Feinsandsteine und schließlich etwa 5 m braune bis braunrote lockere Decksande mit oben angereicherten Kreiderelikten sowie Schillbänken mit zahlreichen Exogyren.
158) Von Regensburg W des Regen nach **Hainsakker**. Auf der Kuppe des „Sandbühl“ NNW des Ortes Aufschluß in den Knollensanden (grobkörniges Gestein, jedoch mit Resten dünnschaliger Muscheln).
159) Von Amberg nach SW bis **Haag**. Ca. 1 km NE des Ortes Sandgrube PONGRATZ (im „Planholz“; r 4487, h 5475). Erschlossen ein interessantes, allerdings je nach Abbauverhältnissen wechselndes Profil: Im Südteil der Grube bilden ca. 3 m mächtige dunkelgraue (braunverwitternde) Mergel das Liegende; sie sind seitlich verzahnt mit dickbankigen Kalkmergeln mit Kieselkalkknollen. Diese Schichten sind das randnahe Äquivalent der Eibrunner Mergel. Darüber folgt der zwischen 1,5 und 3,3 m mächtige Amberger Tripel (= Reinhausener Schichten); der Knollensand steht mit ca. 10 bis 12 m an. Die folgenden ca. 7 m mächtigen alternierenden Grobsande, tonigen Sande und grünen bis braunen Tone entsprechen vermutlich der mittelturonen Randfazies. Schließlich stand an der (weitgehend mit Abraum verfüllten) Grubennordwand ein Block Pulverturm-Kalksandstein an (8 x 8 x 2,5 m) mit Muschelschillagen, deren oberste (ca. 30 cm) Exogyren, Bryozoen und Seeigelreste führte.

Mittelturon

Die Schichten des Mittelturon zeigen pelitisch-feinsandigen Charakter. Diese ruhige Sedimentationsphase hält an bis zum Beginn des Oberturon. Die Faziesformen sind vielfältig: Feinsandmergel mit starker Bioturbation, Kalksandsteine mit reichem Benthos, küstennah Tone und Arkosen.

Die **Eisbuckelschichten** bestehen aus hellgrauen, feinsandigen, teilweise flaserigen Mergelkalken mit feinsandigen Mergeln bzw. Mergelsandsteinen. Mächtigkeit: 7,5 bis 26 m. Lokal treten auch helle, graugrünliche bis gelbbräunliche, teils kieselige Kalkmergel und Kalke auf, andernorts helle, graublaue, feinsandige Kieselkalke mit starker Bioturbation und Feinschillbänken dazwischen.

DACQUÉ zählt aus dem „Eisbuckelkalk" folgende Arten auf: *Cidaris subvesiculosa* ORB., *Cyphosoma* cf. *koenigi* MANT., *Catopygus fastigatus* FRIČ, *Cardiaster planus* MANT., *Micraster cortestudinarum* GOLDF., *Serpula socialis* GOLDF., *Magas geinitzi* SCHLOENB., *Rhynchonella plicatilis* SOW., *Exogyra columba* LAM., *Lima canalifera* GOLDF., *Neithea quinquecostata* SOW., *Pecten dujardini* ROEM., *Inoceramus lamarcki* PARK., *Corbis ringmerensis* MANT., *C. rotundata* ORB., *Tapes paradoxus* DACQUÉ, *Pholadomya* sp., *Panopaea regularis* ORB., *Pleurotomaria linearis* MANT., *Trochacanthus bajuvarensis* DACQUÉ, *Turritella sexlineata* ROEM., *T. multistriata* FRIČ, *Cerithium bohemicum* WEIN., *?Otodus appendiculatus* AG., *Corax falcatus* AG.

Bei den **Glaukonitmergeln** handelt es sich um dunkelgraue, zwischen 1 und 6 m mächtige, glaukonitreiche Tonmergel oder Feinsandmergel mit Glaukonit- und Glimmerführung und zwischengeschaltete Mergelkalklinsen. Enthalten sind zahlreiche Konkretionen, phosphoritische Steinkerne und Kieselkalkknollen, vor allem im mittleren Bereich. Die Basis kann ein Hartgrund sein, mit in die Eisbuckelschichten hinabreichenden, glaukonitgefüllten Grabbauten. Die aufgearbeiteten Komponenten über dem Hartgrund können abgerollte Fossilien aus unterlagernden Schichten führen.

Die reiche Fauna besteht vor allem aus Muscheln und Schnecken. HAUNER (1969) nennt 101 Arten: *Serpula gordialis* SCHL., *Magas geinitzi* SCHLOENB., *Rhynchonella plicatilis* SOW., *Exogyra columba* LAM., *Lima hoperi* MANT., *L. canalifera* GOLDF., *L. reussi* DACQUÉ, *Pecten dujardini* ROEM., *P. cretosus* DEFR., *Neithea gryphaeata* SCHL., *N. quinquecostata* SOW., *Avicula tenuicostata* ROEM., *Arca* sp., *Cucullaea subglabra* ORB., *Trigonoarca passyana* ORB., *Pectunculus geinitzi* ORB., *Astarte lenticularis* GOLDF., *Crassatella arcacea* ROEM., *Corbis ringmerensis* MANT., *Cardium productum* SOW., *Protocardia hillana* SOW., *Cyprina ligeriensis* ORB., *C. lineolata* SOW., *Cypricardia trapezoidalis* ROEM., *Tapes subfaba* ORB., *Tellina substrigata* DACQUÉ, *Liopistha aequivalvis* MANT., *Pleurotomaria linearis* MANT., *Turritella sexlineata* ROEM., *T. multistriata* FRIČ, *Natica geinitzi* HOLZ., *Aporrhais buchii* MUENST., *A.* aff. *schlotheimi* ROEM., *Fusus coronatus* ROEM., *Tudicla monheimi* MÜLL., *Mitra guerangeri* ORB., *Voluta* sp., *Avellana ovum* DUJ., *Nautilus sublaevigatus* ORB., *Acanthoceras deverianum* ORB., *Ptychodus latissimus* AG.

Die folgenden Arten wurden von HAUNER erstmals im Glaukonitmergel nachgewiesen:
Pseudodiadema variolare BRONGN., *Cidaris subvesiculosa* ORB., *Cliona cretacea* PORT. [*Cliona* ist eine Schwammgattung mit bohrender Lebensweise, wird aber hier bei den Seeigeln aufgeführt!?], *Serpula socialis* GOLDF., *Exogyra canaliculata* SOW., *Lima* granulata NILSS., *Pecten orbicularis* SOW., *Neithea notabilis* MUENST., *Inoceramus lamarcki* MANT. (non PARK.), *?I. latus* MANT., *Modiola capitata* ZITT., *Lithophaga oblonga* ORB., *Nucula striatula* ROEM., *Astarte obovata* SOW., *Corbis rotundata* ORB., *Isocardia zitteli* HOLZ., *Turbo* aff. *naumanni* WEINZ., *Fusus nereidis* MUENST., *Tudicla depressa* MUENST., *Acanthoceras* cf. *rhotomagense* (DEFR.), *Oxyrhina mantelli* AG., *Lamna semiplicata* AG., *Otodus appendiculatus* AG., *Corax falcatus* AG.
Hierzu kommen noch eine größere Anzahl seinerzeit unbestimmter Arten. Bei den beiden genannten Ammonitenarten handelt es sich sicherlich um Fehlbestimmungen. Sowohl das bereits von DACQUÉ, genannte *Acanthoceras deverianum* wie auch *A. rhotomagense* treten nur im Cenoman auf, letzteres ist sogar die Leitform des Mittl. Cenoman.

Den Abschluß des Mittelturon bilden die **Pulverturmschichten** (11 bis 15 m). Die feinkörnigen Mergelsandsteine alternieren mit Feinsandmergeln oder Mergelkalken. Zum Hangenden wird das Korn etwas gröber (mittelfeinkörnig). Regional bestehen die Schichten aus grünlich-bräunlichen, sandarmen Mergelkalken bis Kalkmergeln.

DACQUÉ gibt folgende Artenliste: *Flabellina cordata* REUSS, *Trochosmilia turonensis* FROM., *Cidaris ratisbonensis* GUEMB., *C. subvesiculosa* ORB., *C. perornata* FORBES, *?Pseudodiadema* sp., *Micraster michelini* AG., *Serpula socialis* GOLDF., *?S. rotula* GOLDF., *Magas geinitzi* SCHLOENB., *Rhynchonella plicatilis* SOW., *Alectryonia semiplana* SOW., *Exogyra canaliculata* SOW., *E. superradiata* DACQUÉ, *Lima* *canalifera* GOLDF., *L. reussi* DACQUÉ, *L. granulata, L. elongata* REUSS, *Neithea gryphaeata* SCHL., *N. dujardini* ROEM., *Spondylus latus* SOW., *Inoceramus lamarcki* PARK., *I. inconstans* WOODS, *I.* cf. *crassus* PETR., *Modiola capitata* ZITTEL, *Trigonia glaciana* LTM., *Crassatella arcacea* ROEM., *Corbis ringmerensis* MANT., *C. rotundata* ORB., *Cardium productum* SOW., *Cyprina* aff. *ligeriensis* ORB., *Venilicardia* cf. *van reyi* BOSQ., *Venus plana* SOW., *Tellina subdecussata* ROEM., *Panopaea regularis* ORB., *P.* cf. *rostrata* MATH., *Pholadomya* cf. *nodulifera* MUENST., *Liopistha aequivalvis* GOLDF., *Clavagella tornacensis* RYCK., *Pleurotomaria linearis* MANT., *Nautilus rugatus* SCHL., *N. sublaevigatus* ORB., *N. galea* SCHL., *Pachydiscus peramplus* MANT., *Callianassa antiqua* OTTO.

Die sogenannten **Baculiten-Mergel** stellen eine besonders fossilreiche Faziesform der Pulverturmschichten dar: Die glaukonitisch-mergeligen Schichten waren/?sind vor allem im Regensburger Ortsteil Karthaus erschlossen. DACQUÉ beschreibt von hier 73 Arten (2 Seeigel-, 1 Röhrenwurm-, 1 Brachiopoden-, 36 Muschel-, 22 Schnecken-, 2 Nautiliden-, 6 Ammoniten-, 1 Rankenfüßer-, 2 Fischarten).

Wichtige Arten sind z. B. *Inoceramus lamarcki* PARK., *I. inconstans* WOODS, *Scaphites geinitzi* ORB., *Sciponoceras bohemicum* (SCHLÜTER), *Lewesiceras mantelli* WRIGHT & WRIGHT, *Subprionocyclus* cf. *neptuni* (GEIN.). Die Mikrofauna aus den Baculiten-Mergeln ist schlecht erhalten. Auffallend ist die Häufigkeit von Schwammnadeln.

Aufschlüsse:
152) Aufschluß **Oberleinsiedl** – s. Amberger Erzkonglomerat!
159) Aufschluß **Haag** – s. Unterturon!
160) In einem Hohlweg WNW **Kareth** (ca. 1 km N Regensburg) können die Eisbuckelschichten studiert werden.
161) Autobahneinschnitt S Regensburg bei **Dechbetten** (r 4503, h 5429). Heute noch zu beobachten die Eisbuckelschichten (helle, grünliche bis bräunliche, schwach feinsandige Kalkmergel und Kalke, dickbankig, oft wulstig-löcherig verwitternd), ca. 1,5 m Glaukonitmergel (graugrüne bis braungrüne glaukonitreiche Ton- bis Kalkmergel, konkretionsreich, mit Grabbauten; basal 20 bis 30 cm Hartgrund; reiche Makrofauna während des Autobahnbaus), Untere Pulverturmschichten (graue bis grünlichbräunliche, glaukonitführende Mergelkalke, Kalkmergel bis Mergel bzw. Tonmergel, dünn gebankt).

Oberturon

Die Sedimentationsverhältnisse werden jetzt stark beeinflußt durch erneut zunehmende Sandschüttungen vom Grundgebirge her. Oberpfälzer- und Böhmerwald steigen auf, verbunden mit tektonischen Bewegungen am Pfahl. Das Meer zieht sich zurück; im nördlichen Teil des Kreidegolfs entstehen brackisch-limnische Sedimente.
Die marine Schichtfolge der Beckenfazies sieht folgendermaßen aus: Der **Großberger Sandstein** (14 bis 23 m) ist ein mittelfein- bis mittelgrobkörniger, kalkig gebundener Quarzsandstein mit starker Glaukonitführung, regional aber auch als Kalksandstein ausgebildet. Die Farbe ist bräunlich-gelblich bis graugrün – Schalenreste sind reichlich; dazu kommen Bryozoen und Seelilienstielglieder. Die Sandschüttungen erreichen in der Grobsandfazies des Unteren Großberger Sandsteins ihren Höhepunkt.
Die darüber folgenden **Weilloher Mergel** bestehen aus dunkelgraubraunen bis grünlichgelblichen Tonmergeln mit Glimmer- und Glaukonitführung bzw. Kalkmergeln mit Mergelsandsteineinlagerungen. Die Mächtigkeit schwankt zwischen 23,5 und 31 m. Die Makrofauna besteht in erster Linie aus Muschelresten, die Mikrofauna hingegen ist reich und zeigt gute Erhaltung. Die Weilloher Mergel sind die jüngsten erschlossenen Kreideablagerungen im Regensburger Raum. Die jüngeren Schichten fielen hier der Abtragung zum Opfer.

Abb. 19. Brachiopoden aus dem Kelheimer Kalk: *Juralina insignis* (ZIET.), Weißjura epsilon, Saal bei Kelheim (142). Größtes Exemplar ca. 4,2 cm.

Abb. 20. Steinbruch in den Solnhofener Schichten um die Jahrhundertwende.

Abb. 21. Bearbeitung der Lithographiesteine um die Jahrhundertwende; gut zu erkennen die im Vordergrund gestapelten, fertig formatisierten und geschliffenen Platten.

Abb 22. Algen-Bioherm-Fazies im Steinbruch am Büschelberg bei Hainsfarth am Riesrand (220; Sportplatz): Stotzen der Blaugrünalge *Chladophorites*. Zwischengelagert Schichtkalke mit *Cypris* und *Hydrobia*.

Wichtige Foraminiferenarten (nach OSCHMANN 1958): *Marginotruncana coronata* (BOLLI), *M. tricarinata* (QUEREAU), *M. marginata* (REUSS), *M. renzi* (GANDOLFI), *Globotruncana bulloides* VOGLER, *Heterohelix pseudotessera* (CUSHMAN), *Gavelinella lorneiana* ORB., *G. tumida* BROTZEN, *Neoflabellina praerugosa* HILTERMANN.
DACQUÉ gibt folgende Arten an: *Frondicularia cordai* REUSS, *Cidaris* sp., *Serpula socialis* GOLDF., *S. gordialis* SCHL., *Rhynchonella plicatilis* SOW., *Terebratula* sp., *Alectryonia deshayesi* COQ., *A. eggeri* GUEMB., *Exogyra sigmoidea* REUSS, *E. cornuarietis* NILSS., *Gryphaea vesicularis* LAM., *Lima granulata* NILSS., *L. hoperi* MANT., *L. semisulcata* NILSS., *Lima tecta* GOLDF., *Neithea gryphaeata* SCHL., *Pecten cretosus* DEFR., *P. faujasi* DEFR., *P.* cf. *nilssoni* GOLDF., *P. dujardini* ROEM., *P.* cf. *decemcostatus* GOLDF., *Spondylus latus* SOW., *Anomia pseudoradiata* ORB., *Inoceramus striatoconcentricus* GUEMB., *I. inconstans* WOODS, *Pinna cretacea* SCHL., *Modiola* (?) *modiola* NILSS., *Trigonia glaciana* STM., *Tellina strigata* GOLDF., *Turritella acanthophora* MÜLL., *Nautilus sublaevigatus* ORB., *Callianassa antiqua* OTTO, *Otodus appendiculatus* AG.

Die brackisch-limnisch küstennah gebildeten Sedimente des Oberturon z. B. der Bodenwöhrer Senke (Gesamtmächtigkeit des Oberturon hier 115 bis 150 m) sind:
Äquivalent des Großberger Sandsteins (bis 27 m), ein fein- bis grobkörniger Quarzsandstein;
der **Werksandstein** wechsellagernd mit dunklen Tonen (38 m), z. B. von Erzhäuser und Oberkreith;
der **Graue Feinsandton** und der **Windmaiser Geröllsandstein** (38 bis 45 m), graublaue bzw. graue, feinschichtige Feinsandtone mit Pyritführung, gut erhaltenen Pflanzenresten, Treibholz, Glanzkohle und, im oberen Teil dieses ca. 28 m mächtigen Schichtstoßes, hell- bis dunkelgrauen Feinsandtonen. Der graublaue, glimmerführende Windmaiser Geröllsandstein (10 bis 17 m) überlagert diese Schichten, anfangs feinkörnig, zum Hangenden hin immer grobkörniger ausgebildet und schließlich übergehend in einen mittel- bis grobkörnigen, Quarzgeröll führenden Sandstein;
der **Windmaiser Formsand** (14 m) ist ein glimmerführender Feinsandton mit Ingressionshinweisen; er führt Pflanzenreste und Wurzelböden, Glanzkohle, Holz und Pyrit.
Gegen Amberg zu nimmt die Mächtigkeit des Oberturon rapide ab auf ca. 60 m. Das Gestein zeigt ausgeprägte Sandführung; Tonsedimente fehlen. Wir gliedern hier in **Unteren Freihölser Bausand** (15 bis 20 m), dunkle **pflanzenführende Tone mit Arkosen** (10 m), **Oberen Freihölser Bausand** (15 bis 20 m) und **Hiltersdorfer Sandstein** (5 bis 10 m).

Aufschlüsse:
162) Von Regensburg auf der B 15 nach S; bei Köfering ca. 7 km nach der Autobahnunterquerung nach W bis **Poign** und von hier nach S Richtung Weillohe. Ca. 1 km SE Poign (N der Straße) aufgelassener Stbr im Großberger Sandstein mit alternierenden Schillbänken und Bryozoen-Sandkalken.
163) Von Regensburg auf der B 15 nach S; bei Köfering ca. 7 km nach der Autobahnunterquerung nach W. Nach dem Ort Wolkering nach S abbiegen Richtung **Weillohe**. Von Weillohe Richtung S (Dünzling); ca. 1,5 km S Weillohe Erdloch im Wald (r 4508, h 5418): Stratotypus der Weilloher Mergel. Im Liegenden Großberger Sandstein, darüber ca. 1,5 m Weilloher Mergel mit reicher und guterhaltener Mikrofauna.
164) Von Sulzbach-Rosenberg auf der B 14 nach E bis Gebenbach, von hier auf der B 299 nach N Richtung Freihung bis 500 m S **Seugast**. Hier einen

Waldweg nach SE nehmen. Nach etwa 1 km erreichen wir aufgelassene Stbre im Seugaster Werksandstein. Eine Limonitbank im Top führt Fauna und stellt die Grenze zum Coniac dar (ca. 20 cm mächtig).
165) Von **Amberg** auf der B 85 nach SE Richtung Schwandorf. Ca. 7 km nach Amberg entlang der Straße Sandgruben im Oberen Freihölser Bausand (fluviatiler Sandstein).

Die folgenden Schichten sind oberflächlich sehr selten bzw. schlecht erschlossen und werden deshalb nur kurz aufgezählt.

Das Coniac

Das Coniac setzt ein mit einem Transgressionskonglomerat (Grenzbank, **Limonitbank**). Dieser limonitische Quarzsandstein (0,2 bis 2 m) ist weitflächig nachweisbar, praktisch im ganzen Bereich der Oberpfälzer Bucht, und geht nach W in den fossilreichen **Neukirchener Ocker** über (1 bis 3 m). Der darüber folgende **Cardienton** (16 bis 36 m) besteht aus dunkelgrauen, feingeschichteten Mergeln und alternierenden Feinsandtonen mit Glimmer- und Glaukonitführung, wobei zum Grundgebirge hin die Sandführung stärker wird. Es folgen der **Knöllinger Sandstein** und der **Jedinger Sandstein** mit einer Gesamtmächtigkeit zwischen 30 und 40 m. In der Auerbacher Gegend gehen diese Sandsteine über in Glimmersande und Arkosensandsteine. Den Abschluß des Coniac bilden die **Glimmer-Glaukonit-Sande**, faziell dem Cardienton ähnelnde Feinsandmergel und Feinsande.

Aufschlüsse:
166) Von Amberg auf der B 85 nach SE; nach ca. 7 km nach E (Richtung Schwarzenfeld) abbiegen, nach weiteren 5 km nach Norden Richtung **Jeding**. Am W Ortsende aufgelassener Stbr im Jedinger Sandstein (höheres Coniac). Unten ca. 6 m helle dickbankige Feinsandsteine mit Glaukonitführung, darüber 1 bis 1,5 m helle gelbbräunliche Feinsandsteine.

Das Santon

Im Auerbacher Bereich entstand in fluviatil-limnischem Milieu der **Auerbacher Kellersandstein**. Dieser mittel- bis grobkörnige Quarzsandstein zeigt stark wechselnde Schichtung bis zur ausgeprägten Schrägschichtung. Eingeschaltet sind auskeilende Bunttonlagen. Wir unterscheiden zwischen dem Unteren (15 m) und dem Oberen Auerbacher Kellersandstein, getrennt durch den Hauptbunttonhorizont mit einer Mächtigkeit bis zu 6 m. Inwieweit der Kellersandstein noch zum Unt. Campan gehört, ist aufgrund fehlender Faunenhinweise nicht eindeutig zu klären.
Das gleiche gilt für die **Friedersreuther Pflanzentone** des Gebietes zwischen Parkstein und Erbendorf. Die Flora ist zwar eindeutig oberkreidezeitlichen Alters, eine genauere stratigraphische Zuordnung jedoch nicht möglich.
Die mehr als 150 m mächtigen **Albenreuther Schotter** – glimmersandig-tonige Fanglomerate mit Kristallingeröllen bis 70 cm – sind vermutlich campanzeitlich.

Aufschlüsse:
167) Von Pegnitz nach **Auerbach**. S der B 85 Sandgrube, ca. 1 km vor Auerbach (r 7170, h 0705). Erschlossen ist der Auerbacher Kellersandstein (Santon).

Revision einiger Fossilnamen aus den Schichten der Regensburg-Hollfelder Kreide:
Natica acutimargo = *Gyrodes acutimargo* (ROEM.)
Lima canalifera = *Pseudolimea canalifera* (GOLDF.)
Lima elongata = *Pseudolimea elongata* (REUSS)
Lima hoperi = *Plagiostoma hoperi* (MANT.)
Corbis rotundata = *Sphaera rotundata* (ORB.)
Alectryonia diluviana = *Rastellum carinatum* (LAM.)
Ostrea vesicularis, Gryphaea v. = *Phrygaea vesicularis* (LAM.)
Exogyra columba = *Rhynchostreon suborbiculatum* (LAM.)

Avicula tenuicostata = *Oxytoma tenuicostata* (ROEM.)
Pecten cretosus = *Mimachlamys cretosa* (DEFR.)
Pecten asper = *Merklinia aspera* (LAM.)
Pecten orbicularis = *Entolium orbiculare* (SOW.)
Pectunculus geinitzi = *„Glycimeris" geinitzi* (ORB.)
Cyprina ligeriensis = *Proveniella ligeriensis* (ORB.)
Neithea quadricostata = *Neithea gibbosa* (PULTENEY)
Cardium productum = *Granocardium productum* (SOW.)
Acanthoceras naviculare = *Calycoceras naviculare* (MANT.)
Acanthoceras mantelli = *Mantelliceras mantelli* (SOW.)
Pachydiscus peramplus = *Lewesiceras peramplus* (MANT.)
Serpula gordialis = *Glomerula gordialis* (SCHL.)
Serpula socialis = *Sarcinella plexus* (SOW.)
Rhynchonella plicatilis = *Cretirhynchia plicatilis* (SOW.)
Cidaris subvesiculosa = *Prionocidaris subvesiculosa* (ORB.)
Discoidea subucula = *Discoides subucula* (LESKE)
Catopygus columbarius = *Catopygus columbaris* (LAM.)
Cardiaster planus = *Sternotaxis planus* (MANT.)
Otodus appendiculatus = *Cretolamna appendiculata* (AG.)
Corax falcatus = *Squalicorax falcatus* (AG.)

Sehenswürdigkeiten

Das in diesem Buch behandelte Gebiet ist so groß, die Zahl der Städte und Dörfer mit bemerkenswerten Baudenkmälern und idyllischem Ortsbild so hoch, daß hier nur eine kleine Auswahl genannt werden kann, die subjektiv sein muß. Beim Durchfahren oder besser noch Durchwandern der weiten freundlichen Landschaft finden wir reizvolle Dörfer, lernen betriebsame kleine Städte kennen. Alle haben Besonderheiten aufzuweisen, wenn es auch nicht gleich für eine Notiz im Baedeker reicht. Von den zahlreichen Höhlen sind die wichtigsten genannt; viele weitere entdecken wir bei unseren geologischen Streifzügen.

Ein hübsches Stadtbild bietet **Altdorf**. Erhalten sind zahlreiche Reste der Stadtbefestigung. Die Kirche St. Laurent hat einen schönen gotischen Chor (1407), ein barockes Langhaus und einen Fachwerkturm. Das Rathaus ist ein schöner Renaissancebau aus dem Jahre 1568. Im Schloß, aus Sandstein erbaut im Jahre 1558, saßen einst die Landgebietsverwalter der Reichsstadt Nürnberg. Ab 1622 hatte Altdorf eine Universität, an der nicht nur WALLENSTEIN immatrikuliert war (er wurde 1600 mit Schimpf der Akademie verwiesen!), sondern auch J. J. SCHEUCHZER und J. J. BAIER, berühmte Naturwissenschaftler (s. S. 30).

Amberg liegt östlich der Fränkischen Alb im Vilstal. Die etwas über 50000 Einwohner zählende Stadt zeigt ein von stattlichem Mauerkranz mit schönen Toren (Nabburger Tor!) umgebenes altes Stadtbild. Am reizvollen Marktplatz finden wir das gotische Rathaus und die Kirche St. Martin (15. Jh.), unweit das ehemalige Pfalzgrafenschloß aus dem 13. und 14. Jh. (mit interessantem Heimatmuseum: Vor- und Frühgeschichte, Heimat- und Stadtgeschichte, Volkskunst u. a.) sowie das Kurfürstliche Schloß aus dem 17. Jahrhundert.

Wohl eine der reizvollsten Städte im Frankenland ist **Bamberg**. Trotz ihrer immerhin rund 80000 Einwohner hat die alte Kaiserstadt erfreulicherweise Kleinstadtcharakter bewahrt. Beim Bummeln entdecken wir reizvolle Winkel und überraschende Ausblicke. Das alte Rathaus thront auf der Oberen Brücke (Mitte des 15. Jhs.) und verbindet Bürger- und Bischofsstadt. Von der Brücke hübscher Blick auf die Regnitz und „Klein-Venedig", Fischerhäuser am Ufer.

In der Bürgerstadt besuchen wie die barocke Martinskirche und natürlich das hochinteressante Naturkunde-Museum (Fleischstraße 2), in der Bischofsstadt den Dom aus dem frühen 13. Jh., einen der beachtenswertesten deutschen mittelalterlichen Sakralbauten. Im Dom zahlreiche Bildwerke, deren bekanntestes der „Bamberger Reiter" ist (entstanden ca. 1240). Die alte Residenz (Alte Hofhaltung) liegt am Domplatz und gilt als einer der schönsten Renaissancebauten Deutschlands (untergebracht ist darin heute u. a. das Historische Museum). Der Barockbau der Neuen Residenz liegt am Nordrand des Platzes.

Die Jakobskirche (geweiht 1109) liegt westlich, am Ende der von zahlreichen Domherrenbauten gesäumten Domstraße. Die Obere Pfarrkirche schließlich vertritt in würdiger Form die Gotik. – Sowohl von der kultur- und kunstgeschichtlichen Bedeutung und Ausstrahlung wie auch von der freundlichen Atmosphäre her ist Bamberg einen längeren Aufenthalt wert!

In schöner Lage hoch über dem Maintal finden wir Kloster (oder Schloß) **Banz**, eine 1071 gegründete Benediktinerabtei mit schöner Barockkirche, erbaut 1710 bis 1718 von J. DIENTZENHOFER mit prunkvollem Innenraum und in interessanter Weise aufgelöstem Grundriß. Die Wirtschaftsgebäude wurden Mitte des 18. Jhs. von B. NEUMANN erbaut. Darin untergebracht ist ein kleines Museum mit einer wundersamen Petrefaktensammlung: Wohl schöne Stücke wie Ichthyosaurierskelette und anderes, alles aber recht verwahrlost und schlecht dargeboten (s. a. S. 32).

Stattliche Steilhänge überragen die im Altmühltal liegende, mauerumringte kleine Stadt **Beilngries**. Freundliches Stadtbild und malerische Winkel lohnen den Besuch. Unweit hoch über dem Tal das Schloß Hirschberg.

In **Berching** finden wir zahlreiche schöne Fachwerkhäuser, eine teilweise begehbare Stadtmauer mit schönen Türmen (und im Baumaterial – Jurakalk! – eingeschlossenen Fossilien) und harmonischem Stadtbild. Interessant und hübsch eingerichtet das Heimatmuseum. Einige recht preiswerte Gasthäuser machen die Stadt zu einem guten Standort für Exkursionen in der Südlichen Frankenalb; dank der behäbigen Atmosphäre in der Stadt wird man sich wohl fühlen.

Die 420 m lange **Binghöhle** (oder Streitberger Höhle) gilt als die schönste Tropfsteinhöhle Deutschlands. Sie liegt nordwestlich von Streitberg und wurde erst 1905 entdeckt.

Am Nordende der Fränkischen Alb, südlich des Thüringer Waldes, liegt ein weiterer Glanzpunkt der fränkischen Städte: **Coburg**. Die frühere Residenzstadt erfreut durch hübsches Stadtbild und schöne Bauwerke: Am Marktplatz finden wir stattliche Renaissancebauten, Rathaus und Stadthaus (1579, 1598), unweit die Moritzkirche (14. – 16. Jh.) mit dem eindrucksvollen 12 m hohen Grabmal von Johann Friedrich dem Mittleren, schönen Epitaphien und einer beachtenswerten Orgel. Die Ehrenburg, das frühere Residenzschloß, liegt am östlichen Rand der Altstadt am Schloßplatz und geht auf ein Franziskanerkloster zurück (gegr. 1250). Heute sind hier stadtgeschichtliche Sammlungen, die Landesbibliothek u. a. untergebracht. Ebenfalls am Schloßplatz liegen die Arkaden, dahinter der Hofgarten, am Berghang unterhalb der Veste. Im Hofgarten finden wir das Naturwissenschaftliche Museum mit ornithologischen und ethnologischen Sammlungen sowie mit einer schönen Fossiliensammlung, weiterhin eine Märbelmühle (Märbel = Murmel = Schusser: kleine Steinkugel). – Der Veste älteste Bauteile stammen aus dem 12. Jh. (Blauer Turm, Steinerne Kemenate); die meisten anderen Gebäude stammen aus der Zeit nach 1500. Bedeutende Kunstsammlungen, eine Rüstkammer aus dem 17. Jh., Jagdwaffensammlung, Lutherstube u. a. lohnen einen Besuch, zu dem wir uns freilich Zeit nehmen sollten.

Ebersdorf, unweit der Grenze zur DDR gelegen in der Nähe von Ludwigsstadt, zeigt ein reizvolles, altertümliches Ortsbild mit lindenumrahmtem Dorfplatz und einer kleinen, 1909 erneuerten romanischen Kirche.

Wenig östlich von Forchheim finden wir den Weißjurazeugenberg **Ehrenbürg** (oder „Walberla“, so genannt nach der auf dem Plateau stehenden Walpurgis-Kapelle). Reste einer bronzezeitlichen Ringwallanlage weisen die Stätte als ehemalige Fliehburg aus. Die zahlreichen archäologischen Funde von hier können im Pfalzmuseum in Forchheim betrachtet werden. Schöner Ausblick auf das Keuperland im W.

Ellingen liegt nahe bei Weißenburg im Tal der Schwäbischen Rezat und gibt ein schönes Beispiel einer barocken Residenzstadt; sehenswert vor allem das Rathaus (1746), die Pfarrkirche und die Rezatbrücke sowie einige Bürgerhäuser. Das im 18. Jh. umgebaute eindrucksvolle Schloß am Stadtrand war früher eine Komturei der Deutschordensritter.

Zwischen Altmühl und steil aufragende Jurafelsen zwängt sich der kleine Ort **Essing**, mit malerischem bzw. fotogenem Ortsbild. Renaissancebau der Stiftsdekanei, Rathaus, barockisierte Pfarrkirche, Häuser und Häuschen, Torturm und Ziehbrunnen: beliebte Malermotive. Über dem Ort dräut von steilem Fels die Ruine Randeck.

Die ehemalige karolingische Pfalz **Forchheim** ist heute ein betriebsames Städtchen von etwa 25 000 Einwohnern, mit schönem Stadtbild und vielen sehenswerten Bauten: spätmittelalterliche Fachwerkhäuser, Rathaus aus dem 14.–16. Jh., die „Pfalz“, das alte bischöfliche Schloß hauptsächlich aus dem späten 14. Jh. (Museum; Sammlungen zur Vor- und Frühgeschichte und zur Heimatkunde), gotische Pfarrkirche St. Martin. Verschiedene Bastionen stellen Überreste der Stadtbefestigungen dar: Bastion beim Saltorturm, St.-Valentini-Werk usw.;

dazu kommen z. B. das Nürnberger Tor und das Nördliche Wasserschloß.
Wenig südwestlich von Weismain liegt der Ort Görau. Wir fahren nach E Richtung Wasserbehälter (ca. 500 m) und weitere 500 m nach S. Bald stoßen wir auf eine große Mulde unweit des Albsteilhanges. Hier sind zahlreiche Dolinen in die Oberjurakalke eingetieft. Das Gebiet wird als **Görauer Anger** bezeichnet. Vom Albrand (ca. 170 m über dem Vorland) großartiger Blick nach NE, zu Fichtelgebirge und Frankenwald.
Gößweinstein ist ein kleiner Marktort im Herzen der Fränkischen Schweiz und eines der wichtigsten Fremdenverkehrszentren, aber trotzdem zur rechten Zeit durchaus still und romantisch. Die Wallfahrtskirche wurde zwischen 1730 und 1739 nach Plänen B. NEUMANNS als doppeltürmige Basilika erbaut. Beachtenswert auch der Altar. Ein Scheffel-Denkmal und eine Scheffel-Stube erinnern an diesen liebenswerten Dichter. Auf Geologisches stoßen wir im kleinen Heimatmuseum, aber auch in den zu touristischen Hauptzeiten auf die Straßen expandierenden Geschäften: „Versteinerungen" scheinen ein beliebtes Souvenir zu sein.
Am Zusammenfluß von Altmühl und Donau liegt die kleine Stadt **Kelheim**. Früher wurden von hier aus die Solnhofener Platten verschifft, später Holz aus der waldreichen Umgebung. Heute ist der Ort vor allem bekannt durch die auf steilem Berg über der Stadt stehende Befreiungshalle. Dieser im Auftrag Ludwigs des I. errichtete Rundbau erinnert an die Befreiungskriege (1813–1815) gegen Napoleon und wurde nach Entwürfen von GÄRTNER und KLENZE zwischen 1842 und 1863 erbaut. Von hier schöner Blick ins Umland.
Zwischen Altmühl und jäh aufragenden burggekrönten Fels drängen sich die malerischen Häuser des kleinen Ortes **Kipfenberg**. Erfreuliches Ortsbild und reizende Fotomotive, ergänzt durch freundliches Landschaftsbild.
Am Zusammenfluß von Haßlach, Kronach und Rodach, zwischen Jurazug und Frankenwald, liegt der schöne altertümliche Ort **Kronach**. Trotz stürmischer Vergangenheit (Hussitensturm, Dreißigjähriger Krieg, Siebenjähriger Krieg) finden wir einen wohlerhaltenen Mauerring und zahlreiche schöne Fachwerkhäuser. Bamberger Tor (13. Jh.), Rathaus (1583), Kommandantenhaus (1692), Salzhaus, Kirchen und Kapellen verdienen Aufmerksamkeit. Die über der Stadt thronende Feste Rosenberg stammt aus dem 16. und 17. Jh. und ist die größte mittelalterliche Burganlage Deutschlands; sie wurde nie genommen. In Kronach wurde L. CRANACH d. Ä. geboren (1472).
Kulmbach ist bei manchen vor allem der vielen Brauereien wegen bekannt; mag sein, daß das gute Wasser des Weißen Mains ein wichtiger Faktor für die Qualität des Bieres ist . . . Wie Kronach ist die Stadt im Triaszug zwischen Jura und Frankenwald gelegen. Sie hat ca. 27 000 Einwohner und eine Reihe beachtenswerter Bauten: Rathaus (1752), Petrikirche (15. Jh.) u. a. In der über dem Ort liegenden Plassenburg (Aussicht!) finden wir eine berühmte Zinnfigurensammlung.
Der **Ludwigskanal** („Ludwig-Donau-Main-Kanal") wurde unter dem baufreudigen Ludwig I. zwischen 1834 und 1846 gebaut und verbindet Donau (von Kelheim) mit Main (bei Bamberg). Zahlreiche Schleusenanlagen im Altmühltal, bei Neumarkt und z. B. Berching, sind sehenswert. Beim Kanalbau wurden verschiedentlich fossilreiche Schichten angefahren (s. S. 30). Schon um die Jahrhundertwende erforderte die Aufrechterhaltung der Schiffahrt Zuschüsse. Um so unbegreiflicher erscheint der weitere, heftig umstrittene Ausbau des streckenweise fertiggestellten **Europa-Kanals**, einmal ganz ungeachtet der schweren landschaftlichen Eingriffe – bis zum Ruin ganzer Gebiete und Biotope! – z. B. im Gebiet des Altmühltals. Möge merkantile Klarsicht in Verbindung mit Liebe zur Natur zur Vernunft führen.
Nicht weit vom kleinen Ort Krottensee (bei Neuhaus an der Pegnitz) liegt eine weitere großartige Höhle, die **Maximiliansgrotte**: eine der größten Schauhöhlen Deutschlands, ca. 1200 m lang und 70 m tief, mit fünf Etagen und schönen Tropfsteinbildungen, darunter der größten Deutschlands, dem „Eisberg" (ca. 5,50 m hoch).
Im romantischen Püttlachtal an der Mündung des Weiherbachs stoßen wir auf den kleinen Ort **Pottenstein**, tief im Herzen der Fränkischen Schweiz gelegen. Die überragende Burg gab den Namen (wahrscheinlich nach Pfalzgraf Botho von Kärnten: Bodtingstein). Hübsches Ortsbild; interessant die Stadtpfarrkirche mit romanischen Gewölben im Turm. Im Heimatmuseum (untergebracht im Rathaus) auch eine prähistorische Sammlung.
Von der aus dem 12. Jh. stammenden „Steinernen Brücke" gewinnen wir den schönsten Blick auf **Regensburg**, am östlichen Rand des Jurazuges gelegen, beim Zusammenfluß von Donau und Regen. Die Stadt hat etwa 140 000 Einwohner und bietet zahlrei-

che kunst- und kulturgeschichtliche Besonderheiten, vor allem aus Früh- und Hochmittelalter, in angenehmer Altstadtatmosphäre. Der Dom, zentral gelegen unweit der Steinernen Brücke, zweitürmig, ist wohl der bedeutendste Kirchenbau Bayerns (13.–16. Jh.); großartiger Innenraum mit Steinkanzel von 1842, Verkündigungsgruppe um 1280, Kreuzgang und Domschatzmuseum; romanische Allerheiligen-Kapelle. Unweit des Doms finden wir die frühgotische Ulrichs-Kirche (ca. 1250) sowie den Bischofshof, schon seit dem 11. Jh. ein Bischofssitz (heute Hotel). Im N des Bischofshofs Reste des N-Tores („Porta Praetoria") eines römischen Legionslagers („Castra regina", 2. Jh.). Im eindrucksvollen Alten Rathaus (14.–18. Jh.) inmitten des früheren Kaufmannsviertels finden wir neben dem Reichstagsmuseum auch Gruseliges: eine unverändert überlieferte mittelalterliche Gerichtsstätte mit Folterkammer. Schottenkirche aus dem 12. Jh. (mit eindrucksvoller Bildhauerarbeit am Nordportal), Dominikanerkirche aus dem 13. Jh. (schöner Innenraum!), Alte Kapelle am Alten Kornmarkt (erbaut ab 1002, Chor 1441 – 1452; Rokoko-Ausstattung), Benediktinerstift St. Emmeran (gegründet im 7. Jh.; romanische Vorhalle!), St. Emmeranskirche (mit schönem reliefgeschmücktem Portal, um 1050) und viele weitere bedeutende Bauten zieren die Stadt – der Kunstfreund kommt voll auf seine Kosten!

Unweit (11 km) die **Walhalla**, „Ruhmestempel der Deutschen", auf einem Hügel unmittelbar an der Donau gelegen, erbaut 1830–1842 nach Entwürfen von L. v. KLENZE. Auftraggeber war wieder Ludwig I.

Die Überreste einer Festungsanlage sozusagen aus jüngster Zeit, nämlich von 1729, krönen den **Rothenberg** bei Schnaittach: Mauerstärken bis 17 m, unterirdische Kasematten und von Pfeilern getragene Gewölbe, aber auch das Äußere erinnern an Vesten und Forts VAUBANscher Art. – Vom Berg (557 m) schöner Rundblick.

Im schönen Altmühltal, unmittelbar nördlich der Straße von Kelheim nach Riedenburg kurz vor Essing, liegt das **Schulerloch**, eine eindrucksvolle Tropfsteinhöhle. Beim Aufstieg (ca. 15 Minuten auf angenehmem Weg) achten wir auf die in ausgeprägter Form erkennbaren Auswaschungen der Urdonau wenig über dem Straßenniveau (links des Weges). – Die Höhle hat eine Länge von insgesamt ca. 420 m und großartige Stalaktiten und Stalagmiten (besonders interessant das „Wasserbecken"). Der vordere Höhlenbereich war möglicherweise eine vorgeschichtliche Wohnstätte.

Am nördlichsten Ausläufer des Jurazuges, wenig südwestlich von Coburg, entdecken wir ein kleines liebenswertes Städtchen mit altertümlichem Stadtbild: **Seßlach**. Drei Tortürme und andere Reste der mittelalterlichen Befestigungen künden von früherer Wehrhaftigkeit; interessant sind auch Hallenkirche (ursprünglich gotisch), fürstbischöfliches Amtshaus und Salzfaktorei (1714). – Hübsche Umgebung.

Die **Sophien**- oder **Rabensteinhöhle** liegt im Zentrum der Fränkischen Schweiz, wenig nördlich von Gößweinstein und Tüchersfeld. Sie gehört zweifellos zu den schönsten Tropfsteinhöhlen des Gebietes. Wir lesen im Baedeker von 1913: „. . . mit schönen Tropfsteingebilden und Resten diluvialer Tiere (Höhlenbär, Elentier u. a.)." – Gegenüber die Ludwigshöhle, wobei der Name an den Besuch Ludwig I. erinnern soll.

Im Maintal, das hier den südlichsten Bereich des Jurazuges quert, liegt **Staffelstein**, ein schönes Städtchen mit beachtenswertem Fachwerkrathaus von 1687 und stattlichen Bürgerhäusern. Geburtsort des A. RIESE (die Einwohner können auch heute noch rechnen . . .). Petrefaktenjägern wird vor allem der Name des nahegelegenen **Staffelberges** gut in den Ohren klingen, wurden doch an dessen Hängen früher die berühmten Goldschnecken ergraben. Auf den hochgelegenen Feldern des Berges sind heute vor allem nach Umbruch und Regenfällen hübsche Fossilien des Mittl. Weißjura aufzusammeln. Zu Keltenzeiten war der Berg mit einem Ringwall befestigt.

Bei Wolfsbronn zwischen Wassertrüdingen und Treuchtlingen finden wir ein eigenartiges Naturdenkmal: die **Steinerne Rinne**. Sie liegt etwas außerhalb des Ortes am Hang des Hahnenkamms; die Anfahrt ist gut ausgeschildert. Hier hat sich kalkübersättigtes Quellwasser einen ca. 120 m langen und bis zu 1,50 m hohen moosbewachsenen Damm mit eingetieftem Wasserlauf geschaffen. Über mehrere kleine Fälle fließt das Wasser zu Tal und folgt schließlich einem normalen Bachbett.

Im schönen Wiesenttal, einem jener tief eingeschnittenen Täler der Fränkischen Schweiz, erfreut der kleine Ort **Streitberg**. Wir achten auf den wunderschönen Fachwerkbau des „Schwarzen Adlers". Ein kleines Heimatmuseum und eine historische Pilgerstube finden wir in der alten Kurhausbrennerei. Der Ort wird beherrscht von den auf steilem Fels stehenden Ruinen der Streitburg; von hier romantischer Ausblick auf die Umgebung (am schönsten im Abendlicht). Unweit des Ortes die Binghöhle (s. S. 148).

Die **Teufelshöhle** liegt ca. 2 km südlich von Pottenstein unmittelbar an der Straße. Beeindruckendes Höhlentor und ca. 1500 m erschlossener Höhlenraum mit schönen Tropfsteinbildungen machen die Teufelshöhle zu einer der Hauptattraktionen der Fränkischen Schweiz. Vorgeschichtliche Wohnstätte; auf die zahlreichen pleistozänen Tierfunde verweist das Skelett eines Höhlenbären.

Angeschmiegt an turmartige Felsen, freundlich im Püttlachtal gelegen, träumt der kleine Ort **Tüchersfeld** von alten Zeiten . . . Interessant als Einzelobjekt neben dem allgemein fotogenen Ortsbild die noch betriebene Mühle, erbaut 1575, mit schönem Fachwerk.

Wenig südlich von Lichtenfels finden wir die Wallfahrtskirche **Vierzehnheiligen** (nach der Erscheinung der vierzehn Nothelfer im Jahre 1519). Erbaut 1743 bis 1772 nach Plänen von B. NEUMANN (dem „Gewissen der fränkischen Baukunst"), stellt der Bau mit seinem ungewöhnlichen Grundriß aus Kreisen und Ovalen den Höhepunkt des fränkischen Barocks dar. Beherrschender Kernpunkt der reichen Rokokoausstattung ist der Gnadenaltar, errichtet an der Erscheinungsstelle. Zahlreiche, den Nothelfern zugeschriebene Wundertaten machten den Platz zu einer beliebten Wallfahrtsstätte. An den jenseitigen Hängen des Maintals liegt Kloster Banz (s. S. 148).

Wie Vierzehnheiligen ist auch die Kirche des Klosters **Weltenburg** ein Höhepunkt des süddeutschen Barocks. Das Kloster besuchen wir am besten von Kelheim aus, indem wir von hier aus ein Motorschiff nehmen und so in den Genuß einer ruhigen Donaufahrt kommen, gleichzeitig auch die markanten Felsbildungen beidseits des Flusses und die „Weltenburger Enge" kennenlernen. Zum Kloster: Ältestes nachgewiesenes kirchliches Gemeinwesen Bayerns, gegründet etwa 620 durch iro-schottische Wandermönche und ab 740 nach den Regeln der Bernhardiner geführt. Die Kirche wurde zwischen 1717 und 1721 von den Gebrüdern ASAM erbaut, vom Maler C. DAMIAN und vom Bildhauer und Stukkateur E. QUIRIN ausgestattet. Die von GIORGIOLI geschaffenen Säulen, Beichtstühle usw. bestehen aus Weltenburger Marmor, einer durch Eisenlösungen gelblich bis bräunlich gefärbten Massenkalkart (schon damals restlos abgebaut).

Die bei einer Motorschiffahrt von Kelheim nach Weltenburg und zurück großartig zu studierenden Formen des beiderseits der Donau anstehenden Massenkalkes (Weißer Jura; Schwammkalk, Kelheimer Kalk usw.) bilden unweit Weltenburg eine ca. 95 m schmale Engstelle, die **Weltenburger Enge**. Sie wird gerne als „Donaudurchbruch" bezeichnet, was natürlich Unsinn ist. Der Flußlauf wurde im Laufe der Zeit von oben nach unten projiziert. Als der Fluß die Deckschicht der relativ weichen postjurassischen Sedimente durchdrungen hatte und auf die harten Kalke traf, war eine Änderung des ursprünglich gewählten Laufes nicht mehr möglich – der Fluß mußte sich einsägen. Besonders harte Kalke wurden entsprechend wenig ausgeräumt und bilden heute Engstellen. Die Steingebilde links und rechts des Flußes tragen formtypische Namen wie Lange Wand, Steinerne Kanzel, Bienenhaus usw.

Von der großen Vergangenheit der Reichsstadt **Weißenburg** zeugen heute viele Bauwerke: Der Mauergürtel mit 31 Türmen und Toren ist noch gut erhalten (besonders beachtenswert das Ellinger Tor, 1469–1510), vor allem im S, und das Stadtbild malerisch. Der Marktplatz zeigt sich hübsch umrahmt von stattlichen Häusern, darunter das spätgotische Rathaus (1476). Karmeliterkirche (15. Jh.) und Andreaskirche (14.–15. Jh.; interessant das Südportal) sind die wichtigsten Klerikalbauten. Bei der Andreaskirche ist auch das Heimatmuseum.

Unweit des Ortes Burggaillenreuth im Wiesenttal (Fränkische Schweiz) finden wir eine der Öffentlichkeit nicht zugängliche, ihrer Bedeutung für die Paläontologie der quartären Wirbeltiere wegen hier trotzdem erwähnte Stätte: die **Zoolithenhöhle**. Von hier wurden 1774 erstmals fossile eiszeitliche Säuger beschrieben (J. F. ESPER), und auch der von J. Ch. ROSENMÜLLER im Jahre 1794 behandelte Höhlenbär (*Ursus spelaeus*) kam aus dieser Höhle. Eine reiche Fauna wurde aus den bei Grabungen zutage kommenden, unvorstellbar zahlreichen Skelettresten ermittelt; im Laufe des letzten Jahrhunderts wanderten Belege in alle großen Naturalienkabinette der Welt. Erneute Grabungen in den vergangenen Jahren lieferten weiteres Material aus bisher unerschlossenen Bereichen der Höhle. Im Abraum vor der Höhle waren zeitweise Funde möglich: Knochen und isolierte Zähne.

Museen

Amberg: Heimatmuseum im ehemaligen Pfalzgrafenschloß, Eichenforstgasse. – U. a. Sammlungen zur Vor- und Frühgeschichte.
Bamberg: Naturkunde-Museum, Fleischstraße 2. – Geologische, mineralogische, paläontologische, zoologische, botanische Sammlungen.
Banz: „Petrefaktensammlung“ im Wirtschaftsgebäude des Klosters. Schlecht geordnetes und dargebotenes, trotzdem sehenswertes Sammelsurium von Gesteinen und Fossilien. An der Kasse Gelegenheit zum Fossilienkauf.
Coburg: Naturwissenschaftliches Museum im Hofgarten unterhalb der Veste. – Naturwissenschaftliche und ethnologische Sammlungen; gute Fossiliensammlung!
Ebermannstadt: Heimatmuseum mit Sammlungen zur Natur- und Kunstgeschichte.
Gößweinstein: Heimatmuseum, u. a. mit kleiner geologischer Sammlung.
Kelheim: Archäologisches Museum der Stadt, Lederergasse 11. – U. a. Sammlungen zur Vor- und Frühgeschichte sowie Geologie.
Mainburg: Hallertauer Heimatmuseum, Abensberger Straße 17. – U. a. Sammlungen zur Vor- und Frühgeschichte, Fossilien.
Neumarkt/Opf.: Heimatmuseum, Weiherstraße 7. – U. a. Sammlungen zur Zoologie und Paläontologie.
Pottenstein: Heimatmuseum im Rathaus. – U. a. Sammlungen zur Vorgeschichte.
Regensburg: Naturkundemuseum Ostbayern, Am Prebrunntor 4. – Sammlungen zu Geologie, Petrographie, Mineralogie, Paläontologie, Zoologie und Botanik.
Staffelstein-Stublang: Fossilien- und Mineralien-Schau. – Privatsammlung Hanny Kraus.
Sulzbürg: Landl-Museum. – U. a. Sammlungen zu Geologie, Paläontologie, Vorgeschichte.

Das Plattenkalkgebiet der Südlichen Frankenalb

Allgemeines und Geschichtliches

„Solnhofener Plattenkalke“ – sozusagen ein Markenzeichen mit weltweit gutem Klang für alle Fossilienfreunde! Das Vorkommen dieser Lagunenfazies des Ob. Jura ist auf die Südliche Frankenalb beschränkt – Solnhofen und Eichstätt sind Wallfahrtsorte der Fossiliensammler, Erinnerungen an die Suche nach Fischen und Krebsen oft bitter: Fossilhäufigkeit ist kein Kennzeichen der Plattenkalke!
Die Landschaft der Altmühlalb mit ihren tiefen Tälern und reizvollen Hochflächen, dem alten Bett der Urdonau mit dem Wellheimer Trockental, den markanten Konsteiner Kletterfelsen, Wacholderheide, Steppenheide und Buchenwald, Dolomitfelsen und natürlich zahlreichen Steinbrüchen ist so recht eine Landschaft nach dem Herzen des Naturfreundes.

Wir können wandern, botanisieren und natürlich vor allem ausgiebig klopfen! In den kleinen Dörfern mit alten Legschieferdächern, in kleinen Städten oder im freundlichen Eichstätt, nehmen wir reizvolle Bilder auf und lernen eindrucksvolle Bauwerke kennen. In den Museen machen wir uns mit den Lebewesen der berühmten Plattenkalke (früher sprach man von den „Solnhofener Schiefern“) vertraut und sehen all das, was wir sicher nicht finden werden . . .
In diesem Kapitel wollen wir uns jedoch nicht nur auf die Plattenkalke beschränken, sondern alle in der Südlichen Frankenalb abgelagerten Schichten des Weißjura zeta (Tithon) kennenlernen. Regional überschneidet sich die Aufschlußbeschreibung mit jener des Kapitels „Frankenalb“; im vorliegenden Kapitel sind ausschließlich Aufschlüsse im Weißjura zeta genannt.
In kaum einer Fossiliensammlung fehlen Belege aus den Plattenkalken: Museen- und Institutssammlungen weisen kostbare Funde auf, vom Fisch bis zum Flugsaurier, und jeder Privatsammler hat doch zum wenigsten eine „Sprotte“, eine *Saccocoma* und *Lumbricaria* in seiner Sammlung. Was an **Fossilien** zutage kommt, ist spärlich – die Fülle der Funde ist nur auf die jahrhundertelange, mehr oder weniger intensive Abbautätigkeit und die Aufmerksamkeit der Arbeiter zurückzuführen.
Heute müssen die Steinbrecher alle bedeutenden Funde beim Steinbruchbesitzer abliefern und erhalten dafür eine Fundprämie, kann doch ein großer und/oder seltener Fisch oder gar ein Flugsaurier schon mal fünfstellige Summen erbringen. Früher wurde der Wert der Fossilien vergleichsweise gering geachtet: „Die Steinbruchbesitzer, meistens wohlhabende Leute, nehmen die in ihren Brüchen gefunden werdenden Versteinerungen nicht für sich selbst in Anspruch, sondern überlassen dieselben ihren Arbeitern; diese nun um ihren Taglohn arbeitenden Leute sehen daher auf baar Geld.“ So lesen wir im Brief (22. Juli 1841) eines gewissen ZIMMERMANN aus Eichstätt an den damaligen Regierungspräsidenten F. J. A. v. ANDRIAN-WERBURG, der eifrig nach Funden für die geognostische Sammlung des Historischen Vereins für Mittelfranken (in Ansbach) fahndete.
Schon damals hatten sich eine ganze Reihe von Liebhabern auf die Fossilien der Plattenkalke spezialisiert, ihr Material von den Steinbrechern oder von handelnden Sammlern und auch „echten“ Händlern beziehend. Für die einzelnen Stücke lagen recht genau fixierte Preise vor, und wer nichts von der Sache verstand, wurde – genau wie heute – nach Möglichkeit kräftig übervorteilt. Einer dieser Händler-Sammler war der durchaus geschäftstüchtige Landarzt K. HABERLEIN aus Pappenheim, bekannt durch An- und Verkauf des ersten – Londoner – Exemplares des Urvogels (s. unten). Andere waren der Gerichtsarzt REDENBACHER in Pappenheim, Dr. SCHNITZLER in Monheim und viele heute namentlich nicht mehr bekannte Sammler. Zahlreiche Funde gingen ins Ausland, vor allem nach Holland und England.
Ein Brief ANDRIANS an Dr. BRAUN in Bayreuth (6. Februar 1841) schildert die Lage: „Die Verhältnisse sind übrigens hier nicht günstig. Die ganze Gegend von Pappenheim und Eichstätt ist von dortigen Sammlern in Beschlag genommen, und die Sachen vom Sollenhofen etc. Revier sind übermäßig vertheuert durch fremde Liebhaber.“ Alles in allem war die Jagd nach den schönen Plattenkalkfossilien genauso schwierig wie heute, eher noch komplizierter: Heute setzen wir uns ins Auto und fahren ins „Revier“, dort von

Bruch zu Bruch, oder besuchen – noch einfacher – die Fachgeschäfte in den größeren Städten, um unsere Belege zu finden bzw. zu erwerben. Früher aber folgten der mühsamen Anfahrt mit der Postkutsche die zweifellos gesunden, jedoch beschwerlichen Wanderungen im Bruchgebiet (vermögende Leute ließen sich dann allerdings wenigstens die Steine durch Taglöhner nachtragen – so wurde wenigstens ein Quantum Schweiß gespart!).
Aber auch seinerzeit wurde schon per Fracht verschickt. Freiherr von ANDRIAN hatte damals zeitweise engagierte „Agenten" im Bruchgebiet, um Fossilien aufzukaufen. Er bezog aber auch von Steinbrechern direkt, wie der folgende Brief vom 10. Dezember 1845 belegt: „Ich mache innen zuwiessen das Eine Versteinerung gefunden, welches ein Dinden Fiesch war von 15 Zoll lang und eine Handbreit und ganz braun und Doppeleten war. Dieses mache innen zuwiessen weil sie es letzmahl hienderlassen haben . . . Der Breis dieses Stückes war innen schon bekand. Hochachtungsvoll Xaver Meth." Der Ankauf wurde getätigt und mit drei Gulden abgerechnet.
Neben den zahlreichen „Privataufkäufern" existierte aber z. B. auch das „Leuchtenbergsche Naturalienkabinett" in Eichstätt, begründet wohl 1817 von E. R. de BEAUHARNAIS. Dieser Stiefsohn Napoleons wurde später Fürst von Eichstätt und Herzog von Leuchtenberg. Seine Söhne bauten das in der Mitte des 19. Jhs. in ganz Europa berühmte Naturalienkabinett aus. Neben den sehr bedeutenden zoologischen Sammlungen und einer Edelsteinsammlung existierte auch eine hervorragende Petrefaktensammlung, mit zahlreichen Fossilien aus Rußland und – vermehrt vor allem durch den Konservator L. FRISCHMANN – solchen aus dem Plattenkalkrevier: Auch er jagte eifrig nach den hiesigen Petrefakten!
Nach dem Erlöschen des Fürstenhauses ging die Sammlung des Kabinetts an den Bayerischen Staat (1855). Die Fossilien wurden der Bayerischen Staatssammlung für Paläontologie und historische Geologie eingegliedert. Beim Brand der Alten Akademie im 2. Weltkrieg ging der größte Teil der wertvollen Sammlung verloren. Heute existieren – als solche nachgewiesen – nur noch 41 Stücke, allerdings großteils Originale zu Veröffentlichungen.
Abgebaut und verwertet wurde der Stein sicherlich schon zur **Römerzeit** – Bauten aus dieser Zeit zeigen Bodenbeläge und Wandverkleidungen aus Plattenkalken. Auch im Mittelalter und während der Renaissance wurden die „Kelheimer Platten" (nach dem Verschiffungsort Kelheim so genannt) eifrig als Baumaterial verwendet (der Boden der Hagia Sofia in Istanbul wurde sogar in noch früherer Zeit damit ausgelegt). Die erfreulicherweise in den alten Steinbrecherdörfern noch sichtbaren **„Legschieferdächer"** weisen sicherlich auch auf weit zurückliegende Ursprünge: Die unbehauenen dünnen Platten wurden frei verlegt, schadhafte oder undichte Stellen durch neue Lagen überdeckt. Dadurch entstanden Dächer mit beträchtlicher Dicke – bis zu einem halben Meter! Entsprechend dem hohen Gewicht verformte sich der Dachstuhl, wodurch das charakteristische eingesunkene Profil entstand. Aber auch die steiler geneigten **„Zwicktaschendächer"** werden nicht mehr hergestellt; die biberschwanzartigen zurechtgezwickten Platten sind teurer und wohl auch schlechter als moderne Dachziegel.
Auch als **Bildhauerstein** war der Solnhofener Kalk hoch geschätzt. Seinerzeit entstanden vor allem gemeißelte oder geätzte Reliefs. Das Material vieler Grab- und Gedenkplatten stellt sich beim genauen Betrachten als Plattenkalk

heraus. Vor allem in den Kirchen im Plattenkalkgebiet und den Randbereichen, aber auch weiter weg, stoßen wir immer wieder auf solche Kunstwerke (siehe Abb. 21, S. 144).
Trotz dieser vielfältigen Verwendung des Steins waren in der Regel nur wenige Steinbrüche im Betrieb, bis gegen 1800 die Wende kam: A. SENEFELDER entdeckte 1796 das Verfahren des **Steindrucks** (Lithographie, danach auch „Lithographische Schiefer"). Die Steinbrecherei nahm mit der schnellen Durchsetzung des Steindrucks einen gewaltigen Aufschwung – innerhalb kürzester Zeit. Da der Solnhofener Stein weltweit konkurrenzlos war – gleichgut geeignete Steine von entsprechender Reinheit, mit feinem Korn und gleichmäßiger Härte existierten nicht –, entstand eine regelrechte Industrie mit entsprechendem Export.
Anfangs praktizierte SENEFELDER den Druck mit hochgeätzten Platten, später (1798) entdeckte er den Flachdruck („chemische Drukkerei") und somit die Möglichkeit der Halbtonwiedergabe. Berühmte Namen unter den Lithographen sind z. B. SCHINKEL, MENZEL, GOYA, DELACROIX, DAUMIER, GAVARNI und auch KOLLWITZ. Gegen Ende des 19. Jhs. schuf TOULOUSE-LAUTREC seine bekannten Farblithographien.
Wer paläontologische Tafelwerke aus dem 19. Jh. besitzt, kann die hervorragende Wiedergabe der lithographischen Tafeln studieren (z. B. in QUENSTEDTs „Handbuch der Petrefaktenkunde" oder auch in der von A. d'ORBIGNY begründeten „Paléontologie Française"). Aber auch „Der Petrefaktensammler" von E. FRAAS (1910) und viele andere später erschienenen Werke weisen noch lithographische Tafeln auf. Durch die moderne und wesentlich billigere Drucktechnik freilich ist der Steindruck heute so gut wie ausgestorben.

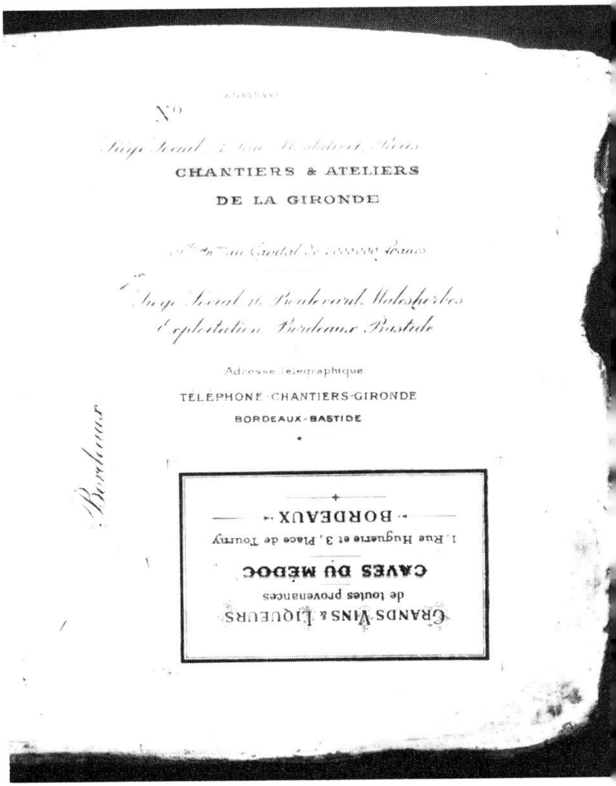

Lithograhiestein aus den Solnhofener Schichten, bearbeitet in Bordeaux: Die Steine wurden sehr bald nach der Einführung des Steindrucks auch in weitentfernte Gebiete exportiert.

Der Urvogel

Zweifellos das berühmteste Fossil aus den Plattenkalken ist der Urvogel, mittlerweile in fünf Skeletten sowie durch eine einzelne Feder bekannt. Mit Recht bezeichnen wir den **Erst-**

fund eines nahezu vollständigen Skeletts – 1861 – als bedeutendsten Fossilfund des Jahrhunderts (wenn nicht gar als wichtigsten bisherigen Fund überhaupt!). Trotz der für den „gemeinen" Sammler geringen Bedeutung des Urvogels – weder wird er einen Beleg in die Sammlung einreihen können noch sich allzusehr für die Morphologie interessieren – soll hier doch ein wenig über die Geschichte der Funde und die vermutliche Lebensweise der taubengroßen „Viecherln" geplaudert werden, sind sie doch die wichtigsten Fossilien der Plattenkalke und sozusagen deren **Markenzeichen**.

Im Jahre 1855 wurde bei Riedenburg, ca. 40 km östlich Eichstätt, eine kleine Platte mit Knochenresten geborgen, die ihren Weg ins Tyler-Museum in Haarlem fand. H. v. MEYER bearbeitete den Fund und veröffentlichte ihn 1857 als neue Flugsaurier-Art: *Pterodactylus crassipes*. MEYER erkannte der relikthaften Erhaltung wegen nicht die wahre Natur des Fossils – oder glaubte nicht an die Möglichkeit eines solchen Fundes . . . Erst 1972 erkannte J. H. OSTROM die Zugehörigkeit zu *Archaeopteryx*.

Der zweite Fund stammt aus dem Jahre 1860. Es handelt sich um eine Feder, ca. 6 cm lang, aus dem Solnhofener Gemeindesteinbruch. Wiederum war es H. v. MEYER, der 1862 den Fund relativ zurückhaltend beschrieb, kaum an die Möglichkeit einer fossilen Vogelfeder aus derartig – relativ – alten Schichten glaubend. Er prägte den Namen *Archaeopteryx* („Urfeder") *lithographica*. Alle nachfolgenden Funde gehören zur gleichen Art.

Im Ottmannschen Steinbruch im Langenaltheimer Haardt schließlich erfolgte dann der Fund des ersten weitgehend vollständigen Skeletts: 1861, also gerade zwei Jahre nach dem Erscheinen DARWINS „Entstehung der Arten", geradezu als Geschenk für die Darwinisten! Unterstützte der Fund doch in großartiger Weise DARWINS Theorie, bildete er doch eines der sagenhaften „missing links"! K. HÄBERLEIN sicherte sich das Exemplar als Vergütung für ärztliche Versorgung der Steinbrecher. Nach langem Hin und Her – sogar L. AGASSIZ fand den Weg nach Pappenheim, und der englischen Besichtigungskomission gehörte u. a. Lord ENNISKILLEN und der Herzog von BUCKINGHAM an – zog der Urvogel dann 1862 für 14 000 Mark über den Kanal ins Britische Museum. 1863 beschrieb der berühmte Paläontologe R. OWEN den Fund. Der Münchner A. WAGNER, ein überzeugter Antidarwinist, schrieb damals über die „Rätsel-" oder **„Greifenechse":** „Darwin und seine Anhänger werden den neuen Fund als höchst willkommenes Ereignis zur Beschönigung ihrer abenteuerlichen Ansichten über die Tier-Umwandlungen benützen". Zu Recht.

Es sollte 16 Jahre dauern, bis der nächste Fund ans Tageslicht kam: 1877 flog wieder ein Urvogel auf, diesmal im Dörrschen Steinbruch auf dem Blumenberg bei Eichstätt. Die Familie HÄBERLEIN setzte ihrerseits die Tradition fort, der Sohn eignete sich das Fossil an und bot es für 36 000 Mark feil. Nach langen Verhandlungen – Reichsregierung und Kaiser Wilhelm I. hatten zum Ankauf kein Geld bzw. keine Lust – konnte das Exemplar dank der Initiative des Industriellen W. SIEMENS für das deutsche Volk gerettet werden – er streckte 20 000 Goldmark vor und sicherte das Fossil damit der Berliner Humboldt-Universität.

1951 erfolgte der nächste Fund, ohne daß die Urvogel-Natur erkannt worden wäre: Im Steinbruch des X. FREY auf der Petershöhe bei Workerszell. Die Platten mit den nicht freigelegten Knochenresten gingen an F. X. MAYR, den Initiator des wunderbaren „Juramu-

seums“ in Eichstätt (gerüchtweise gegen Lesung einiger Messen). Erst 1973 allerdings wurde die wahre Natur des Fossils erkannt. Es bildet heute das Glanzstück der Ausstellung im Juramuseum.
Der letzte Fund stammt aus dem Opitzschen Steinbruch auf der Langenaltheimer Haardt (1956). Es handelt sich um ein relikthaftes Skelett mit starken Zerfallserscheinungen. Es kann erfreulicherweise ebenfalls im Plattenkalkrevier besichtigt werden, nämlich im Museum des Solenhofer Aktien-Vereins auf dem Maxberg.
Die ursprüngliche Deutung der morphologischen Merkmale des Skeletts ging dahin, daß das Tier sich als **Kletterer** und „Flattermann“ betätigt habe: Mit Hilfe der Krallen hoch auf den Baum und dann – plumps! – im kurzen unsicheren Flug wieder runter. Heute ist man weitgehend der Ansicht J. H. OSTROMS: *Archaeopteryx* war nichts anderes als ein Coelurosaurier, allerdings von seinen Verwandten unterschieden durch den Besitz von Federn. Anschließend an neue Theorien über die Entwicklung der Dinosaurier nimmt man an, daß auch der Urvogel warmblütig war und sein Federkleid ausschließlich oder weitestgehend als Schutz gegen Wärmeverlust trug. Jedenfalls nicht zum Fliegen, Flugmuskeln fehlen ohnehin: das kam erst bei den Nachfolgern! Demnach war der *Archaeopteryx* ein Versuch der Dinosaurier zur Größenreduktion, und seine Federn stellten den Erfolgsfaktor dar.
Aussehen und Lebensweise: Die Urvögel waren Insektenfresser, mit gutem Laufvermögen und entsprechend flink und mit kräftigen „Händen“. Das Federkleid der taubengroßen Tiere konnte beim Insektenfang (wohl von Großinsekten, zu denken ist z. B. an Heuschrecken und Libellen) als „Falle“ eingesetzt werden, durch das Spreizen der „Flügel“. Und hier nun eine ganz grobe Vereinfachung: Hüpfendes Haschen nach auffliegenden Beutetieren und Schlagen mit den Flügeln danach führten schließlich – viel später! – zum Flug über. Jedenfalls war das Tier wenn auch nicht flugfähig, so doch in hervorragender Weise vorangepaßt (präadaptiert).

Paläogeographie

Die Wissenschaftler sind sich noch immer nicht einig bei der Deutung der Plattenkalkentstehung. Bevor wir aber die zwei Haupttheorien erläutern, machen wir uns ein allgemeines Bild über die Situation von Land und Meer zur Zeit des Ob. Jura: Bereits im Unt. Weißjura treten schwache Riffbildungen auf, die sich nach und nach ausbreiten, um schließlich im Weißjura delta weite Gebiete der Südlichen Frankenalb zu bedecken: Höhepunkt der **Schwammriffentwicklung**. Durch das im Vergleich zu den Zwischenräumen – Schichtfazies – schnellere Riffwachstum entstand ein stark gegliederter Meeresboden. Die Riffe bildeten unterseeische Schwellen.
Beginnend im Weißjura zeta wurde der Meeresboden gehoben, nordwestlich der Altmühlalb tauchte Fest- bzw. Inselland auf – Ausläufer des Mitteldeutschen Festlandes. Der Meeresboden wurde nach Süden gekippt; die Wassertiefen von mindestens 50 m benötigenden Schwammriffe starben in den flacheren Bereichen ab. Küstennahe Riffe ragten über den Wasserspiegel auf und wurden abgetragen. Das gesamte Gebiet war sehr stark gegliedert, weit nach Süden bis ins Voralpengebiet. Noch weiter südlich lag das offene Meer.
Die zwischen den **Riffmassen** liegenden zahlreichen, weitestgehend verbundenen **Wannen** können heute relativ gut gegeneinander abgegrenzt werden (Solnhofener, Schönfelder,

Obereichstätter Wanne usw.). Gegen das offene Meer bzw. die Bereiche des vorgelagerten Epikontinentalmeeres war das Gebiet durch einen Korallenriff-Gürtel abgegrenzt, jedoch nicht in Form einer geschlossenen Barriere – Wasseraustausch fand statt.
In den Wannen erfolgte die Sedimentation der Plattenkalke, einsetzend im Osten (Ebenwies unweit Kelheim) bereits im Weißjura delta 4, geringflächig fortgesetzt im Weißjura epsilon. Die eigentliche Hauptphase der Plattenkalkbildung und die Zeit der größten Verbreitung lag jedoch im Weißjura zeta 2. Was heute als Plattenkalk gebrochen wird, gehört zu dieser Ablagerungsphase.

Entstehung der Plattenkalke

Fest steht, daß Stürme immer wieder Meerwasser aus der offenen See über die südlichen Schwellengebiete in den Lagunenbereich drückten, während vom Norden her, also vom Land, Schlamm eingespeist wurde.
Bei der **„Turbidit-Theorie"** wird nun angenommen, daß Wirbelstürme in den flachen nördlichen Küstenzonen Kalkschlamm aufrührten und in Form von Trübeströmen (Turbiditströmen) in das übrige Lagunengebiet einspeisten. Diese Suspensionsströme zogen mit geringer Dichte und Geschwindigkeit nach Süden. Nach einer leicht abgewandelten anderen Theorie wurde der Schlamm im südlich der Riffbarriere gelegenen Bereich aufgerührt und als Trübestrom nach Norden gedrückt. In den Wannen entstand durch hohe Verdunstung erhöhter Salzgehalt des Wassers. Stagnierendes Bodenwasser (Wasserschichtung) ermöglichte die Anreicherung von Giftstoffen in den Bodenbereichen und schuf somit lebensfeindliche Bedingungen. – Die Plattenkalke entstanden also durch Trübeströme.

Die Basis des zweiten Sedimentationsmodells bilden **biologische** und/oder **biochemische Vorgänge:** Kugelige, den hypersalinaren Bedingungen angepaßte Blaugrünalgen vermehrten sich in den Wannenbereichen in extremer Weise und führten zur Bildung der Kalke. Die zwischen den Kalken liegenden Fäulen – höherer Tongehalt! – sedimentierten nachfolgend auf Meerwasserzufuhr (durch Stürme), welche zum Rückgang der Kalkbildung (reduzierte Algenproduktivität) führten und somit den Toneinspülungen vom Lande her mehr Bedeutung zukommen ließ.
Andere Forscher nehmen eine Art Seeblüte an – durch Massenvermehrung von Coccolithophoriden (geißeltragende Einzeller mit Kalkplättchenumhüllung; Kalkplättchen = Coccolithen) und deren nachfolgendem Zerfall entstanden die Kalke. Neuerdings wird auch von „Bodenblüte" gesprochen: Kugelförmige Calciphaeren (möglicherweise Algen) vermehrten sich periodisch in extremer Weise und bildeten in dieser Zeit eine Kalklage, einen Flinz.
Die Bildungszeit einer Kalkschicht war jedenfalls nicht lang. Für die Fäulen müssen wir trotz der geringeren Mächtigkeiten längere Sedimentationszeit ansetzen.
Da die Fossilien – bis auf ganz wenige Ausnahmen – immer auf der Schichtoberfläche liegen, nie in der Schicht, würde dies gut mit Kalkbildung durch Algen zusammenpassen. Wir konstruieren ein Beispiel:
Kalkbildung durch Blaugrünalgen – sturmbedingte Meerwasserzufuhr mit Einspülung der Fauna und deren Ablagerung auf der letztgebildeten Kalkschicht – Reduktion bzw. Stagnation der Algentätigkeit für längere Zeit aufgrund der im Wannengebiet veränderten Wasserzusammensetzung = Fäulenbildung – späteres erneutes Einsetzen der Kalkbildung

und Überdeckung der durch den hohen Salzgehalt konservierten und wegen lebensfeindlicher Bedingungen im Bodenbereich durch Aasfresser nicht beeinflußten Kadaver.
Im Falle der Bildung der Plattenkalke durch Suspensionsströme erscheint unverständlich, warum in den Schichten selbst keine Fossilien eingelagert sind. Ansonsten wäre hier der Ablauf ähnlich: Suspensionsstrom bedingt Flinzbildung – Fossilanreicherung auf der Schicht – Bildung der Fäule – erneute Trübeablagerung. Verständlicherweise sind diese Erläuterungen sehr stark vereinfacht und entsprechend knapp gehalten.
Wenn heute auch noch keine endgültige Aussage zur Bildung der Plattenkalke möglich ist, so dürfen wir doch zuversichtlich annehmen, daß das Problem in absehbarer Zeit gelöst sein wird – dies ist eines der geowissenschaftlichen Probleme, die mit Geist und entsprechenden materiellen Hilfsmitteln lösbar sein werden.

Stratigraphie und Lithofazies

Die Gliederung der im Plattenkalkgebiet abgelagerten Schichten entnehmen wir der Tabelle. Nachfolgend werden die einzelnen Schichteinheiten kurz charakterisiert; einige typische Aufschlüsse werden angegeben. Auch für das Gebiet der Südlichen Frankenalb sind Steinbrüche im Weißjura gamma, delta usw. bei der stratigraphischen Besprechung im Kapitel „In der Frankenalb“ berücksichtigt.
Je nach Ablagerungsraum und Nähe zur Riffbarriere – wir beobachten vor allem eine Veränderung von E nach W – sprechen wir von der „Solnhofen-Formation“ im W und der „Lehnberg-Formation“ im E (Gebiete um Painten/Kelheim). Aber auch innerhalb der einzelnen Gebiete fallen Übergänge und schnelle lithofazielle Veränderungen auf. An den Wannenrändern dünnen die Schichten aus, Riffschutt kann eingelagert sein, und schließlich machen sich hin und wieder subaquatische Rutschungen bemerkbar: Im Bereich der Wannenränder kamen teilverfestigte Schichtpakete ins Rutschen – die Schichten wurden im halbplastischen Zustand gefaltet, überschoben und auch

Stratigraphische Tabelle Weißjura zeta

WEISSJURA	6	Tithon	ob. ti 5	Neuburger Bankkalke	Oberhausener Schichten	
			mi. ti 4		Unterhausener Schichten	
	5 c		ti 3	Rennertshofener Schichten	Finkenstein-Schichten	
	5 b				Ammerfelder Schichten	
	5 a				Bertholdsheimer Schichten	
	4 d		ti 2	Usseltal-Schichten	Usseltalschiefer	
	4 c				Gansheimer Bankkalke	
	4 b				Spindeltalschiefer	
	4 a		unt.		Tagmersheimer Bänke	"Lehnberg-Formation":
	3		ti 1	Im Westen: "Solnhofen-Formation" Im Osten: "Lehnberg-Formation"	Mörnsheimer Schichten	Rieder Schichten Weltenburger Schichten
	2				(Hangende Krumme Lage) Ob.Solnhofener Plattenkalke	Paintener Schichten/ Hopfental-Schichten
					(Trennende Krumme Lage) Unt.Solnhofener Plattenkalke	
	1				Röglinger Bankkalke/ Geisental-Schichten	a.e. richter 1984

ineinandergeknetet. Besonders markant sind im Raum Solnhofen-Eichstätt die sogenannten **Krummen Lagen**, die hier als **Leithorizonte** dienen. Örtlich treten geringflächige derartige Erscheinungen auf, vor allem im Kelheimer Raum.
Grundsätzlich unterscheiden wir **Flinze** und **Fäulen**, im Regelfall alternierende Schichten abweichender Beschaffenheit. Die Flinze sind wenige Millimeter bis ca. 30 cm dick und bestehen zu 96 bis 98 Prozent aus reinem Calciumkarbonat. Sie sind sehr feinkörnig, meist hart; die Korngröße liegt durchschnittlich bei vier Mikron. Aufeinanderfolgende dünne Flinzplatten werden als „Blätterflinze" bezeichnet. Die Fäulen bestehen bei wesentlich höherem Tongehalt immer noch zu 80 bis 90 Prozent aus Calciumkarbonat, haben jedoch sehr geringe Festigkeit und können in dünne, bröselige Blättchen aufgespalten werden. Die Dicke der Fäulen ist meist unbeträchtlich. Sie können zwischen aufeinanderfolgenden Flinzpaketen auch ganz fehlen.
Die Steinbrecher entwickelten im Laufe der Zeit, von Generation zu Generation überliefert, eigene Bezeichnungen für die oft charakteristischen Abfolgen der Flinze und Fäulen (vergleichbar den im Raum Holzmaden-Ohmden für die Posidonienschiefer gebräuchlichen Namen). Im Eichstätter Bruchgebiet werden für die Schichten zwischen der **Trennenden Krummen Lage** (Liegendes) und der **Hangenden Krummen Lage** folgende Namen gebraucht (von unten nach oben): Driflinzer, Mehlige Lagen, Glasierter, Knopfige Lagen (mit zahlreichen Kelchen von Saccocoma), Fisch-Lage (aha!), Schönzölliger, Drecked-Zölliger, Unterer Hartklieber, Haarige Lage, Untere Zwicklage, Eineinhalb-Zölliger, Unterer Wilder, Vierfacher, Fünfviertel-Zölliger, Oberer Hartklieber, Untere Judenlage, Obere Judenlage, Dicke Lage, Rauhe Lage, Obere Zwicklage, Oberer Wilder, Dreipflasterstein, Häutige Lage, Eigelige Lage, Grüne Lage.

Dendriten

Eine Besonderheit der Plattenkalke – interessant auch für Mineraliensammler – sind die Dendriten. Sie entstanden durch in Spalten und Miniklüften vertikal im Gestein zirkulierende mineralische Lösungen, die auf den Schichtflächen zwischen die Platten gepreßt wurden. Vom Ausgangspunkt bzw. -spalt aus wurden die Lösungen in immer feineren Verästelungen verteilt, wodurch ein pflanzenähnliches Bild entstand. Die Hydroxide färbten die Platten ein: Braun (Eisen) und schwarz (Mangan), manchmal gemischt, manchmal auch einfarbig braun oder schwarz. Die Dendritenbildung erfolgte erst lange nach der Gesteinsverfestigung. Sicherlich – natürlich erst nach den Fossilien! – ein schönes Souvenir aus dem Plattenkalkgebiet!

Schichtbeschreibung

Die folgenden Angaben gelten für den westlichen Lagunenbereich, also Solnhofen-Eichstätt und südlich davon.
Die **Röglinger Bankkalke** (Weißjura zeta 1) bestehen aus dickgebankten Kalken und erreichen bis zu 40 m Mächtigkeit. Sie entsprechen altersmäßig den **Geisental-Schichten** des Eichstätt-Gungoldinger Raums (bis 30 m). Die Kalke führen körperlich erhaltene Molluskenreste, z. B. Ammoniten und Belemniten.

Aufschlüsse:
143) Aufschluß **Altendorf** – s. Weißjura epsilon!
168) Von Regensburg auf der B 8 nach W bis Hemau (ca. 23 km), dann nach S Richtung Painten bis

Hennhüll. Ca. 500 m E des Ortes Stbr NIEBELER in schuttführenden Plattenkalken des zeta 1 und 2, sedimentiert nahe dem Rand der Paintener Wanne. Krumme Lagen; Schillagen mit Fossilresten; Ammonitenrollmarken. – Unmittelbar W weiterer Stbr (HARTEIS).
169) Von Neustadt (SW Kelheim) nach E und über Abensberg bis **Offenstetten**. Aufgelassener Stbr NW des Ortes (r 4492, h 5408) in Grobschuttkalken, Mörtelkalken und Abensberger Bankkalken der Pullacher Wanne. Das Liegende – sichtbar im N Sohlenbereich – besteht aus Kelheimer Kalk. Die Schichten können nach dem Fund eines *Lithacoceras ulmense* in den tieferen zeta gestellt werden. – Nahebei weiterer Bruch.
170) Auf der B 8 von Regensburg nach W; in Deuerling abbiegen und nach SW bis **Painten**. An der Straße ca. 1,5 km NE Painten Stbr der Fa. RYGOL. Erschlossen rauhe Plattenkalke mit zahlreichen krummen Lagen; Weißjura epsilon bis zeta 2. Entfernung vom Riff ca. 1 km, entsprechender Feinschuttgehalt, aber auch Grobschuttlagen (Schillbänke). Kiesellagen (auch die fossilführenden Schillbänke sind mehr oder weniger verkieselt). Plattenkalke mit Strömungs- und Ammonitenrollmarken. Fischfunde nicht selten. Ausführliche Aufschlußbeschreibung in MEYER & SCHMIDT-KALER 1984.
171) Aufgelassener Stbr an der neuen Straße von Warching nach **Rögling**, ca. 1,5 km SE Rögling (Warching liegt ca. 4 km E Monheim). Erschlossen der untere Bereich der hier ca. 23 m mächtigen Röglinger Bankkalke: Dickbankige (bis 1 m) helle Kalke mit Brachiopoden, Stachelhäuterresten, Belemniten und sehr selten Ammoniten.
172) Etwa beim Aufschluß 171 (Rögling) folgen wir der nach N abzweigenden alten Straße nach **Rögling**. Im Wald nach einigen 100 m links aufgelassener (unten mittlerweile leider müllverfüllter) Stbr in den oberen Röglinger Bankkalken: Mittel- bis dickbankige helle Kalke mit Schill, Brachiopoden, Belemniten. Die mergeligen Kalkschiefer im Top (ca. 1 m) bilden hier den Abschluß des zeta 1.

Die **Unteren Solnhofener Plattenkalke** oder **Unteren Schiefer** (Schiefer darf hier nicht als petrographischer Begriff aufgefaßt werden!) erreichen max. 30 m Mächtigkeit und sind meist dünnlagig ausgebildet, haben auch einen höheren Tongehalt als die Oberen Plattenkalke. Den oberen Abschluß bildet die **Trennende Krumme Lage**, durch subaquatische Rutschungen gefaltete Schichten. Die darüberliegenden **Oberen Solnhofener Plattenkalke** erreichen ca. 60 m Mächtigkeit und schließen nach oben mit der **Hangenden Krummen Lage** ab (ebenfalls ein Rutschungshorizont). Die Unteren und Oberen Plattenkalke entsprechen dem Weißjura zeta 2. Die meisten Steinbrüche im Plattenkalkgebiet liegen in den Oberen Schiefern, da deren Qualität besser ist. Im Eichstätter Raum sind die Schichten geringmächtiger ausgebildet als bei Solnhofen, und auch die Flinzstärke ist hier geringer.
Die Fossilien in den Sammlungen stammen praktisch durchwegs aus den Solnhofener Plattenkalken. Alle Fossilreste sind mehr oder weniger plattgedrückt, abgesehen von Ausnahmen wie Knochen oder Belemniten.

Aufschlüsse:
168) Aufschluß **Hennhüll** – s. Weißjura zeta 1!
170) Aufschluß **Painten** – s. Weißjura zeta 1!
173) Von Kelheim nach E Richtung **Kapfelberg**: ca. 1,3 km SW dieses Ortes großer aufgelassener Stbr in gradierten Schuttkalken des Weißjura zeta 2. Lagerung im E-Teil des Bruches durch den Bergsturz von 1831 gestört. Im SW gute Aufschlußverhältnisse – zwischen Schuttkalkbänken und Plattenkalken kleine Korallenstotzen. Weißjuraoberfläche mit scharfer Abrasionsfläche, worin Bohrmuschellöcher sind (meist nicht gut erschlossen). Darüber ca. 13 m Regensburger Grünsandstein (unten dickbankig, oben dünnlagig).
174) Von Neustadt Richtung Kelheim; ca. 1,5 km nach **Eining** kleiner aufgelassener Stbr an der Straße. Erschlossen zeta 2 (im Kelheimer Raum als Obere Hopfental schichten bezeichnet) mit Gleitfaltung, darüber geringmächtige dünnplattige und mergelige Weltenburger Schichten (zeta 3).
175) Auf der B 13 von Eichstätt Richtung NW – Weißenburg. Kurz vor Rupertsbuch nach N bis **Workerszell**. Am N-Rand der „Petershöhe" ca. 1 km SE des Ortes kleiner aufgelassener Stbr in den Unteren Plattenkalken (zeta 2 a). Schichtoberfläche häufig spurenbedeckt („Spurenschiefer"; Verursa-

cher Würmer?); über diesen Schichten mit scharfer Grenze die Trennende Krumme Lage.

176) N Eichstätt im Bruchgebiet beim **Wintershof** ca. 750 m SE hiervon Stbr der Fa. SCHÖPFEL. Erschlossen Obere Plattenkalke (zeta 2 b) in Dickschieferfazies, überlagert von der Hangenden Krummen Lage.

177) Von Eichstätt auf der B 13 nach NW, nach wenigen km abbiegen nach W Richtung **Schernfeld**. Ca. 100 m S des Sportplatzes dieses Ortes aufgelassener Stbr in den Oberen Plattenkalken (zeta 2 b), hier in Dünnschieferfazies anstehend. Mit scharfer Grenze setzt die Hangende Krumme Lage ein (sehr deutliche Stauch- und Wickelstrukturen).

178) Zum Steinbruchgebiet ca. 2 km S **Pfalzpaint** (ca. 10 km ENE Eichstätt). Gut zugänglich nur noch der „Schrimmelbruch" ca. 800 m SE Walting. Erschlossen hier die Oberen Plattenkalke (zeta 2 b) in dünnen Flinzlagen. Hangende Krumme Lage nur undeutlich entwickelt. – Im Stbr Imberg – E des Bruchgebietes – gelegentlich Rippelmarken (Erosionsmarken) und Strömungsrippeln sowie Kriechspuren. – Während der Abbauzeiten wurden hier im Pfalzpaintener Revier relativ häufig Quallenabdrükke gefunden, die anderswo im Plattenkalkgebiet zu den größten Raritäten zählen.

179) Ausgedehntes Stbr-Gebiet am **Blumenberg** NE Obereichstätt. Auf den Halden Fundmöglichkeiten z. B. für *Saccocoma, Phalangites, Lumbricaria*, Krebsexuvien, Ammoniten und selten natürlich auch für spektakulärere Fossilien. – Im „Sammlersteinbruch" unweit des Harthofs (Museum BERGÉR; gut ausgeschildert) darf im Anstehenden abgebaut werden. In der Regel muß aber erst etlicher Abraum beiseitegeräumt werden, um die anstehenden Schichten überhaupt zu erreichen.

180) Den Stbr des Solenhofer Aktienvereins am **„Maxberg"** SE von Solnhofen erreichen wir am besten von der Straße Solnhofen-Langenaltheim. Hier ausgedehnte teilweise aufgelassene Stbre in den Oberen Plattenkalken (zeta 2 b). – Beim Werk das Museum des Solenhofer Aktienvereins.

181) Von der B 2 S Treuchtlingen nach SE Richtung Langenaltheim. Im **Langenaltheimer Haardt** ausgedehntes Bruchrevier (zwischen Langenaltheim und Solnhofen) mit im Abbau stehenden und aufgelassenen Stbren sowie zahlreichen Halden.

182) Nach **Langenaltheim** wie bei 181 beschrieben. Im östlichen Ortsbereich nach S abbiegen, an einer Weggabelung links halten, schließlich im Wald bis zu einigen kleinen Stbren. N dieser Brüche am Waldrand nach W bis zu den rechts aufragenden Halden anderer oberhalb liegender Brüche. Fundmöglichkeiten („Schrandeltal").

183) Ca. 1 km NW Mörnsheim ausgedehntes Bruchrevier am **„Horstberg"**. Interessante Stbre in den Oberen Plattenkalken (zeta 2 b), teilweise mit Hangender Krummer Lage und überlagerndem zeta 3 (Mörnsheimer Schichten – s. 187, 188). – Mörnsheim liegt ca. 1 km W der Altmühl etwa halbwegs zwischen Treuchtlingen und Eichstätt.

184) Von Monheim (ca. 13 km SSW Treuchtlingen) nach E, an **Warching** vorbei und nach N abbiegen Richtung Rögling. Kurz nach der Abbiegestelle – ca. 700 m E Warching – E der Straße aufgelassener Stbr in den Unteren Plattenkalken (zeta 2 a). Über ca. 4 m noch gut erschlossenen Schichten des zeta 2 a die etwa 2 bis 5 m mächtige Trennende Krumme Lage und im SE des Bruches noch ca. 5 m Obere Plattenkalke.

Die **Mörnsheimer Schichten** (Weißjura zeta 3) bestehen aus Bank- und Plattenkalken mit hohem Kieselsäuregehalt und entsprechend zäher Beschaffenheit. Mächtigkeit 50 bis 100 m. Gleichen Alters sind die **Schichten von Daiting**, berühmt wegen der zahlreichen Reptilienfunde früherer Jahre (19. Jh.), teilweise verschollen, teilweise in Museen in aller Welt verstreut. Auch die schönsten Pflanzen kamen aus Daiting. In den Mörnsheimer Schichten treten neben relikthaft bzw. schlecht erhaltenen Fischresten usw. vor allem auch körperlich erhaltene Ammoniten auf, teilweise calcitisch erhalten. Die häufigsten Arten sind *Taramelliceras prolithographicum* (FONTANNES) und *Paralingulaticeras lithograhicum* (OPPEL).

Aufschlüsse:

185) Von Kelheim nach SW bis **Weltenburg**, an dessen SW-Ortsrand ein Abbauversuch in Schichten des zeta 3 gestartet wurde (kleiner Aufschluß). Gut zu beobachten u. a. die „Papierschiefer", biegbar im feuchten Zustand. Die Schichten des unteren zeta 3 werden im Kelheimer Gebiet als Weltenburger Schichten bezeichnet.

186) Von Eichstätt entlang der Altmühl nach E bis Pfünz, hier abbiegen nach S und über Hofstetten bis

Böhmfeld. 1,5 km S des Ortes aufgelassene Stbre, ca. 2 km SW des Ortes neuer Stbr der Fa. SCHÖPFEL (r 4452, h 4412). Erschlossen Mergelkalke und Obere Bankkalke des Weißjura zeta 3. Der neue Stbr erschließt die Mergelkalkserie, deren stratigraphische Lage – zeta 3 – fixiert ist durch Funde von *Subplanites reisi*. – Auf dem „Reisberg" südlich Böhmfeld (Punkt 511,1) alte Stbre in den Oberen Bankkalken, die die Mergelkalkserie überlagern.
187) Von Langenaltheim Richtung Solnhofen, jedoch nicht nach N (Solnhofen), sondern Richtung **Mörnsheim** fahren. Kurz nach einer scharfen Rechtskurve (hier trennen sich die Straßen zum Maxberg – geradeaus – und nach Mörnsheim – rechts) läuft die Straße in einer jähen Linkskurve bergab. Im Scheitelpunkt der zweiten Kurve führt ein Waldweg nach S (Fahrverbot). Der Bruch liegt ca. 600 m weiter, E des Weges, und sehr viel tiefer. Im Süden um den Bruch herum und von der flachen E-Seite hinein. In der SW-Ecke des Stbres sind ca. 20 m Obere Plattenkalke erschlossen, darüber in schöner Deutlichkeit Hangende Krumme Lage. Das Hangende bilden ca. 15 m der hier insgesamt 55 m mächtigen Mörnsheimer Schichten (zeta 3 a; „Der Mörnsheimer Wilde Fels"). Das Gestein dieser Schichten besteht aus kieselsäurereichen zähen, mitunter rötlich gefärbten rauhen Bankkalken und Mergelschiefern mit unruhiger Schichtfläche. Im Hangschutt reichlich Gesteinsmaterial aus dem Wilden Fels, mit körperlich erhaltenen teilweise calcitierten Fossilien *(Paralingulaticeras lithographicum, Taramelliceras prolithographicum* u. a.) – Die hohe Wand ist außerordentlich gefährlich – Steinschlaggefahr! Keinesfalls zu nahe an die Wand herangehen! (Die in den Mergelschiefern flachgedrückt mit erhaltenem Sipho überlieferten Ammoniten gehören weitgehend zu *Neochetoceras steraspis*; weiterhin kommen Brachiopoden, Crinoidenreste und Landpflanzenreste vor. Fische sind so gut wie immer zerfallen – es treten isolierte Kopfskelette oder andere Reste auf. Nicht selten sind Aptychen.)

188) Anfahrt wie bei 187. Der aufgelassene Stbr liegt in der Gabelung Maxberg-**Mörnsheim**, nach der steil bergab führenden Linkskurve. Links die zugewachsene Einfahrt – hier keine Parkmöglichkeit (weiter oben am nach S führenden Waldweg). Erschlossen Mörnsheimer Schichten über Oberen Plattenkalken mit Hangender Krummer Lage.
189) Von Donauwörth auf der B 2 nach N, Richtung Treuchtlingen. In Buchdorf nach E abbiegen Richtung **Daiting**, von hier Richtung Gansheim. Nach Durchfahren einer schmalen Waldzunge wenig E Daiting (ca. 1,5 km) nach N abbiegen. An einem Feldweg früher Abbauten in den Daitinger Schichten (Straßenschotter, später zur gezielten Fossiliensuche; s. RICHTER 1982 c). Je nach aktuellem Stand Möglichkeiten zum Studium der Daiting-Schichten (zeta 3).

Die folgenden Schichten werden zusammenfassend als **Usseltal-Schichten** bezeichnet und entsprechen dem Weißjura zeta 4 (max. Mächtigkeit ca. 60 m). Vorwiegend in diesen Gesteinen finden wir die Ammoniten *Usseliceras parvinodosum* und *U. franconicum*.
Die **Tagmersheimer Bänke** zeigen wesentlich weniger Riffschuttanteile als die Mörnsheimer Schichten. Es handelt sich um dünne bis geringmächtige Bankkalke von gelbbrauner Farbe **(zeta 4 a)**.
Die **Spindeltalschiefer** bestehen wieder überwiegend aus Plattenkalken, sind aber vergleichsweise zu den Solnhofener Plattenkalken sehr unrein und enthalten auch feinklastische Komponenten (z. B. Quarzkörner). Subaquatische Rutschungen und Algenknollenlagen kommen vor **(zeta 4 b)**.
Die **Gansheimer Bankkalke** bestehen aus etwas mergeligeren Lagen. In Riffnähe können Muschelschillbänke mit reicher Flachwasserfauna (vor allem Muscheln) eingeschaltet sein (z. B. südlich Hütting) **(zeta 4 c)**.
Die **Usseltalschiefer** sind wiederum in Plattenkalkfazies abgelagert, meist mit geringmächtigen und teilweise papierdünn aufspaltenden Platten **(zeta 4 d)**.

Aufschlüsse:
190) Von Donauwörth donauabwärts (nach E) bis Marxheim und von hier nach N bis **Tagmersheim**. Ca. 2 km E des Ortes kleiner Stbr der Forstverwaltung (r 4426, h 5409; S der Straße Tagmersheim-Konstein, im Wald). Erschlossen ca. 9 m dünn- bis mittelbankige, bräunliche bis graue, glattbrechende

Kalke: Tagmersheimer Bänke (zeta 4 a), überlagert von den Plattenkalken der Spindeltalschiefer (zeta 4 b). Kleiner Schurf in diesen Schichten ca. 20 m SW.
191) Von Donauwörth bis Marxheim und nach N bis **Gansheim**. Wenig E des Ortes erschließt der Einschnitt der Straße nach Trugenhofen den oberen Bereich der Gansheimer Bankkalke (zeta 4 c) und die tieferen Usseltalschiefer (zeta 4 d). Ca. 100 m S liegt ein weitgehend verfüllter Stbr in gleichen Schichten.
192) Anfahrt bis Gansheim wie bei 191. An der **Störzelmühle** ca. 1,5 km E Gansheim aufgelassener Stbr in den Usseltalschiefern (zeta 4 d). Feinkörnige Plattenkalke mit knapp über der Basis liegenden ca. 1m mächtigen Dickbank. Nach oben hin allmählich in die Rennertshofener Schichten (zeta 5) übergehend.

Die **Rennertshofener Schichten** entsprechen dem Weißjura zeta 5. Die Mächtigkeit beträgt max. 110 m. Das Gestein besteht aus Bankkalken mit Mergelzwischenlagen. Ein überwiegend in diesen Schichten vorkommender Ammonit ist *Neochetoceras mucronatum* BERCKHEMER & HÖLDER. Weiterhin tritt auf die Gattung *Franconites* (z. B. *F. vimineus*).

Aufschlüsse:
192) Aufschluß **Störzelmühle** – s. Usseltal-Schichten!
193) Von Neuburg/Donau N der Donau ca. 4 km nach W. Am **Finkenstein** ist der mittlere und obere Bereich der Rennertshofener Schichten (zeta 5) erschlossen.
194) Von Neuburg/Donau N der Donau nach W. In Rennertshofen nach S abbiegen Richtung **Bertoldsheim**. Ca. 1 km NW des Ortes aufgelassener Stbr (am „Kalkofen"). Erschlossen ca. 12 m der Unteren Rennertshofener Schichten, interessante Mikrofauna; unter den Ammoniten ist wichtig *Usseliceras (Subplanitoides) oppeli*.

Im Anschluß werden noch einige **Aufschlüsse** im Süden bzw. Südosten genannt. Die erschlossenen Gesteine wurden ebenfalls während der Weißjura zeta-Zeit im oder nahe beim Lagunengebiet abgelagert und stehen somit in unmittelbarem Zusammenhang mit den altersgleichen Gesteinen in den eigentlichen Beckengebieten.

132) Aufschluß **Oberau** – s. Weißjura delta!
195) Von Neustadt (ca. 15 km SW Kelheim) auf der B 299 nach NW bis **Marching**. Ca. 1 km N des Ortes Stbr KIEFER. Abgebaut werden dichte und feinkörnige Massenkalke mit Schuttführung (S-Rand der Hienheimer Wanne). Zu beobachten sind Korallenrasen, Schwämme, Stromatolithenkrusten. Grobfossilschuttlagen führen Brachiopoden, Muscheln, Schnecken, Echinodermenreste und Korallen. Der Ammonit *Torquatisphinctes* cf. *filiplex* verweist auf Weißjura zeta 2.
196) Von Ingolstadt auf der B 16 a nach E bis **Großmehring**. Stbr am „Steinberg" ca. 1,5 km NE des Ortes (teilweise müllverfüllt). Erschlossen ein dolomitisiertes Korallenriff des zeta 3/4. In den Dolomiten Trichterfüllungen durch Schutzfelsschichten. Im höchsten Bereich neuer Abbau mit guten Fundmöglichkeiten für Dolomitfossilien (ausschließlich Abdrücke bzw. Steinkerne): Korallen, Muscheln, Brachiopoden und Schnecken.
197) Von Neuburg/Donau nach E Richtung Ingolstadt. Aufgelassener Stbr unmittelbar an der B 16 ca. 2 km W **Bergheim**. Erschlossen dickbankige Kalke und Mergelkalke mit Hornsteinlagen. Riffschutt und Korallenreste verweisen auf Riffnähe. Vermutlich zeta 3, obwohl die Ammonitenfunde keine sichere Einstufung ermöglichen *(Taramelliceras prolithographicum, Neochetoceras steraspis, Subplanites* cf. *reisi*).
198) Von Neuburg/Donau nach N über die Donau, dann nach W bis **Laisacker** (ca. 2 km NNW Neuburg). Aufgelassener Stbr N des Ortes (ca. 200 m, rechts der Straße nach Gietlhausen). Der heute als Naturdenkmal ausgewiesene Stbr liegt in einem ehemaligen Korallenriff. An der E-Wand ist ein aus mehreren Riffstotzen bestehender Komplex erschlossen, mit Korallen und Algen, eingelagert in Detritus. Hin und wieder traten auch kleinere Bereiche mit Schichtfazies auf. Neben den Korallen kamen Muscheln, Schnecken, Spurenfossilien und sehr selten Ammoniten vor. Letztere verweisen auf ein Alter von zeta 2 oder 3.
199) Unweit von **Graisbach** (ca. 9 km E Donauwörth) liegt ein aufgelassener Stbr (am W Ortsrand, gut sichtbar von der Straße Leitheim-Lechsend). Der Bruch wird heute leider als Müllgrube genutzt. Erschlossen schuttführende Schichtkalke über Mas-

senkalk, teilweise in Plattenkalkfazies. Diese Kieselplattenserien verzahnen sich mit den Flachwasserschwammriffkalken. Lagerungsverhältnisse sehr unübersichtlich. Vor allem an der NE-Wand treten nestartig angereicherte Brachiopoden auf, dazu Schwämme, selten Korallen, Muscheln, kleine Krebse (*„Prosopon"*, z. B. *Pithonoton marginatum*). Nach den Ammonitenfunden aus den Plattenkalken sind deren untere Bereiche dem zeta 3, die oberen Schichten vermutlich dem zeta 4 zuzuordnen. Krebsreste, zerfallene Fische, Lumbricarien erinnern an die „Solnhofener Fauna".

Die **Neuburger Bankkalke** (Weißjura zeta 6) gehören bereits ins Mittlere Tithon und stellen die jüngsten auf deutschem Boden übertage vorkommenden Juragesteine dar. Die ca. 50 m mächtigen Kalke entsprechen einer regressiven Flachwasserfazies und führen reiche Fauna. Bekannt ist vor allem die interessante Ammonitenfauna. U. a. finden sich hier *„Protancyloceras"* (entrollte Gehäuse!), *Haploceras elimatum* (OPPEL), *Pseudolissoceras bavaricum* BARTHEL, *Glochiceras carachtheis* ZEJSZNER), *Sutneria asema* (OPPEL), *Aspidoceras neoburgense* HÖLDER, *Anavirgatites, Subplanites, Sublithacoceras* und *Isterites*. Die Perisphinctiden sind durch zahlreiche Arten vertreten und nicht einfach abgrenzbar.
Weiterhin kommen zahlreiche Muschelarten vor, u. a. auch *Pinna*. Seeigel sind vor allem durch *„Disaster"* belegt. Reiche Fauna führen vor allem die unteren Schichten, die heute meist sehr schlecht oder gar nicht erschlossen sind.
Der tiefere Bereich der Neuburger Bankkalke besteht aus wohlgebankten, meist dickbankig anstehenden und wenig harten Kalken, während im oberen Profilbereich dünne bis mäßig starke Bänke vorherrschen. Die obersten Dünnbänke sind feinkörnig und hart, der Fossilinhalt deutet die beginnende Aussüßung an.

Aufschlüsse:
200) Von Neuburg/Donau auf der B 16 nach W bis **Unterhausen**. Ausgedehnter aufgelassener Stbr E des Bahnhofes. Erschlossen die gesamten Unterhausener und der tiefere Teil der Oberhausener Schichten (Neuburger Bankkalke, Weißjura zeta 6). Interessante Muschel- und Ammonitenfauna.
201) Weitere aufgelassene Stbre ca. 500 m N des Ortes, am Waldrand W des **Flachsberges**. Hier gute Klopfmöglichkeiten im Hangschutt.

Die Fossilien

In zahlreichen mehr oder weniger bekannten Werken wurden die fossilen Schätze der Plattenkalke teilweise bereits frühzeitig beschrieben, etwa seit dem frühen 19. Jahrhundert. Unter den Autoren finden wir berühmte Namen wie MÜNSTER, SCHLOTHEIM, GERMAR, WAGNER, v. MEYER, OPPEL. Der Konservator des Leuchtenbergschen Naturalienkabinetts, L. FRISCHMANN, verfasste bereits 1853 eine Zusammenstellung der damals bekannten Plattenkalkfossilien. Im Jahre 1904 schließlich erschien „Die Fauna der Solnhofener Plattenkalke" von J. WALTHER – hier werden ca. 650 Arten genannt.
Mittlerweile ist die Artenzahl geringer geworden – manche Arten erwiesen sich bei **Revisionen** als unberechtigt (z. B. Beschreibungen als solche nicht erkannter jugendlicher, schlecht oder unvollständig erhaltener Formen). Trotzdem ist die Artenzahl immer noch enorm hoch: Den Großteil stellen Insekten und Fische (je über 100), gefolgt von den Krebsen (ca. 60) und Reptilien (ca. 50). Der Rest verteilt sich auf die Wirbellosen (Foraminiferen, Schwämme (1), Quallen, Stachelhäuter, Ringelwürmer, Brachiopoden, Bryozoen, Muscheln, Schnecken, Nautiliden, Ammoniten, Belemniten bzw. Tintenfische, Schwertschwanz (1), Spinnentiere (1)). Einige Arten sind nur durch wenige Exemplare belegt.

Die Fossilhäufigkeit

Im ganzen gesehen ist die Häufigkeit der Funde **äußerst gering**. Ausnahmen gibt es örtlich: Im Eichstätter Raum treten Überreste von *Saccocoma* massenhaft auf, und auch *Phalangites* und *Palpipes* sind nicht selten, werden wegen ihrer Unscheinbarkeit aber meistens übersehen. Schließlich finden wir auch die Exuvien kleiner Krebse, Lumbricarien, Ammoniten und Aptychen (letztere manchmal sogar in situ, also noch im Ammoniten liegend). Dies sind die „gemeinen" Fossilien, die im Plattenkalkgebiet immer zu finden sind.
Aber schon bei der gezielten Suche nach einem kleinen Fisch, also einer Sprotte, kann der Hammer heißlaufen! Unter Umständen kommt selbst bei tagelangem Klopfen nichts ans Licht, das selbst bei großzügigster Auslegung als Krebs- oder Wirbeltierrest gedeutet werden kann . . . Und meist bringt auch der mit kritischen Worten verbundene Ortswechsel keine bessere Ausbeute. Dementsprechend sollten wir unsere Erwartungen nicht zu hoch schrauben. Auf jeden Fall gehören zur Fossiljagd in den Plattenkalken neben dem Fleiß auch ein gutes Auge und Glück dazu!
Da die Fossilien in gewissen Horizonten häufiger vorkommen als in anderen, wäre die Kenntnis dieser Schichten wichtig. Leider aber nützt uns das letztendlich auch wieder nichts: Haldenmaterial liegt immer grob durcheinander, und hier den Fischle-Flinz zu erkennen, fällt selbst dem Fachmann schwer. In den Brüchen selbst dürfen wir unter gar keinen Umständen ohne Erlaubnis abbauen!

Fossilerhaltung

Berühmt wurden die Plattenkalke vor allem ihrer vorzüglichen Fossilüberlieferung wegen, wozu dann allerdings noch das einmalige Faunenspektrum kommt. Vielen normalerweise nicht überlieferungsfähigen Tier- und Pflanzenformen begegnen wir bei einem Gang durch die Museen: Quallen, kompletten Schlangensternen, Seeigeln mit Stachelkleid, wunderbar erhaltenen Fisch- und Reptilienskeletten usw. Die Besonderheit der Erhaltung resultiert aus der zwischen Tod und Einbettung liegenden Unberührtheit – keine Aasfresser, Fäulnis und nur in geringstem Umfang Umlagerung (strömungsbedingt). Freilich existieren andere Fossillagerstätten mit ähnlich gut erhaltenen Faunen, z. B. Holzmaden und Monte Bolca. Weniger bekannte, jedoch ebenfalls gut erhaltene Fischfunde stammen aus dem Kimeridge der Umgebung von Belley im Departement Ain (Frankreich), und am Plan de Canjuers nahe der Verdon-Schlucht wurden in plattenkalkähnlichen Sedimenten sogar wohlerhaltene Flugsaurier zusammen mit anderen Kleinreptilien und Fischen gefunden. Jedoch: Es gibt keine andere Fundstelle mit derart gut erhaltenen Fossilien in solch einer **Artenvielfalt** wie im Plattenkalkgebiet der Südlichen Frankenalb.
Die meisten Fossilien liegen auf Schichtflächen und „hängen" unten an der überlagernden Platte, andere liegen in den Fäulen. Im eigentlichen Flinz finden sich keine Fossilien. Der größte Teil ist flachgepreßt durch die Last des überlagernden Sediments. Da jedoch die Bedingungen im Einbettungsraum, also auf dem Wannenboden, lebensfeindlich waren, wurden die Kadaver nicht zerstört oder umgelagert durch Aasfresser, was die komplette Skeletterhaltung ermöglichte.
Organische Materie allerdings zersetzte sich in den meisten Fällen, Hartteile wie Knochen, Schuppen, Zähne usw. wurden im ursprünglichen Zusammenhang überliefert. In bestimm-

ten Bereichen des Plattenkalkreviers beobachten wir Strömungseinwirkungen und Fossileinregelung (z. B. die paarweise liegenden Sprotten auf dem Fischle-Flinz), so z. B. bei Daiting oder in der Umgebung von Kelheim: hier stoßen wir auf transportbedingt zerfallene Fische.

Besonders gut überliefert sind Krebspanzer (Chitin mit Kalkeinlagerung) und Wirbeltierhartteile wie Knochen usw.: Diese bestehen aus Kalkphosphat und sind entsprechend beständig. Auch vergängliches organisches Material wie Muskelfleisch von Fischen konnte sich erhalten oder gar Quallen und zarte Insekten (Libellenflügel!). Für Ruhigwasser sprechen auch die oftmals sehr schwachen, jedoch ungestörten Abdrücke: Lebensspuren von Krebsen, Schwertschwanz (*Mesolimulus*) und Insekten, Aufsetzmarken von Tintenfischen und Ammoniten. An anderer Stelle deuten Rollmarken von Ammonitengehäusen wieder auf Strömungen hin (Painten).

Die Gehäuse der Ammoniten, Schnecken und vieler Muscheln bestanden ursprünglich aus dem leicht löslichem Aragonit, wir finden dementsprechend oft nur noch einen Steinkern oder einen Abdruck. Aptychen und Belemnitenrostren wie auch Austernschalen jedoch bestanden aus stabilem Calcit und wurden wohlerhalten überliefert.

Beim Suchen achten wir übrigens auch verstärkt auf **Aufwölbungen** in den Platten – größere Fossilien zeichnen sich meist in den überlagernden Schichten ab.

Die Flora

Bei den meisten in den Plattenkalken vorkommenden Pflanzen handelt es sich um eingeschwemmte Landpflanzen, wobei eindeutig die Nadelhölzer dominieren: *Brachyphyllum*, ein strauchartiger Halophyt sowie die sehr ähnliche Gattung *Palaeocyparis* (möglicherweise könnten die Formen sogar zu einer Gattung gehören). Weiterhin treten auf einige Samenfarne, wenige Palmfarnartige und sehr spärlich Gingkoformen. Tangartige Braunalgen sind in vielen Sammlungen vertreten, manchmal sogar mit aufsitzender Fauna.

Schließlich dürfen wir die Coccolithophoriden nicht vergessen, die winzig klein sind und zu den Haftpflanzen gehören. Die Blaugrünalgen waren möglicherweise sogar für die Entstehung der Plattenkalke ausschlaggebend.

Pflanzenfunde können heute nur noch mit großem Glück gemacht werden, am ehesten in der Kelheimer Gegend. Bis vor kurzem waren bei Daiting wieder Abbauarbeiten im Gange (ausschließlich zur Fossilgewinnung und mit großem Erfolg!), wobei wieder eine große Anzahl schöner Pflanzen zutage kam, zusammen mit Reptilien, Fischen, Seeigeln und zahlreichen Ammoniten.

Die Fauna

Ausgesprochenes Bodenleben (Benthos – im Boden oder auf dem Boden lebende Meerestiere: In- bzw. Epifauna) existierte in den Wannen des Plattenkalkgebietes nicht. Bei allen im Wannengebiet vorkommenden Benthosformen dürfen wir mit Sicherheit annehmen, daß die Tiere nicht hier lebten, sondern eingespült wurden und meist sehr schnell zugrunde gingen.

In den Plattenkalken kommen also freischwimmende (nektonische) oder passiv treibende (planktonische) Meerestiere vor und eingeschwemmte Benthostiere wie verschiedene Krebsarten, Seeigel und Schlangensterne. Schließlich treten verdriftete landbewohnende Tiere auf (Reptilien, Insekten).

Bei den nektonischen Formen sind die **Fische** vorherrschend der Artenzahl nach, Ammoniten aber nach der Fundhäufigkeit. Der Sammler kann nur mit großem Glück neben *Leptolepides sprattiformis* AGASSIZ, jener schon oft zitierten Sprotte, noch andere Fische finden. Vielleicht noch *Anaethalion knorri* (BLAINVILLE); theoretisch können natürlich auch Exemplare mit so glanzvollen Namen wie *Caturus, Mesodon, Aspidorhynchus, Belonostomus* usw. gefunden werden – wir halten den Daumen!

Ammoniten sind in den Solnhofener Schichten flachgedrückt und gehören meist zur Art *Neochetoceras steraspis* (OPPEL) (ohne Berippung und häufig mit gut erkennbarem Siphostrang) oder *Subplanites rueppelianus* (QUENSTEDT) (mit scharfer Berippung); die Perisphinctiden sind allerding oft nicht einfach zu bestimmen. *Paralingulaticeras lithographicum* (OPPEL) tritt gut erhalten vor allem in den Mörnsheimer Schichten auf zusammen mit *Taramelliceras prolithographicum* (FONTANNES). Sehr selten kommt ein Leitammonit namens *Hybonoticeras hybonotum* (OPPEL) vor, mit doppelter Dornenreihe auf den Flanken. Aptychen gehören zu den häufigeren Funden (*Laevaptychus, Lamellaptychus, Granulaptychus* – letzterer selten).

Belemnitenrostren sind vergleichsweise selten; die Rostren gehören wohl ausnahmslos zu *Hibolites hastatus* (BLAINVILLE) und entsprechen damit den z. B. im Treuchtlinger Marmor so häufig vorkommenden Rostren. Tintenfischschulpe gehören bereits wieder zu den Raritäten (*Plesioteuthis, Trachyteuthis, Geopeltis* u. a.). Die Weichteilreste von *Acanthoteuthis* werden heute zu den Rostren von *Hibolites* gestellt – Hart- und Weichteile getrennt eingebettet.

Eine der häufigsten Lebensformen ist zweifellos die kleine freischwimmende **Seelilie** *Saccocoma pectinata* GOLDFUSS. Trotzdem werden wir einige Zeit zu suchen haben, um wirklich gut erhaltene Exemplare zu gewinnen: Der knopfförmige Kelch ist meistens in Calcit umgewandelt und entsprechend schlecht erhalten, die Arme sind meist undeutlich verknäult und nur selten schön auf der Schichtfläche ausgebreitet.

Zum **Nekton** gehören ferner einige **Krebse**, Vertreter der Garnelen, also der Schwimmkrebse (Natantia). Hierher gehört auch der häuigste Krebs überhaupt, nämlich *Antrimpos speciosus* MUENSTER; andere Formen der Natantia sind die Vertreter der Gattung *Aeger*, z. B. *A. tipularius* SCHLOTHEIM.

Als typische Vertreter des **Planktons** nennen wir die **Quallen**, früher relativ zahlreich in den Brüchen um Pfalzpaint und Gungolding gefunden – solange die Brüche im Abbau standen. Wenige schlechterhaltene Exemplare stammen aus Eichstätt.

Die meisten der **Krebse** wie z. B. *Cyclerion, Glyphaea, Palinurina, Cancrinus, Eryon* und *Eryma* gehörten zum Benthos des Riffbereiches und wurden durch Sturmfluten in die Lagune eingespült. Hier sanken sie ab und starben im lebensfeindlichen Bereich des stagnierenden Bodenwassers. Eine der häufigeren Arten ist der berühmte Langarmkrebs *Mecochirus longimanatus* SCHL., von den Steinbrechern „Schnorgackel" genannt (beim Maxberg existiert ein gleichnamiges Gasthaus). *Mecochirus* ist eine der wenigen Lebensformen, die Spuren auf dem Boden hinterließen; oft findet sich das Tier am Ende der Fährte. *Mecochirus* ist aufgrund des extrem verlängerten ersten Beinpaares immer eindeutig zu bestimmen.

Zu den Krebsen gehören auch *Phalangites priscus* MUENSTER und *Palpipes cursor* ROTH.

Bei beiden handelt es sich um Krebslarven bzw. deren Exuvien. *Phalangites* gehört wahrscheinlich zu *Palinurina*. Diese Fossilien sind nicht selten, fallen aber wegen der geringen Größe und der unscheinbaren Färbung kaum auf. Wenn wir im Gebiet des Blumenberges eifrig Haldenmaterial durchmustern, können Funde nicht ausbleiben.

Weitere Benthosformen sind die **Seeigel** – ursprünglich Riffbewohner. Funde stammen vor allem aus den riffnahen Bereichen um Pfalzpaint-Gungolding und von Kelheim, stellen aber große Seltenheiten dar.

Berühmt sind auch die schönen **Schlangensterne** (*Geocoma carinata* GOLDFUSS) von Zandt bei Ingolstadt, dort neben hervorragend erhaltenen Fischen und Krebsen geradezu massenhaft vorkommend. Wohl existieren die Brüche noch, stehen aber nicht mehr im Abbau und dürfen auch nicht betreten werden. Andere Schlangensterne stammen aus den Plattenkalken von Kelheim, z. B. *Ophiopsammus kelheimensis* (BOEHM).

Lebensspuren treten in Form der Lumbricarien häufig auf. Diese knäuelartigen Gebilde bestehen zum großen Teil aus Resten von *Saccocoma*, müssen also von einem Räuber stammen. Neuester Deutungsversuch der Zugehörigkeit: Es handelt sich um Kotschnüre von Tintenfischen. Nachdem aber Tintenfische doch recht selten sind, *Lumbricaria* dagegen überall zu finden ist, sollten als Verursacher eher Raubfische angenommen werden. Sicher stammen die Kotschnüre jedoch nicht von Haien – erstens sind Haie in den Plattenkalken eine absolute Rarität und zum anderen fehlt die typische Spiralfaltung der Exkremente.

Schreitfährten von *Mecochirus* und vor allem von *Mesolimulus* (Schwertschwanz) sind in den Museen allenthalben zu besichtigen, für den Sammler jedoch unerreichbar – derartige Platten kommen nur bei systematischem Abbau zutage.

Marken

Als Marken bezeichnen wir alle von leblosen Gegenständen verursachten Eindrücke, Schleifspuren usw. Als Verursacher kommen also treibende und schleifende oder verankerte und strömungsbewegte Pflanzenreste und Kadaver in Frage, auch leere Ammonitengehäuse usw. Recht häufig finden sich Ammonitenaufsetzmarken: Das leere Gehäuse sank nach dem freien Driften zu Boden und stieß sanft auf, hinterließ einen Abdruck und legte sich zur Seite, so daß Fossil und Aufsetzmarke nebeneinander liegen. Öfters jedoch finden sich die Marken allein – das Gehäuse stieg noch einmal auf und trudelte weiter: Der Auftrieb durch die im Gehäuse enthaltene Restluft war noch zu kräftig.

Bei Painten finden sich in manchen Brüchen ganze Platten mit Rollmarken, deutlichen Strömungsanzeigern: Hier wurden die Ammonitengehäuse über den Boden gerollt. Die Spuren sind manchmal meterweit verfolgbar.

Präparation

Viele der Plattenkalkfossilien liegen beim Spalten der Platten schön auf der Schicht und bedürfen nur noch geringer Freilegung. Andere müssen jedoch von einer deckenden Gesteinsschicht befreit werden, im günstigsten Fall von einem dünnen Kalkhäutchen. Wir kommen hier nicht darum herum, mit Meißelchen, Schabern und Nadel Präzisionspräparation zu leisten: Am besten unter einem Auflichtmikroskop, um das Wegpräparieren feiner Fossilteile zu verhindern. Besonders wert-

volle Stücke überläßt man aber besser einem Fachmann zur Präparation – ein geschundener Fisch oder Krebs wäre gar zu arg!
Mit Hilfe verschiedener Vibrationsgeräte läßt sich die mechanische Präparation u. U. vereinfachen. Wir müssen hier allerdings sehr achtsam arbeiten, um die Fossiloberfläche nicht zu „punktieren".
Liegt eine Seite des Fossils, z. B. einer Sprotte, frei, so können wir ein besonders interessantes Stück gestalten: Wir versehen die Platte mit einem Rand (Holz, Pappe) und gießen die fossiltragende Seite mit Gießharz ein. Nach dem Aushärten lösen wir den Kalk von der anderen Seite her mit stark verdünnter Essigsäure oder Monochloressigsäure. Da die Fossilreste aus Phosphat bestehen, werden sie nicht angegriffen. Schließlich liegt das Skelett auf der klaren Kunstharzplatte vor uns; wir trocknen vorsichtig und gießen nun die Rückseite ein. Nach Schleifen und Polieren haben wir ein beidseitig freiliegendes Fischskelett vor uns, gut zu studieren und sicherlich ein eindrucksvolles Schauobjekt.
Ganz dünne Kalkhäute auf Fossilien können auch mit verdünnter Essigsäure weggeätzt werden – dieser Vorgang ist auf jeden Fall schonender als die mechanische Präparation.

Palökologie

Die Landschaft war stark gegliedert, der Lagunenbereich zerrissen in zahlreiche durch ober- und untermeerische Schwellen (ehemalige Schwammriffe) begrenzte Wannen. Die Bekken waren untereinander verbunden; der ganze Bereich war vom offenen Meer durch ein vorgelagertes Korallenriff getrennt. Das Land war relativ flach, mit bewegter Küstenlinie. Größere Flüsse fehlten – entsprechende Delta-Ablagerungen sind nicht bekannt.

Wir versuchen uns die **Umwelt** vorzustellen: Das Klima war subtropisch bis tropisch; die nordwestlichen Landbereiche zeigten nur schwachen Pflanzenbewuchs (Koniferen, darunter Araukarienartige, baumgroße Samenfarne und Palmfarne). Auf dem Land lebten zahlreiche Tiere; vor allem die Insekten waren mit großem Artenreichtum vertreten. Kleine Dinosaurier (*Compsognathus* – nur durch ein Exemplar belegt!) und andere Reptilien (*Homoeosaurus*), verschiedene Flugsaurier (*Rhamphorhynchus, Pterodactylus* und andere) existierten hier, nicht zu vergessen der Urvogel. In unmittelbarem Anschluß an die Küste bestand ein Salzwattgebiet mit entsprechender Halophytenflora.
In den meisten der Wannen war das Wasser absolut unbewegt, in anderen traten zeitweise schwache bis mäßig starke, den Boden erreichende Strömungen auf. Die Wassertiefe lag zwischen 50 und 80 m. Aus der hohen Verdunstung resultierte Salzanreicherung – das entsprechend schwerere Wasser sank zum Boden, wodurch Wasserschichtung entstand (stagnierendes Bodenwasser). Im Bodenbereich fehlte Sauerstoff, Giftstoffe reicherten sich an: Eine tödliche Falle für alle Lebewesen.
Vom S her drückten Stürme Meerwasser in das Lagunengebiet, über das Korallenriff – Saumriff – hinweg. Mit den Wassermassen wurden zahlreiche Meerestiere verfrachtet. Die Benthos-Formen sanken zum Grund und kamen nach kürzester Zeit um, waren wohl zum größten Teil schon vor Bodenberührung tot. Die nektonischen und planktonischen Lebewesen konnten sich möglicherweise kurzfristig halten, starben aber nach einiger Zeit aufgrund der ungünstigen Lebensbedingungen ab oder gerieten sofort in die tödliche Zone.
Diskutiert wird auch der Transport der toten Tiere, gemächlich durch die Kanäle in die

Wannen verdriftet, möglicherweise durch Salz „mumifiziert“. Die gute Erhaltung der Fossilien läßt sich aber damit nicht gut erklären – Beeinflussung durch Aasfresser oder auch mechanische Einwirkungen wären wohl die Regel gewesen.
Sicherlich kamen auch einige der Museumsstücke freiwillig. Sie schwammen immer tiefer ins Lagunengebiet hinein und fanden schließlich ihr Ende in den sauerstoffarmen Bereichen. Vor allem bei den großen Reptilien und Fischen müssen wir mit solch einer Möglichkeit rechnen. Zahlreiche Exemplare mögen den Weg zurück ins Meer gefunden haben und so entkommen sein (traurig für die Sammler . . .).
Die auf dem Grund liegenden Tiere wurden bei der nächsten Flinzbildung vom Sediment überdeckt. Da Benthos fehlte, erfolgte keine Störung durch Aasfresser; das unbewegte Wasser ermöglichte ungestörte Lagerung. Wahrscheinlich dauerte die Periode zwischen 2 Flinzbildungen – mit außerordentlich geringer Sedimentation – genauso lang oder sogar länger als die Flinzbildung selbst: Trotzdem ausgezeichnete Fossilerhaltung!
Entgegen früheren Annahmen fielen die Lagunenbereiche nie trocken, von unwesentlichen Ausnahmen in den Küstenzonen abgesehen. Nur so läßt sich das Fehlen von Prielen und Salzbildungen (Salzanreicherung aus stark übersalzenem Restwasser) erklären. Auch fehlen schlammüberziehende Algenkrusten und Trockenrisse ebenso wie Fährten von Landtieren im Wannenbereich, was ein eindeutiges Indiz für Trockenfallen wäre. Für ungestörte ruhige Unterwasserbildung spricht auch die Feinstschichtung der Plattenkalke.
Landtiere wie Kleinreptilien und Urvögel und auch Landpflanzen wurden eingeschwemmt; Flugsaurier und Insekten vielleicht bei Sturm ins Lagunenwasser geworfen – sie sanken zu Boden und wurden eingebettet.
Wenige Arten wie *Mesolimulus* waren so zäh, daß sie noch einige Meter auf dem Grund kriechen konnten vor dem Verenden. Die meisten Tiere waren bei Erreichen des Grundes wohl schon tot.

Sehenswürdigkeiten

Die Stadt hat ihren „Namen von ungeheuren Eichen, welche vorzeiten hier gestanden haben sollen.“ – „Mit einem Gefühl von Neugier und Fremdsein treten wir in die freundliche Stadt ein, deren äußerer Anblick so ausländisch erschien; das Innere entspricht diesem Eindruck weniger, wenngleich der Katholizismus, den wir seit Würzburg vermißten, hier wieder zurückgekehrt ist, und zwar in einer Form, die an Italien und Rom erinnert.“ („Das malerische und romantische Deutschland“, Teil Franken, von G. v. HEERINGEN, 1838). – Eine treffende und auch heute noch gültige Schilderung von **Eichstätt**! Die beste Zeit zum Kennenlernen der Stadt ist ein ruhiger Sonntagnachmittag; die zahlreichen Kirchen- und sonstigen Klerikalbauten, meist in gelblichen Farben gehalten, vermitteln eine eigenartige Atmosphäre.
Aber zu den Fakten: Der Dom, romanisch-gotisch, geweiht 1060, Türme noch romanisch, Westchor erbaut 1269, Langhaus und Ostchor erst in der 2. Hälfte des 14. Jhs. Fassade aus dem Barock. Beachtenswert ein Sitzbild des Heiligen Willibald (gest. 787, erster Bischof allhier) von L. HERING (1514), weiterhin die Holzskulpturen (1470) am (neueren) Hochaltar. – Bei einem Stadtbummel sollte der schöne barocke Residenzplatz gewürdigt werden, die Schutzengel-Kirche (ehemalige Jesuitenkirche) mit schönem Barockinnenraum, die aus dem 17. Jh. stammende Sommerresidenz (heute Amtsgericht, beachtenswert vor allem das Treppenhaus und der Spiegelsaal). Die Walpurgakirche (1631) enthält die Reliquie der Heiligen Walpurga, „von deren Gebeinen jährlich zweimal ein kostbares Öl floß.“
Die nach den Plänen des Elias HOLL 1609–1619 erbaute Willibaldsburg auf überragendem Bergsporn war bis 1730 Bischofsresidenz, verfiel dann und ist trotz der Restaurierung sicher keine ausgesprochene Zierde der Renaissancebauten. Heute ist

hier das Bayerische Staatsarchiv untergebracht und vor allem das Juramuseum.
Bei Marienstein, am Westfuß des Burgberges, das Kloster **Rebdorf** mit schönen Barockbauten. Hervorragende Aussicht auf Stadt und Burg von der B 13 (Richtung Weißenburg) – vor allem im Abendlicht.
Das hübsche kleine Städtchen **Pappenheim** mit freundlichem Ortsbild und reizvoller Lage im Altmühltal, überragt von der Burgruine der Grafen von Pappenheim („Ich kenne meine Pappenheimer!"), lohnt Aufenthalt und Spaziergang.
Altmühltal. Bei Treuchtlingen erreicht die Altmühl die Südliche Frankenalb. Von hier bis Dollnstein verläuft der Fluß im engen selbstgeschaffenen Bett, von Dollnstein ab aber im breiten Bett der Urdonau. Das Gefälle ist sehr gering (von Treuchtlingen bis Kelheim nur ca. 70 m).
Die Landschaft des Altmühltals ist von hohem Reiz: Wacholderheiden, Trockenrasengebiete, freundliche Hochflächen und als „Leitfaden" der idyllische Fluß zwischen steilen Felswänden oder markanten Dolomitnadeln oder auch in sanften Wiesengründen – alles lädt ein zum Verweilen und Wandern.
Früher verlief die Donau, vom heutigen Bett bei Rennertshofen abzweigend, durch das **Wellheimer Trockental** nach N und von Dollnstein im jetzigen Altmühlbett. Etwa während der Riß-Kaltzeit wurde die Donau – wohl durch die selbst angelagerten Schottermassen – ins Schuttertal abgedrängt, übernahm noch später ein anderes kleines Flußtal entsprechend dem heutigen Verlauf. Die früher bei Dollnstein in die Donau mündende Altmühl floß nun durch das frühere Donautal, erscheint freilich immer einige Nummern zu klein für das breite Urstromtal. Zwischen Dietfurt (bei Treuchtlingen) und Solnhofen (bis wenige Kilometer vor dem Ort) liegt die Talsohle im Weißjura alpha und beta; den oberen Bereich der flankierenden Kalke bildet der Weißjura delta (Treuchtlinger Marmor; später vor allem Schwammriffe, oft dolomitisiert). Ab Solnhofen ist das Tal in die Schichten des Weißjura delta eingetieft. Hier beobachten wir allerdings kaum mehr Schichtfazies, sondern Schwammriffe, teilweise tafelbankig, meist aber in Form von Riffnadeln und -kuppen. Das Gestein ist weitgehend dolomitisiert. Hierher gehören z. B. die **Felsnadeln bei Eßlingen** („Zwölf Apostel") und die gegenüberliegende „Teufelskanzel". Die zwischen den Riffpartien ursprünglich eingelagerten bankigen Schichten waren weicher und wurden erodiert, abgetragen.
Eine Reihe von Sattelbildungen – Aufwölbungen – machen sich bemerkbar: Bei Rieshofen-Pfalzpaint steigen die Mergelkalke des Weißjura gamma bis ca. 40 m über den Altmühlwasserstand auf (Resultat: Breiteres Flußbett durch Erosion der weichen Gesteine). Eine ähnliche Aufwölbung wieder im Zusammenhang mit breitem Flußbett beobachten wir wenige Kilometer weiter, bei Böhming.
Eine bedeutende Sattelbildung beginnt bei Grösdorf und endet etwa bei Riedenburg, der Scheitelpunkt liegt bei Beilngries: Zwischen Kinding und Beilngries steigt der Braunjura zeta, bei Beilngries sogar der Braunjura beta über die Talsohle auf. Entsprechend der geringen Gesteinshärte (Ornatenton) ist das Strombett hier besonders stark ausgeräumt. Erst ab Schloß Prunn ist das Tal wieder in mehr oder weniger dolomitisierte Schwammkalke des Weißjura delta und epsilon eingetieft.
Sehr schöne Auswaschungen der **Urdonau** an senkrechten Felswänden können wir links des Aufstiegs zur Schulerloch-Höhle beobachten, zwischen Essing und Oberau, wenig über Straßenniveau.
Interessant sind auch die jüngeren Quartär-Ablagerungen im Altmühltal: Wir beobachten Hangschürzen, vielfältige Schotterterrassen, auch Flugsandbildungen und natürlich Auelehm.

Museen

Eichstätt: **Jura-Museum** in der Willibaldsburg. – Sammlungen zur Allgemeinen Paläontologie, Geologie Nordbayerns, Nördlinger Ries, Verkarstung, Landschafts- und Flußgeschichte, Solnhofener Plattenkalken, Biotopen der Altmühltal-Landschaften; Meerwasseraquarien; Multivisionsschau.
Harthof bei Schernfeld: **Museum Bergér**. – Plattenkalkfossilien.
Langenaltheim: **Heimatmuseum**. – U. a. Plattenkalkfossilien und Objekte zur Plattengewinnung etc.
Maxberg bei Mörnsheim: **Museum beim Solenhofer Aktien-Verein**. – Plattenkalkfossilien; Geschichte der Lithographie.
Solnhofen: **Bürgermeister-Müller-Museum**, im Rathaus, unweit des Bahnhofes. – Plattenkalkfossilien.
Am Maxberg bei Mörnsheim besteht ein **geologischer Lehrpfad**; **Waldlehrpfade** finden wir bei Daiting, Eichstätt und Monheim.

Literaturhinweise zu den Kapiteln „In der Frankenalb“ und „Das Plattenkalkgebiet“

AMMON, L. v.: Die Jura-Ablagerungen zwischen Regensburg und Passau. – München 1875.

BANTZ, H.-U.: Echinoidea aus Plattenkalken der Altmühlalb und ihre Biostratinomie. – Erlanger geol. Abh., 78, Erlangen 1969.

– Der Fossilinhalt des Treuchtlinger Marmors (Mittl. Unter-Kimmeridge der Südl. Frankenalb.). – Erlanger geol. Abh., 82, Erlangen 1970.

BARTHEL, K. W.: Die Cephalopoden des Korallenkalkes aus dem oberen Malm von Laisacker bei Neuburg a. d. Donau. I. *Gravesia*, *Sutneria*, *Hyponoticeras*. – N. Jb. Geol. Paläontol., Abh. 108, 47–74, Stuttgart 1959.

– Zur Ammonitenfauna und Stratigraphie der Neuburger Bankkalke. – Abh. Bayer. Akad. Wiss., math.-naturw. Kl., N. F., 105, München 1962.

– Zur Entstehung der Solnhofener Plattenkalke (unteres Untertithon). – Mitt. Bayer. Staatssamml. Paläont. hist. Geol., 4, 37–69, München 1964.

– Die obertithonische, regressive Flachwasser-Phase der Neuburger Bankkalke in Bayern. – Abh. Bayer. Akad. Wiss., math.-naturw. Kl., N. F., 142, München 1969.

– Solnhofen – ein Blick in die Erdgeschichte. – Thun 1978.

BARTHEL, K. W., JANICKE, V. & SCHAIRER, G.: Untersuchungen am Korallen-Riffkomplex von Laisacker bei Neuburg an der Donau (unteres Untertithon, Bayern). – N. Jb. Paläont., Mh., 1971, 4–23, Stuttgart 1971.

BARTHEL, K. W. & SCHAIRER, G.: Die Cephalopoden des Korallenkalks aus dem Oberen Jura von Laisacker bei Neuburg a. d. Donau. II. *Glochiceras*, *Taramelliceras*, *Neochetoceras* (Ammonoidea). – Mitt. Bayer. Staatssamml. Paläont. hist. Geol., 17, 103–113, München 1977.

– Das Alter einiger Korallenriff- und Stotzenkalke des Oberjuras entlang der Donau in Bayern. – Mitt. Bayer. Staatssamml. Paläont. hist. Geol., 18, 11–27, München 1978.

BAUBERGER, W. & CRAMER, P.: Geol. Karte von Bayern 1 : 25 000, Blatt Nr. 6838 Regenstauf, mit Erläuterungen. – München 1961.

BAUBERGER, W., CRAMER, P. & TILLMANN, H.: Geol. Karte von Bayern 1 : 25 000, Blatt Nr. 6938 Regensburg, mit Erläuterungen. – München 1969.

BAUSCH, W.: Der Obere Malm an der Unteren Altmühl. Nebst einer Studie über das Riff-Problem. – Erlanger geol. Abh., 49, Erlangen 1963.

BAUSCH, W. & ZEISS, A.: Zur Zusammensetzung des Kelheimer Riffkalkes. – Geol. Blätter NO-Bayern, 16, 240–242, Erlangen 1966.

BERGER, K.: Geol. Karte von Bayern 1 : 25 000, Blatt Nr. 6832 Heideck, mit Erläuterungen. – München 1968.

Geol. Karte von Bayern 1 : 25 000, Blatt Nr. 6931 Weißenburg i. Bay., mit Erläuterungen. – München 1982.

BERCKHEMER, F. & HÖLDER, H.: Ammoniten aus dem oberen Weißen Jura Süddeutschlands. – Beih. Geol. Jb., 35, Hannover 1959.

BEURLEN, K., GALL, H. & SCHAIRER, G.: Die Alb und ihre Fossilien. – Stuttgart 1978.

BOEHM, G.: Die Fauna des Kelheimer Diceras-Kalkes. II. Bivalven. – Paläontographica, 28, 141–192, Kassel 1882.

DACQUÉ, E.: Die Fauna der Regensburg-Kelheimer Oberkreide (mit Ausschluß der Spongien und Bryozoen). – Abh. Bayer. Akad. Wiss., math.-nat. Abt., N. F., 45, München 1939.

EDLINGER, G. v.: Faziesverhältnisse und Tektonik der Malmtafel nördlich Eichstätt/Mfr. – Erlanger geol. Abh., 56, Erlangen 1964.

– Zur Geologie des Weißen Jura zwischen Solnhofen und Eichstätt (Mfr.). – Erlanger geol. Abh., 61, Erlangen 1966.

FAY, M.: Riffnahe Resedimente im Raum Kelheim: Lithologie, Genese und stratigraphische Bemerkungen. – N. Jb. Geol. Paläontol., Abh. 152, 51–74, Stuttgart 1976.

FAY, M., FÖRSTER, R. & MEYER, R.: Exkursion A.: Regensburg; in: 2. Symposium Kreide München, Exkursionsführer. – München 1982.

FESEFELDT, K.: Schichtfolge und Lagerung des oberen Weißjura zwischen Solnhofen und der Donau (Südliche Frankenalb). – Erlanger geol. Abh., 46, Erlangen 1962.

– Der Obere Malm im Südlichen Vorries. – Erlanger geol. Abh., 47, Erlangen 1963.

FETZER, H.: Geol. Untersuchungen im SE-Teil von Bl. 6937 Laaber. – Die Ablagerungsbedingungen des Regensburger Grünsandsteins (Obercenoman). – Versuch einer Rekonstruktion. – Dipl.-Arb. (unveröffentlicht) Univ. München, München 1981.

FREYBERG, B. v.: Parallelisierung der Eisenerzflöze im Dogger Beta Bayerns und Württembergs. – Abh. dt. Akad. Wiss. Berlin, Kl. III, 1, 247–262, Berlin 1960.

– Eisenerzlagerstätten im Dogger Frankens. – Geol. Jb., 79, 207–254, Hannover 1962.

– Geologie des Weißen Jura zwischen Eichstätt und Neuburg/Donau (Südliche Frankenalb). – Erlanger Geol. Abh., 54, Erlangen 1964.

– Cyklen und stratigraphische Einheiten im Mittleren Keuper Nordbayerns. – Geol. Bavar., 55, 130–145, München 1965.

– Der Faziesverband im Unteren Malm Frankens. Ergebnisse der Stromatometrie. – Erlanger Geol. Abh., 62, Erlangen 1966.

– Übersicht über den Malm der nördlichen Frankenalb. – Jb. Karst- u. Höhlenkde., 7, 1–18, München 1967.

– Übersicht über den Malm der Altmühl-Alb. – Erlanger Geol. Abh., 70, Erlangen 1968.

– Tektonische Karte der Fränkischen Alb und ihrer Umgebung. – Erlanger Geol. Abh., 77, Erlangen 1969.

– Zur Erdgeschichte des Doggersandsteins. – Erlanger Geol. Abh., 108, 63–68, Erlangen 1980.

GALL, H., MÜLLER, D. & YAMANI, A.: Zur Stratigraphie und Paläogeographie der Cenoman-Ablagerungen auf der südwestlichen Frankenalb (Bayern). – N. Jb. Geol. Paläont., Abh. 143, 1–22, Stuttgart 1973.

GEYER, O. F.: Beiträge zur Stratigraphie und Ammonitenfauna des Weißen Jura Gamma (Unteres Unterkimmeridgium) in Württemberg. – Jh. Ver. vaterl. Naturkde. Württ., 116, 84–113, Stuttgart 1961.

– Monographie der Perisphinctidae des unteren Unterkimmeridgium (Weißer Jura Gamma, Badener Schichten) im Süddeutschen Jura. – Paläontographica, A, 117, Stuttgart 1961.

GREGOR, H.-J.: Die jungtertiären Floren Süddeutschlands. – Stuttgart 1982.

GROISS, J. TH.: Geologische und mikropaläontologische Untersuchungen im Juragebiet westlich von Neuburg an der Donau. – Erlanger Geol. Abh., 48, Erlangen 1963.

– Eine Mikrofauna aus der albüberdeckenden Kreide der südlichen Frankenalb. – Erlanger Geol. Abh., 53, Erlangen 1964.

– Mikropaläontologische Untersuchungen der Solnhofener Schichten im Gebiet um Eichstätt (Südliche Frankenalb). – Erlanger Geol. Abh., 66, 75–96, Erlangen 1967.

– Feinstratigraphische, ökologische und zoogeographische Untersuchungen der Foraminiferen-Fauna im Oxford der Frankenalb. – Erlanger Geol. Abh., 81, Erlangen 1970.

GROISS, J. TH. & ZEISS, A.: Exkursion in die Südliche Frankenalb. Gebiet zwischen Treuchtlingen und Eichstätt. – Geol. Bl. NO-Bayern, 18, 98–112, Erlangen 1968.

GRUSS, H.: Geologische Untersuchungen im Bereich des Positionsblattes Meckenhausen. – Erlanger Geol. Abh., 21, Erlangen 1956.

– Geologische Karte von Bayern 1:25000, Blatt Nr. 6833 Hilpoltstein, mit Erläuterungen. – München 1958.

GUDDEN, H. & TREIBS, W.: Erläuterungen zur Geologischen Karte von Bayern 1:25000 Blatt Nr. 6536 Sulzbach-Rosenberg Süd. – München 1964.

HAHN, W.: Die Oppeliidae BONARELLI und Haploceratidae ZITTEL des Bathoniums (Brauner Jura epsilon) im südwestdeutschen Jura. – Jh. geol. Landesamt Baden-Württemberg, 10, 7–72, Freiburg 1968.

– Die Perisphinctidae STEINMANN des Bathoniums (Brauner Jura epsilon) im südwestdeutschen Jura. – wie oben, 11, 29–86, Freiburg 1969.

– Die Parkinsoniidae S. BUCKMAN und Morphoceratidae HYATT des Bathoniums (Brauner Jura epsilon) im südwestdeutschen Jura. – wie oben, 12, 7–62, Freiburg 1970.

– Die Tulitidae S. BUCKMAN, Sphaeroceratidae S. BUCKMAN und Clydoniceratidae S. BUCKMAN des Bathoniums (Brauner Jura epsilon) im südwestdeutschen Jura. – wie oben, 13, 55–122, Freiburg 1971.

HAUNER, U.: Makrofossilien aus den Glaukonitmergeln des Autobahneinschnittes südwestlich von Dechbetten bei Regensburg. – In: BAUBERGER, W., CRAMER, P. & TILLMANN, H.: Erläuterungen zur Geol. Karte von Bayern 1:25000 Blatt Nr. 6938, Regensburg, 127–131.– München 1969.

HAUNSCHILD, H. & WEISSER, TH.: Geologische Karte von Bayern 1:25000, Blatt Nr. 6929 Wassertrüdingen, mit Erläuterungen.– München 1977.

HERM, D.: Die süddeutsche Kreide – Ein Überblick. – In: Aspekte der Kreide Europas, IUGS Series A, 6, 85–106, Stuttgart 1979.

HERTLE, A.: Stratigraphie und Tektonik der Fränkischen Alb um Wissingen. – Erlanger Geol. Abh., 45, Erlangen 1962.

– Die Balderum-Bänke riffnaher Schichtfaziesräume am nordöstlichen und westlichen Albrand und ihre feinstratigraphische Bedeutung (Oberes Unterkimmeridge, Franken). – Ber. Naturforsch. Ges. Bamberg, 54, 118–146, Bamberg 1980.

HÖLDER, H.: Jura. – Handbuch der Stratigraphischen Geologie. – Stuttgart 1964.

HÖRAUF, H.: Zur Stratigraphie und Paläogeographie des Doggersandsteines in der Fränkischen Alb. – Erlanger Geol. Abh., 30, Erlangen 1959.

– Ein wichtiger Doggersandsteinaufschluß am Dillberg. – Geol. Bl. NO-Bayern, 22, 129–136, Erlangen 1972.

HOFFMANN, D.: Die Geologie des Keuper-Jura-Gebietes zwischen Itz und Main auf Blatt Seßlach (Nr. 5831). – Dipl. Arb., Erlangen 1965.

– Rhät und Lias nordwestlich der Frankenalb auf Blatt Seßlach. – Erlanger Geol. Abh., 68, Erlangen 1967.

HOFFMANN, D. & WENZEL, E.: Das Jura-

Profil vom Weißen Berg bei Thurnau. – Geol. Bl. NO-Bayern, 14, 72–84, Erlangen 1964.

JAHNEL, C., MÜLLER, D. & TRISCHLER, J.: Ein Profil im Toarcien bei Scheßlitz/Bamberg. – Geol. Bl. NO-Bayern, 19, 40–59, Erlangen 1969.

JANICKE, V.: Untersuchungen über den Biotop der Solnhofener Plattenkalke. – Mitt. Bayer. Staatssamml. Paläont. hist. Geol., 9, 117–181, München 1969.

– Gastropoden-Fauna und Oekologie der Riffkalke von Laisacker bei Neuburg a. d. Donau (Unter-Tithon). – Paläontographica, A, 135, 60–82, Stuttgart 1970.

KEMPCKE, E.: Ein Beitrag zur Genese der Neuburger Kieselerde und ihrer fossilen Fauna. – Keram. Z. 10: 1–10, Lübeck 1958.

KOSCHEL, R.: Geologische Aufnahme des Kartenblattes Bamberg-Nord. – Dipl. Arb., Erlangen 1967. Erschienen in: Geol. Karte von Bayern 1:25000 mit Erläuterungen, Blatt Nr. 6031 Bamberg Nord. – München 1970.

KRISL, P.: Geologie des Creussener Grabens und seiner Umgebung. – Dipl. Arb., Erlangen 1964.

– Der tiefere Sandsteinkeuper in Nordfranken. – Erlanger Geol. Abh., 75, Erlangen 1969.

– Juraprofile der Bundesstraße 505 am Westrand der nördlichen Frankenalb. – Erlanger Geol. Abh., 86, Erlangen 1971.

KRUMBECK, L.: Stratigraphische Notizen aus dem Lias am Südhang des Hesselberges. – S.-B. phys.-med. Soc. Erlangen, 60, 213–224, Erlangen 1928.

– Zur Stratigraphie des Lias in Nordbayern. Lias Beta. – N. Jb. Mineral., Beil.-Bd., 68, 1–126, Stuttgart 1932.

– Stratigraphie und Faunenkunde des Lias Gamma in Nordbayern. – Z. deutsch. geol. Ges., 88, Jg. 1936, 129–222, Berlin 1937.

– Stratigraphie und Faunenkunde des Lias Zeta in Nordbayern, Teil 1 u. 2. – Z. deutsch. geol. Ges., 95, Jg 1943, 279–340, Berlin 1943 und 96, Jg. 1944, 1–74, Berlin 1944.

KUHN, O.: Die Tier- und Pflanzenwelt des Solnhofener Schiefers. – Geologica Bavarica, 48, München 1961.

– Die Tierwelt des Solnhofener Schiefers. 5. Auflage. – Neue Brehm-Bücherei, Wittenberg 1977.

LAHNER, K. & STAHL, G.: Erlauterungen zur Geologischen Karte von Bayern 1:25000, Blatt Nr. 6734 Neumarkt i. d. Opf., mit Erläuterungen. – München 1969.

LEHNER, L.: Beobachtungen an Cenomanrelikten der südlichen Frankenalb. Studien über die fränkische albüberdeckende Kreide II. – Cbl. Miner. etc. B 8: 458–470, Stuttgart 1933.

– Der Hartmannshofer Sandstein. Studien über die fränkische albüberdeckende Kreide IV. – Cbl. Miner. etc. B: 111–119, Stuttgart 1934.

– Über das Cenoman auf dem Frankenjura bei Sulzbach. – Studien über die fränkische albüberdeckende Kreide VII. – Cbl. Miner. etc. B: 417–422, Stuttgart 1935.

– Über das Turon auf dem Fränkischen Jura. Studien über die fränkische albüberdeckende Kreide VIII. – Cbl. Miner. etc. B: 423–438, Stuttgart 1935.

– Fauna und Flora der fränkischen albüberdeckenden Kreide. I. Die Lamellibranchiaten (ohne Inoceramen). – Paläontographica A, 85: 115–228, Stuttgart 1937.

– Fauna und Flora der fränkischen enden Kreide. II. Fauna 2. Teil und Flora. – Paläontographica, A, 87: 158–230, Stuttgart 1937.

LEITZ, F. & SCHRÖDER, B.: Exkursionen in das oberfränkische Bruchschollenland bei Kronach. – Jbr. Mitt. oberrhein. geol. Ver. N. F. 63, 15–22, Stuttgart 1981.

MALZ, H.: Solnhofener Plattenkalke: Eine Welt in Stein. – Solnhofen 1976.

MAYR, F. X.: Paläobiologie und Stratinomie der Plattenkalke der Altmühlalb. – Erlanger geol. Abh., 67, Erlangen 1967.

MEYER, R.: Geologische Untersuchungen auf Blatt Hollfeld/Ofr. – Zulassungs-Arb. Höh. Lehramt Erlangen 1964. Erschienen in: Geologische Karte von Bayern 1 : 25 000 mit Erläuterungen, Blatt Nr. 6033 Hollfeld. – München 1972.

– Stratigraphie und Fazies des Frankendolomits (Malm), 1. Teil: Nördliche Frankenalb. – Erlanger geol. Abh., 91, Erlangen 1972.

– Stratigraphie und Fazies des Frankendolomits (Malm), 2. Teil: Mittlere Frankenalb. – Erlanger geol. Abh., 96, Erlangen 1974.

– Mikrofazielle Untersuchungen in Schwamm-Biohermen und -Biostromen des Malm Epsilon (Ober-Kimmeridge) und obersten Malm Delta der Frankenalb. – Geol. Bl. NO-Bayern, 25, 149–177, Erlangen 1975.

– Stratigraphie und Fazies des Frankendolomits und der Massenkalke. 3. Teil: Südliche Frankenalb. – Erlanger geol. Abh., 104, Erlangen 1977.

– Kreide nördlich der Alpen. – In: Erläuterungen zur Geologischen Karte von Bayern 1 : 500 000, 3. Auflage, 68–78, München 1981.

– Die Küste des Obercenoman-Meeres (Oberkreide) westlich von Amberg. – Geol. Bl. NO-Bayern 31, 306–321, Erlangen 1982.

MEYER, R. & SCHMIDT-KALER, H.: Jura. – In: Erläuterungen zur Geologischen Karte von Bayern 1 : 500 000, 3. Auflage, 55–68, München 1981.

– Erdgeschichte sichtbar gemacht. Ein geologischer Führer durch die Altmühlalb. – Bayer. Geol. Landesamt, 2. Aufl., München 1984.

MÜLLER, M.: Entwicklung von Malm und Kreide im Raum Parsberg-Kallmünz (Oberpfalz). Nebst Untersuchungen über den Ablauf der postjurassischen Tektonik. – Erlanger geol. Abh., 40, Erlangen 1961.

MUNK, C.: Feinstratigraphische und mikropaläontologische Untersuchungen an Foraminiferen-Faunen im Mittl. und Ob. Dogger (Bajocien – Callovien) der Frankenalb. - Erlanger geol. Abh., 105, Erlangen 1978.

OSCHMANN, F.: Geologische Karte von Bayern 1 : 25 000, Blatt Nr. 7038 Bad Abbach, mit Erläuterungen. – München 1958.

OPITZ, W.: Geologische Untersuchungen im Keuper bei Coburg. – Dipl.-Arb., Erlangen 1964.

RICHTER, A. E.: Pyritisierte Ammoniten vom Fuße der Frankenalb. – Mineralien-Magazin, Nr. 1, 9–16, Stuttgart 1977.

– Jura mit Lücken. Fossilien von Mistelgau. – Mineralien-Magazin, Nr. 1, 44–49, Stuttgart 1978.

– Sammeln im Treuchtlinger Marmor. – Mineralien-Magazin, Nr. 1, 37–42, Stuttgart 1980.

– Leitfossilien: Bajoc. – Mineralien-Magazin, Nr. 9, 425–428, Stuttgart 1981 a.

– Leitfossilien: Oberer Muschelkalk. – Mineralien-Magazin, Nr. 11, 519–522, Stuttgart 1981 b.

– Leitfossilien: Oxford. – Mineralien-Magazin, Nr. 1, 31–34, Stuttgart 1982 a.

– Leitfossilien: Toarc. – Mineralien-Magazin, Nr. 5, 215–218, Stuttgart 1982 b.

– Von einem, der auszog, Fossilien zu sam-

meln. – Mineralien-Magazin, Nr. 8, 356–359, Stuttgart 1982 c.
– Leitfossilien: Callov. – Mineralien-Magazin, Nr. 9, 407–410, Stuttgart 1982 d.
– Leitfossilien: Unteres Kimeridge. – Mineralien-Magazin, Nr. 3, 119–122, Stuttgart 1983 a.
– Leitfossilien: Mittleres Kimeridge. – Mineralien-Magazin, Nr. 5, 215–218, Stuttgart 1983 b.
– Leitfossilien: Oberes Kimeridge. – Mineralien-Magazin, Nr. 7, 311–314, Stuttgart 1983 c.
– Leitfossilien: Unteres Pliensbach. – Mineralien-Magazin, Nr. 9, 407–410, Stuttgart 1983 d.
– Leitfossilien: Oberes Pliensbach. – Mineralien-Magazin, Nr. 11, 503–506, Stuttgart 1983 e.
– Leitfossilien: Unteres Aalen. – Fossilien, Nr. 1, 23–26, Korb 1984 a.
– Kelheimer Fossilschuttkalk und Grünsandstein. – Fossilien, Nr. 1, 27–37, Korb 1984 b.
– Leitfossilien: Oberes Aalen. – Fossilien, Nr. 2, 71–74, Korb 1984 c.
RIECH, V. & TRUCKENBRODT, W.: Feinstratigraphisch-fazielle Untersuchungen im Unteren Muschelkalk der „Zeyerner Wand“ nordöstlich Kronach (Bl. Nr. 5734 Wallenfels). – Geol. Bl. NO-Bayern, 23, Erlangen 1973.
RISCH, H.: Mikrobiostratigraphische Gliederung der Kreide. – In: Erläuterungen zur Geologischen Karte von Bayern 1 : 500 000, 3. Auflage, 70, München 1981.
RUTTE, E.: Geologische Karte von Bayern 1 : 25 000, Blatt Nr. 7037 Kelheim, mit Erläuterungen. – München 1962.
– Mainfranken und Rhön. – Sammlg. geol. Führer, 43, Berlin 1965.
– Bayerns Erdgeschichte. Der geologische Führer durch Bayern. – München 1981.
SALGER, M.: In: STREIT, R.: Geologische Karte von Bayern 1 : 25 000, Erläuterungen zum Blatt Nr. 7232 Burgheim Nord, 83–103. – München 1978.
SCHAIRER, G.: Biometrische Untersuchungen an *Perisphinctes*, *Ataxioceras*, *Lithacoceras* der Zone der *Sutneria platynota* (REINECKE), (unterstes Unterkimmeridgium) der Fränkischen Alb. – Diss. Univ. München, München 1967.
– Sedimentstrukturen und Fossileinbettung in untertithonischen Kalken von Kelheim in Bayern. – Mitt. Bayer. Staatssammlg. Paläont. hist. Geol., 8, 291–304, München 1968.
SCHAIRER, G. & BARTHEL, K. W.: Die Cephalopoden des Korallenkalks aus dem Oberen Jura von Laisacker bei Neuburg a. d. Donau. III. *Pseudaganides*, *Pseudonautilus (Bavarinautilus)* nov. subg. (Nautiloidea), – Mitt. Bayer. Staatssammlg. Paläont. hist. Geol., 17, 115–124, München 1977.
– Die Cephalopoden des Korallenkalks aus dem Oberen Jura von Laisacker bei Neuburg a. d. Donau, IV. *Aspidoceras*. – Mitt. Bayer. Staatsammlg. Paläont. hist. Geol., 19, 13–26, München 1979.
– Die Cephalopoden des Korallenkalks aus dem Oberen Jura von Laisacker bei Neuburg a. d. Donau. V. *Torquatosphinctes*, *Subplanites*, *Katroliceras*, *Subdichotomoceras*, *Lithacoceras* (Ammonoidea, Perisphinctidae). – Mitt. Bayer. Staatssammlg. Paläont. hist. Geol., 21, 3–21, München 1981.
SCHAIRER, G. & LUPU, M.: Mikrofazielle Untersuchungen in untertithonischen, geschichteten Kalken von Kapfelberg bei Kel-

heim in Bayern. – Mitt. Bayer. Staatssammlg. Paläont. hist. Geol., 9, 183–199, München 1969.

SCHAIRER, G. & YAMANI, S.-A.: Ammoniten aus dem Dolomit von Großmehring bei Ingolstadt (Untertithon, Südliche Frankenalb, Bayern). – Mitt. Bayer. Staatssammlg. Paläont. hist. Geol., 13, 19–29, München 1973.

– Geschichtete Kalke im Korallen-Riffkomplex von Laisacker bei Neuburg/Donau (Untertithon, Bayern). – N. Jb. Geol. Paläont., Mh. 1974 (7), 435–448, Stuttgart 1974.

SCHIRMER, W.: Zur Faunengliederung im Mittleren Lias (Pliensbachien) Frankens. – Geol. Bl. NO-Bayern, 15, 193–198, Erlangen 1965.

– Übersicht über die Lias-Gliederung im nördlichen Vorland der Frankenalb. – Z. Deutsch. Geol. Ges., 125, 173–182, Hannover 1974.

– Jura der Obermainalb. – Jber. Mitt. oberrhein. geol. Ver., N. F. 63, 23–41, Stuttgart 1981.

SCHLEGELMILCH, R.: Die Ammoniten des süddeutschen Lias. – Stuttgart 1976.

SCHLOSSER, M.: Die Fauna des Kelheimer Diceras-Kalkes. I. Vertebrata, Crustacea, Cephalopoda und Gastropoda. – Paläontographica, 28, 41–110, Kassel 1882.

– Die Brachiopoden des Kelheimer Diceras-Kalkes. – Paläontographica, 28, 193–212, Kassel 1882.

SCHMIDT-KALER, H.: Zur Ammonitenfauna und Stratigraphie des Malm Alpha und Beta in der Südlichen und Mittleren Frankenalb. – Erlanger geol. Abh., 43, Erlangen 1962.

– Stratigraphische und tektonische Untersuchungen im Malm des nordöstlichen Ries-Rahmens. Nebst Parallelisierung des Malm Alpha bis Delta der Südl. Frankenalb über das Riesgebiet mit der schwäbischen Ostalb. – Erlanger geol. Abh., 44, Erlangen 1962.

– Schutzfels-Schichten in flächenhafter Verbreitung an der Abbiegung der Frankenalb bei Neustadt/Donau. – Geol. Bl. NO-Bayern 17, 1–13, Erlangen 1967.

– Geologische Karte von Bayern 1:25 000, Blatt Nr. 7136 Neustadt a. d. Donau, mit Erläuterungen. – München 1968.

– Der Jura im Ries und in seiner Umgebung. – Geologica Bavarica, 61, 59–86, München 1969.

– Geologische Karte von Bayern 1:25 000, Blatt Nr. 6930 Heidenheim, mit Erläuterungen. – München 1970.

– Geologische Karte von Bayern 1:25 000, Blatt Nr. 6932 Nennslingen, mit Erläuterungen. – München 1971.

– Geologische Karte von Bayern 1:25 000, Blatt Nr. 7031 Treuchtlingen, mit Erläuterungen. – München 1976.

– Geologische Karte des Naturparks Altmühltal/Südliche Frankenalb 1:100 000 (mit Kurzerläuterungen auf der Rückseite, unter Mitarbeit von MEYER, R.). – München 1979.

– Geologische Karte von Bayern 1:25 000, Blatt Nr. 6843 Berching, mit Erläuterungen. – München 1981.

SCHMIDT-KALER, H. & ZEISS, A.: Die Juragliederung in Deutschland. – Geologica Bavarica, 67, 155–161, München 1973.

SCHMITT, J.: Fossilfunde aus dem Solnhofener Schiefer. – Selbstverlag, Frankfurt 1972.

SCHNEID, TH.: Die Geologie der Fränkischen Alb zwischen Eichstätt und Neuburg a. D. I. Stratigraphischer Teil. – Geogn. Jh., 27, 59–229, München 1914.
2. Hälfte: Geogn. Jh., 28, 1–61, München 1916.

– Die Ammonitenfauna der obertithonischen Kalke von Neuburg a. D. – Abh. Geol. und Paläont., 13, 303–416, Jena 1915.

SCHNEIDER, M.: Die Kieselerde von Neuburg a. d. D. und ihre Industrie. – München 1933.

SCHNITTMANN, F. X.: Die Versteinerungen der Steinbrüche im Dolomit des südlichen Frankenjuras zwischen Ingolstadt und Neustadt. – Acta Albertina Ratisbonensia, 23, 36–40, Regensburg 1960.

SCHNITZER, W.-A.: Uranführende Phosphorite im Lias Mittelfrankens. – Geol. Bl. NO-Bayern, 15, 133–143, Erlangen 1965.

– Violett-Horizonte im ostbayerischen Buntsandstein. – Jber. Mitt. oberrh. geol. Ver., N.F. 50, 143–147, Stuttgart 1968.

SCHREIBER, S.: Geologische Aufnahme der Umgebung von Berching (Südliche Frankenalb). – Erlanger geol. Abh., 28, Erlangen 1958.

SCHRÖDER, B.: Buntsandstein-Gliederung in der Trias-Randfazies im Ostteil der Süddeutschen Scholle. – Z. Deutsch. Geol. Ges., Hannover 1969.

– Fränkische Schweiz und Vorland. – Sammlg. geol. Führer, 50, Stuttgart 1978.

SCHULER, G.: Die Malm Alpha/Beta-Grenze i. S. Quenstedts in der Mittleren Frankenalb. Parallelisierung, biostratigraphische Vergleiche und paläogeographische Beziehungen im Unteren Malm zwischen der fränkischen Süd- und Mittelalb. – Geol. Bl. NO-Bayern, 15, 1–21, Erlangen 1965.

SPEYER, K.: Die Korallen des Kelheimer Jura. – Paläontographica, 59, 193–250, Stuttgart 1913.

STREIM, W.: Die Geologie der Umgebung von Beilngries (Südliche Frankenalb). – Erlanger geol. Abh., 36, Erlangen 1960.

– Stratigraphie, Fazies und Lagerungsverhältnisse des Malm bei Dietfurt und Hemau (Südliche Frankenalb). – Erlanger geol. Abh., 38, Erlangen 1961.

– Malm und Oberkreide auf Blatt Laaber. Die Umbiegung der Frankenalb nordwestlich von Regensburg. – Erlanger geol. Abh., 39, Erlangen 1961.

STREIT, R.: Faziesverhältnisse und Lagerung des Weißen Jura auf Blatt Burgheim Nord (Südliche Frankenalb). – Erlanger geol. Abh., 51, Erlangen 1963.

– Geologische Karte von Bayern 1:25000, Blatt Nr. 7232 Burgheim Nord, mit Erläuterungen. – München 1978.

TILLMANN, H.: Kreide. – In: TILLMANN, H., TREIBS, W. & ZIEHR, H.: Erläuterungen zur Geologischen Karte von Bayern 1:25000, Blatt Nr. 6537 Amberg, 63–128. – München 1963.

– Kreide. – In: Erläuterungen zur Geologischen Karte von Bayern 1:500000, 141–161. – München 1964.

– Kreide. – In: TILLMANN, H. & TREIBS, W.: Erläuterungen zur Geologischen Karte von Bayern 1:25000, Blatt Nr. 6335 Auerbach, 35–116. – München 1967.

TRUSHEIM, F.: Die geologische Geschichte Südostdeutschlands während der Unterkreide und des Cenomans. – N. Jb. Mineral. usw., Beil.-Bd., 75, Abt. B, 1–108, Stuttgart 1936.

URLICHS, M.: Zur Fossilführung und Genese des Feuerlettens, der Rät-Lias-Grenzschichten und des Unteren Lias bei Nürnberg. – Erlanger geol. Abh., 64, Erlangen 1966.

VIOHL, G.: Die Keuper-Lias-Grenze in Südfranken. – Erlanger geol. Abh., 76, Erlangen 1969.

– Stratigraphische und tektonische Untersuchungen bei Weismain (Ofr.). – Dipl.-Arb., Erlangen 1963. Erschienen in: Geologische

Karte von Bayern 1 : 25 000, Blatt Nr. 5933 Weismain. – München 1972.
– Jura-Museum Eichstätt. Lose-Blatt-Sammlung. – Eichstätt ab 1976.

WAGENPLAST, P.: Ökologische Untersuchung der Fauna aus Bank- und Schwammfazies des Weißen Jura der Schwäbischen Alb. – Arb. Inst. Geol. Paläontol. Univ. Stuttgart, N. F. 67, 1–99, Stuttgart 1972.

WAGNER, W.: Die Schwammfauna der Oberkreide von Neuburg (Donau). – Paläontographica, A, 122, 166–250, Stuttgart 1963.
– Kalkschwämme aus den Korallenkalken des oberen Malm von Laisacker bei Neuburg a. d. Donau. – Mitt. Bayer. Staatssamml. Paläont. hist. Geol., 4, 23–36, München 1964.

WEBER, K.: Geologische Karte von Bayern 1 : 25 000, Blatt Nr. 7137 Abensberg, mit Erläuterungen. – München 1978.

WEGELE, L.: Stratigraphische und faunistische Untersuchungen im Oberoxford und Unterkimmeridge Mittelfrankens. – Paläontographica, 71 und 72, Stuttgart 1929

WEISS, W.: Exkursion: G 6: Regensburger Oberkreide. – In: HAGN et al.: Bayer. Alpen und ihr Vorland in mikropaläontologischer Sicht. – Geologica Bavarica, 82, 279–282, München 1981.

WELLNHOFER, P.: Zur Pelecypodenfauna der Neuburger Bankkalke (Mittel-Tithon). – Bayer. Akad. Wiss., math.-naturwiss. Kl., NF, 119, München 1964.

WELZEL, E.: Geologie der nördlichen Haßberge auf Blatt Oberlauringen. – Dipl. Arb., Erlangen 1964.
– Foraminiferen-Fauna und Fazies des Domeriums in Franken. – Erlanger geol. Abh., 69, Erlangen 1968.

YAMANI, S.: Zur Bivalvenfauna der Korallenkalke von Laisacker bei Neuburg a. d. Donau. – Paläontographica, 149, 31–118, Stuttgart 1975.
– Revision der Bivalvenfauna der Kelheimer Diceraskalke (Untertithon, Bayern). – Mitt. Bayer. Staatssamml. Paläont. hist. Geol., 16, 5–10, München 1976.

YAMANI, S. & SCHAIRER, G.: Bivalvia aus dem Dolomit von Großmehring bei Ingolstadt (Untertithon, Südliche Frankenalb, Bayern). – Mitt. Bayer. Staatssamml. Paläont. hist. Geol., 15, 19–27, München 1975.

ZEISS, A.: Geologie des Malm auf Gradabteilungsblatt Dollnstein (Südliche Frankenalb). – Erlanger geol. Abh., 55, Erlangen 1964.
– Zur Malm Gamma/Delta-Grenze in Franken. – Geol. Bl. NO-Bayern, 14, 104–115, Erlangen 1964.
– Über Ammoniten aus dem Sinemurium Südwest-Frankens. – Geol. Bl. NO-Bayern, 15, 22–50, Erlangen 1965.
– Über Stratigraphie und Faziesräume des Malm der Frankenalb. – Jber. Mitt. oberrh. geol. Ver., NF 50, 101–114, Stuttgart 1968.
– Untersuchungen zur Paläontologie der Cephalopoden des Unter-Tithon der Südlichen Frankenalb. – Bayer. Akad. Wiss., math.-naturwiss. Kl., NF, Abh., 132, München 1968.

ZEISS, A. & SCHIRMER, W.: Über den obersten Lias delta bei Hetzles ostwärts Erlangen. – Geol. Bl. NO-Bayern, 15, 189–193, Erlangen 1965.

ZIEGLER, B.: *Idoceras* und verwandte Ammoniten-Gattungen im Oberjura Schwabens. – Eclogae Geol. Helveticae, 52, Basel 1959.
– Die Ammoniten-Gattung *Aulacostephanus* im Oberjura (Taxionomie, Stratigraphie,

Biologie). – Paläontographica, A, 119, Stuttgart 1962.
ZORN, H.: Geologische Untersuchungen in der nördlichen Frankenalb auf Blatt Weismain. – Dipl. Arb., Erlangen 1965. Erschienen in: Geologische Karte von Bayern 1 : 25 000 mit Erläuterungen, Blatt Nr. 5933 Weismain. – München 1972.

Das Nördlinger Ries

„Ries, das Becken eines uralten Seegrundes zwischen dem Fränkischen und Schwäbischen Jura, der Thalkessel der Wörnitz im bayerischen Regierungsbezirk Schwaben, nördlich von der Donau, an der Württembergischen Grenze. Das Ries ist eine äußerst fruchtbare Ebene, in der die Städte Nördlingen und Ötingen und eine große Zahl betriebsamer Dörfer liegen. Die Einwohner haben sich in Sitte und Tracht vielfach ihre Eigenart bewahrt."
Soweit ein Zitat aus dem Brockhaus Konversations-Lexikon von 1895. Nun, an der Betriebsamkeit der Bewohner hat sich nichts verändert, und auch Sitte und Tracht werden nach wie vor in Ehre gehalten. Für Naturfreunde ist ein Besuch des Rieskessels, jener weiten und nahezu kreisrunden, von Hügelzügen umgebenen Ebene, immer lohnend, sei es wegen der Geologie oder sei es zum Studium der zahlreichen Biotope mit reicher und interessanter Flora. Die liebenswerte Landschaft hat eine ganz eigene Ausstrahlung; wer einmal hier war, auch nur für kurze Zeit, wird wiederkommen und aus jeder Richtung schnell das Wahrzeichen, den Nördlinger „Daniel", erblicken.

Geologische Situation

Die angenähert kreisrunde Ringstruktur des Rieses hat einen Durchmesser von ca. 25 km. Die Entstehung konnte auf die Zeit vor 14,7 Millionen Jahren datiert werden, also ins Obere Miozän (höheres Torton). Geographisch gesehen liegt der Rieskessel im Zuge des Schwäbisch-Fränkischen Jura, eingetieft im N und W in das Albvorland, im S und E in die Albtafel. Die Wörnitz durchquert das Ries und verläßt es bei Harburg durch einen tiefen Einschnitt in den Weißjurakalken.
Das Ries ist möglicherweise der größte, vor allem aber der am besten erhaltene unter den großen Meteorkratern auf der Erde und damit ein einzigartiges Naturdenkmal.
Die gleiche Entstehungszeit hat der Krater des Steinheimer Beckens bei Heidenheim (Württ.). Man nimmt deshalb an, daß diese Struktur – ihr Durchmesser beträgt ca. 3,5 km – durch einen kleinen Ableger des Riesmeteoriten entstand. Möglicherweise teilte sich der Meteor kurz vor dem Aufprall in einen kleinen und einen großen Körper.

Ebenfalls 14,7 Mio. Jahre alt sind die **Moldavite**, deren Fundgebiete in Böhmen und Mähren liegen. Ihre Entstehung wird von einigen Wissenschaftlern im Zusammenhang mit dem Riesimpact gesehen. Sie deuten die Moldavite als beim Meteoritenfall niedergegangenen Glasregen.

Der Untergrund besteht im Riesbereich aus kristallinem Grundgebirge; darüber lagern diskordant Muschelkalk (50 m), Keuper (250 m) und schließlich relativ geringmächtige Jurasedimente (Schwarzjura 30 m; Braunjura 140 m; Weißjura 350 m).

Während der Kreide und im Alttertiär blieb das Ries Abtragungsgebiet, also Festland. Erst während des Miozän erfolgte eine Transgression (Obere Meeresmolasse, Unt. Burdigal) bis knapp an den S-Rand des Riesgebietes, wobei auch ein Strandkliff ausgebildet wurde (das Kliff bei Dischingen oder Heldenfingen/Württ. hat gleiches Alter). Das Kliff tritt im Riesbereich morphologisch nicht mehr in Erscheinung. In der Gegend von Zirgesheim bei Donauwörth konnten jedoch als Belege Strandgerölle mit Bohrlöchern gesammelt werden.

Die anschließende limnofluviatile Sedimentationsphase der Oberen Süßwassermolasse erfaßte den südlichen Teil des Riesgebietes bis über die spätere Kratermitte hinaus. Der tektonisch bedingte Aufstieg der Alb geht weiter, es kommt zu starker Abtragung und Verkarstung. In dieser Zeit verlief der Albtrauf südlich der Kratermitte von W nach E, um schließlich E der Wörnitz nach N abzubiegen.

In diese Periode fällt der Einschlag des Großmeteoriten im heutigen Riesgebiet. Es entstand ein abflußloser Krater, in dem sich aus Grundwasser und Niederschlägen ein See bildete. Ihm wurden aus den umliegenden Gebieten Mineralstoffe zugeführt. Semiarides Klima und geringe Wassertiefe führten zu starker Verdunstung und Salzanreicherung im Seewasser. Die Seesedimente erreichen über 400 m Mächtigkeit, sind aber nur an wenigen Stellen aufgeschlossen. Bereits gegen Ende des Miozän war der Krater aufgefüllt. Der See bestand vermutlich mindestens 1 Million und höchstens 2 Millionen Jahre.

Infolge einer erneuten Hebungsphase gegen Ende des Tertiär wurden während des Quartär beträchtliche Mengen der Rieströmmermassen wieder abgetragen. Auch ein Teil der wenig widerstandsfähigen Riesseetone fiel der Erosion zum Opfer. Die in den Randbereichen und auf Inseln gebildeten relativ harten Riesseekalke jedoch („Süßwasserkalke") widerstanden der Abtragung und bilden heute als zurückgebliebene Härtlinge die Kuppen der Randhöhen und der im Kessel gelegenen Hügel (Wallersteiner Felsen, Wennenberg, Steinberg, Hahnenberg usw.): So entstand die heutige Kraterform.

Theorien zur Riesentstehung

Daß ein solcher nahezu kreisrunder See, wie er im Obermiozän vorhanden war, in die Landschaftsentwicklung des süddeutschen Schichtstufenlandes nicht hineinpaßt, erkannten die Geologen schon früh. Da dieser Riessee gleich alt ist wie die Explosionsschlote und Maare des „Schwäbischen Vulkans" (Kirchheim-Uracher Vulkangebiet), lag es nahe, den See, ähnlich wie den gleichaltrigen des Steinheimer Beckens bei Heidenheim, als Maar-See zu deuten, also vulkanisch zu erklären und in Zusammenhang mit dem obermiozänen Vulkanismus der Schwäbischen Alb und des Hegau zu bringen. Die Theorien waren daher zunächst vom Vulkanismus her bestimmt.

Obwohl heute die Entstehung des Rieses

durch den Einschlag eines außerirdischen Körpers zweifelsfrei nachgewiesen ist und wohl auch nicht mehr in Frage gestellt wird, sollen hier doch die wichtigsten, in den 100 Jahren der Riesforschung entwickelten früheren Entstehungstheorien kurz gestreift werden.

Vulkantheorie

Anders als bei den Schloten und Maaren des Schwäbischen Vulkans fehlten nun freilich im Ries, wie auch im Steinheimer Becken, unmittelbare vulkanische Zeugnisse in Form von Basalt und Basalttuffen. So wurden die Besonderheit des Rieses intensiv diskutiert und vulkanische Aushilfsvorstellungen entwickelt.
Man sprach, wegen des Fehlens von unmittelbaren vulkanischen Zeugnissen, von einem „kryptovulkanischen Phänomen“.
Einer der ersten gründlichen Bearbeiter der Riesgeologie war C. W. v. GÜMBEL. Umfassende Untersuchungen im Verlaufe von 20 Jahren, durchgeführt etwa ab 1865, bestärkten ihn in der Meinung, das Ries sei rein vulkanischen Ursprungs: Im Bereich des Rieses kam es zu einer Aufpressung: Felsmassen des Untergrundes wurden hochgedrückt, ein Vulkankegel entstand. Lava floß nicht aus; lediglich in den Randbereichen bildeten sich Trass-Schlote (Suevit). Nach Erlöschen des Tiefenherdes sackte der Kegel ein, der den heutigen Randhöhen entsprechende Kraterring entstand. Die Kegelreste wurden abgetragen.

Sprengtheorie

E. SUESS nahm als erster eine Explosion als Entstehungsursache an. Er rechnete allerdings mit einer Wasserdampf-Explosion, im Gegensatz zu W. KRANZ, der ab 1910 Gedanken zu einer „treibenden“ oberflächennahen Explosion veröffentlichte: Aus der Tiefe stieg glutflüssiges Gestein auf. Nahe der Oberfläche kam es mit Grundwasser in Berührung. Es bildeten sich Gase, die unter Druck standen und sich explosionsartig den Weg nach oben freisprengten. KRANZ brachte Mitte dieses Jahrhunderts sogar noch die Atomkraft in die Diskussion.
R. LÖFFLER bezieht die Energie für die Sprengung aus den in den flüssigen Laven in reichem Maße enthaltenen Gasen. Suevit erklärte er als Produkt eines späteren Magmavorstoßes.

Hebungs-Explosionstheorie

Die Schöpfer und eifrigsten Verfechter dieser Theorie waren W. BRANCO und E. FRAAS, der Autor von „Der Petrefaktensammler“. Danach bildete sich das Nördlinger Ries folgendermaßen: Hochsteigendes Magma drückte die Deckschichten empor, zerbrach sie. Es kam zu Überschiebungen und ablaufenden Rutschungen. Als sich das Magma wieder zurückzog, sackten die Gesteinsmassen nach. Es entstand der Krater und im Randbereich wurden die Suevite durch Schlote emporgepreßt.
Diese erste Version wurde später durch eine Explosion ergänzt, um die weite Verbreitung der Riestrümmermassen erklären zu können.
Sprengtheorie und Hebungs-Explosionstheorie näherten sich trotz zahlreicher erbitterter Gefechte ihrer Vertreter immer mehr, so daß schließlich kaum mehr Differenzen vorhanden waren.
Das alles blieb irgendwie unbefriedigend. Man suchte andere Wege:

Gletschertheorie

Sie erklärte vor allem den Transport der enormen Riestrümmermassen wie auch der kleine-

ren Allochthonschollen. Die hin und wieder zu beobachtenden Schlifflächen paßten ebenfalls gut in dieses Bild. Große Allochthonschollen wurden auf örtliche Aufpressungen zurückgeführt. Verfechter dieser Theorie waren z. B. C. DEFFNER und E. KOKEN.
Da das Ries im Bereich einer tektonischen Störungszone liegt („Ries-Barre", Gammelsfelder Schwelle) und die kryptovulkanischen Vorstellungen unbefriedigend blieben, entwickelte man schließlich eine tektonische Theorie der Ries-Entstehung . . .
Auch sie konnte freilich die Besonderheit des Rieses nur in sehr gezwungener Weise erklären.

Tektonische Theorie

C. REGELMANN und später R. SEEMANN nahmen tektonischen Druck aus dem Alpenbereich als Ursache für die Aufwölbung im Ries an. Besagter Druck trieb eine keilförmige Scholle im Untergrund nach N. Der Druck führte schließlich im Ries zu einer Aufpressung, wodurch die Riestrümmermassen entstanden. An den Bruchstellen quoll Suevit nach oben.

Die Riesentstehung: Ein Impact

Neben den genannten Theorien wurden noch andere eifrig diskutiert. Kaum Gnade vor den Augen der Geologen aber fand die erstmals 1904 von E. WERNER geäußerte Ansicht, das Ries sei durch den Einschlag („impact") eines kosmischen Körpers entstanden. WERNER distanzierte sich übrigens selbst wieder davon. Andere Wissenschaftler griffen seine Theorie auf: Der Este J. KALJUVEE (1933), E. ROHLEDER und vor allem O. STUTZER. Ihre Argumente wurden wenig beachtet, kaum ernsthaft diskutiert.
Zum Verständnis dieser Situation mag beitragen, daß Beweise für die Impact-Theorie damals nicht erbracht werden konnten. Hinzu kam, daß das Ries in der Erdgeschichte über eine lange Zeit – seit etwa 200 Millionen Jahren – eine Sonderstellung einnahm: In Zeiten von Meeresbedeckung war es oft **Schwellengebiet**, Untiefe also oder sogar trockengefallen, Land, somit Abtragungsgebiet, hochgewölbt gegenüber den umgebenden Gebieten. Warum sollte ausgerechnet an dieser so lange Zeit exponierten Stelle ein kosmischer Körper aufgetroffen sein? Die Annahme einer Schwachstelle in der Erdkruste schien logischer und die Entstehung durch endogene, also erdinnere Kräfte, wurde deshalb von den meisten Wissenschaftlern bevorzugt angenommen. Zudem fiel das Riesereignis in die Hauptphase des süddeutschen jungtertiären Vulkanismus. Jedoch: „Die ungemein vielseitigen Untersuchungen der letzten Jahre haben die Meteoritentheorie für das Ries so, wie es überhaupt möglich ist, bestätigt." (R. DEHM, 1969).

Coesit und Stishovit

Im Verlaufe vergleichender Untersuchungen von Meteoreinschlägen und Nuklearsprengungen konnten die beiden Amerikaner E. M. SHOEMAKER und E. C. T. CHAO in einer Suevitprobe (von der Aumühle) die Quarz-Hochdruckmodifikation Coesit nachweisen, nur bekannt aus Meteorkratern (wie z. B. Arizona-Krater) und von einem unterirdischen Kernbombentest. Das Mineral entsteht bei 580 °C und ca. 30 000 at. Derartige Drücke sind in der Erdrinde selbst unter den Extrembedingungen einer vulkanischen Explosion nicht einmal annähernd möglich. Wenig später konnte im Suevit von Otting eine noch extremere Hochdruckmodifikation von Quarz nachgewiesen werden: Stishovit (Bildung bei 1200–1400°C und ca. 160 000 at). Beide Mineralien konnten auf röntgenographischem Wege (Pulverdiagramm) in verschiedenen Suevitproben nachgewiesen werden. Damit war der Einschlag, die „Impact-Theorie", praktisch bewiesen.

Die vom Bayer. Geol. Landesamt 1973 niedergebrachte Forschungstiefbohrung Nördlingen (1200 m tief) hat endgültig mögliche Zweifel ausgeräumt und die Situation wohl abschließend geklärt. Eine ähnliche Forschungstiefbohrung ist vom Württb. Geol. Landesamt im Steinheimer Becken niedergebracht worden und hat auch hier ein entsprechendes, eindeutiges Ergebnis geliefert.

Anmerkung für die Mineraliensammler: Die beiden Mineralien können nicht gesammelt werden, es sei denn, als für den Sammler nicht sichtbare und vor allem nicht nachweisbare Einschlüsse im Suevit.

Der Einschlag

Den Ablauf des Impacts stellt man sich heute so vor: Der Meteor, möglicherweise ein **Steinmeteor** mit einem Durchmesser von ca. 600 m, traf mit einer Geschwindigkeit von etwa 30 Sekundenkilometern (über 100 000 Stundenkilometer) auf und drang etwa einen Kilometer in die Erdrinde ein, wobei er den Sedimentmantel glatt durchschlug.

Im Untergrund breiteten sich zwiebelschalenförmig Druckwellen aus und wurden in den Meteoriten zurückgeworfen. Für wenige Sekundenbruchteile herrschte ein Druck von etwa 10 Millionen at. Er reduzierte Meteorit und umgebendes Gestein auf einen Bruchteil des ursprünglichen Volumens. Dabei entstanden Temperaturen bis ca. 30 000 °C. Sie ließen Meteorit und Nachbargestein sofort verdampfen. Die gesamte freigesetzte Energie hat man mit der Zerstörungskraft von 250 000 Atombomben (Hiroshima-Typ) gleichgesetzt.

Vom Einschlagszentrum breitete sich mit mehrfacher Schallgeschwindigkeit eine **Stoßwelle** aus, wobei der Druck schlagartig innerhalb kürzester Entfernungen (Atomradien) vom Normalwert auf die Höchstbelastung anstieg. Die Druckwelle verlor mit zunehmender Entfernung vom Zentrum schnell an Energie. Sie veränderte die durchlaufenen Gesteine in typischer Weise. Eine mögliche Form der Klassifizierung dieser **Stoßwellenmetamorphose** unterscheidet sechs Zonen: In Zone 0 sind die Gesteine nur stark zerbrochen (es wirkten bis etwa 100 000 at); in Zone I zeigen Quarze und Feldspate planare Deformationsstrukturen (100 000 bis 350 000 at); in Zone II wurden Quarz und Feldspat unmittelbar ohne den „Umweg" des Schmelzens in Glas umgewandelt („diaplektische Gläser"; 350 000 bis 500 000 at); in Zone III schmolzen die Feldspäte durch die Restwärme auf (500 000 bis 600 000 at); in Zone IV wurden alle Gesteine aufgeschmolzen; Glasbildung (600 000 bis 1 000 000 at); in Zone V schließlich verdampften alle Gesteine wie auch der Meteor (1 bis 10 Millionen at).

Durch die explosionsartige Druckentlastung nach dem Verdampfen des Projektils wurden ungeheure Gesteinsmengen – man spricht von 1000 Kubikkilometern – bis in eine Tiefe von ca. 4 km bewegt und etwa 150 Kubikkilometer ausgeworfen, zertrümmert und teilweise aufgeschmolzen. Die höherliegenden Gesteinspakete – Sedimente – wurden dabei zuerst erfaßt und in flachen Bahnen ausgeworfen oder in größeren Schollen (Allochthonschollen) weggeschoben oder -gestoßen. Diese Gesteine bilden die Riestrümmermassen.

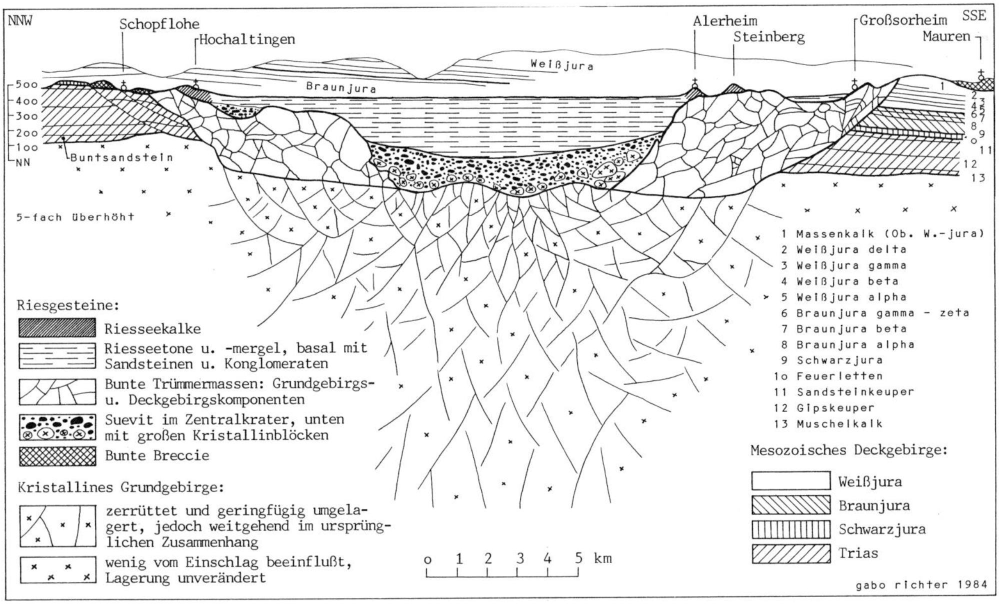

Querschnitt durch den Ries-Meteoriten-Krater; im Hintergrund ist die ehemalige jungtertiäre Landschaft angedeutet. Umgezeichnet und verändert nach SCHMIDT-KALER 1981.

Sekundenbruchteile später wurden die tieferen, hauptsächlich kristallinen Gesteinspartien ausgeworfen und kilometerweit hochgeschleudert. Sie bildeten eine glühende Staubwolke, durchsetzt von glutflüssigen Gesteinsfetzen. Sie sank mehr oder weniger schnell in sich zusammen und füllte den tiefen Krater mit den kristallinen Trümmermassen auf. Die feinsten und am höchsten aufgestiegenen Komponenten lagerten sich zuletzt ab, im Krater und in den Randbereichen als Suevit. Die größeren geschmolzenen Komponenten nahmen während des Fluges aerodynamische Formen an und kühlten schließlich ab, noch ehe sie auftrafen. Es sind die Glasbomben oder, volkstümlich, „Flädle". Früher als vulkanische Bomben gedeutet waren sie ein wichtiges Indiz für Vulkan- und Hebungs-Explosionstheorie. – Die gesamte Materialablagerung war wohl in kürzester Zeit abgeschlossen.

Man wird annehmen müssen, daß durch die Druck- und Hitzewelle alles Leben im gesamten süddeutschen Raum ausgelöscht wurde. Zu Recht wird der Impact also auch als **„Rieskatastrophe"** bezeichnet.

Riesgesteine und Ablagerungsformen

Bunte Trümmermassen

Man bezeichnet sie wegen des hohen Anteils an Sedimenten (90–95 %) auch als sedimentä-

re Auswurfmassen. Jedoch können alle ursprünglich vorhandenen Gesteine vom kristallinen Grundgebirge bis zum Tertiär vertreten sein. Die größten Komponenten – bis ca. 1 km Ausdehnung – werden als Allochthon- oder **Fremdschollen** bezeichnet: Es sind im Verband verfrachtete und im Zusammenhang gebliebene Schichtpakete oder -einheiten, oft schräg oder überkippt gelagert, in den verschiedensten Stadien mechanischer Beanspruchung. Bei nur geringen Ortsveränderungen sprechen wir von **parautochthonen Schollen**.
Stark zerklüftete, zerschlagene und verruschelte Weißkalke werden als **Gries** bezeichnet. Er ist oft so locker, daß er zwischen den Fingern zerrieben werden kann. Die durch die Vergrießung entstandene **„Mörteltextur"** zeigt verschieden große eckige Komponenten, die unmittelbar aneinanderhängen oder isoliert in eine feinkörnige, sandig-mehlige Grundmasse eingelagert sind.
Mischungen aus kleineren Komponenten, die jedoch immer noch viele Kubikmeter umfassen können, heißen **Bunte Breccie**. Markante Bestandteile sind z. B. die roten (Feuerletten) und grünen Keupertone, weiße Keupersande (Burgsandstein), dunkle Tone des Schwarz- und Braunjura und helle Weißjurakalke.
Anzeichen für eine Stoßwellenmetamorphose sind in den Bunten Trümmermassen kaum zu beobachten. Postriesische Abtragung hat die früher geschlossene Decke der Bunten Trümmermassen stark reduziert. Die vom Impact-Zentrum am weitesten entfernten Relikte liegen im SW und E (ca. 37 km vom Zentrum).
Die vom Meteoriten bewegten Gesteine haben vielfach, ähnlich wie Gletscher, auf hartem Untergrund **Schliffflächen** erzeugt. Die Striemen darauf beweisen eine vom Zentrum radial nach außen gerichtete Bewegungsrichtung der Trümmermassen.

Aufschlüsse:
202) Stbr ca. 1 km nordöstlich von **Oppertshofen**, nördlich der Straße nach Reichertsweiler, am Waldrand: allochthone überkippte Weißjurascholle. An der Basis ungeschichteter Massenkalk, darüber Weißjura-delta-Dickbänke, überlagert von (stratigraphisch jüngeren) Weißjura-gamma-Bänken. Die Schichten fallen steil nach NW ein. Im Weißjura delta finden sich zahlreiche, im Anschnitt gut erkennbare schalenförmige Schwämme (*Platychonia*), deren Öffnungen bei ungestörter Lagerung nach oben, hier aber nach unten zeigen. Fauna: Ammoniten, Belemniten, Brachiopoden, Schwämme.
203) Stbr wenig östlich von **Gosheim**, am Waldrand: überkippte Allochthonscholle, mit ca. 60 Grad nach W einfallend und NS streichend. Der jüngere Weißjura gamma wird vom Weißjura beta überlagert; Gestein vergriest, Fossilien entsprechend schlecht erhalten.
204) Großer Stbr ca. 1,5 km nördlich von **Ursheim**, rechts der Straße nach Hechlingen, unweit der Stahlmühle. Erlaubnis zum Begehen einholen! Schollentreppe mit ca. 100 m mächtiger Schichtfolge des Weißjura alpha bis delta, entstanden durch präriesische Ereignisse: tektonische Störungen durch das hier durchziehende Schwäbisch-Fränkische Lineament. Den oberen Abschluß der Schollentreppe bildet eine präriesische Erosionsfläche mit Schliffspuren und Resten Bunter Trümmermasse. In den Weißjurakalken Fauna.
205) Kleiner Aufschluß am nördlichen Ortsende von **Unterappenberg**: Gebankte Kalke des Weißjura beta/gamma mit schön ausgebildeter Schleppfaltung. Südlich (rechts) scharfer Kontakt zu vergriestem Gestein.
206) Aufgelassener Stbr ca. 500 m von **Holheim**, wenig nördlich der Kuppe, östlich der Straße nach Neresheim. Im Bruch ist zerklüfteter und vergriester Massenkalk (Weißjura/delta/epsilon; wahrscheinlich parautochthon) erschlossen. Oberfläche der Kalke mit schöner Schlifffläche und diese unterlagernder ca. 10 cm mächtiger brecciierter Schicht, entstanden beim Aufprall der Bunten Trümmermassen. Darauf lagern ca. 10 m mächtige Bunte Trümmermassen (Tone des Schwarzjura delta und zeta und des Braunjura alpha). – Schöner Ausblick ins Ries.
207) Am südlichen Ortsrand von **Mönchsdeggingen** liegt unmittelbar unterhalb (nördlich) des neuen Bades ein aufgelassener kleiner Stbr in Schwammfazies des Weißjura gamma, mit reicher Fauna (Am-

moniten, Belemniten, Schwämme, Brachiopoden, Bryozoen, Stachelhäuterresten). Die Fossilien zeigen hin und wieder Spuren mechanischer Beanspruchung, was auf parautochthone Lagerung hinweist.
208) Stbr der Fa. BSCHOR, ca. 500 m östlich von **Ronheim**, nördlich der Straße Harburg-Wemding. Erlaubnis zum Begehen einholen (Sprengungen!). Erreichbar auch von einem oberhalb des Bruches vorbeiführenden Feld-Flurweg aus. Aufgeschlossen sind autochthone gebankte Kalke des Weißjura delta, die seitlich und nach oben in eine Riffazies übergehen. Oben Schlifffläche (je nach Abbauverhältnissen mehr oder weniger gut zu beobachten, oft auch stark verschmutzt) mit überlagernder Bunter Breccie. Ihre Komponenten zeigen die stratigraphische Abfolge vom Grundgebirge bis ins präriesische Tertiär: Kristallin, rote Keupertone, Keupersande, Schwarzjuratone (z. B. delta; teilweise mit reicher Mikrofauna), Braunjurasedimente, Weißjurakalke. Toneisensteinkonkretionen des Braunjura alpha zeigen Bruchdeformationen. Nicht selten sogenannte Riesbelemniten; das sind zerbrochene, gelegentlich treppenartig verschobene Rostren, später wieder verkittet (sehr schön im Anschliff).
209) Stbr des MÄRKER-Zementwerkes bei **Harburg.** Erlaubnis zum Begehen einholen! An den bis 50 m hohen Wänden sind Bunte Trümmermassen hervorragend zu studieren. Im Nordteil (Tongrube) des südlichen, im Abbau stehenden Bruchbereiches beobachten wir Bunte Breccie aus kalkigen und tonigen Bestandteilen: bunte Tertiärtone, braune Tertiärsande, kohlige Komponenten, wenig Keuper- und Juratone (z. B. Schwarzjura epsilon; die Juratone führen hin und wieder Fauna), selten Weißjurablöcke. An der hohen Steinbruchwand erkennen wir großvolumige Weißjurakalkschollen, getrennt durch dünne Lagen Bunter Breccie (vor allem bunte Tertiärtone und -sande). Der Abbau erschließt immer wieder gebankten Weißjura epsilon mit reicher Ammonitenfauna.
137) Bei **Gundelsheim** liegt der Stbr der Marmorwerke TEICH. Er erschließt autochthone Dickbänke des Weißjura delta (Treuchtlinger Marmor). Die Kalke sind ungestört. Darüber schöne Schlifffläche mit überlagernder Bunter Breccie (Keuper- und Braunjuraton, Weißjurakalk, Tertiärton).
210) „Kiesgrube" wenig östlich von **Ziswingen** (am „Kreuzberg"). Erschlossen ist eine Allochthonscholle mit Kalken des Weißjura gamma und delta in verschiedenen Stadien der Beanspruchung bis hin zu stärkster Vergriesung.

Polymikte Kristallinbreccien

Die Grundmasse dieses Gesteins ist feines Kristallinzerreibsel, in das größere Kristallinfragmente eingelagert sind. Sie zeigen schwache bis mäßig starke Stoßwellenbeanspruchung. Hin und wieder treten blasenreiche Gläser auf – Übergang zum Suevit. Kristallinbreccien bilden isolierte Komplexe innerhalb der Bunten Breccie oder sind Bestandteil von Kristallinschollen.

Aufschlüsse:
211) Auf der Marienhöhe bei **Nördlingen**, am Gasthaus „Meyers Keller", findet sich ein Aufschluß in polymikter Kristallinbreccie. Größere Bruchstücke von amphibolitischen Gneisen und Amphiboliten sind in eine feine kristalline Grundmasse eingebettet. Die meisten der Komponenten sind mehr oder weniger stark geschockt (Stoßwellenmetamorphose).
212) In der Sandgrube etwa 700 m südwestlich von **Itzing** sind stark verwitterte kristalline Auswurfmassen erschlossen. Die hier feinkörnigere polymikte Kristallinbreccie lagert zwischen größeren zerklüfteten Granit- und Gneisblöcken. Die Gesteine zeigen verschiedenste Stadien der Stoßwellenbeanspruchung von praktisch unbeansprucht bis zur Glasbildung.

Kristallinschollen

Hin und wieder treten zusammenhängende, als größere Komponenten aus dem Untergrund herausgeschlagene Kristallmassen auf. Dabei handelt es sich um Granite, Gneise, Amphibolite usw. Die Gesteine sind meist stark geschockt und zeigen verschiedene Stadien der Stoßwellenbeanspruchung.

Aufschlüsse:
213) Am **Wennenberg**, etwa 2 km südlich von Fessenheim, östlich der Straße Fessenheim-Heroldingen, finden wir in einem kleinen, teilweise verwachsenen Stbr an der N-Flanke des Berges (Feldweg führt vorbei; mit Pkw kaum befahrbar) fein- bis

grobkörnigen Biotitgranit. Das Gestein ist stark beansprucht. Wennebergit (lamprophyrisches Ganggestein der Minette-Kersantit-Reihe) war früher am Oberrand der westlichen Bruchwand erschlossen, ist heute aber nicht mehr sichtbar. Belegstücke des dichten grauen Gesteins finden wir aber als Lesestücke.
Wenig weiter östlich können unterhalb einer alten Mauer Strandgerölle des Riessees beobachtet werden: verbackene Granitgerölle; schwer auffindbar infolge dichter Vegetation. Der Wennenberg trägt eine Kappe aus Riesseekalk.

Suevit

Das Gestein wurde früher als **Ries-Trass** bezeichnet und zu den vulkanischen Tuffen gestellt. Der Name leitet sich ab von Suevia = Schwaben. Im Grunde ist Suevit nichts anderes als eine polymikte Kristallinbreccie mit meist kleinen Komponenten und immer vorhandenem Glasgehalt. Das Gestein ist grau bis grünlich und porös. Kennzeichnend ist die völlige Aufschmelzung. Die einzelnen Bestandteile zeigen aber auch alle anderen Stadien der Stoßwellenbeanspruchung. Die feinkörnige Grundmasse setzt sich aus Glaspartikeln, Kristallinfragmenten und Montmorillonit zusammen. Sedimente sind nur selten enthalten.
Die Suevitüberdeckung läßt sich noch in etwa 32 km Entfernung vom Zentrum nachweisen. Die größten zusammenhängenden Vorkommen bedecken ca. 1 km^2. In der Kraterrandzone beträgt die Mächtigkeit ca. 80 m, außerhalb des Kraters maximal 25 bis 40 m. Normalerweise liegt der Suevit auf den Bunten Trümmermassen; die Grenze ist immer scharf, oft sehr unruhig. Dies deutet auf unmittelbar anschließende Ablagerung hin. Die Verfechter der Vulkantheorie usw. versuchten immer wieder vergeblich, die von ihnen angenommenen „Förderschlote" durch Bohrungen nachzuweisen. Im Suevit kommen meist braune oder schwarze Gläser vor, deren Alter mit Hilfe der Kalium-Argon-Methode und der Spaltspuren-Methode auf 14,7 Millionen Jahre bestimmt wurde. Damit liegt auch das Datum des Impacts fest.
Eingeschlossen im Suevit und im Anschnitt oft gut zu beobachten sind die Glasbomben, früher gedeutet als vulkanische Bomben. In Anlehnung an den im Schwäbischen gebräuchlichen Ausdruck „Kuhfladen" werden die **Glasbomben** ihrer Ähnlichkeit wegen kurz und treffend als **Flädle** bezeichnet. Sie entstanden, als hochgeworfene glutflüssige Kristallinfetzen beim Flug aerodynamische Formen annahmen, waren aber vor dem Auftreffen bereits erkaltet.

Aufschlüsse:
214) Im aufgelassenen Stbr an der **Aumühle**, östlich der Straße Oettingen-Gunzenhausen (abbiegen auf einen Feldweg, rechts, ca. 1 km nach Queren der Bahnlinie) finden wir Bunte Breccie. Sie setzt sich vor allem zusammen aus roten Keupertonen, weißen Keupersanden sowie sandigen Schiefertonen des Braunjura alpha und beta; die Komponenten erreichen bis Metergröße. Der überlagernde Suevit zeigt eine feinkörnige Basalzone („fallout") mit angedeuteter Schichtung; reiche Glasführung setzt erst weiter oben ein. Dieser Aufschluß ist einer von zweien, die den Kontakt Bunte Breccie-Suevit erschließen. – Im Verwitterungsmaterial an den Hängen können mit Glück freigewitterte Flädle aufgesammelt werden.
215) Aufgelassener Stbr an der **Altenbürg** nördlich der Straße Holheim-Neresheim. Der anstehende Suevit wird zweiseitig von allochthonen Weißjurakalk-Schollen begrenzt (W, also links, teilweise brecciierter Schwammkalk, östlich Kalkbänke des Weißjura gamma). Die Kontaktflächen stehen teilweise vertikal. Der gelbliche bis grünliche Suevit zeigt keinerlei Schichtung. Seine Ablagerung muß unmittelbar nach der Ablagerung der Allochthonschollen erfolgt sein, da diese sonst keine Vertikalflächen bewahrt hätten (Versturz).
Der Aufschluß an der Altenbürg wurde früher als vulkanische Schlotfüllung gedeutet; Bohrungen stie-

Wand des alten Suevitsteinbruchs („Dombruch") bei Altenbürg (215); die dicke Linie kennzeichnet den steilen Kontakt Suevit-Weißjura gamma.

ßen jedoch in 15 m Tiefe auf unterlagernde Bunte Breccie. – Aus diesem Stbr stammen die Steine für die St. Georgskirche und weitere Nördlinger Gebäude („Dombruch").

216) Beim alten Schloß in **Otting**, nördlich der Straße Otting-Wemding, liegt ein im Abbau befindlicher Suevitbruch. Der graue Suevit enthält glasummantelte, wie alle anderen Kristallinreste stark geschockte Kristallinfragmente sowie verschiedene bis ca. 30 cm erreichende Gesteine: dioritischen, feldspatführenden Amphibolitgneis, Paragneis, Granitgneis und Granit. Hier wurden auch kompakte, bis zu 10 cm (!) große Gläser gefunden. Flädle sind reichlich. Der Suevit enthält die makroskopisch nicht nachweisbaren Quarz-Hochdruckmodifikationen Coesit und Stishovit.

217) Bei **Polsingen**, südöstlich der Straße und nahe dem südlichen Ortsende (baumbestandener kleiner Hügel), liegt ein kleiner Stbr in rotem, blasigem Suevit. Die Rotfärbung geht auf reiche Hämatitführung zurück. In den Blasen treten Hämatit, Zeolithe und Chalcedon auf. Wahrscheinlich handelt es sich bei diesem Suevit um eine Impact-Schmelze, die aus dem Bereich nahe des Einschlagzentrums hierhergeworfen wurde.

218) Der Weiler **Osterholz** liegt ca. 1 km östlich der Straße Bopfingen-Kirchheim; ca. 1 km östlich des Weilers liegt der Heerhof. Östlich des Gehöftes (ca, 300 m) und südlich des Weges befinden sich nach dem Pflügen in den Feldern die schönsten freigewitterten Flädle, die bekannt wurden.

Der Riessee

Grundwasser und Niederschläge füllten den Einschlagkrater: Es entstand ein See. Im Wasser und auf dem Land ringsum herrschte reiches Leben. Die Seefauna war zwar individuenreich, jedoch sehr artenarm. Die Ursache dafür sieht man in dem stark salzhaltigen Wasser, das nur wenige Arten ertrugen. Es gab aber auch Zeiten geringerer Salinität und sogar der Aussüßung. Sicherlich fiel der recht seichte See während extremer Trockenzeiten zumindest in den Randbereichen trocken. Die Wassertiefe dürfte nur in Ausnahmefällen mehrere Meter überschritten haben. Das Klima war seinerzeit semiarid, mit sehr trockenen, heißen Sommern und mäßig kalten, ebenfalls niederschlagsarmen Wintern.
Entlang des Kraterrandes, gut zu beobachten vor allem im N und NE, aber auch auf isolierten Kuppen (z. B. Wennenberg, Adlerberg, Wallersteiner Felsen) treten **Riesseekalke** auf („Süßwasserkalke"), die teilweise aus Algenkalken bestehen (Blaugrünalgen *Cladophorites*, *Chara*) und meist reiche Faunen führen: *Hydrobia*, *Cypris*, *Cepaea* (eingeschwemmt), Holzreste von Koniferen und Laubhölzern (eingeschwemmt), Hohlformen von Schilfstengeln und, sehr selten, Vogeleier bzw. deren Hohlformen und Federabdrücke.
Im Bereich der Randhöhen trat durch Überdruck Grundwasser in Form von **Steigquellen** aus (eine Art artesischer Brunnen) und bildete zusammen mit kalkabscheidenden Algen Travertinterrassen und -stotzen. Ähnlich dürften auch einige der im Becken gelegenen Süßwasserkalkkuppen entstanden sein.
Im **Brackwasser** waren heimisch der sowohl im Beckeninneren wie auch in den Randbereichen auftretende Muschelkrebs *Cypris risgoviensis* SIEBER sowie die hauptsächlich in den Randbereichen vorkommende Schnecke *Hydrobia trochulus* SANDBERGER (beide gesteinsbildend). In den Seetonen fanden sich Fische (u. a. der Gattung *Pomatoschistus*) und Libellenlarven (z. B. beim Bau der Kläranlagen Wallerstein und Wemding, aber auch bei Bohrungen).
Süßwasserperioden bzw. Zeiten geringerer Salinität belegt die Schneckengattung *Gyraulus*, eine reine Süßwasserform, die allerdings im Ries zahlenmäßig schwach auftritt. Ihre Arten können in extremer Anreicherung im Steinheimer Becken beobachtet werden.
Pflanzenbestand im See: *Limnocarpus* und möglicherweise *Cladiocarya*.
Im **Uferbereich** wuchsen z. B. die Konifere *Glyptostrobus* sowie die Angiospermen *Typha*, *Rumex*, *Physalis*, *Zanthoxylon* und *Frangula*. Mitunter in reicher Zahl eingespült finden sich die Steinkerne der Landschnecke *Cepaea sylvestrina* SCHLOTHEIM.
Die damalige Landschaft können wir uns etwa so vorstellen: Den Riessee – ohne markanten Ringwall – umgab eine mehr oder weniger gegliederte Landschaft, deren Vegetationsbild zwischen Hartlaub-, Strauch-, spärlichem Kieferbestand und Steppengebieten wechselte.

Aufschlüsse:
Seesedimente in toniger Ausbildung sind nur bei Baumaßnahmen und dann entsprechend kurzzeitig erschlossen.
219) Interessante Sandgrube im Wald ca. 1,5 km nördlich von **Megesheim**, etwa 500 m südlich **Wornfeld** (R 44 01 750, H 54 24 500). Zu erreichen ist der Aufschluß auf einem von der Straße Hainsfarth-Wornfeld südlich abzweigenden Fahrweg. Erschlossen sind Delta-Ablagerungen mit abwechselnd grob- und feinklastischen Schüttungslagen, nicht oder nur leicht verkittet. Das Material stammt aus dem Gebiet zwischen Polsingen und Wemding. Die Gerölle bestehen meist aus kristallinem Grundgebirge (Granit, Gneis, Amphibolit usw.) und sind wohlgerundet. Die schräg einfallende Delta-Schüttung wird

horizontal überlagert von Algen- und Detrituskalken. Die stellenweise reiche Fauna besteht aus Hydrobien und Cypridinen.
220) Aufgelassener Stbr am SW-Hang des Büschelberges, ca. 500 m östlich von **Hainsfarth**. Schönster und informativster Aufschluß im Riesseekalk. Wir beobachten vor allem eine Algen-Bioherm-Fazies aus durchschnittlich 1 m hohen (in Ausnahmefällen bis 5 m) Stotzen der Blaugrünalge *Cladophorites*; interessant auch die Kalkröhrchen der Grünalge *Chara* (siehe Abb. 22, S. 144).
Den Biohermen zwischengelagert finden wir Schichtfazies mit reicher Hydrobien- und Cypridinenfauna (sehr schöne Handstücke kann man auch am Hangfuß aufsammeln). Ab und zu treten eingeschwemmte Landschnecken auf. Am Hangfuß und im Anstehenden können Treibholz und Schilfkalk gesammelt werden. Die Bildung dieser Riesseekalke erfolgte im gut durchlichteten Flachwasser.
Die im Liegenden früher gut erschlossenen grünlichen Mergel mit Cepaeen sind heute kaum mehr zu beobachten. Die darüberliegende (Unterlage der eigentlichen Riesseekalke) 20–30 cm mächtige Basalbreccie besteht hauptsächlich aus Weißjurakalken und ist zumindest teilweise noch gut zu studieren.
221) Aufgelassener Stbr ca. 1 km nordwestlich von **Belzheim**, am östlichen Sporn eines Höhenrückens. Aufgeschlossen sind Riesseekalke, teilweise mit Anreicherungen eingespülter Cepaeen sowie mit Hydrobien, Cypridinen und Holzresten (gelegentlich sogar mit Astnarben). Blöcke mit reicher Cepaeen-Fauna sind seltener geworden. Von hier wurden auch Federfunde bekannt.
222) Nordwestlich von **Wengenhausen**, westlich der Straße Marktoffingen-Wallerstein, liegt ein kleiner aufgelassener Stbr. Hier beobachten wir Riesseekalk unmittelbar auf Kristallingestein (Gneis, Granit, Amphibolit, Kristallinbreccie). Sowohl die aus aufgearbeitetem Kristallin bestehende Basalbreccie wie auch der lückige Kalk führen Fossilien (*Hydrobia*, *Cepaea*, *Chara*).
223) Der jäh aufragende, oben abgeflachte **Goldberg** liegt wenig nordwestlich von Pflaumloch (im Ort nach N abbiegen, in Richtung Goldburghausen; auf halber Strecke liegt der Berg, links, westlich der Straße). Riesseekalk; im Hangschutt vor allem unterhalb der steilen N- und S-Flanke mit Glück Funde von Vogeleiern bzw. deren Hohlformen, kalkinkrustierten Federn, Hölzern. In der Literatur werden von hier u. a. auch Puppen der Schmetterlingsmücke *Psychoda* beschrieben.
Der Goldberg gehört zu den bedeutendsten prähistorischen Fundstellen Mitteleuropas. Die auf der Hochfläche liegenden Felder geben hin und wieder – nach dem Pflügen und Regenfällen – Artefakte preis: Abschläge, Schaber, Klingen, Scherben. Der Berg war seit dem späten Mittelneolithikum besiedelt; mehrere Grabungen lieferten reiche Funde.
224) Das Gelände am **Adlerberg** bei Nördlingen war eine der klassischen Fundstellen für Fossilien aus Süßwasserkalken. Viele in der Literatur abgebildete Stücke stammen von hier. Lage: Ca. 2 km südlich von Nördlingen, westlich der Straße Nördlingen-Reimlingen. Gut zu erreichen von der Straße Reimlingen-Herkheim. Beim Durchwandern sind Funde möglich. Auch existieren noch verschiedene aufgelassene Stbre mit typischer Fauna.
225) Pleistozäne Flugsandbildungen riß- bis würmzeitlichen Alters finden wir im **Schwalbtal** zwischen Wemding und Gosheim, z. B. bei Stadel- und Mathesmühle. Die Dünen sind teilweise noch gut erkennbar.

Sehenswürdigkeiten

Die folgende Aufzählung kann nur einige der interessanten und besuchenswerten Orte nennen.
In den kleinen Dörfern und Weilern lockt manche schöne Kirche oder romantisches Schloß. Beim Bummeln durch die Straßen und Gassen stößt man auf reizvolle Details, Stilleben geradezu: alte Bauernhäuser, stille Winkel mit blumenumrankten Bänken, schöne Türen und Tore, nicht zu vergessen die bunten und doch so geschlossen wirkenden Bauerngärten. In den Städten sind mit ein wenig Zeit so viele reizende Dinge zu beobachten, daß es vielleicht sogar schwer werden kann, wieder zur Geologie zurückzukehren.

Baldern ist ein hübsches Dorf, überragt vom Burgberg (Mittl. Braunjura mit überlagerndem Weißjuragries). Reste der alten Burg sind kaum mehr zu sehen. Stattliches renoviertes Barockschloß. Wohnräume mit interessantem Interieur (bis vor kurzem sporadisch bewohnt von der Familie der Fürsten zu

Oettingen-Wallerstein); Rittersaal mit schöner Stuckdecke. Für Liebhaber besonders beeindrukkend die überaus reiche Waffensammlung, sicherlich eine der schönsten Feuerwaffensammlungen überhaupt. Vom Turm hervorragende Aussicht ins Ries (schöner Blick vor allem im Licht des Spätnachmittags). – Führungen zu festgesetzten Stunden.

Das mittelalterliche Stadtbild der Reichsstadt **Dinkelsbühl** ist in idealer Weise überliefert, in sich geschlossen und gut überschaubar. Mauerkranz und Türme sind vollkommen erhalten; enge Gassen und schmalbrüstige Häuser im Wechsel mit großzügigen Straßenzügen und beachtenswerten Fachwerkhäusern vermitteln mittelalterliche Atmosphäre. Die spätgotische St. Georgskirche (1448–1499) ist eine der schönsten und größten Hallenkirchen Süddeutschlands. Von E her besonders schöne Stadtansicht. Lohnend auch eine Wanderung an der Außenseite der Stadtmauer. Mitte Juli wird alljährlich ein Festspiel aufgeführt, die „Kinderzeche", erinnernd an die Verschonung der Stadt vor schwedischer Plünderung während des Dreißigjährigen Krieges (1632). Hübsches Museum mit Ausstellungen zu Stadtgeschichte, Brauchtum und Kunst.

In der Reichsstadt **Donauwörth** ist vor allem sehenswert die Reichsstraße mit dem Fuggerhaus (1539, heute Landratsamt) am W-Ende und dem Rathaus am E-Ende (ursprünglich spätgotisch, erbaut 1309, jedoch 1853 neugotisch restauriert). Die barocke Heilig-Kreuz-Kirche (1717–1722) enthält das Grabmahl der Maria von Brabant, enthauptet 1256 wegen des Verdachts der ehelichen Untreue gegen Herzog Ludwig den Strengen (nomen est omen!). Interessant Kreuzreliquien. – Von der über den Schellenberg (Allochthonscholle!) führenden B 2 schöner Blick auf die Stadt.

Malerisch an der Wörnitz liegt das Städtchen **Harburg**, ebenfalls eine ehemalige Reichsstadt. Schönes Stadtbild vor allem von E, auch von der B 25 wenig vor und nach dem Tunnel durch den Burgberg. Von der Straße (Parkmöglichkeit südlich des Burgbergs) auch guter Blick auf die Burg, ebenfalls von der Höhe südlich der Burg (Abendlicht!). Die Burg ist eine der besterhaltenen Anlagen Deutschlands und wurde nie eingenommen. Ihre Ursprünge gehen zurück ins 12. Jh. (Grundmauern des inneren Berings); aus dem 13. Jh. stammen Bergfried und Fürstenbau (Palas). Die Bautätigkeit hielt an bis ins 19. Jh. Die Anlage gehört seit 1774 dem Fürstenhaus Oettingen-Wallerstein. Der Burghof ist zu jeder Zeit zugänglich; geführte Rundgänge machen das Innere und die reichen Kunstschätze zugänglich (die einmalige Bibliothek mit zahlreichen Inkunabeln und kostbaren Handschriften, insgesamt ca. 140 000 Bände, wurde vor kurzem an den Bayerischen Staat verkauft und nach Augsburg gebracht).

Der ca. 10 km nördlich des Riesrandes liegende **Hesselberg** ist ein Zeugenberg (689 m) und erschließt praktisch die gesamten Juraschichten: Die Verebnungsflächen am Hangfuß bestehen aus Unterem Schwarzjura, die Kuppe aus den Kalken des Oberen Weißjura. Die zahlreichen, meist natürlichen Aufschlüsse, Steilabfälle und Rutschungen, wie auch ehemalige Steinbrüche und Gruben, müssen erwandert werden: Beim Durchstreifen der ausgedehnten Hangflächen mag mancher interessante Aufschluß entdeckt werden. Die Straße führt bis fast zum Gipfel; von hier herrliche Aussicht.

Das hübsche Dorf **Hürnheim** liegt wenig südlich von Nördlingen am Riesrand. Stammsitz einer hochadligen Familie von Hürnheim. Eine Wanderung nach SW, nach Christgarten, durch das Kartäusertal, erschließt schöne Landschaft (Wacholderheide) und interessante Baudenkmäler: Die Ruine Niederhaus stellt ein eindrucksvolles Beispiel einer spätmittelalterlichen Herrenburg dar (hochmittelalterlich ist nur der Bergfried), während die Überreste der Burg Hochhaus, nebenan auf einem bewaldeten Bergsporn liegend, typisch für eine hochmittelalterliche Befestigungsanlage sind. Die meisten erhaltenen Gebäudereste stammen jedoch aus einer Zeit erneuten Aufbaus im 18. Jh. Bei Christgarten schließlich finden wir die Reste eines ehemaligen Kartäuserklosters, gegründet 1383. Der Mönchschor der etwa um 1390 erbauten Kirche steht noch.

Der am weitesten nach N vorgeschobene Zeugenberg der Schwäbischen Alb ist der **Ipf** (668 m), wenig nördlich von Bopfingen. Die Kegelstumpf-Silhouette des Berges ist weithin sichtbar und unverkennbar – zusammen mit dem Daniel wohl ein Wahrzeichen des Rieses (trotz seiner Lage außerhalb des Kraters). Der Berg besteht aus Schichten des Braunjura alpha bis Weißjura epsilon. Schöner Blick auf das Ries und die jenseitigen Randhöhen (vor allem im Abendlicht). Die westlich anschließenden Hügel Kargstein und Käsbühl sind Allochthonschollen; der Ipf selbst zeigt kaum Impact-Einflüsse. Besiedelt war der Berg wohl schon seit der Jungsteinzeit; die markanten Befestigungsanlagen – Wälle und Gräben – stammen aus Hallstatt- und Urnenfelderzeit bis in die späte Keltenzeit, also etwa aus der Zeit von 1200 vor bis zum Beginn der Zeitrechnung.

Kaisheim liegt an der B 2, nördlich von Donauwörth. Ehemaliges Zisterzienserkloster, gegründet 1134. Die jetzige Kirche stammt aus der Hochgotik und wurde zwischen 1352 und 1387 erbaut. Das Innere wurde Ende des 17. und Anfang des 18. Jhs. barockisiert; die Fassade ist schlicht im Sinne der Zisterzienser. Die Anlage stellt die einzige monumentale Klosterbasilika im bayerischen Schwaben dar.

Am südlichen Riesrand etwa 11 km südöstlich von Nördlingen liegt **Mönchsdeggingen**. Der Ort geht wohl auf die Zeit der alamannischen Landnahme zurück, etwa um 500. Bemerkenswert ist die in ihren Gründzügen romanische Kirche (1161–1192) der ehemaligen Benediktinerabtei (gegründet 959 und somit älteste Klosteranlage im Ries). Der gotische Chor wurde in der zweiten Hälfte des 15. Jhs. erbaut. Infolge einiger Brände und der intensiven Barockisierung ist von der ursprünglichen Ausgestaltung des Inneren nichts mehr zu finden. Die heutige Einrichtung stammt weitgehend aus dem Hochbarock. Beachtenswert die liegende spielfähige Chororgel. – Der Hang des Reisberges westlich des Ortes lädt ein zum Wandern; von den Kuppen haben wir einen schönen Blick übers Ries bis zu Hesselberg und Ipf.

Nördlingen, wirtschaftliches und kulturelles Zentrum des Rieses, liegt im südlichen Riesbereich. Die freie Reichsstadt ist wie Dinkelsbühl und Rothenburg noch vollkommen von einem Mauergürtel umgeben. Die Mauer mit 15 Türmen und Toren stammt aus dem 14. bis 16. Jh. und kann in einer knappen Stunde bequem umgangen werden, wobei sich reizvolle Blicke auf die oft eng an die Mauer anschließenden Häuser und auch das Gesamtbild gewinnen lassen. Lebhaftes und buntes Stadtbild; zahlreiche enge Gassen geben einen guten Eindruck mittelalterlichen Gepräges, so z. B. der Bereich um die Gerbergassen. Viele schöne Fachwerkhäuser.

Die 1427–1505 erbaute St. Georgskirche zeigt eine schlichte Außenfassade und einen klaren, hellen Innenraum. Kanzel und Treppe, Fenster und Sakramentshäuschen (1511–1525) tragen zierliche und sauber ausgeführte Steinmetzarbeit. Der Hochaltar mit barockem Gehäuse weist wie auch das Chorgestühl (ca. 1480) großartige Schnitzkunst auf. Grabplatten und an den Wänden zahlreiche Epithaphien und Totenschilde geben interessante geschichtliche Einblicke. Der 85,50 m hohe Turm (Daniel) kann bestiegen werden und ermöglicht einen großartigen Rundblick weit übers Land. Noch heute wohnt hier oben ein Türmer. Kirche wie Turm bestehen aus Suevit, gebrochen seinerzeit an der Altenbürg unweit Ederheim (s. Aufschlüsse Riesgesteine).

Die ältesten Teile des Rathauses stammen aus der Zeit von 1300; etwa 1500 wurde es umgebaut, das Innere neu gestaltet. Die renaissancezeitliche, außenliegende Steintreppe zeigt an der Maßwerkbrüstung gotisierende Zierelemente (1618). Unter dem Treppenaufgang waren Gefängniszellen, unter dem Podest ein Pranger (Relief eines Narrenkopfes).

Das Hallhaus am Weinmarkt, erbaut 1541–43, diente als Salz- und Weinstadel sowie als Kornspeicher. Im ehemaligen Spital, ursprünglich gotisch, ist heute das Stadtmuseum in idealer Weise untergebracht. Ausgestellt sind Objekte zur Riesgeologie (leider eher kümmerlich), Vor- und Frühgeschichte (beeindruckend und liebevoll gestaltet), Kunst- und Stadtgeschichte.

Zahlreiche weitere bemerkenswerte Bauten und vor allem das schöne und in sich geschlossene Stadtbild lohnen unbedingt einen Besuch der Stadt.

Die freundliche Kleinstadt **Oettingen** liegt idyllisch an der Wörnitz, die hier übrigens ihre größte Breite hat. Hübsches Stadtbild; am Marktplatz zahlreiche schöne Fachwerkhäuser. Alter Torturm (Königstor); das alte Schloß kann leider nur selten besichtigt werden (im Hof schöner Barockbrunnen). Freibad mit Bootsverleih – gute Gelegenheit, dem gemächlichen Lauf der Wörnitz einige Kilometer zu folgen, bis zum Wehr der Fürfällmühle.

Die **Ofnethöhlen** sind vorzeitliche Wohnhöhlen der Alt- bis Jungsteinzeit. Die an einem S-Hang unweit Holheim liegenden Höhlen wurden vor allem durch den Fund von wahrscheinlich mesolithischen Schädelbestattungen weltweit bekannt (1908). Es handelt sich dabei um die Schädel wohl rituell getöteter Männer, Frauen und Kinder. Das bei den Grabungen vorher (z. B. durch O. Fraas, 1875/76) und später reichlich angefallene Silex- und Faunenmaterial erlaubte aufgrund der seinerzeit angewendeten Grabungstechnik bis heute keine einwandfreie Zonierung und somit altersmäßige Zuordnung. – Am Fuß des Hanges liegen die konservierten Fundamente eines römischen Gutshofes („villa rustica").

Der hübsche Markt **Wallerstein** liegt wenig nördlich von Nördlingen und wird überragt vom fast 70 m über die Riesebene aufragenden Schloßberg (Süßwasserkalk). Berühmt der Fund eines wohlerhaltenen Schildkrötenpanzers. Eiserne Ringe am Felsen wurden früher als Halteringe für die Boote im

Riessee angesehen – so lernte es der Verfasser noch in Heimatkunde. Tatsächlich gab es damals freilich noch keine Menschen. Jahrhundertelang und noch heute Residenz der Fürsten zu Oettingen-Wallerstein. Durch barocke, klassizistische und biedermeierzeitliche Stilelemente geprägte Schloßanlage. Interessant und residenztypisch die zweigeschossigen Walmdachhäuser für die herrschaftlichen Beamten. Sehenswert die Pestsäule (Dreifaltigkeitssäule, 1725) mit reichem Figurenschmuck.

Wemding ist eine gut erhaltene Stadt mit teilweise beachtenswertem mittelalterlichem Ortsbild. Vom Mauergürtel sind noch zwei Tore und drei Türme sowie geringe Wehrgangreste erhalten. Sehenswert das Rathaus (1550–1552) mit hübschem Zinnengiebel sowie der alte, an die Kirche angrenzende Maierhof. Aus Wemding stammt der bekannte Botaniker Leonhard FUCHS (1501–1566), einer der Begründer der wissenschaftlichen Botanik in Deutschland.

Unweit der Stadt das sogenannte Wildbad mit einer kalten Schwefelquelle, bekannt bereits in der ersten Hälfte des 15. Jhs. Außerhalb der Stadt, an der alten Straße nach Oettingen, liegt die Wallfahrtskirche Maria Brünnlein, weithin sichtbar auf einem kleinen Hügel. Die schöne Barockkirche entstand zwischen 1748 und 1754 und beeindruckt vor allem durch das reich geschmückte Innere. Der im Kirchenschiff stehende Gnadenaltar (1755) mit dem Heilbrünnlein macht die Kirche zu einer der meistbesuchten Wallfahrtsstätten in Bayern (die Wallfahrt setzte schon 1684 ein). Zahlreiche Votivtafeln aus alter und neuer Zeit an den Kirchenwänden belegen den Dank der Gläubigen.

Literaturhinweise

Zur Geologie:

BARTHEL, K. W.: Geologische Untersuchungen im Ries. Das Gebiet des Blattes Fremdingen. – Geologica Bavarica, 32, München 1937 (mit einer geologischen Karte 1 : 25 000).

– Das Ries und sein Werden. Eine geologische Skizze. Band 1 und 2. – Fränkisch-Schwäbischer Heimatverlag, Oettingen 1964 und 1965.

CHAO, E. C. T., HÜTTNER, R. & SCHMIDT-KALER, H.: Aufschlüsse im Ries-Meteoriten-Krater. – Bayer. Geol. Landesamt, München 1978 (mit einer geologischen Karte 1 : 100 000).

Das Ries. Geologie, Geophysik und Genese eines Kraters. Bericht der Arbeitsgemeinschaft Ries. – Geologica Bavarica, 61, München 1969 (mit einer geologischen Karte 1 : 100 000; ausführliches Literaturverzeichnis).

Erläuterungen zur Geologischen Karte von Bayern 1 : 500 000. – Bayer. Geol. Landesamt, München 1981.

KAVASCH, J.: Die Entstehung des Rieses. In: Das Ries. Gestalt und Wesen einer Landschaft. Ein Heimatbuch. – Fränkisch-Schwäbischer Heimatverlag, Oettingen.

– Mondkrater Ries. Ein geologischer Führer. – Auer, Donauwörth 1976 (mit einer Übersichtskarte zum geologischen Pfad).

RUTTE, E.: Bayerns Erdgeschichte. Der geologische Führer durch Bayern. – München 1981.

SCHALK, K.: Geologische Untersuchungen im Ries. Das Gebiet des Blattes Bissingen. – Geologica Bavarica, 31, München 1957 (mit einer geologischen Karte 1 : 25 000).

SCHETELIG, K.: Geologische Untersuchungen im Ries. Das Gebiet der Blätter Donauwörth und Genderkingen. – Geologica Bavarica, 47, München 1962 (mit einer geologischen Karte 1 : 25 000).

SCHMIDT-KALER, H. & TREIBS, W.: Exkursionsführer zur Geologischen Übersichtskarte des Rieses 1 : 100 000. – Bayer. Geol. Landesamt, München 1970.

SCHRÖDER, J. & DEHM, R.: Geologische Untersuchungen im Ries. Das Gebiet des Blattes Harburg. – Naturwissenschaftlicher Verein für Schwaben, Augsburg 1950 (mit einer geologischen Karte 1 : 25 000).

TREIBS, W.: Geologische Untersuchungen im Ries. Das Gebiet des Blattes Otting. – Geologica Bavarica, 3, München 1950 (mit einer geologischen Karte 1 : 25 000).

Allgemein:

Das Ries: Gestalt und Wesen einer Landschaft. Ein Heimatbuch. – Fränkisch-Schwäbischer Heimatverlag, Oettingen.

FREI, H. & KRAHE, G.: Archäologische Wanderungen im Ries. – Konrad Theiss Verlag, Stuttgart und Aalen 1979.

Führer zu vor- und frühgeschichtlichen Denkmälern. Band 40: Nördlingen, Bopfingen, Oettingen, Harburg. Teil I: Einführende Aufsätze. – Philipp von Zabern, Mainz 1979.

– Band 41: Nördlingen, Bopfingen, Oettingen, Harburg. Teil II: Exkursionen. – Philipp von Zabern, Mainz 1979.

Nördlingen – Porträt einer Stadt. – Fränkisch-Schwäbischer Heimatverlag, Oettingen.

VOGELLEHNER, D.: Rieser Flora. Skizzen aus der Pflanzenwelt des Rieses. – Fränkisch-Schwäbischer Heimatverlag, Oettingen 1963.

Fossiltafeln

Tafel 1: Triasfossilien

1 *Equisetites arenaceus* JAEGER, Keuper; ca. 20 cm
2 *Voltzia heterophylla* BRONGN., Buntsandstein; ca. 15,5 cm
3 *Pterophyllum jaegeri* BRONGN., Unt. und Mittl. Keuper; ca. 9 cm
4 *Anomopteris mougeoti* BRONGN., Buntsandstein; ca. 4,5 cm
5 *Loxonema mediocalcis* HOHENST., Muschelkalk; ca. 2 cm
6, 7 *Trigonodus sandbergeri* ALB., Ob. Muschelkalk; ca. 4 cm
8, 9 *Costatoria goldfussi* ALB., Ob. Muschelkalk – Unt. Keuper; ca. 1,9 cm
10, 11 *Myophoria vulgaris* (SCHL.), Ob. Buntsandstein – Unt. Keuper; ca. 2,5 cm
12, *Pleuronectites laevigatus* (SCHL.), Muschelkalk; ca. 4,8 cm
13, 14 *Rhaetavicula contorta* (PORTL.), Rhät; ca. 1,6 cm
15, 16 *Hoernesia socialis* (SCHL.), Muschelkalk – Unt. Keuper; ca. 5,5 cm
17, 18 *Unionites letticus* (QU.), Keuper; ca. 2,5 cm
19 *Myophoria laevigata* ALB., Ob. Buntsandstein – Unt. Keuper; ca. 3,6 cm
20 *Progonoceratites pulcher* (RIED.), Ob. Muschelkalk (*pulcher*-Zone); ca. 6 cm
21 *Ceratites laevigatus* PHIL., Ob. Muschelkalk (*enodis-/laevigatus*-Zone); ca. 10 cm
22, 23 *Discoceratites semipartitus* (MONTF.), Ob. Muschelkalk (Discoceratiten-Schichten); ca. 20 cm
24, 25 *Discoceratites dorsoplanus* (PHIL.), Ob. Muschelkalk (Discoceratiten-Schichten); ca. 16 cm
26, 27 *Ceratites compressus* SANDB., Ob. Muschelkalk (*compressus*-Zone) ca. 8 cm
28 *Ceratites similis* RIED., Ob. Muschelkalk (*similis*-Zone); ca. 13 cm
29, 30 *Ceratites nodosus* (BRUG.), Ob. Muschelkalk (*nodosus*-Zone); ca. 12 cm
31, 32 *Ceratites enodis* (QU.), Ob. Muschelkalk (*enodis-/laevigatus*-Zone); ca. 11 cm
33 *Acanthoceratites spinosus* (PHIL.), Ob. Muschelkalk (*spinosus*-Zone) ca. 9,2 cm
34 *Ceratites evolutus* PHIL., Ob. Muschelkalk (*evolutus*-Zone); ca. 10,4 cm
35, 36 *Progonoceratites atavus* (PHIL.) Ob. Muschelkalk (*atavus*-Zone); ca. 5,5 cm
37 *Progonoceratites robustus* (RIED.), Ob. Muschelkalk (*robustus*-Zone); ca. 7,6 cm
38 *Encrinus liliiformis* SCHL., Ob. Muschelkalk (mo 1; Trochitenkalk); ca. 9 cm
39, 40 *Spiriferina fragilis* (SCHL.), Muschelkalk; ca. 1,4 cm
41, 42 *Tetractinella trigonella* (SCHL.), Muschelkalk; ca. 1,7 cm
43, 44 *Coenothyris vulgaris* (SCHL.), Muschelkalk; ca. 1,7 cm
45–47 *Coenothyris vulgaris* (SCHL.), Jugendformen, Muschelkalk; ca. 0,7 cm
48, 49 *Gyrolepis albertii* AG., Ob. Muschelkalk (mo 1; Trochitenkalk); ca. 0,8 cm
50–53 *Acrodus lateralis* AG., Muschelkalk; größtes Exemplar ca. 1,4 cm
54–56 *Saurichthys acuminatus* AG., Keuper; größtes Exemplar ca. 2 cm
57 *Hybodus plicatilis* AG., Muschelkalk; ca. 1,3 cm
58 *Nothosaurus mirabilis* MUENST., Zahn, Ob. Muschelkalk; ca. 5 cm
59, 60 *Nothosaurus mirabilis* MUENST., Rückenwirbel, Ob. Muschelkalk; ca. 2,5 cm

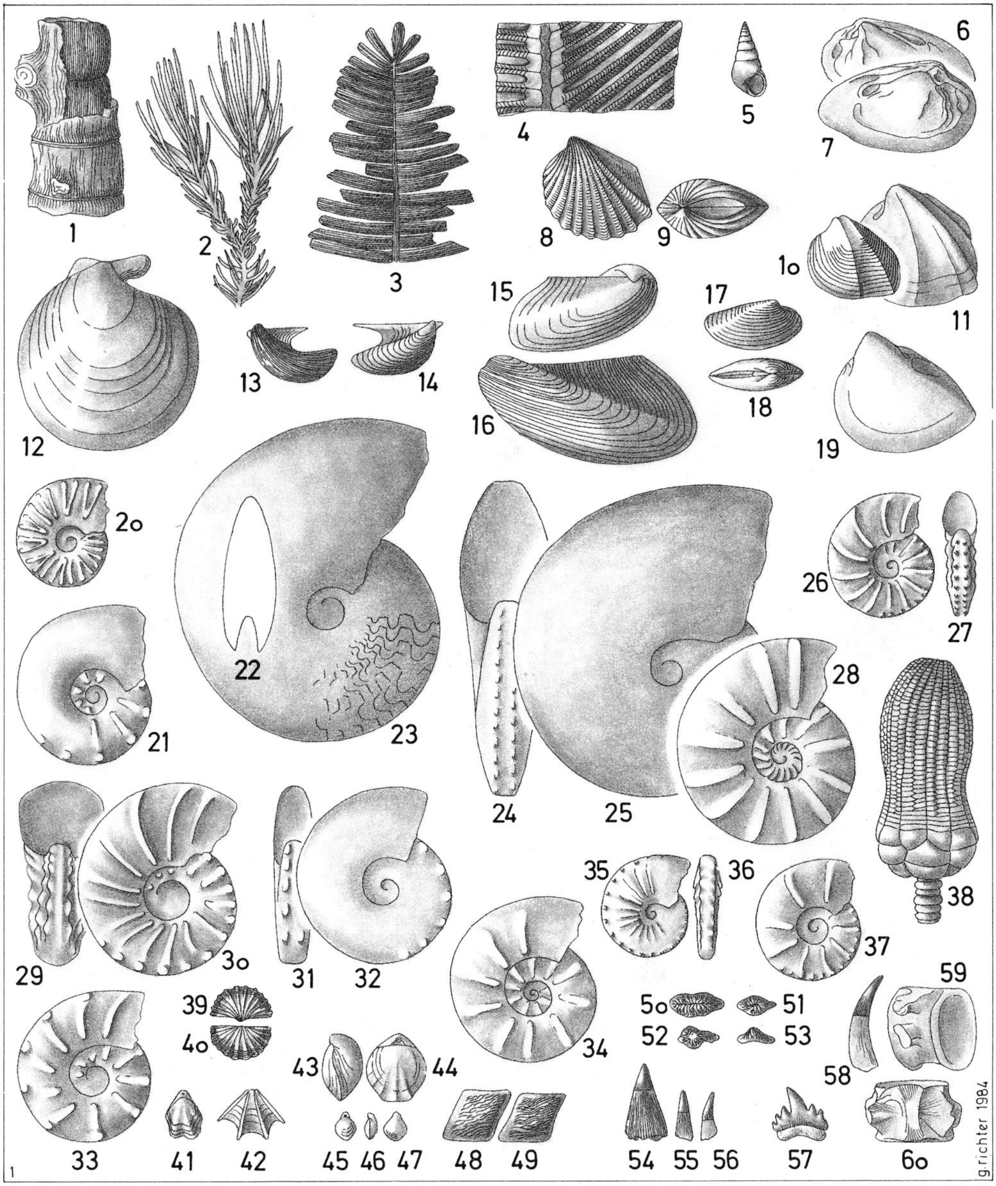
1
2
3
4
5
6
7
8
9
10
11
12
13
14
15
16
17
18
19
20
21
22
23
24
25
26
27
28
29
30
31
32
33
34
35
36
37
38
39
40
41
42
43
44
45
46
47
48
49
50
51
52
53
54
55
56
57
58
59
60
1
g.richter 1984

Tafel 2: Schwarzjurafossilien

1 *Palaeonucula subglobosa* (Roem.), Schwarzjura gammma – zeta; ca. 1,5 cm
2 *Nuculana complanata* (Goldf.), Schwarzjura delta; ca. 4 cm
3 *Plagiostoma gigantea* (Sow.), Schwarzjura alpha – gamma; ca. 8 cm
4 *Aequipecten priscus* (Schl.), Schwarzjura alpha – delta; ca. 2 cm
5, 6 *Gryphaea arcuata* Lam., Schwarzjura alpha 2 – 3; ca. 6 cm
7 *Cardinia concinna* (Sow.), Schwarzjura alpha; ca. 5 cm
8 *Cardinia listeri* (Sow.), Schwarzjura alpha – beta; ca. 3 cm
9 *Steinmannia bronni* (Ziet.), Schwarzjura epsilon; ca. 5,5 cm
10 *Pseudomytiloides dubius* (Sow.), Schwarzjura epsilon; ca. 4 cm
11 *Pleuromya liasina* Ziet., Schwarzjura alpha – delta; ca. 3 cm
12, 13 *Chladocrinus basaltiformis* (Mill.), Schwarzjura gamma – delta; 12: ca. 0,7 cm; 13: ca. 2 cm
14, 15 *Chladocrinus tuberculatus* (Mill.), Schwarzjura alpha – beta; 14: ca. 1 cm; 15: ca. 2 cm
16–18 *Spiriferina walcotti* (Sow.), Schwarzjura alpha 3 – gamma; ca. 4 cm
19 *Rudirhynchia calcicosta* (Qu.), Schwarzjura gamma – delta; ca. 1,5 cm
20 *Spiriferina rostrata* Ziet., Schwarzjura gamma – delta; ca. 3 cm
21–23 *Zeilleria cornuta* (Sow.), Schwarzjura delta; ca. 3 cm
24, 25 *Cincta numismalis* (Val.), Schwarzjura gamma; ca. 2,5 cm
26, 27 *Gibbirhynchia curviceps* (Qu.), Schwarzjura beta – gamma; ca. 1,5 cm
28, 29 *Ptychomphalus expansus* (Sow.), Schwarzjura alpha 3 – delta; ca. 2 cm
30 *Pleurotomaria anglica* (Sow.), Schwarzjura alpha – delta; ca. 8,5 cm
31 *Gryphaea obliqua* Goldf., Schwarzjura beta; ca. 4 cm
32, 33 *Cenoceras intermedium* (Sow.), Schwarzjura; ca. 4 cm
34 *Passaloteuthis paxillosus* (Schl.), Schwarzjura gamma – epsilon; ca. 12 cm
35 *Dactyloteuthis irregularis* (Schl.), Schwarzjura epsilon; ca. 8 cm
36, 37 *Nannobelus acutus* (Mill.), Schwarzjura alpha 3 – gamma; ca. 4 cm; 37: Rostrenlängsschnitt
38 *Hastites clavatus* (Schl.), Schwarzjura gamma – delta; ca. 5 cm
39, 40 *Coroniceras rotiforme* (Sow.), Schwarzjura alpha 3; ca. 13,5 cm
41, 42 *Echioceras raricostatum* (Ziet.), Schwarzjura beta 3 (*raricostatum*-Zone); ca. 6,4 cm
43, 44 *Oxynoticeras oxynotum* (Qu.), Schwarzjura beta 2 (*oxynotum*-Zone); ca. 6 cm
45 *Psiloceras planorbis* (Sow.), Schwarzjura alpha 1 (*planorbis*-Zone); ca. 6 cm
46, 47 *Schlotheimia angulata* (Schl.), Schwarzjura alpha 2 (*angulata*-Zone); ca. 6,5 cm

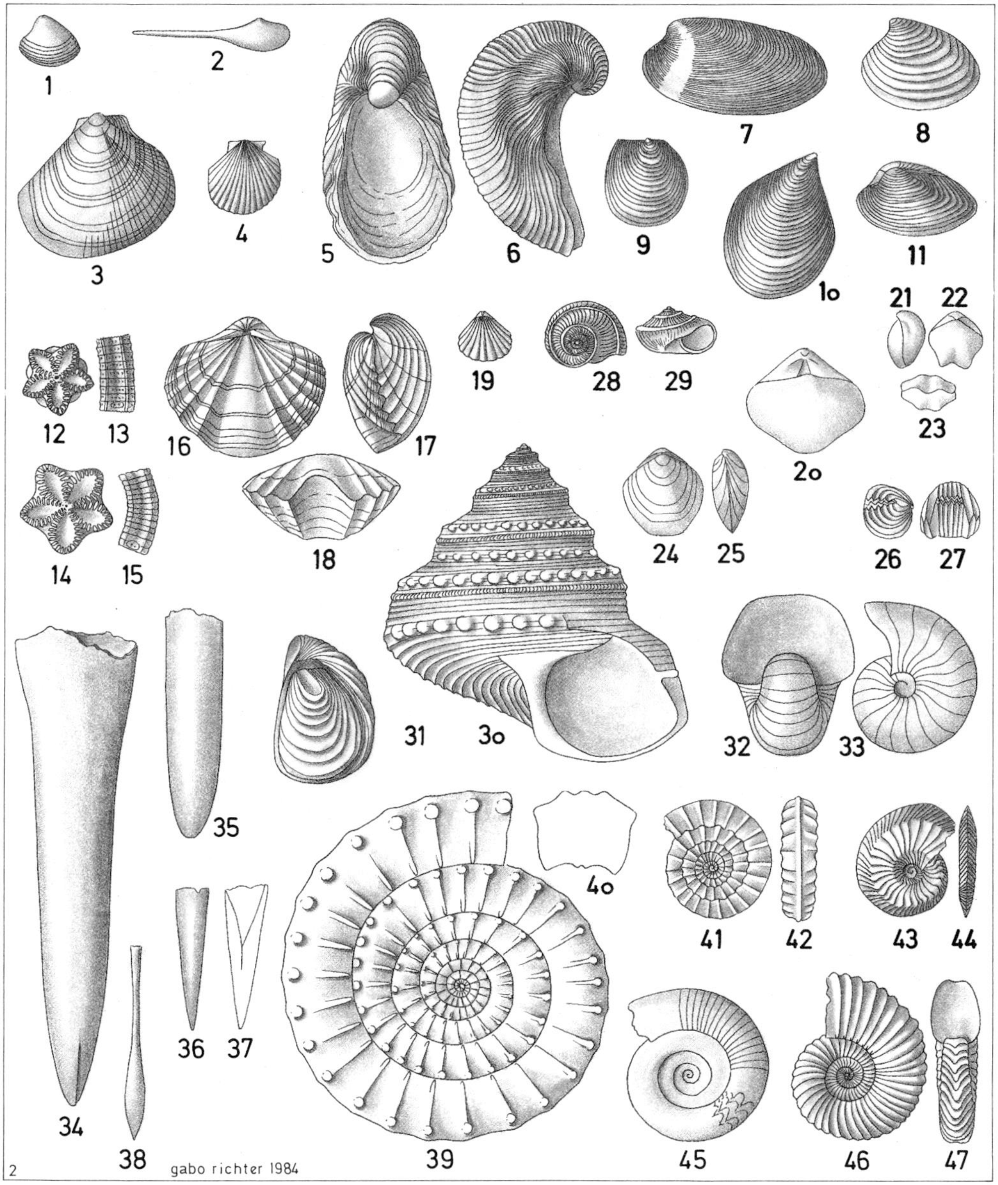
1
2
3
4
5
6
7
8
9
10
11
12
13
14
15
16
17
18
19
20
21
22
23
24
25
26
27
28
29
30
31
32
33
34
35
36
37
38
39
40
41
42
43
44
45
46
47
2
gabo richter 1984

Tafel 3: Schwarzjurafossilien

1, 2 *Haugia variabilis* (ORB.), Schwarzjura zeta (*variabilis*-Zone); ca. 19 cm
3, 4 *Dumortieria levequei* (ORB.), Schwarzjura zeta (*levesquei*-Zone); ca. 3,5 cm
5, 6 *Pleydellia aalensis* (ZIET.), Schwarzjura zeta (*aalensis*-Zone); ca. 3,1 cm
7, 8 *Pleydellia costula* (REIN.), Schwarzjura zeta (*aalensis*-Zone); ca. 2,4 cm
9 *Pleurolytoceras hircinum* (SCHL.), Schwarzjura zeta (*levesquei- bis aalensis*-Zone); ca. 2 cm
10, 11 *Dactylioceras commune* (SOW.), Schwarzjura epsilon (*bifrons*-Zone);ca. 7,3 cm
12, 13 *Grammoceras thouarsense* (ORB.), Schwarzjura zeta (*thouarsense*-Zone); ca. 9,3 cm
14, 15 *Phylloceras heterophyllum* (SOW.), Schwarzjura epsilon; ca. 9,5 cm
16, 17 *Harpoceras falcifer* (SOW.), Schwarzjura epsilon (*falcifer*-Zone); ca. 8 cm
18 *Catacoeloceras crassum* (Y. & B.), Schwarzjura epsilon (*bifrons*-Zone) – zeta (*variabilis*-Zone); ca. 5 cm
19, 20 *Lytoceras fimbriatum* (SOW.), Schwarzjura gamma (*ibex*-Zone) – delta (*margaritatus*-Zone); ca. 12 cm
21, 22 *Amaltheus margaritatus* MONTF., Schwarzjura delta (*margaritatus*-Zone); ca. 9,3 cm
23, 24 *Hildoceras bifrons* (BRONGN.), Schwarzjura epsilon (*bifrons*-Zone); ca. 8 cm
25 *Pleuroceras solare* (PHIL.), Schwarzjura delta (*spinatum*-Zone); ca. 4,3 cm
26, 27 *Amaltheus gibbosus* (SCHL.), Schwarzjura delta (*margaritatus*-Zone); ca. 6.2 cm
28, 29 *Amaltheus gloriosus* HYATT, Schwarzjura delta (*margaritatus*-Zone); ca. 3,5 cm
30, 31 *Uptonia jamesoni* (SOW.), Schwarzjura gamma (*jamesoni*-Zone); ca. 16,5 cm
32, 33 *Pleuroceras spinatum* (BRONGN.), Schwarzjura delta (*spinatum*-Zone); ca 8 cm
34 *Androgynoceras maculatum* (Y & B.), Schwarzjura gamma (*davoei*-Zone); ca. 5,2 cm
35, 36 *Liparoceras zieteni* TRUEM., Schwarzjura gamma (*ibex*-Zone); ca. 6,5 cm
37, 38 *Prodactylioceras davoei* (SOW.), Schwarzjura gamma (*davoei*-Zone); ca. 8 cm
39, 40 *Tragophylloceras ibex* (QU.), Schwarzjura gamma (*ibex*-Zone); ca. 8 cm

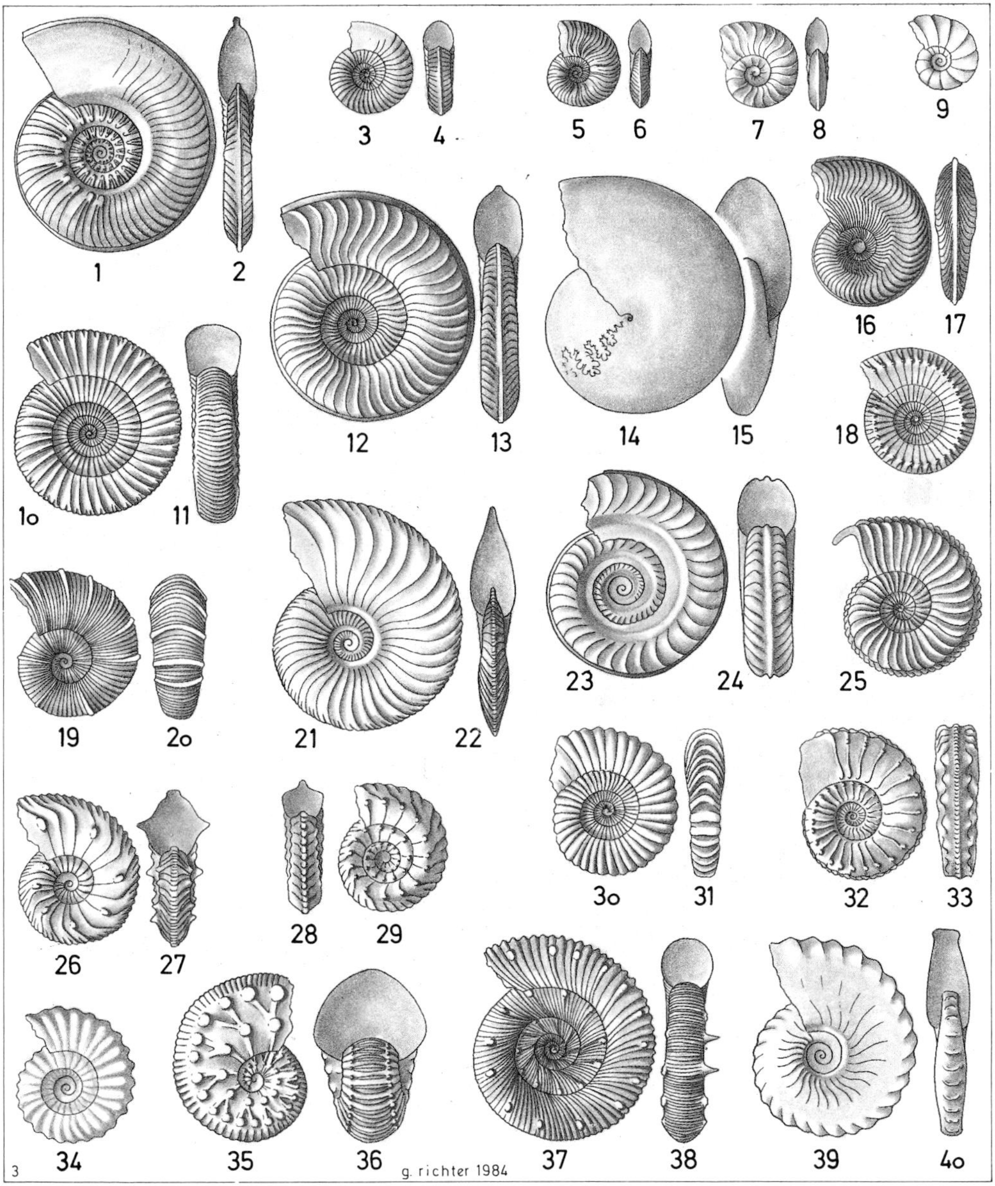
1
2
3
4
5
6
7
8
9
10
11
12
13
14
15
16
17
18
19
20
21
22
23
24
25
26
27
28
29
30
31
32
33
34
35
36
37
38
39
40
3
g. richter 1984

Tafel 4: Braunjurafossilien

1 *Serpula lumbricalis* (SCHL.), Mittl. – Ob. Jura; ca. 3 cm
2 *Propeamussium pumilum* (LAM.), (syn. *Pecten personatus*), Schwarzjura epsilon – Braunjura delta; ca. 1,5 cm
3, 4 *Lopha marshi* (SOW.), Braunjura alpha – epsilon; ca. 9 cm
5 *Entolium corneolum* (Y. & B.) (syn. *E. demissum*), Braunjura gamma – Weißjura epsilon; ca. 3,7 cm
6 *Pholadomya lirata* (SOW.), (syn. *P. murchisoni*), Braunjura; ca. 3,6 cm
7 *Scaphotrigonia navis* (LAM.), Braunjura alpha; ca. 5,5 cm
8 *Trigonia costata* PARK., Braunjura alpha – delta; ca. 8 cm
9 *Ctenostreon pectiniformis* (SCHL.), (syn. *C. proboscideum*), Braunjura gamma – Weißjura epsilon; ca. 16,5 cm
10 *Modiolus bipartitus* (SOW.), Braunjura epsilon – Weißjura alpha; ca. 4,3 cm
11 *Gresslya gregaria* (ZIET.), Braunjura gamma – epsilon; ca. 3,5 cm
12 *Goniomya literata* (SOW.), (syn. *G. v-scripta*), Braunjura alpha – Weißjura epsilon; ca. 3,4 cm
13 *Anchura subpunctata* (MUENST.), Braunjura alpha; ca. 4 cm
14 *Cryptaulax armata* (GOLDF.), Braunjura; ca. 1,5 cm
15, 16 *Obornella palemon* (ORB.), Braunjura delta; ca. 4,5 cm
17, 18 *Rhynchonelloidella alemanica* (ROLL.)(syn.*R. varians*); Braunjura epsilon; ca. 1,5 cm
19, 20 *Acanthothyris spinosa* (L.), Braunjura delta – epsilon; ca. 2,8 cm
21, 22 *Lobothyris pervulgata* SEIF. (syn. *Terebratula perovalis*), Braunjura delta; ca. 2,5 cm
23–25 *Holectypus depressus* (LESKE.), Braunjura epsilon – zeta; ca 4,5 cm
26, 27 *Rhabdocidaris horrida* (MERIAN), Braunjura gamma – delta; 26: Stachel, ca. 8,5 cm; 27: Interambulakralplatten, ca. 2,5 cm
28 *Berenicea archiaci* HAIME, Braunjura alpha – Weißjura beta; ca. 0,4 cm
29, 30 *Cenoceras inornatum* (ORB.), Schwarzjura epsilon – Braunjura delta; ca. 6 cm
31 *Brachybelus gingensis* (OPP.), Braunjura gamma – delta; ca. 2,5 cm
32–34 *Hibolites semihastatus* (QU.), Braunjura gamma – zeta; ca. 22 cm; 34: Rostrenlängsschnitt
35 *Megateuthis ellipticus* (MILL.) (syn. *M. giganteus*), Braunjura gamma – epsilon; ca. 38 cm
36 *Megateuthis aalensis* (VOLTZ) (syn. *M. giganteus*), Braunjura delta – epsilon; ca. 45 cm
37 *Leioceras opalinum* (REIN.), Braunjura alpha (*opalinum*-Zone); ca. 4 cm
38, 39 *Pachylytoceras torulosum* (ZIET.), Braunjura alpha (*opalinum*-Zone, *torulosum*-Zone); ca. 8 cm

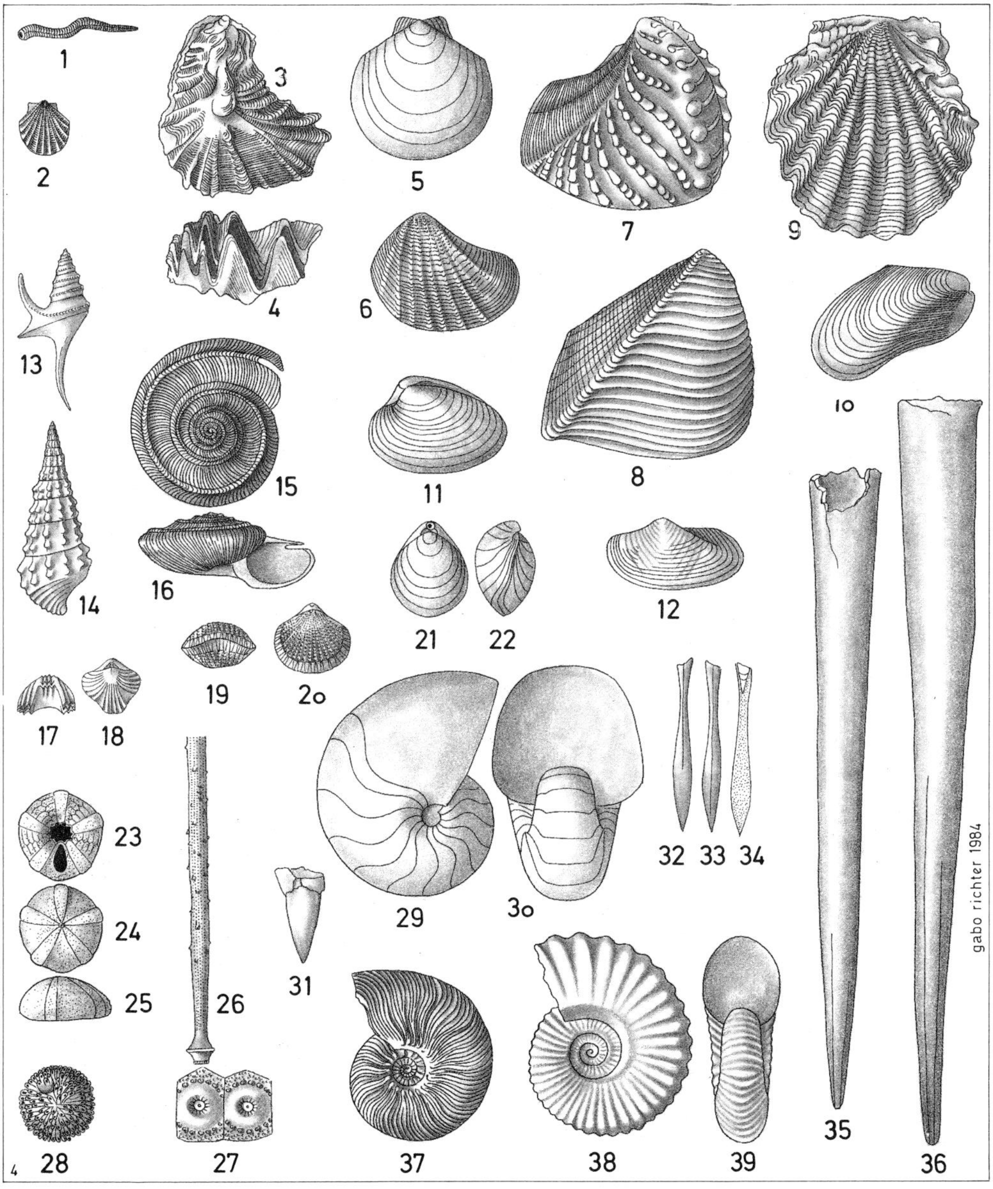

1
2
3
4
5
6
7
8
9
10
11
12
13
14
15
16
17
18
19
20
21
22
23
24
25
26
27
28
29
30
31
32
33
34
35
36
37
38
39
gabo richter 1984

Tafel 5: Braunjurafossilien

1, 2 *Clydoniceras discus* (Sow.), Braunjura epsilon (*discus*-Zone); ca. 10 cm
3, 4 *Sigaloceras calloviense* (Sow.), Braunjura zeta (*calloviense*-Zone); ca. 6,5 cm
5, 6 *Macrocephalites macrocephalus* (Schl.), Braunjura zeta (*macrocephalus*-Zone); ca. 10 cm
7, 8 *Oxycerites aspidoides* (Opp.), Braunjura epsilon (*aspidoides*-Zone); 7: ca. 9 cm
9, 10 *Kosmoceras ornatum* (Qu.), Braunjura zeta (*athletum-/lamberti*-Zone); ca. 4,3 cm
11 *Oraniceras wuerttembergicum* (Opp.), Braunjura epsilon (*zigzag*-Zone); ca. 7,5 cm
12 *Stephanoceras nodosum* (Qu.), Braunjura delta (*humphriesianum*-Zone); ca. 8,5 cm
13 *Teloceras blagdeni* (Sow.), Braunjura delta (*humphriesianum*-Zone); ca. 10 cm
14, 15 *Strenoceras niortensis* (Orb.) (syn. *S. subfurcatum*), Braunjura delta (*niortensis*-Zone); ca. 3,7 cm
16, 17 *Garantiana garantiana* (Orb.), Braunjura delta (*garantiana*-Zone); ca. 9 cm
18 *Sonninia ovalis* (Qu.), Braunjura gamma (*ovalis-/laeviuscula-Zone); ca. 19,5 cm*
19 *Otoites pauper* Westerm., Braunjura gamma (*sauzei*-Zone); ca. 5,5 cm
20, 21 *Parkinsonia parkinsoni* (Sow.), Braunjura delta (*parkinsoni*-Zone); ca. 10 cm
22 *Hyperlioceras discites* (Waag.), Braunjura gamma (*discites*-Zone); ca. 6,5 cm
23, 24 *Ludwigia murchisonae* (Sow.), Braunjura beta (*murchisonae*-Zone); ca. 14 cm
25 *Staufenia staufensis* (Opp.), Braunjura beta (*murchisonae*-Zone); ca. 7,5 cm
26, 27 *Costileioceras sinon* (Bayle), Braunjura beta (*murchisonae*-Zone); ca. 9 cm

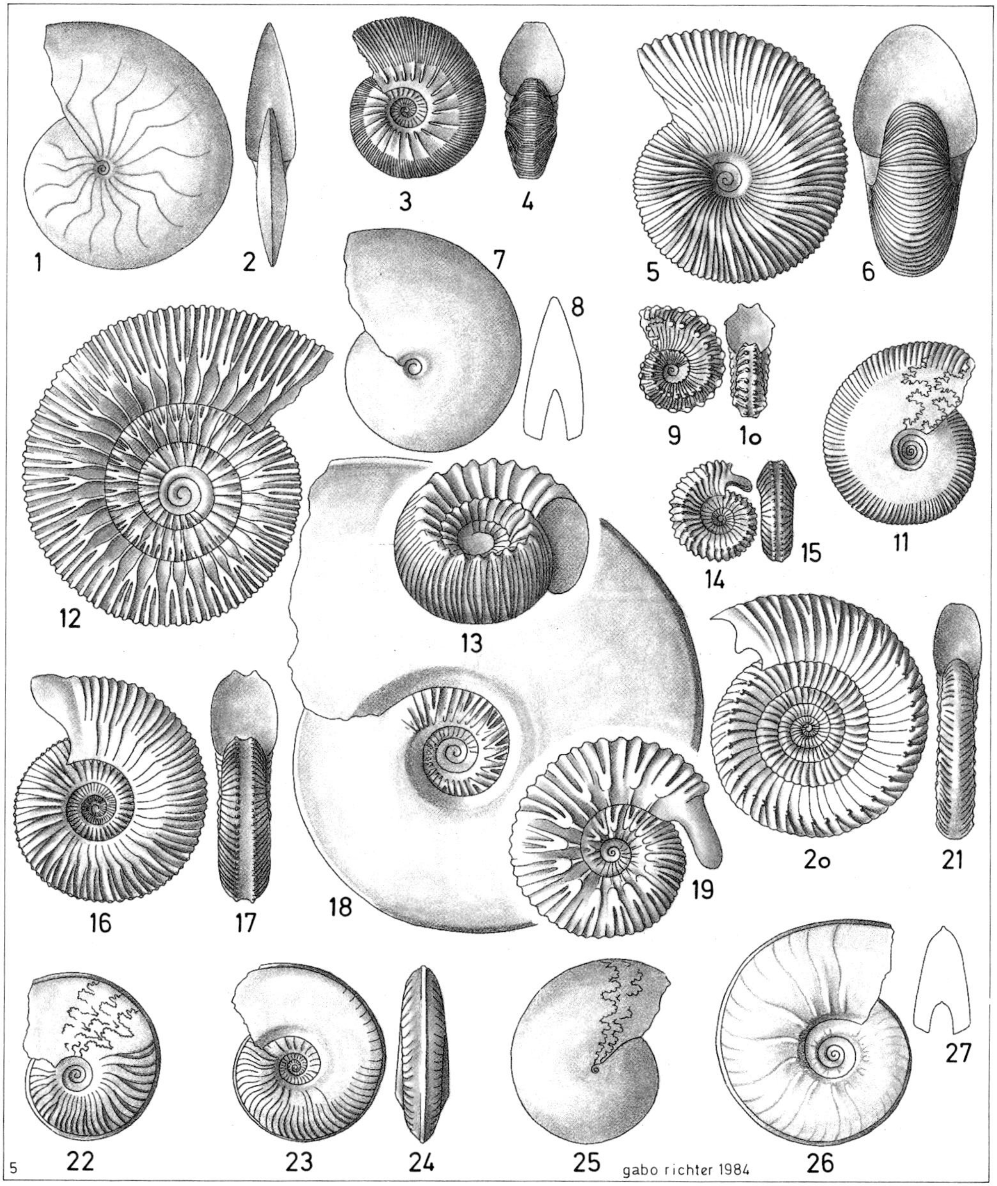
1
2
3
4
5
6
7
8
9
1o
11
12
13
14
15
16
17
18
19
2o
21
22
23
24
25
26
27
5
gabo richter 1984

Tafel 6: Weißjurafossilien

1 *Laocaetis paradoxa* (MUENST.), Weißjura alpha – epsilon; ca. 11 cm
2 *Cypellia rugosa* (GOLDF.), Weißjura alpha – epsilon; ca. 7 cm
3 *Sporadobyle obliqua* (GOLDF.), Weißjura alpha; ca. 2,5 cm
4 *Cnemidiastrum rimulosum* (GOLDF)., Weißjura gamma – zeta; ca. 6 cm
5 *Pachyteichisma lopas* (QU.), Weißjura gamma; ca. 4,5 cm
6 *Spinigera alba* (QU.), Weißjura alpha – beta; ca. 2,9 cm
7 *Anchura bicarinata* (GOLDF.), Weißjura alpha – delta; ca. 1,9 cm
8 *Chlamys subarmata* (MUENST.), Weißjura delta – epsilon; ca. 2,7 cm
9 *Mactromya concentrica* (MUENST.), Braunjura epsilon – Weißjura epsilon; ca. 4,5 cm
10 *Liostrea rugosa* (MUENST.), Weißjura gamma – epsilon; ca. 3 cm
11, 12 *Nucleata nucleata* (SCHL.), Weißjura gamma; ca. 1,5 cm
13 *Terebratulina substriata* (SCHL.), Weißjura gamma – zeta; ca. 2 cm
14–16 *Loboidothyris zieteni* (LOR.), Weißjura beta – epsilon; ca. 3 cm
17 *Lacunosella trilobata* (ZIET.), Weißjura epsilon – zeta; ca. 3,5 cm
18, 19 *Trigonellina loricata* (SCHL.), Weißjura alpha – zeta; ca. 0,8 cm
20–22 *Aulacothyris bernardina* (ORB.) (syn. *Aulocothyris impressa*), Weißjura alpha; ca. 2,6 cm
23, 24 *Lacunosella lacunosa* (SCHL.), Weißjura gamma – zeta; ca. 3 cm
25, 26 *Ismenia pectunculoides* (SCHL.), Weißjura alpha – zeta; ca. 1,5 cm
27–29 *Loboidothyris bisuffarcinata bisuffarcinata* (SCHL.), Weißjura alpha – epsilon; ca. 2 cm
30, 31 *Torquirhynchia speciosa* (MUENST.) (syn. *T. inconstans),* Weißjura gamma – zeta; 30: ca. 3,4 cm; 31: ca. 4 cm
32, 33 *Millericrinus mespiliformis* (SCHL.), Weißjura beta – zeta; 32: ca. 1,1 cm; 33: ca. 1,5 cm
34 *Eugeniacrinites cariophillites* (SCHL.), Weißjura alpha – gamma; ca. 1,8 cm
35, 36 *Balanocrinus subteres* (MUENST.), Weißjura alpha – epsilon; 35: ca. 0,5 cm; 36: ca. 2,5 cm
37, 38 *Collyrites carinata* (LESKE), Weißjura alpha – delta; ca. 2,5 cm
39 *Disaster granulosus* (GOLDF.), Weißjura alpha – gamma; ca. 3,5 cm
40, 41 *Holectypus orificatus* (SCHL.), Weißjura delta – epsilon; ca. 2,5 cm
42, 43 *Plegiocidaris coronata* (SCHL.), Weißjura alpha – zeta; 42: Gehäusekapsel, ca. 3,5 cm; 43: Stachel, ca. 3,7 cm
44, 45 *Tylasteria jurensis* (QU.), Weißjura alpha – zeta; 44: ca. 1 cm
46, 47 *Sphaeraster scutatus* (GOLDF), Weißjura alpha – zeta; ca. 3,5 cm
48, 49 *Sphaeraster punctatus* (QU.), Weißjura alpha – zeta; 48: ca. 2,5 cm
50 *Prosopon mammillatum* (WOODW.), Weißjura alpha – gamma; ca. 1,5 cm
51, 52 *Hibolites pressulus* (QU.), Weißjura alpha; 51: ca. 1,5 cm
53 *Hibolites hastatus* (BLAINV.), Weißjura alpha – zeta; ca. 12,5 cm
54 *Pseudaganides aganiticus* (QU.), Weißjura gamma; ca. 6,5 cm
55 *Ochetoceras canaliculatum* (BUCH), Weißjura alpha (*plicatilis*-Zone) – Weißjura beta (*galar*-Zone); ca. 5 cm
56 *Cardioceras cordatum* (SOW.), Weißjura alpha (*cordatum*-Zone); ca. 8,5 cm
57 *Epipeltoceras bimammatum* (QU.), Weißjura alpha (*bimammatum*-Zone); ca. 5,5 cm
58 *Arisphinctes plicatilis* (SOW.), Weißjura alpha (*plicatilis*-Zone); ca. 6,3 cm
59 *Gregoryceras transversarium* (QU.), Weißjura alpha (*plicatilis*- bis *bifurcatus*-Zone); ca. 7 cm
60 *Physodoceras circumspinosum* (OPP.), Weißjura beta – gamma; ca. 6,7 cm
61 *Lamellaptychus*, Weißjura alpha – zeta; ca. 5,5 cm
62, 63 *Laevaptychus*, Weißjura alpha – zeta; Vorder- und Rückseite, je ca. 3,7 cm hoch

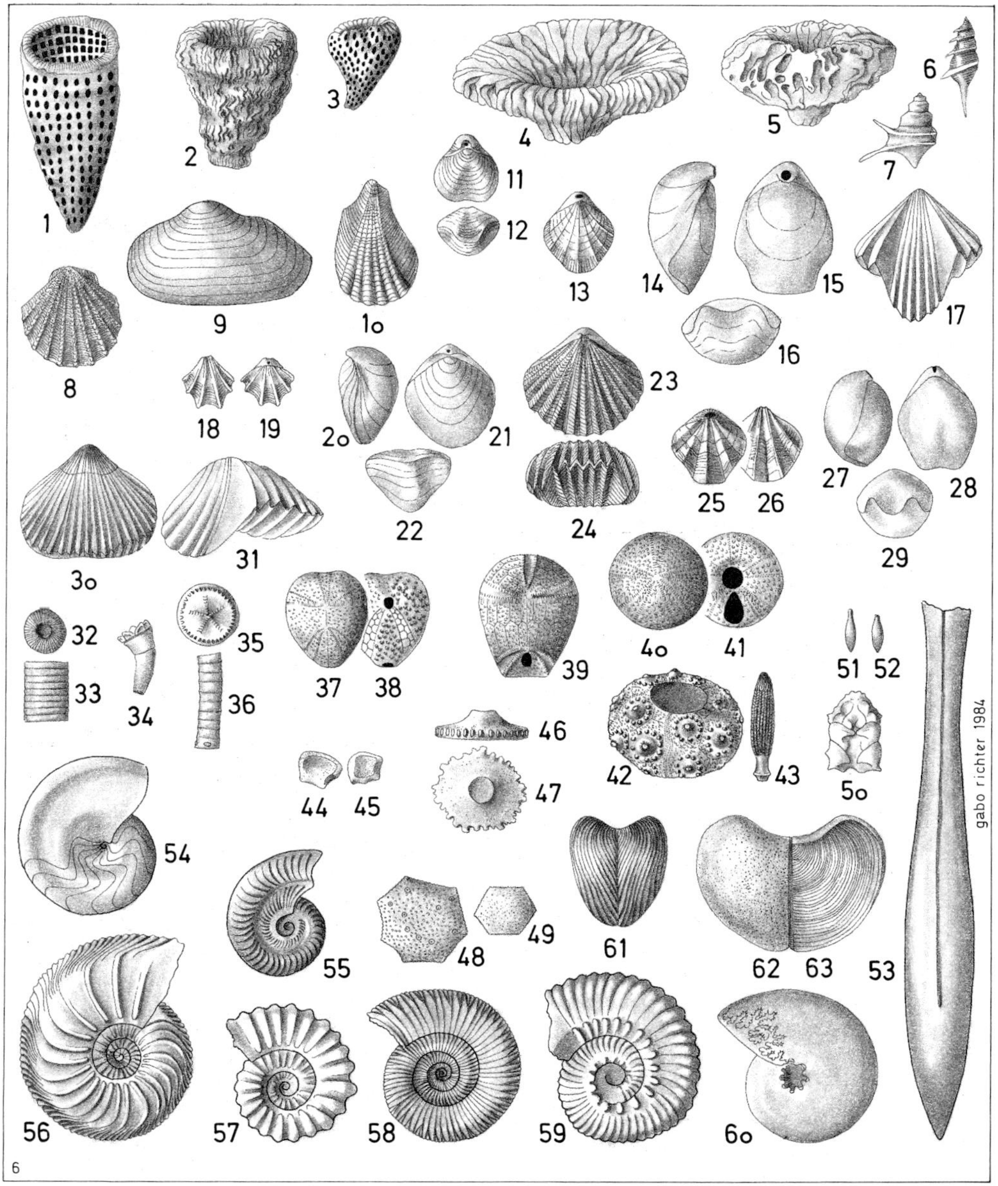
1
2
3
4
5
6
7
8
9
1o
11
12
13
14
15
16
17
18
19
2o
21
22
23
24
25
26
27
28
29
3o
31
32
33
34
35
36
37
38
39
4o
41
42
43
44
45
46
47
48
49
5o
51
52
53
54
55
56
57
58
59
6o
61
62
63
gabo richter 1984
6

Tafel 7: Weißjurafossilien

1, 2	*Involuticeras involutum* (Qu.), Weißjura gamma (*platynota-* bis *hypselocyclum*-Zone); ca. 7,5 cm
3	*Progeronia triplex* (Qu.), Weißjura beta – gamma; ca. 7,8 cm
4–7	*Eurasenia trimera* (Opp.), Weißjura gamma; man beachte die Variationsmöglichkeit der Art; 4: ca. 4,5 cm; 6: ca. 6 cm
8	*Creniceras dentatum* (Rein.), Weißjura gamma; ca. 2,5 cm
9	*Aspidoceras acanthicum* (Opp.), Weißjura gamma – delta; ca. 11 cm
10	*Streblites tenuilobatus* (Opp.), Weißjura gamma (*hypselocyclum-* bis *divisum*-Zone); ca. 6 cm
11	*Lithacoceras planulatum* (Qu.), Weißjura gamma (*hypselocyclum-* bis *divisum*-Zone); ca. 10 cm
12	*Sutneria platynota* (Rein.), Weißjura gamma (*platynota*-Zone); ca. 2 cm
13	*Progeronia eggeri* (Ammon), Weißjura gamma (*hypselocyclum-* bis *divisum*-Zone); ca. 16 cm
14, 15	*Aspidoceras binodum* (Opp.), Weißjura gamma; ca. 9,5 cm
16	*Glochiceras nimbatum* (Opp.), Weißjura gamma; ca. 1,8 cm
17	*Parataxioceras lothari* (Opp.), Weißjura gamma ((*hypselocyclum*-Zone); ca. 8,5 cm
18	*Ataxioceras hypselocyclum* (Font.), Weißjura gamma (*hypselocyclum*-Zone); ca. 8 cm
19, 20	*Orthosphinctes polygratus* (Rein.), Weißjura gamma (*platynota*-Zone); ca. 5 cm
21	*Metahaploceras wenzeli* (Opp.) Weißjura beta; ca. 8,3 cm
22	*Idoceras planulum* (Ziet.), Weißjura beta (*planula*-Zone); ca. 7,6 cm
23	*Amoeboceras ovale* (Qu.), Weißjura gamma; ca. 4,3 cm
24	*Taramelliceras costatum* (Qu.), Weißjura beta; ca. 4,5 cm
25	*Sutneria galar* (Opp.), Weißjura beta (*galar*-Zone); ca. 2,5 cm
26, 27	*Divisosphinctes bifurcatus* (Qu.), Weißjura alpha (*bifurcatus*-Zone); ca. 6 cm
28	*Taramelliceras rigidum* (Weg.), Weißjura beta; ca. 3,8 cm
29, 30	*Lingulaticeras lingulatum* (Qu.), Weißjura beta – gamma; ca. 3 cm

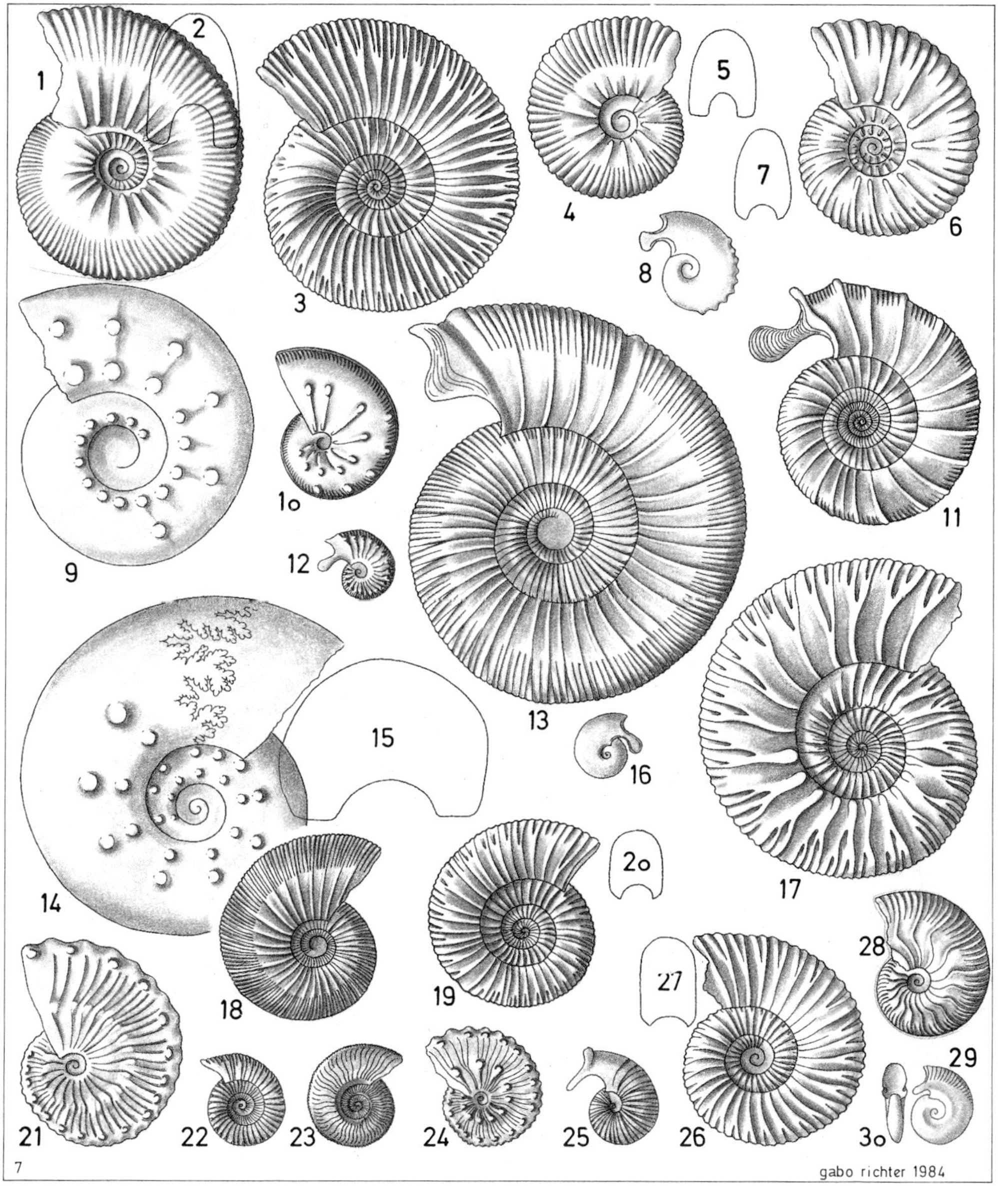
1
2
3
4
5
6
7
8
9
1o
11
12
13
14
15
16
17
18
19
2o
21
22
23
24
25
26
27
28
29
3o
7
gabo richter 1984

Tafel 8: Weißjurafossilien

1 *Aspidoceras longispinum* (Sow.), Weißjura epsilon; ca. 9 cm
2, 3 *Hybonoticeras pressulum* (Neum.), Weißjura epsilon (*pedinopleurus*-Zone); ca. 4,2 cm
4 *Virgataxioceras setatum* (Schneid.), Weißjura epsilon (*setatum*-Zone); ca. 5,7 cm
5 *Enosphinctes pedinopleurus* (Seeg.), Weißjura epsilon (*pedinopleurus*-Zone); ca. 4 cm
6 *Metahaploceras wepferi* (Berckh.), Weißjura epsilon (*setatum*-Zone); ca. 5,5 cm
7 *Oxyoppelia fischeri* (Berckh.), Weißjura epsilon (*pedinopleurus*- bis *subeumelus*-Zone); ca. 6 cm
8 *Pseudowaagenia hermanni* (Berckh.), Weißjura epsilon (*pedinopleurus*- bis *subeumelus*-Zone); ca. 3,5 cm
9, 10 *Aulacostephanoceras eudoxum* (Orb.), Weißjura delta (*eudoxus*-Zone); ca. 7 cm
11, 12 *Orthaspidoceras liparum* (Opp.), Weißjura delta (2, 3); ca. 10,5 cm
13 *Taramelliceras compsum* (Opp.), Weißjura delta (1–3); ca. 8 cm
14 *Glochiceras lens* (Berckh.), Weißjura epsilon (*setatum*-Zone); ca. 1,5 cm
15 *Glochiceras politulum* (Qu.), Weißjura epsilon (*setatum*-Zone); ca. 2,3 cm
16, 17 *Aulacostephanoides mutabilis* (Sow.), Weißjura delta (*mutabilis*-Zone); ca. 8 cm
18 *Enosphinctes subeumelus* (Schneid), Weißjura epsilon; ca. 2,8 cm
19 *Enosphinctes eumelus* (Orb.), Weißjura delta (*eudoxus*-Zone); ca. 2 cm
20, 21 *Nebrodites agrigentinus* (Gemm.), Weißjura delta; ca. 6 cm
22 *Streblites levipictus* (Font.), Weißjura delta (1–3); ca. 7,5 cm
23 *Katroliceras divisum* (Qu.), Weißjura gamma (*divisum*-Zone); ca. 15 cm
24 *Taramelliceras pseudoflexuosum* (Favré), Weißjura gamma (*divisum*-Zone) – delta; ca. 5,8 cm
25, 26 *Nebrodites hospes* (Neum.), Weißjura delta; ca. 5,3 cm

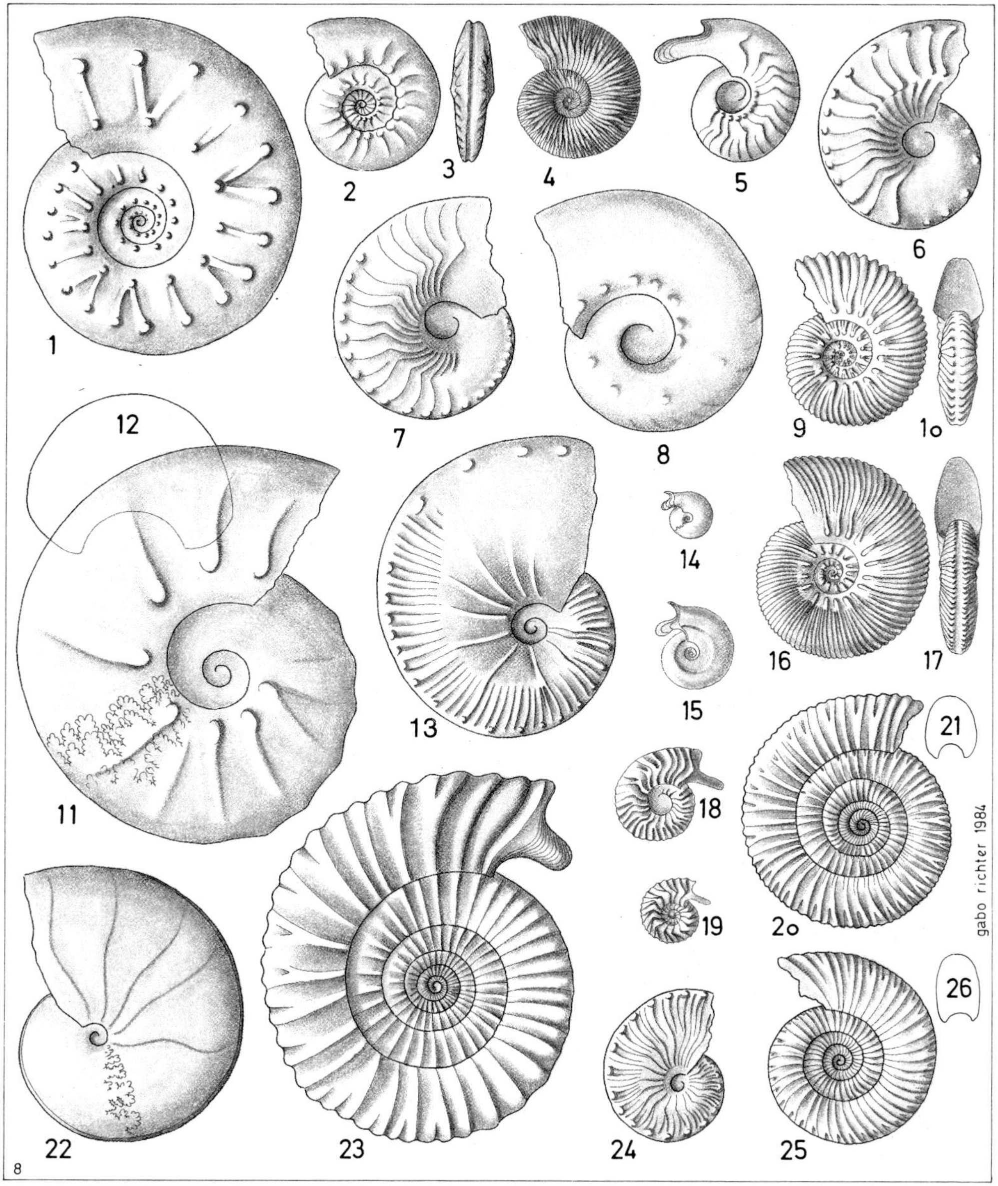
1
2
3
4
5
6
7
8
9
10
11
12
13
14
15
16
17
18
19
20
21
22
23
24
25
26
gabo richter 1984
8

Tafel 9: Weißjurafossilien

1	*Pseudolissoceras bavaricum* (BARTHEL), Weißjura zeta 6; ca. 3,5 cm
2	*Paralingulaticeras lithographicum* (OPP.), Weißjura zeta 3; ca. 4 cm
3	*Neochetoceras steraspis* (OPP.), Weißjura zeta 2; ca. 5 cm
4	*Usseliceras franconicum* (ZEISS), Weißjura zeta 4; ca. 6,5 cm
5	*Hybonoticeras beckeri* (NEUM.), Weißjura epsilon – zeta (*hybonotum*-Zone); ca. 4,8 cm
6	*Sutneria eugyra* (BARTHEL), Weißjura zeta 2; ca. 1,8 cm
7	*Parapallasiceras praecox* (ZEISS), Weißjura zeta 5; ca. 4 cm
8	*Taramelliceras prolithographicum* (FONT.), Weißjura zeta 3; ca. 4,8 cm
9	*Subplanites moernsheimensis* (SCHNEID), Weißjura zeta 3; ca. 7,7 cm
10, 11	*Gravesia gigas* (ZIET.), Weißjura epsilon (*setatum*-Zone) – zeta (*hybonotum*-Zone); ca. 9,3 cm
12	*Franconites vimineus* (SCHNEID); Weißjura zeta 5; ca. 7,9 cm
13	*Sublithacoceras penicillatum* (ZEISS), Weißjura zeta 5; ca. 8,7 cm
14	*Lithacoceras ulmense* (OPP.), Weißjura zeta 1–3; ca. 13 cm
15, 16	*Pithonodon marginatum* (MEYER), Weißjura epsilon – zeta; ca. 1,4 cm
17	*Coelopus pustulosus* (MEYER), Weißjura zeta; ca. 1,4 cm
18	*Laeviprosopon laevepunctatum* (MEYER), Weißjura epsilon – zeta; ca. 0,7 cm
19	*Aeger tipularius* (SCHL.), Weißjura zeta 2; ca. 10 cm
20	*Mecochirus longimanatus* (SCHL.), Weißjura zeta 2; ca. 13 cm
21	*Antrimpos speciosus* (MUENST.), Weißjura zeta 2; ca. 18 cm
22	*Saccocoma pectinata* (GOLDF.), Weißjura zeta 2; Rekonstruktion; ca. 10,5 cm
23	*Leptolepides sprattiformis* (AG.), Weißjura zeta 2; ca. 7 cm
24	*Lumbricaria*, Weißjura zeta 2; ca. 5 cm
25	*Phalangites priscus* (MUENST.), Weißjura zeta 2; ca. 4,3 cm
26	*Palpipes cursor* (ROTH), Weißjura zeta 2; ca. 6 cm
27	*Geocoma carinata* (MUENST.), Weißjura zeta 2; ca. 4,5 cm

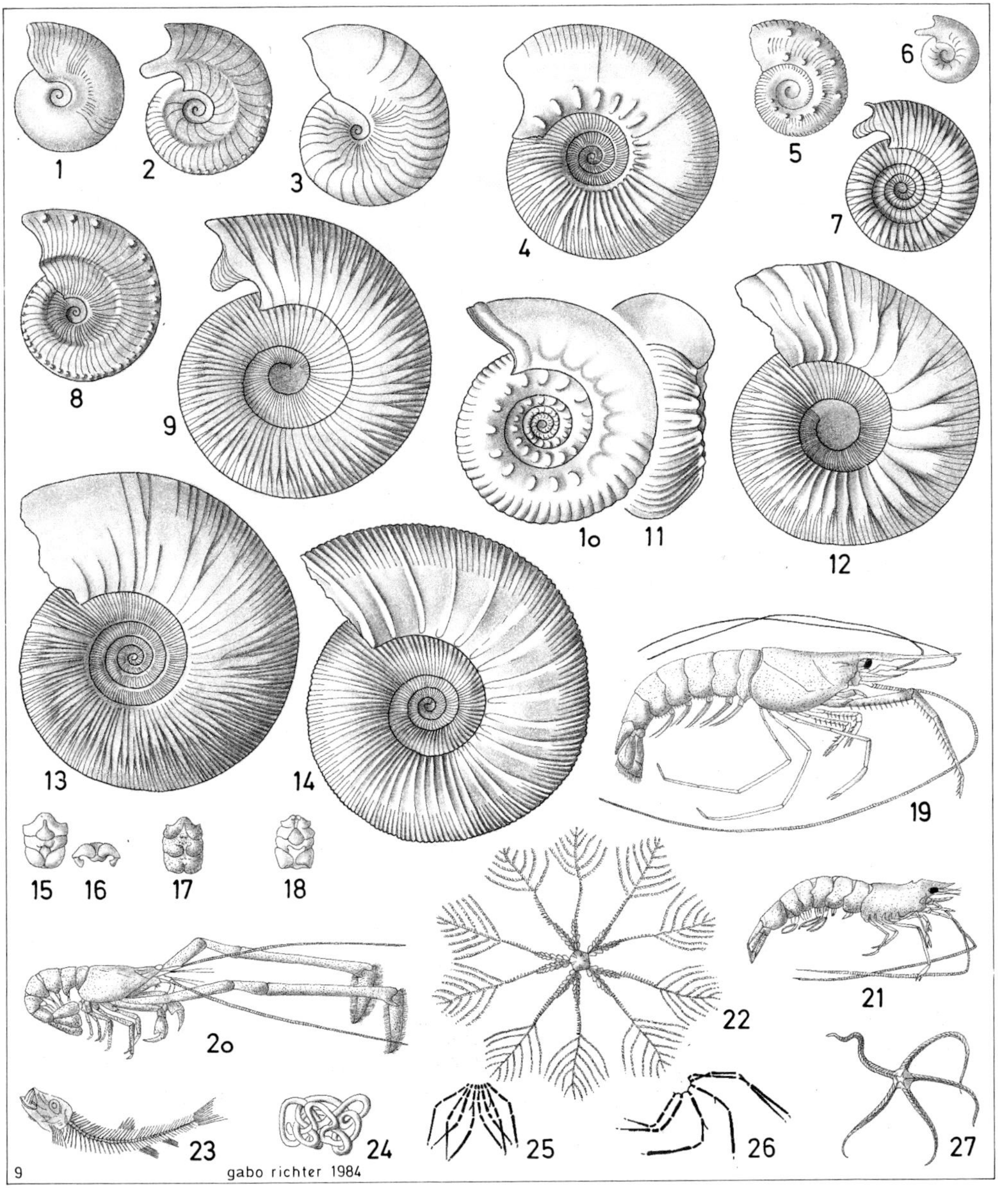
1
2
3
4
5
6
7
8
9
1o
11
12
13
14
15
16
17
18
19
2o
21
22
23
24
25
26
27
9
gabo richter 1984

Kontaktadressen

Albert, Erwin, Breslauer Str. 20, 8622 Burgkunstadt (0 95 72 / 94 37)
Aumann, Dr. Georg, Park 6, Naturwissensch. Museum, 8630 Coburg
Balke, Friedhelm, Nibelungenstr. 19, 8501 Lindelburg (0 91 83 / 86 01)
Brodte, Wolfgang, Stettiner Str. 10, 8902 Neusäß (08 21 / 46 32 63)
Erbe, Günter, Ahornweg 3, 8460 Schwandorf (0 94 31 / 2 07 41)
Fetzer, Helmut, Schießgrabenstr. 2, 8900 Augsburg (08 21 / 51 19 41)
Glungler, Helmut, Gutenbergstr. 21, 8830 Treuchtlingen (0 91 42 / 23 47)
Götz, K.-H., Altmühlstr. 12, 8400 Regensburg (09 41 / 4 13 14)
Graf, Jürgen, Bahnhofstr. 6, 8867 Oettingen/Bay. (09 82 / 33 09)
Gradl, Horst, Probsteistr. 208, 8500 Nürnberg (09 11 / 8 86 21)
Haberl, Heinz, Sperberstr. 2, 8070 Ingolstadt
Haslwimmer, Erwin, Anzengruberweg 12, 8300 Landshut (08 71 / 2 20 97)
Hinckeldey, Olga v., Kilian-Leib-Str. 95, 8078 Eichstätt (0 84 21 / 44 48)
Hirnich, Bernd, Terrassenweg 6, 8632 Neustadt-Fürth (0 95 68 / 50 96)
Hoernes, Martin, Pfälzerstr. 13, 8503 Altdorf (0 91 87 / 28 00)
Kavasch, Dr. Wulf-Dietrich, Schulstr. 5, 8861 Hohenaltheim (0 90 88 / 7 70)
König, Roland, Obernsees 98, 8581 Mistelgau (0 92 06 / 4 54)
Koukal, Thomas, Rosengasse 30, 8570 Pegnitz (0 92 41 / 24 26)
Kraus, Johanna, 8623 Staffelstein-Stublang (0 95 73 / 69 96)
Kriebitzsch, Peter, Weiherstr. 21, 8458 Sulzbach-Rosenberg (0 96 61 / 31 62)
Lindenthal, Walter, Stephanstr. 16, 8500 Nürnberg 30 (09 11 / 49 89 76)
Mages, Wolfgang, Am Grabfeld 11, 8420 Kelheim (0 94 41 / 36 55)
Matterstock, Elisabeth und Franz, Johann-Puppert-Str. 2, 8626 Michelau (0 95 71 / 8 81 75)
Mehringer, Martin, Horntalstr. 33, 8600 Bamberg (09 51 / 6 47 97)
Metzner, Herbert, Schulstr. 10, 8501 Kalchreuth (09 11 / 56 87 11)
Neumann, Armin, Nerzstr. 42, 8500 Nürnberg 40 (09 11 / 44 64 82)
Pascher, Alexander, Am Kornfeld 8, 8901 Welden (0 82 93 / 60 86)
Pfeiffer, Arno, Mühlwiesenweg 45, 8702 Rimpar üb. Würzburg (0 93 65 / 13 16)
Pförringer, Dr. Karin, Badstr. 48, 8400 Regensburg (09 41 / 8 54 56)
Rath, Rudolf, Seb.-Regler-Str. 61, 8450 Amberg (09 6 21 / 2 55 82)
Roloff, Robert, Frankenstr. 11, 8700 Würzburg (09 31 / 2 39 29)
Scheuermann, Arnold, Hans-Watzlik-Str. 15, 8424 Saal/Donau (0 94 41 / 84 20)
Schlampp, Victor, Falkensteinstr. 10, 8904 Friedberg-Wulfertshausen (08 21 / 7 10 13 53)
Schulze, Dr. Klaus-Dieter, Krumbacher Str. 1, 8901 Dinkelscherben (0 82 92 / 7 95)
Seubert, Arnold, Neubergstr. 31, 8700 Würzburg (09 31 / 7 76 06)

Soeren, Johan C. van, Steinknöck 3, 8520 Erlangen-Sieglitzhof (0 91 31 / 5 18 15)
Straßer, Anton, Artmannstr. 91, 8520 Erlangen (0 91 31 / 3 22 28)
Veit, Reinhard, Bahnhofstraße, 8311 Velten/Vils (0 87 42 / 3 19)
Weise, Dietmar, Rohrenstadterweg 8 ½, 8438 Berg-Sindlbach (0 91 89 / 13 30)
Winkler, Arnolf, Kirchplatz 3 a, 8626 Michelau (0 95 71 / 81 03)

Register

Im Inhaltsverzeichnis erscheinende Hauptbegriffe sind in der Regel nicht aufgeführt. Erscheinen auf einer Seite (Fossilliste!) mehrere Arten einer Gattung, so ist im Register nur eine Art erwähnt. Es wurden nahezu ausschließlich Schichtbezeichnungen, Fossilnamen und im Zusammenhang mit Aufschlüssen stehende Ortsnamen aufgenommen. Ein geringer Teil der Fossilnamen konnte aus Platzgründen nicht mehr untergebracht werden (Trias- und Schwarzjura-alpha-Pflanzen, Weißjuraschwämme). Abkürzungen: tab = Tabelle, prof = Profil. Halbfette Seitenzahlen verweisen auf Abbildungen.

Acanthicum-Schichten 120
Acanthoceras 137, 138, 141, 147
Acanthoceratites spinosus tab 43, 50, **199**
Acantopleuroceras valdani 77
Acanthothyris spinosa 99, 101, **205**
Acrocidaris nobilis 128, 131
Acrocoelites subgracilis 91
Acrodus-Bank tab 43, 60
Acrodus lateralis 51, **199**
A. microdus 58, 60
Acropeltis aequituberculata 131
Actinocamax plenus 137, 138
Adlerberg 193
Aegasteroceras sagittarium 75
Aeger tipularius 168, **215**
Aequipecten nebrodensis 130
A. priscus 73, 75, 77, 79, **201**
Albenreuther Schotter tab 132, 134, 146
Alblehm 16
Alectryonia 136, 141, 145, 146
Alocolytoceras coarctatum 91
Alsatites liasicus tab 69, 74
Altdorf 29 ff., 35, 81, 85
Altenbürg 190, 191
Altendorf 129
Altenstein 65
Altershausen 64
Amaltheenschichten tab 69
Amaltheus gibbosus 78, 79, **203**
A. gloriosus 79, **203**
A. margaritatus tab 69, 78, 79, **203**
A. stokesi 78, 79
A. subnodosus 78, 79
Amauroceras ferrugineum 79
Amberger Erzformation tab 132, 132
Amberger Erzkonglomerat tab 132, 137
Amberger Tripel tab 132, 138
Amberleya bathonica 100
A. subimbricata 73, 75, 76, 79
Ammelhofen 118, 131
Ammerfelder Schichten tab 159
Amoeboceras alternans 110
A. bauhini 112
A. lineatum 123
A. ovale 116, **211**
Amphitrochus duplicatus 99
A. subduplicatus 91
Ampullina gigas 116, 123
A. globosa 123
Anchura bicarinata 110, 116, 123, **209**
A. subpunctata 93, **205**
Androgynoceras capricornum 78
A. maculatum **77, 203**
Angulatenschichten tab 69, 72, 73
Angulaticeras rumpens 75
Anhydritgruppe tab 43, 52
Ankatal 22
Anomia 139, 145
Anomoedus muensteri 137
Anomopteris mougeoti 48, **199**
Ansbacher Sandstein tab 43, 61
Antiquilima succincta 73, 75, 77
Antrimpos speciosus 168, **215**
Apoderoceras nodogigas 77
Aporrhais buchii 141
Apsorroceras baculatum 99
Aptyxiella portlandica 130
Arca bencki 130
Archaeometra scrobiculata 110
Archaeopteryx lithographica 156
Arcomya kelheimensis 130
Arctostrea gregarea 100, 110
Arietenschichten tab 69, 72, 73
Arietites bucklandi tab 69, 74
Arisphinctes plicatilis tab 69, 109, 110, **209**
Arnioceras semicostatum tab 69, 74
Arnstein 124
Asphinctites tenuiplicatus 100
Aspidoceras acanthicum 117, 120, 123, **211**
A. binodum 117, **211**
A. longispinum 128, 131, **213**
Aspidoidesschichten tab 69
Astarte gueuxi 73, 75, 77, 79
A. obovata 140, 141
A. striatosulcata 77, 79, 81, 91, 93, 95, 99, 100
Asteriacites lumbricalis 74
Asteroceras obtusum tab 69, 75
Ataxioceras hypselocyclum tab 69, 116, **211**
A. suberinum 117
Ataxioceraten-Schichten 115
Auerbach 37, 98, 146
Auerbacher Kellersandstein tab 132, 146
Aulacostephanites eulepidus 123
Aulacostephanoceras eudoxum tab 69, 120, 123, **213**
Aulacostephanoides mutabilis tab 69, 120, 123, **213**

Aulacostephanus pseudomutabilis 123
Aulacothyris bernardina 102, 110, **209**
A. resupinata 79
Aumühle 190
Avellana ovum 141
Avicula 139, 141, 147

Baculitenmergel tab 132, 142
Baculites 138
Bad Abbach 137, 140
Bärnwinkel 56
Bakevellia subcostata 50
Balanocrinus subteres 110, 113, 117, 123, **209**
Balderum-Bänke 115
Bank der kleinen Terebrateln tab 43, 54
Banz 32, 33, 81
Barbaraberg 64
Barbatia uhligi 112, 130
Basisletten tab 43, 62
Basissandstein (Jura) prof 94
Basissandstein (Trias) tab 43
Bathrotomaria reticulata 110, 116, 123, 128
Bausandstein 53
Beaniceras centaurum 77
Becheiceras bechei 77
Behringersmühle 22
Beinbreccie 81, prof 83
Belemnopsis canaliculatus 97, 99, 102
Belzheim 193
Benker Sandstein tab 43, 60
Berenicea archiaci 93, 96, 97, 99, 101, **205**
Bergheim 164
Bertoldsheim 164
Bertoldsheimer Schichten tab 159
Bifericeras bifer 75
Bigotites nicolescoi 99
Bilobissa bilobata 97
Bimammatum-Schichten 109
Birgeria mougeoti 51, 58
Bischberg 118
Bittenbrunn 140
Blasensandstein tab 43, 61
Bleiglanzbank tab 43, 59, 60
Blomenhof 90, 91
Blumenberg b. Eichstätt 162
Blumenrod 66, 74
Bodenmühle 64
Bodenwöhr 140
Böhmfeld 163
Bomburites microstomus 100
Bonebedschichten 50
Bosacker 74, 75
Bositra buchi 81
Bourguetia saemanni 97, 99, 100, 102, 110
Brachybelus breviformis 78, 79, 91, 93
B. gingensis 97, 99, **205**
Bradfordia praeradiata 97
Brasilia bradfordensis 95
Brightia sueva 102
Bröckelschiefer-Folge tab 43, 45
Büschelberg b. Hainsfarth 145
Bullatimorphites bullatus 102
Buntarkosen tab 43
Bunte Breccie 188
Burglengenfeld 114
Burgsandstein tab 43, 62, 63

Cadomites deslongchampsi 99
C. extinctus 100
Caenocidaris cucumifera 99
Calcirhynchia calcaria 74, 75
Callianassa antiqua 137, 139, 142, 145
Caloceras johnstoni 73
Calycoceras naviculare 147
Camptochlamys tithonica 130
Camptonectes auritus 93, 95, 97, 99, 100, 110, 116, 123, 128, 130
Cardiaster 139, 141, 147
Cardienton tab 132, 146
Cardinia concinna 73, **201**
C. listeri 73, 75, **201**
Cardinien-Schiefer tab 43, 58
Cardioceras cordatum tab 69, 109, 110, **209**
Cardiopelta bicordata 110
Cardium productum 141, 142, 147
Catacoeloceras crassum 82, **203**
Catinula knorri 100
Catopygus 136, 137, 141, 147
Cenoceras aratum 77
C. inornatum 81, 91, 93, 95, 97, 99, **205**
C. intermedium 73, 75, 77, 79, 81, 91, **201**
Cepaea sylvestrina 192
Ceratites compressus tab 43, 50, **199**
C. enodis tab 43, 50, **199**
C. evolutus tab 43, 50, **199**
C. laevigatus tab 43, 50, **199**
C. nodosus tab 43, 50, 54, **199**
C. similis tab 43, 50, **199**
Ceratodus laupi 58
Ceratomya excentrica 110, 116, 123, 128
Cercomya undulata 99, 100
Cererithyris intermedia 101
Cernina hemisphaerica 128
Chara 192, 193
Chariocrinus andreae 99
C. wuerttembergicus 93, 96
Chartronella zetes 99
Cheltonia accipitris 75
Chemnitzia hehli 50
Chirotheriensandstein 46
Chirotherienschichten tab 43, 46
Chirotherienschiefer tab 43, 47
Chladocrinus basaltiformis 78, 79, **201**
C. scalaris 74, 75, 78, 79
C. tuberculatus 74, 75, **201**
Chladophorites **144**, 192, 193
Chlamys alberti 50
C. comata 116, 123, 128
C. fibrosa 110
C. quenstedti 130
C. subarmata 123, 128, **209**
C. textoria 73, 75, 77
Choffatia subbakeriae 100
C. transitoria 102
Chondrites 83
Cidaris 137, 139, 141, 147
C. vesicularis 139
Cincta numismalis 78, **201**
Cingentolium cingulatum 110, 123
Cirpa fronto 74, 75, 78
Clavagella tornacensis 142
Clydoniceras discus 100, **207**
Clypeus plotii 99

Cnemidiastrum rimulosum 116, 123, 128, **209**
Coburger Sandstein tab 43, 62
Coelastarte 97, 99
Coeloceras pettos 77
Coeloderoceras birugum 77
Coelodiscus minutus 81, 91
Coelopus pustulosus 131, **215**
Coeloteuthis calcar 75
Coenothyris cycloides 51, 54
C. vulgaris 51, 54, 55, **199**
Collotia fraasi 102
Collyrites carinata 110, 113, 117, 124, **209**
Conchorhynchus avirostris 50
Conotomaria cincta 123
Corax falcatus 137, 139, 141, 147
Corbis 136, 141, 142, 146
Corbula-Bank tab 43, 60
Corbulomima mosensis 123, 128, 130
Coroniceras rotiforme 74, **201**
Corophioides luniformis 48
Coryceras crenatum 110
C. modestiforme 112, 116
Corynella quenstedti 116, 123, 128
Costatoria costata 48
C. goldfussi 50, 58, **199**
Costileioceras sinon 95, **207**
Cottaldia benettiae 136
Crassatella 136, 141, 142
Creidlitz 64
Creniceras dentatum 116, 123, **211**
Cretirhynchia plicatilis 147
Cretolamna appendiculata 147
Crucilobiceras densinodum 75
Crussoliceras crussoliense 115, 116
Crussoliensis-Mergel 115
Cryptaulax armata 91, 93, 95, 97, 99, 100, 102, 110, **205**
C. scobina 79
Cryptoplocus depressus 128
Ctenostreon pectiniformis 97, 99, 100, 110, 116, 123, 128, **205**
C. rubicundum 130
Cucullaea 140, 141
C. muensteri 73, 75, 77, 79
C. subdecussata 99, 100, 102
C. texta 116, 123
Cuneirhynchia oxynoti 75, 78
Curviceras subangulare 73
Cyathophora bourgueti 130
Cycloides-Bank tab 43, 53
Cylindroteuthis munieri 97, 99
C. puzosianus 110, 113
Cymaceras guembeli 116
Cymbites globosus 75
Cypellia rugosa 109, 12, 116, 123, **209**
Chyphosoma koenigi 141
Cypricardia trapezoidalis 141
Cyprimeria discus 140
Cyprina 136, 138, 141, 142, 147
Cypris risgoviensis 192
Cyzicus laxitextus 58, 60

Dacryomya ova 81
Dactylioceras athleticum 81, 82, **88**
D. commune 82, **203**
D. tenuicostatum tab 69, 81, 82
Dactylioceras-Bank tab 69, 81

Dactyloteuthis hebetatus 91
D. irregularis **82**, 83, **201**
Daiting 163
Daiting-Schichten 162
Dechbetten 142
Degendorf 74
Deltoideum deltum 123, 128
Dentaliumbank tab 43, 51
Derolytoceras tortum 79
Desorella semigloba 124
Detfurth-Folge tab 43, 46
Deuerling 124
Dichotomosphinctes antecedens 110
Dickbank-Sandstein tab 43, 45
Dillberg 96, 97
Diplopodia subangularis 117, 122, 124, 128
Disaster granulosus 110, 113, 117, **209**
Discamphiceras megastoma 73
Discoceratiten-Schichten tab 43, 54, 55
Discoceratites dorsoplanus 50, **199**
D. semipartitus 50, **199**
Discohelix sinistra 79
Discoidea subucula 136, 147
Discosphinctes streichensis 110
Distichoceras bipartitum 102
Divisosphinctes bifurcatus tab 69, 109, 110, **211**
Dobertshof 65
Dörfles 36, 52, 54, 56
Döringstadt 33
Doggersandstein tab 69, 94
Dolinen 22
Dorocidaris eybrunnensis 138
Dorsetensia deltafalcata 99
Drügendorf 111, 113, 117
Dumortieria kochi **89, 90**, 91
D. levesquei tab 69, prof 84, 91, **203**
D. radiosa prof 84, 91
Dunkle Bank 81, prof 83

Ebelsbach 65
Ebermannstadt 111, 113, 117
Ebersdorf 67, 74, 75
Ebrayiceras sulcatum 100
Echioceras raricostatum tab 69, 75, **201**
ECK'scher Geröllsandstein tab 43, 45
Effeltrich 67, 74, 75, 78
Ehenfeld 76 ff., 83
Ehenfelder Schichten tab 132, 134
Eibrunner Mergel tab 132, 138
Eichelberg 65
Eining 161
Einsturzdolinen 23
Eisbuckelschichten tab 132, 140
Eisensandstein tab 69, 94, 107
Eisersdorf 56, 59
Eleganticeras elegantulum 82
Emileia brocchii 97
Enallhelia compressa 130
Enantiostreon difforme 50
Encrinus liliiformis 51, 53, **199**
Engelhardtsberger Schichten 127
Enosphinctes eumelus 123, **213**
E. pedinopleurus tab 69, 127, 128, **213**
E. subeumelus tab 69, 127, 128, **213**
Entalis laevis 50
Entolium corneolum 97, 99, 100, 110, 116, 123, 128, **205**
E. discites 50
E. lunare 73
E. orbiculare 147
Eocallista brongniarti 123, 128, 130
Eodiceras bavaricum 130
Eopecten abjectus 95
E. inaequistriatus 130
E. velatus 123
Eparietites undaries 75
Epideroceras spoliatum 77
Epipeltoceras bimammatum tab 69, 109, 110, 113, **209**
Epophioceras longicella 75
Equisetites arenaceus 58, **199**
Erdfälle 23
Ernstfeld 111, 113, 117
Eryma ornata 102
Erymnoceras coronatum tab 69, 101, 102
Erymnocerites leuthardti 102
Erzletten tab 132
Esbach 64
Eschenbach 52
Esericeras eseri 91
Estheriensandstein tab 43, 60
Estherienschichten tab 43, 60
Ettenstatt 79, 83
Etterzhausen 124, 128, 131
Euagassiceras striaries 74
Euaspidoceras perarmatum 110
Eucyclus capitaneus 91
E. subangulatus 93
Eudoxus-Schichten 120
Eugeniacrinites cariophyllites 110, 113, 117, **209**
E. hoferi 110, 113, 117, 123
Euhoploceras polyacanthum 97
Eurasenia trimera 117, **211**
Exogyra **135**, 136 ff., 145, 146
Exogyra wetzleri 130

Fäule 160
Fechheim 33
Felssandstein-Folge tab 43, 46
Feuerletten tab 43, 63
Feuerstein b. Ebermannstadt 111, 113, 117
Finkenstein 164
Finkenstein-Schichten tab 159
Fischschuppenbank 81
Fissilobiceras fissilobatum 97
Flabellina cordata 138, 139, 141
Flabellia tuberosa 102
Flachsberg b. Unterhausen 165
Flächenalb 28, 102
Flädle 190
Flinz 160
Forchheim 67, 74, 75, 78
Formosarhynchia bruta 99
Forstlahm 36, 56
Fränkische Grenzschichten tab 43, 55
Fränkische Schweiz 26, 28
Franconites vimineus tab 69, 130, 131, 164, **215**
Frankendolomit 106, 112, 131
Freihölser Bausand tab 132, 145
Fremdschollen 188
Friedersreuther Pflanzentone tab 132, 146
Friesen 46
Furcirhynchia furcillata 78, 79
Gagaticeras gagateum 75
gamma-Oberbank prof 94
Gansheim 164
Gansheimer Bankkalke tab 159, 163
Garantiana garantiana tab 69, 98, 99, **207**
Garnierisphinctes semigarnieri 116
Gastrochaena amphisbaena 136, 139
Gaustadt 65
Gavelinella tumida 145
Geblümte Bank 118, 119
Geiersberg-Folge tab 43, 46
Geiersberg-Geröllsandstein tab 43
Geiersberg-Grobsandstein tab 43
Geiersberg-Wechselfolge tab 43
Geisental-Schichten tab 159, 160
Gelber Kipper tab 43, 55
Gelnhausen-Folge tab 43, 45
Geocoma carinata 169, **215**
Geologische Orgel 24
Germanonautilus bidorsatus 50
Gervillella aviculoides 97, 99, 100, 110
Gervilleia murchisoni 48
G. mytiloides 50
Gibbirhynchia curviceps 75, 78, **201**
Gigantothyris blanda 99
Gipskeuper tab 43, 59
Glaukonitbank 109
Glaukonitmergel tab 132, 141
Glaukonitsandstein tab 132
Glimmer-Glaukonit-Sande 146
Globotruncana bulloides 145
Glochiceras lens 128, **213**
G. nimbatum 116, 123, **211**
G. politulum 128, 130, **213**
G. subclausum 110
Glomerula gordialis 78, 93, 95, 97, 99, 101, 110, 147
Glycimeris geinitzi 147
Görauer Anger 23
Goldberg 193
Goldschnecken 37, 42, 101
Goniomya literata 93, 95, 97, 99, 100, 110, 123, 128, **205**
Goniothyris uniformis 99
Gonolkites convergens 100
Gosheim 188
Grabgangfazies 95
Gräfenberg 114, 117, 127
Grafenmühle 118
Grafenwöhr 52
Graisbach 164
Grammoceras thouarsense tab 69, prof 84, 91, **203**
Grammotodon concinnus 97, 99, 100, 102, **107**, 110
Granocardium productum 147
Granulochetoceras uracense 116
Graphoceras concavum 95
Grauer Feinsandton tab 132, 145
Gravesia gigas 131, **215**
Gregoryceras transversarium 109, 110, **209**
Grenzbonebed tab 43, 55
Grenzdolomit tab 43, 58
Grenzgelbkalk tab 43, 51
Grenzglaukonit tab 43
Grenzkarneolhorizont tab 43, 46
Grenzquarzit tab 43, 47, 48

Gresslya abducta 79, 81, 91, 93, 95, 97, 99, 100
G. gregaria 100, **205**
Gronsdorf 124, 128
Großbellhofen 72, 74
Großberger Sandstein tab 132, 142
Großenbuch 96, 97, 100, 101
Großheirath 67, 74
Großmehring 131, 164
Grossouvria sulcifera 102
Gründsandstein tab 132, 134
Grundgips tab 43, 59
Gryphaea arcuata 73, **201**
G. cymbia 77
G. dilatata 110
G. obliqua 75, **201**
G. vesicularis 145
Gulielmiceras gulielmi 102
Gulielmites medeus 102
Gundelsdorf 46
Gundelsheim 122, 124, 189
Gyrolepis albertii 51, **199**

Haag 137, 140, 142
Haarth 62
Haig 47
Hainsfarth 145, 193
Hainsacker 140
Hammatoceras insigne 91
H. subinsigne 91, 93
Hangende Krumme Lage tab 159, 160, 161
Haploceras elimatum 130
Harburg 189
Hardegsen-Folge tab 43, 46
Harpagodes oceani 123
Harpoceras elegans **35**, 82
H. falcifer tab 69, 81, 82, **203**
Hartmannshof 111, 113, 117, 124
Hastites clavatus 78, 79, **201**
H. subclavatus 91
Haugia variabilis tab 69, prof 84, 91, **203**
Hauptbonebed 81
Hauptbuntton tab 132
Haupt-Encrinidenbank tab 43, 53
Hauptflöz-Horizont prof 94
Hauptmuschelkalk tab 43, 53, 54
Hauptphosphoritlage prof 83
Hauptsandstein tab 43, 58
Haupterebratelbank tab 43, 54, 55
Hauptwerksandstein prof 94
Hausen 32
Hecticoceras hecticum 102, **108**
Hedbergella planispira 138
Hegnabrunn 56
Heigenbrückener Sandstein tab 43, 45
Heldburger Fazies 62
Heldburger Gangschar 15
Helle Pseudomorphosenschichten 47
Hemicidaris crenularis 110
Heng 94
Hennhüll 161
Herbstadt 64
Hesselberg 21, 194
Heterohelix pseudotessera 145
Hetzles 84
Hibolites hastatus 110, 113, 116, 117, 121, **122**, 123, 128, 131, 168, **209**
H. pressulus 104, 110, **209**
H. semihastatus 97, 99, 100, 102, **205**
Hildaites serpentinum 82
Hildoceras bifrons tab 69, 81, 82, **88,203**
Hiltersdorfer Sandstein tab 132
Himmerstall 75, 75
Höckerbank 81, prof 83
Höfen 124, 131
Hoernesia socialis 50, 58, **199**
Höttingen 65, 75, 78, 79
Hohenkemnath 137
Hohnhausen 65, 66
Holectypus depressus 101, **205**
H. orificatus 122, 124, **209**
Holheim 188
Holzbergia schwandorfense 100
Homoeoplanulites furculus 102
H. homoeomorphus 100
Homoeorhynchia lineata 78, 79
Hopfental-Schichten tab 159
Horioceras bidentatum 102
Hornsandstein tab 132, 139
Hornsteinbank tab 43, 52
Horstberg b. Mörnsheim 162
Hudlestonia serrodens **89**, 91
Hyalotragos patella 109
Hypodonchus cuspidatus 58
Hybodus mougeoti 51
H. plicatilis 51, **199**
H. tenuis 58
Hybonoticeras beckeri 128, 131, **215**
H. hybonotum tab 69, 130, 131
H. pressulum 128, **213**
H. suevicum 117
Hydrobia trochulus 192
Hyperderoceras rugum 77
Hyperlioceras discites tab 69, 97, **207**

Idoceras balderum 115, 117
I. planulum tab 69, 112, 113, **211**
Ihrlerstein 137
Illhof 79, 91
Inoceramen-Bank 81, prof 83
Inoceramus 136, 138 ff., 145
Inoperna duplicata 100
I. sowerbyana 95
Involuticeras involutum 117, **211**
Ipf 194
Ismenia pectunculoides 110, 113, 117, 123, 128, **209**
Isoarca speciosa 130
Isocardia zitteli 141
Isocrinus cingulatus 110
I. desori 113
I. nicoleti 99
Isognomon isognomonoides 97, 99, 100
Itzing 189

Jeding 146
Jedinger Sanstein tab 132, 146
Junkersdorf 65
Jurensis-Mergel tab 69
Juralina bauhini 110, 113
J. humeralis 117
J. insignis **143**

Kager 128
Kalkberg b. Weismain 117, 124
Kamptokephalites tumidus 102, **108**
Kapfelberg 137, 161
Kareth 142
Karneol-Bausandstein tab 43, 46
Karsthöhlen 23
Karstquellen 22
Karthaus 142
Kaspauer 96
Kastl 2
Katroliceras atavum 123
K. divisum tab 69, 116, **213**
Kelheim-Landshuter-Schwelle 104, 105
Kelheimwinzer 140
Kelawaysistes multicostatus 102
Kellersandstein prof 94
Kepplerites keppleri 102
Kheraiceras bullatus 100
K. cosmopolitum 102
Kirchleus 110, 113, 117, 125, 126
Kleinziegenfeld 22, 131
Knöllinger Sandstein tab 132, 146
Knollenmergel 63
Knollensand tab 132, 139
Knollige Lage 118, 119
Königsberg 64
Konglomeratbank tab 43, 51
Kosmoceras ornatum 102, **207**
Krassach 114
Kremmeldorf 83, 91
Kronach 48
Krumme Lage 127, 160
Kulmbacher Konglomerat tab 43, 46
Kumatostephanus kumaterus 99
Kupfertal 22
Kuppenalb 28, 102

Lacunosella arolica 110, 113
L. lacunosa 117, 123, 128, **209**
L. trilobata 128, **209**
Laevaptychus 110, 113, 117, 123, 128, 131, **209**
Laeviprosopon laevepunctatum 128, **215**
Laisacker 164
Lamberticeras lamberti tab 69, 101, 102
Lamellaptychus 110, 113, 117, 123, 128, 131, **209**
Lamna semiplicata 141
Lange Meile 15
Langenaltheim 162
Langenaltheimer Haardt 162
Langheim 33
Laocaetis paradoxa 109, 112, 116, 123, 128, **209**
Lauterhofen 118, 125
Lehmige Albüberdeckung 16
Lehnberg-Formation tab 159, 159
Lehrbergbänke tab 43
Lehrbergschichten tab 43, 61
Leinach 64
Leioceras comptum 93
L. opalinum tab 69, prof 84, 93, **205**
Leptechioceras macdonelli 75
Leptolepides sprattiformis 168, **215**
Leptomaria amoena 99
Leptosphinctes leptus 99
Lettenkohlenkeuper tab 43, 58
Leutenbach 111
Lewesiceras 142, 147
Lias-alpha-1-Sohlbank 72

Lima 136, 139 ff., 145, 146
L. notata 130
Limonitbank tab 132, 146
Lingula beani 82, 91
L. tenuissima 48, 51
L. zenkeri 58
Lingulaticeras lingulatum 112, 116, **211**
L. nudatum 123
L. solenoides 130
Liopistha aequivalvis 141, 142
Liostrea eduliformis 97, 99
L. hisingeri 73
L. rugosa 116, 123, 128, **209**
Liparoceras zieteni 77, **203**
Lissoceras oolithicum 99
L. psilodiscum 100
Lithacoceras grandiplex 112
L. planulatum 116, **125, 211**
L. ulmense 130, **215**
Lithophaga oblonga 141
Loboidothyris bisuffarcinata 110, 113, 117, 123, 128, **209**
L. zieteni 113, 117, 123, 128, **209**
Lobokosmoceras proniae 102
Lobothyris ovatissima 74
L. pervulgata 99, **205**
L. punctata 78, 79
Lopha marshi 93, 95, 97, 99, 100, **205**
Loxonema mediocalcis 50, **199**
Lucina concinna 123, 128
Ludwag 113, 114, 117, 124
Ludwigia murchisonae tab 69, 95, **207**
Ludwig-Kanal 30
Lumbricaria 169, **215**
Lunuloceras lunulum 102
Lycetticeras comma 100
Lyriomyophoria elegans 50
Lytoceras cornucopia 82
L. dilucidum 91
L. fimbriatum 77, 79, **203**
L. siemensi **80**, 82

Macrocephalenschichten tab 69, 101
Macrocephalites macrocephalus tab 69, 101, 102, **207**
Macrocephalusoolith 100
Mactromya concentrica 100, 110, 116, 123, 128, **209**
Magas geinitzi 139 ff.
Magnosia decorata 110
M. nodulosa 117
Mantelliceras mantelli 138, 147
Marching 164
Marginotruncana 138, 145
Marloffstein 79
Massenfazies 103, 104, 127
Massenkalk 102
Maxberg b. Solnhofen 162
Mecochirus longimanatus 168, **215**
Megateuthis aalensis 99, 100, **205**
M. ellipticus 97, 99, 100, **205**
Megesheim 192
Meininger Fazies 49, 51
Melanioptyxis altararis 100
Meleagrinella echinata 97, 99, 100
M. substriata 81, 83, **87**
Merklinia aspera 147
Mesomiltha plana 93
Mesosimoceras teres 117, 123
Metacymbites centriglobus 77
Metahaploceras rigidum 116
M. wenzeli 112, **211**
M. wepferi 128, 130, **213**
Michelfeld 22
Michelfelder Schichten tab 132, 134
Micraster 141
Microderoceras bimaculatum 77
M. birchi 74
Microphyllia soemmeringii 130
Millericrinus mespiliformis 113, 117, 123, **209**
M. munsterianus 110
Miltenberger Wechselfolge tab 43, 45
Mimachlamys cretosa 147
Mistelgau 81, 82, 83, 84, 89, 91, 93
Mittl. Geröllhorizont tab 43
Mitwitz 47
Modiolus 139, 141
M. amalthei 79, **85**
M. bipartitus 100, 102, 110, **205**
M hillanus 73, 75, 77, 79, 81
M. imbricatus 95, 97, 99
M. minimus 91
M. minutus 58
Möhren 124
Mönchkröttendorf 110, 113
Mönchsdeggingen 188
Mönningerberg 21
Mörnsheim 163
Mörnsheimer Bryozoensandstein tab 132, 138
Mörnsheimer Schichten tab 159, 162
Moldavite 183
Monotis-Bänke tab 69, 81, prof 83
Morphoceras multiforme 100
Morrisiceras morrisi tab 69, 100
Mühlheimer Muschelsandstein tab 132, 138
Münchner Riffplatte 105
Muggenbach 66
Muggendorf 127
Mutabilis-Schichten 120
Myalina blezingeri 50
Myoconcha boehmi 130
M. crassa 95
M. cretacea 136
Myophorella clavellata 97, 99, 100, 110, 116, 123, 128
Myophoria kefersteini 58, 60
M. laevigata 48, 50, 58, **199**
M. vulgaris 48, 50, 58, **199**
Myophorienschichten tab 43, 48, 59
Myophoriopsis gregaria 50
Myrmecium hemisphaericum 116, 123, 128
Mytiliceramus polyplocus 95
Mytilus gregarius 136
Nannobelus acutus 74, 75, 78, **201**
Nanogyra nana 100
N. striata 116, 123, 128
Natica geinitzi 141
Naturschächte 22
Nautilus 141, 142, 145
Nebrodites agrigentinus 117, 123, **213**
N. hospes 123, **213**
Nedensdorf 32, 80, 81, 83
Neithea aequicostata **136**, 136
N. quinquecostata 136, 138, 139, 141, 145, 147
Nemodon maceratus 112, 130
Nennslingen 111
Neochetoceras mucronatum tab 69, 130
N. steraspis 130, 163, 164, 168, **215**
Neocrassina modiolaris 99
Neoflabellina praerugosa 145
Neophyllites brevicellatus 73
Neoschizodus orbicularis 50, 52
Nerinea hoheneggeri 130
Nerita visurgis 110
Neritaria pulla 50
Neritopsis philea 81
Netzstall 128
Neubürg 21
Neuburger Bankkalke tab 69, tab 159, 165
Neuburger Kieselkreide tab 132, 139
Neudorf 117
Neuenreuth 47
Neukirchener Ocker tab 132, 146
Neuses 78, 79
Neustadt/Aisch 65
Neustadt/Coburg 48
Neustadt/Kulm 65
Newaagia noetlingi 50
Niederndobrach 47, 48
Nodicoeloceras crassoides 82
Nodosus-Schichten tab 43, 54
Nördlingen 189
Normannites orbignyi 99
Nothoprosopon ornatum 128
Nothosaurus mirabilis 51, **199**
Notidanus 110, 117
Nubeculinella 119
Nucleata nucleata 117, **209**
Nucleolites clunicularis 99
N. scutatus 110
Nucula striata 141
Nuculana complanata 79, **85, 201**
N. truncata 73
Nürnberger Fazies 62
Numismalismergel tab 69

Oberau 124, 128
Ob. graue Mergelkalke tab 69, prof 113, 115
Ob. Mergelplatte 118, 119
Ob. Schwarzjuramergel tab 69
Ob. Schwarzjuratone tab 69
Oberelldorf 65
Oberer Sandstein tab 43, 58
Ob. Werksandstein prof 94
Oberflöz-Horizont prof 94
Oberhausener Schichten tab 159
Oberlangheim 37, 42, 102
Oberlauringen 64
Oberlauter 52
Oberleinsiedl 137, 140, 142
Oberndorfer Horizont prof 94
Oberniederdorf 65
Obertrübenbach 137, 140
Obornella granulata 99, 100, 102
O. palemon 99, **205**
O. pliopunctata 99
Obovothyris magnobovata 101
Ochetoceras canaliculatum 110, 112, **209**
O. canaliferum 116, 123, 128

O. zio 130
Ockerlage prof 83
Odontobelus brevirostris 93
O. pyramidalis 91
Oecoptychius refractus 102
Oecotraustes decipiens 100
O. genicularis 99
Offenstetten 161
Ohrenbach 98
Oistoceras figulinum 78
Onkospira ranellata 116, 123, 128
Oolith tab 43, 52
Oolithbank tab 43, 51
Oolithica ornata 99
Opalinumton tab 69, 92
Oppelia subradiata 99
Oppertshofen 188
Oraniceras wuerttembergicum 100, **207**
Orbicularis-Schichten tab 43, 52
Ornatenton tab 69, 101
Ornithella bathonica 101
O. lagenalis 102
Orthacodus 110, 117
Orthaspidoceras liparum 123, **213**
O. uhlandi 115, 117
Orthogarantiana schroederi 99
Orthosphinctes colubrinus 112
O. polygratus 116, **211**
O. praenuntians 123
O. tiziani 110
Osteomya dilata 97, 99, 100
Osterdorf 118
Osterholz 191
Ostrakodenton tab 43
Ostrea vesicularis 137, 146
Otodus appendiculatus 137 ff., 141, 145, 147
Otoites pauper 97, **207**
O. sauzei tab 69, 97
Otting 191
Ovalastraea caryphylloides 130
Oxycerites aspidoides tab 69, 100, **207**
O. fallax 99
O. limosus 99, 100
Oxydiscites laffoni 116
Oxynoticeras oxynotum tab 68, 75, **201**
Oxyoppelia fischeri 128, **213**
Oxyrhina 137, 141
Oxytoma inequivalva 73, 75, 77, 81, 91, 93, 95, 97, 99
O. tenuicostata 147

Pachydiscus peramplus 139, 142, 147
Pachylytoceras torulosum prof 84, **89**, 93, **205**
Pachymytilus crassissimus 130
Pachypictonia albinea 117
Pachyteichisma lopas 116, **209**
Painten 161
Paintener Forst 23
Paintener Schichten tab 159
Palaeobates angustissimus 51
Palaeocardita praecursor 58
Palaeneilo elliptica 50
Palaeonucula hammeri 93
P. subglobosa 77, 79, 81, 91, **201**
P. speciosa 58
P. strigilata 50
P. variabilis 99
Palpipes cursor 168, **215**
Paltechioceras aplanatum 75
Panopea regularis 141, 142
Papilliceras mesacanthum 97
Parachoffatia funata 110
Paracidaris florigemma 110
Paraceratites 50
Paracoroniceras oblongaries 74
Parainoceramus substriatus 81, 91
Paralingulaticeras lithographicum 130, 162, 163, 168, **215**
Parapallasiceras praecox 131, **215**
Parapatoceras distans 102
Pararasenia semieudoxa 123
Paraspidoceras meriani 110
Parataxioceras lothari 117, **211**
parautochthone Schollen 188
Parinodiceras parinodum 77
Parkinsonia acris 99, **107**
P. parkinsoni tab 69, 98, 99, **207**
Parkinsonienschichten tab 69, 98, 100
Parkinsoni-Oolith 98
Paroecotraustes fuscus 100
Parsberger Riffschranke 106, 109
Parva-Platten 81, prof 83
Passaloteuthis elegans 75
P. paxillosus 78, 79, 82, **201**
Pecten 136, 137, 138, 139, 140, 141, 145, 147
P. personatus 95, **205**
Peltoceras athletum tab 69, 101, 102
Pemphix sueuri 51
Pentacrinus-Bank tab 43, 51
Perisphinctes martelli 110
Perodinella cylindrica 116, 123, 128
Peronoceras fibulatum 82
Personatenschichten tab 69
Pettendorf 137
Pfalzpaint 162
Phalangites priscus 168, **215**
Phaulostephanus paululus 99
Phlycticeras pustulatum 102
Phlyseogrammoceras dispansum prof 84, 91
Pholadomya 140, 142
P. acuminata 123
P. ambigua 75, 77, 79
P. lirata 93, 95, 97, 99, 100, 110, **205**
Phyrgaea vesicularis 146
Phylloceras heterophyllum 82, **203**
P. supraliasicum 91
Physodoceras circumspinosum 113, 117, **209**
P. contemporaneum 123
Piaorhynchia juvenis 74, 75
Pictonia baylei 117
Pinna 136, 140, 145
P. hartmanni 73, 79
P. lanceolata 112
Pithonodon marginatum 128, 165, **215**
Placothyris rollierei 117, 123
Placunopsis jurensis 130
P. ostracina 50
Plagiostoma gigantea 73, 75, 77, **201**
P. hoperi 146
P. laeviuscula 110
P. latelunulata 130
P. striata 50
Plattensandstein tab 43, 47, 48
Platynota-Schichten 115
Platynoticeras alterum 77
Platypleuroceras caprarium 77
Plectomya rugosa 116, 123
Plectothyris fimbria 96
Plegiocidaris coronata 110, 113, 117, 123, 128, 131, **209**
Plesiechinus ornatus 99
Pleurocephalites perseverans 102
Pleuroceras apyrenum 78, 79
P. hawskerense 78, 79
P. salebrosum 79, **85**
P. solare 78, 79, **85, 203**
P. spinatum tab 69, 78, 79, **85, 86, 203**
Pleurolytoceras hircinum **89, 90,** 91, **203**
Pleuromya liasina 73, 75, 77, 79, **201**
P. musculoides 48, 50, 58
P. uniformis 97, 99, 100, 110, 116, 123, 128
Pleuronectites laevigatus 50, **199**
Pleurotomaria anglica 73, 75, 76, 79, **201**
P. linearis 136, 141, 142
P. tuberculata 73, 75, 76
Pleydellia aalensis tab 69, prof 84, **89**, 91, **203**
P. costula **90**, 91, **203**
P. leura **89**, 91
P. mactra **90**, 91
P. subcompta **89, 90**, 91
Plicatula placunea 139
P. spinosa 79
Plumper Felsenkalk 127
Poecilomorphus cycloides 99
Piogn 145
Pollanten 111
Polsingen 191
Polydiadema langi 124
P. mamillanum 128
Polymorphites bronni 77
Polyplectites gracilis 99
Polyplectus discoides 91
Polysphinctes secundus 100
Posidonienschiefer tab 69
Praeconia rhomboidalis 95, 99, 100
Praeglobotruncana hagni 138
Prionocidaris subvesiculosa 147
Procerites prograсilis tab 69, 100
Procerithium muricatum 99, 100
Prodactylioceras davoei tab 69, 76, 78, **203**
Progeronia eggeri 116, **211**
P. progeron 123
P. triplex 112, 116, **211**
Progonoceratites atavus tab 43, 50, **199**
P. pulcher tab 43, 50, **199**
P. robustus tab 43, 50, **199**
Prohecticoceras retrocostatum tab 69, 100
Promicroceras capricornoides 74
P. planicosta 75
Propeamussium pumilum 81, 91, 93, 95, 97, 99, **205**
Proplanulites koenigi 102
Prorasenia stephanoides 117
Prorsisphinctes pseudomartinsi 99
Proscaphites anar 110
Prosopon mammillatum 110, 113, 117, **209**
Protancyloceras gracile 131
Protocardia eduliformis 116, 123, 128

P. hillana 136, 141
P. philippiana 73
P. rhaetica 58
Prototeuthis cricki 75
Proveniella ligeriensis 147
Pseudaganides aganiticus 116, **209**
Pseudoamaltheus engelhardti 79
Pseudodiadema 136, 141
Pseudogarantiana dichotoma 99
Pseudogrammoceras fallaciosum 91
Pseudolimea acuticosta 77, 79
P. canalifera 146
P. dupla 73
P. duplicata 95, 130
Pseudolioceras compactile 91
Pseudolissoceras bavaricum tab 69, 130, 165, **215**
Pseudomelania heddingtonensis 110, 116, 123
Pseudomytiloides dubius 81, **201**
P. nobilis 79, **85**
Pseudotrapezium cordiforme 99, 100
Pseudowaagenia hermanni 128, **213**
P. micropla 117, 123
Psiloceras planorbis tab 69, 73, **201**
Psilonotenschichten tab 69, 72
Psilophyllites hagenowii 73
Pteria bronni 58
Pterodonta elongata 140
Pteroperna plana 95, 99
Pterophyllum jaegeri 58, **199**
Ptychodus 137, 139, 141
Ptychomphalus expansus 73, 75, 76, 79, **85, 201**
Pulchellia gesliana 138
Pulverturmschichten tab 132, 141
Purpurina bellona 99
Putealiceras punctatum 102
Pyrgotrochuus conoideus 99
P. speciosus 110

Quaderkalk 55
Quenstedtoceras (Lamberticeras) tab 69, 101, 102
Quenstedtoceras mariae 109

Rabenstein 34
Radians-Schichten tab 69
Rappersdorf 111
Raricostatenschichten tab 69
Rasenia balteata 117
Rasenioides fascigera 112
R. striolaris 117
Rastellum carinatum 146
Regensburger Grünsandstein 129, tab 132, 134
Rehlingen 124, 126
Reichenschwand 79
Reifenberg 94, 96, 99, 101, 102, 110
Reineckeia anceps 102
Reinhausener Schichten tab 132, 138
Rennertshofener Schichten tab 69, tab 159, 164
Rhabdobelus exilis 91
Rhabdocidaris horrida 97, 99, **205**
R. orbignyana 117, 123, 128
Rhät 65
Rhaetavicula contorta 58, **199**
Rhätolias 72
Rhizocorallium 51
Rhopalobelus ventroplanus 75
Rhyncholithes hirundo 50
Rhynchonella 136, 139 ff., 145, 147
R. schüleri 82
Rhynchonelloidella alemanica 100, 101, **205**
R. socialis 102
Rhynchostreon suborbiculatum 134, **135**, 146
Rieder Schichten tab 159
Riesseekalke 192
Ries-Wiesent-Riff 105
Rimirhynchia rimosa 74, 75, 78
Ringsteadia brandesi 112
R. tenuiplexa 117
Riparioceras riparium 75
Riselloidea biarmata 93, 99, 100, 102
Robustirhynchia robusta 102
Rögling 161
Röglinger Bankkalke tab 159, 160
Röhrig 56
Rötquarzit tab 43, 47, 48
Röttonsteine tab 43, 47, 48
Rohrbrunner Geröllsandstein tab 43
Rohrbrunn-Folge tab 43, 46
Rohrbrunn-Wechselfolge tab 43
Rollierella orbicularis 116, 123, 128
Ronheim 189
Roschlaub 93, 94, 96, 97, 99, 101, 102
Roßdorf 110, 113, 117, 124
Roßlach 53, 56
Rostellaria gracilis 91
Rotalipora greenhornensis 138
Rudirhynchia calcicosta 74, 75, 78, 79, **201**
Rübling 111
Rügheim 59
Rugiferites rugifer 100
Rugitela bullata 101

Saal 129, 133, 137, 144
Saccocoma pectinata 168, 169, **215**
Salenia scutigera 139
Salmünster-Folge tab 43, 45
Sandsteinkeuper tab 43, 59, 61
Sarcinella plexus 78, 93, 95, 97, 99, 101, 147
Sassendorf 67,74
Saurichthys acuminatus 58, **199**
S. apicalis 51, 58
Saurierschicht 81, prof 83
Sauzei-Schichten tab 69
Scalpellirhynchia scalpellum 79
Scaphites 138, 142
Scaphotrigonia navis 93, 205
Scarburgiceras bukowskii 110
Schambach 124
Schambachtal 22
Schammendorf 110
Schaumkalkbänke tab 43, 51
Schernfeld 162
Schesslitz 83, 91
Schilfsandstein tab 43, 60
Schlaifhausen 81, 84, 88
Schlotheimia angulata tab 69, 73, **201**
S. depressa 74
Schlotten 24
Schmerldorf 75, 78, 79
Schnabelwaid 67
Schnaittach 79
Schobertsberg 21
Schönbachsmühle 65
Schutzfelsschichten 129, tab 132, 133
Schwalbtal 193
Schwetzendorf 137
Sciponoceras bohemicum 142
Seirocrinus subangularis 78, 79, 83, 91
Semipartitus-Schichten 54, 55
Semirasenia moeschi 117
Sengenthal 96, 107
Serpula lumbricalis 93, 96, 97, 99, 101, 110, **205**
Setatum-Schichten 127
Seugast 145
Seugaster Werksandstein 134
Siemensi-Knollen tab 69, 81, prof 83
Siemiradzkia aurigera 100
Sigaloceras calloviense tab 69, 101, 102, **207**
S. enodatum 102, **108**
Skirroceras macrum 99
Solenocrinus compressus 110
Solling-Folge tab 43, 46
Solnhofener Plattenkalke tab 159, 161
Solnhofener Schichten 129
Solnhofen-Formation tab 69, tab 159, 159
Sonninia ovalis tab 69, 97, **207**
S. sowerbyi 97
Sophienberg 21
Sowerbyceras tortisulcatoides 79
Sowerbyi-Bank prof 94
Sowerbyi-Konglomerat 96
Sowerbyi-Schichten tab 69
Sphaera rotundata 146
Sphaeraster punctatus 110, **209**
S. scutatus 110, **209**
Sphaeroceras tuttum 99
Sphaeroidothyris sphaeroidalis 99
Speikern 72
Speinshart 64
Spindeltalschiefer tab 159, 163
Spinigera alba 110, 116, **209**
S. longispina 99
Spinikosmoceras castor 102
Spiriferina-Bank tab 43, 51, 53
Spiriferina fragilis 51, 53, **199**
S. hirsuta 51
S. rostrata 78, 79, **201**
S. tumida 75
S. walcotti 74, 75, 78, **201**
Spittelstein 66, 74,
Spondylus latus 136, 137, 139, 142, 145
Sporadobyle obliqua 109, **209**
Squalicorax falcatus 147
Stadtsteinach 55
Staffelberg 21, 33, 102, 108
Staufnia staufensis 95, **207**
Steinfeld 131
Steinmannia bronni 81, **201**
Stellispongia glomerata 123, 128
Stemmatoceras frechi 99
Stenoculpus biburgensis 112
Stephanoceras humphriesianum tab 69, 98, 99
S. nodosum 99, **207**

Stephanoceratenschichten tab 69
Sternotaxis planus 147
Stinkkalkbänke 81
Stiphrothyris tumida 99, 101
Störzelmühle 164
Stomechinus bigranularis 99
Stoßwellenmetamorphose 186
Streblites levipictus 123, **213**
S. tenuilobatus 116, **211**
Strebliticeras externnodosum 110
S. tegulatum 116
Streitberg 37, 111
Strenoceras niortensis tab 69, 98, 99, **207**
S. subfurcatum 98, 99, **207**
Stromatometrie 103
Styolithenkalk tab 43
Subdichotomoceras pseudocolubrinum 131
Subeumela-Schichten 127
Subfurcatenschichten tab 169
Subgarantiana tetragona 99
Subgrossouvria recuperoi 102, **108**
Sublithacoceras penicillatum 130, **215**
Sublunuloceras pseudopunctatum 102
Subplanites moernsheimensis 130, **215**
Subplanitoides siliceus 130
Subprionocyclus neptuni 142
Sulciferites angulatoides 74
Sulzbacher Kreidekalk 138
Sulzbach-Rosenberg 131
Sutneria cyclodorsata 123
S. eugyra 131, **215**
S. galar tab 69, 112, 112, **211**
S. platynota tab 69, 116, 117, **211**

Tagmersheim 163
Tagmersheimer Bänke tab 159, 163
Tapes subfaba 141
Taramelliceras callicerum 110
T. compsum 123, **213**
T. costatum 112, **211**
T. prolithographicum 130, 162, 163, 168, **215**
T. pseudoflexuosum 116, **126, 213**
T. pugile 128
T. rigidum 112, **211**
Tauschtal 48
Teleorhinus browni 137
Tellina 141, 142, 145
Teloceras blagdeni 99, **207**
T. coronatum 99
Terebratelbank tab 43, 51, 55
Terebratula 136, 137
Terebratulina substriata 117, 123, 128, **209**
Tetracrinus moniliformis 110
Tetractinella trigonella 51, **199**
Tetrarhynchia durobinensis 74
T. tetraedra 79
Teuchatz 111, 113, 117
Teufelsgraben 79
Thalmässing 34, 96
Thecocyathus mactrus 91, 93
Thecosmilia trichotoma 130
Thracia depressa 110, 123, 128
T. incerta 116, 123, 128, 130
Thurmanella thurmanni 110, 113
Thurnau 96, 114, 117, 124
Tiaradendron germinans 130
Tiefenellern 102, 111, 113
Tiefenlauter 52
Tiltoniceras antiquum 82
Tmaegoceras crassiceps 74
Tmetoceras scissum 93, 95
Torquatisphinctes championneti 116
T. filiplex 131
T. isolatus 128
Torquirhynchia speciosa 117, 123, 128, **209**
Tragophylloceras ibex tab 69, 76, 77, **203**
Trebgast 55
Tremadictyon reticulatum 116, 123, 128
Trennende Krumme Lage tab 159, 160, 161
Treuchtlingen 124
Treuchtlinger Marmor tab 69, 118
Treuchtlinger-Marmor-Plattform 105, 118
Trochitenkalk tasb 43, 53
Trockentäler 22
Trigonastarte trigonalis 95
Trigonellina loricata 110, 113, 117, 123, 128, **209**
Trigonia 136, 137, 142
T. costata 93, 95, 97, 99, 100, 110, **205**
Trigonoarca passyana 141
Trigonodus keuperianus 58
T. sandbergeri 50, **199**
Trimarginites arolicus 110
T. trimarginatus 112
Trimeusel 80, 81, 83
Trochacanthus bajuvarensis 141
Trochalia pyramidalis 130
Trochosmilia turonensis 141
Trolliceras reuteri 100
Tropidoceras frischmanni 77
Tulites subcontractus tab 69, 100
Turrilites 138
Turritella sexlineata 141
Tylasteria jurensis 110, **209**

Uetzing 33, 37, 102
Uhlandi-Schichten 115
Uhligites weinlandi 116
Unicardium cardioides 73
U. schmidi 48
Unionites letticus 50, 58, **199**
Unipeltoceras unispinosum 102
Unnersdorf 32
Unterappenberg 188
Unt. graue Mergelkalke tab 69, 106
Unt. Mergelplatte 118, 119
Unterer Sandstein tab 43, 58
Untere Schiefer 161
Unt. Schwarzjuratone tab 69
Unterhausen 165
Unterhausener Schichten tab 159
Unternschreez 74, 75
Unterstürmig 79, 85, 86
Uptonia jamesoni tab 69, 76, 77, **203**
Ursheim 118, 188
Usseliceras franconicum 130, 163, **215**
Usseltat-Schichten tab 69, tab 159, 163
Usseltalschiefer tab 159, 163
Uttenreuth 67, 74

Variansschichten tab 69
Veldensteiner Forst 23
Venus 136, 142
Vermiceras spiratissimum 74
Vermisphinctes vermiformis 99
Vesiculariskreide tab 132, 139
Vierzehnheiligen 33
Vineta laevigrata 117
Virgataxioceras setatum tab 69, 127, 128, **213**
Volpriehausen-Folge tab 43, 46
Voltzia heterophylla 48, **199**
Volutilithes elongatus 138

Wachenzell 124, 131
Wagnericeras fortecostatum 100
Waizenreuth 47
Walberla 21
Warching 162
Wattonithyris callosa 99
W. wattonensis 101
Weberithyris moravica 128
Weidenberg 48
Weihersmühle 113, 124, 131
Weillohe 145
Weilloher Mergel tab 132, 142
Weismain 96
Weißenbrunn 47, 62
Weißenburg 34, 114
Wellenkalk tab 43, 51
Wellheim 22
Wellheimer Inoceramenquarzit tab 132, 139
Wellmersdorf 46
Weltenburg 162
Weltenburger Schichten tab 159
Wengenhausen 193
Wennenberg 183, 189
Werkkalkfazies tab 69, 109, 112
Werksandstein (Trias) tab 43, 58
Werksandstein (Kreide) tab 132, 145
Whiteinella baltica 138
Wiesenttal 131
Windmaiser Formsand tab 132, 145
Windmaiser Geröllsandstein tab 132, 145
Winnberg 97, 100, 101, 102, 107, 110
Wintershof b. Eichstätt 162
Witchellia laeviuscula tab 69, 97
Wohlgebankte Kalke tab 69, 112, prof 113
Wolfsbach 64
Wolfsfelder Tal 22
Wolfshöhe 72
Workerszell 161
Wornfeld 192
Wulstkalklagen tab 43, 53

Xipheroceras rasinodum 74
X. ziphus 75

Zapfenburg 67, 74
Zeil 64
Zeilleria cornuta 78, 79, **201**
Z. quadrifida 79
Zellenkalk tab 43
Zetoceras zetes 79
Zeyern 48, 52
Zigzagiceras zigzag tab 69, 100
Zimmern 114
Ziswingen189
Zittelina orbis 110, 113, 117, 123
Zugokosmoceras jason tab 69, 102, **108**

Wiesenttal